신경향

최근 3개년 기출문제 무료 동영상강의 제공

전기(산업)기사 · 전기공사(산업)기사

회로이론

대산전기기술학원
NCS · 공사 · 공단 · 공무원

전기기사 핵심시리즈

4

QNA
365

전용 홈페이지를 통한 365일 학습관리

홈페이지를 통한 합격 솔루션

- 온라인 실전모의고사 실시
- 전기(산업)기사 필기 합격가이드
- 공학용계산법 동영상강좌 무료수강
- 쉽게 배우는 전기수학 3개월 동영상강좌 무료수강

① 33인의 전문위원이 엄선한 출제예상문제 수록
② 전기기사 및 산업기사 최신 기출문제 상세해설
③ 저자직강 동영상강좌 및 1:1 학습관리 시스템 운영
④ 국내 최초 유형별 모의고사 시스템 운영

한솔아카데미

책을 펼치며...

현대 사회에서 우리나라는 물론 세계적인 산업 발전에 전기 에너지의 이용은 나날이 증가하고 있습니다. 전기 분야 자격증에 관심을 가지고 있는 모든 수험생 분들을 위해 급변하는 출제경향과 기술 발전에 맞추어 전기(공사)기사 및 산업기사, 공무원, 각종 공채시험과 NCS적용 문제 해결을 위한 이론서를 발간하게 되었습니다. 40년 가까이 되는 전기 전문교육기관들의 담당 교수님들께서 직접 집필하였습니다. 본서는 개념 설명 및 핵심 분석을 통한 단기간에 자격증 취득이 가능할 뿐만 아니라 비전공자도 이해할 수 있습니다. 기초부터 활용능력까지 습득 할 수 있는 수험서입니다.

본 교재의 구성

1. 핵심논점 정리   2. 핵심논점 필수예제   3. 핵심 요약노트
4. 기출문제 분석표   5. 출제예상문제

본 교재의 특징

1. 비전공자도 알 수 있는 개념 설명
   전기기사 자격증은 최근의 취업난 속에서 더욱 더 필요한 자격증입니다. 비전공자, 유사 전공자들의 수험준비가 나날이 증가하고 있습니다. 본 수험서는 누구나 쉽게 이해할 수 있도록 기본개념을 충실히 하였습니다.

2. 문제의 해결 능력을 기르는 핵심정리
   기출문제 중 최다기출 문제 및 높은 수준의 기출문제 풀이를 통해 학습함으로써 문제 해결 능력 배양에 효과적인 학습서입니다. 실전형 문제를 통해 자격시험 및 NCS시험의 동시 대비가 가능합니다.

3. 신경향 실전형 개념 정리 기본서
   개념만으론 부족한 실전 용어 정리 및 활용으로 개념과 문제를 동시에 해결할 수 있습니다. 기본부터 실전 문제까지 모든 과정이 수록되어 있습니다. 매년 새로워지는 출제경향을 분석하여 수험준비에 필요한 시간단축에 효과적인 기본서입니다.

4. 365일 Q&A SYSTEM
   예제문제, 단원문제, 기출문제까지 명확한 해설을 통해 스스로 학습하는 경우 궁금증을 명확하고 빠르게 해결할 수 있습니다. 전기전공관련 질문사항의 경우 홈페이지를 통해 명확한 답변을 받으실 수 있습니다.

앞으로도 항상 여러분께 꼭 필요한 교재로 남을 것을 약속드리며 여러분의 충고와 조언을 받아 더욱 발전적인 모습으로 정진하는 수험서가 되도록 노력하겠습니다.

전기기사 수험연구회

전기기사, 전기산업기사 시험정보

❶ 수험원서접수

- 접수기간 내 인터넷을 통한 원서접수(www.q-net.or.kr) 원서접수 기간 이전에 미리 회원가입 후 사진 등록 필수
- 원서접수시간은 원서접수 첫날 09:00부터 마지막 날 18:00까지

❷ 기사 시험과목

구 분	전기기사	전기공사기사	전기 철도 기사
필 기	1. 전기자기학 2. 전력공학 3. 전기기기 4. 회로이론 및 제어공학 5. 전기설비기술기준	1. 전기응용 및 공사재료 2. 전력공학 3. 전기기기 4. 회로이론 및 제어공학 5. 전기설비기술기준	1. 전기자기학 2. 전기철도공학 3. 전력공학 4. 전기철도구조물공학
실 기	전기설비설계 및 관리	전기설비견적 및 관리	전기철도 실무

❸ 기사 응시자격

- 산업기사 + 1년 이상 경력자
- 타분야 기사자격 취득자
- 전문대학 졸업 + 2년 이상 경력자
- 교육훈련기관(산업기사 수준) 이수자 또는 이수예정자 + 2년 이상 경력자
- 동일 직무분야 4년 이상 실무경력자
- 기능사 + 3년 이상 경력자
- 4년제 관련학과 대학 졸업 및 졸업예정자
- 교육훈련기관(기사 수준) 이수자 또는 이수예정자

❹ 산업기사 시험과목

구 분	전기산업기사	전기공사산업기사
필 기	1. 전기자기학 2. 전력공학 3. 전기기기 4. 회로이론 5. 전기설비기술기준	1. 전기응용 2. 전력공학 3. 전기기기 4. 회로이론 5. 전기설비기술기준
실 기	전기설비설계 및 관리	전기설비 견적 및 시공

❺ 산업기사 응시자격

- 기능사 + 1년 이상 경력자
- 전문대 관련학과 졸업 또는 졸업예정자
- 동일 직무분야 2년 이상 실무경력자
- 타분야 산업기사 자격취득자
- 교육훈련기간(산업기사 수준) 이수자 또는 이수예정자

[회로이론 출제기준]

적용기간 : 2024.1.1. ~ 2026.12.31.

세 부 항 목	세 세 항 목	
1. 전기회로의 기초	1. 전기회로의 기본 개념 3. 전원 등	2. 전압과 전류의 기준방향
2. 직류회로	1. 전류 및 옴의 법칙 3. 저항의 접속 5. 전지의 접속 및 줄열과 전력 7. 회로망 해석	2. 도체의 고유저항 및 온도에 의한 저항 4. 키르히호프의 법칙 6. 배율기와 분류기
3. 교류회로	1. 정현파 교류 3. 교류 전력	2. 교류 회로의 페이저 해석 4. 유도결합회로
4. 비정현파교류	1. 비정현파의 푸리에급수에 의한 전개 2. 푸리에급수의 계수 4. 비정현파의 실효값	3. 비정현파의 대칭 5. 비정현파의 임피던스 등
5. 다상교류	1. 대칭n상교류 및 평형3상회로 2. 선간전압과 상전압 3. 평형부하의 경우 성형전류와 환상전류와의 관계 4. $2\pi/n$씩 위상차를 가진 대칭n상 기전력의 기호표시법 5. 3상Y결선 부하인 경우 7. 다상교류의 전력 9. $\Delta - Y$의 결선 변환	 6. 3상Δ결선의 각부 전압, 전류 8. 3상교류의 복소수에 의한 표시 10. 평형3상회로의 전력 등
6. 대칭좌표법	1. 대칭좌표법 3. 3상 교류기기의 기본식	2. 불평형률 4. 대칭분에 의한 전력표시 등
7. 4단자 및 2단자	1. 4단자 파라미터 3. 대표적인 4단자망의 정수 5. 역회로 및 정저항회로	2. 4단자 회로망의 각종접속 4. 반복파라미터 및 영상파라미터 6. 리액턴스 2단자망 등
8. 분포정수회로	1. 기본식과 특성임피던스 3. 무손실 선로와 무왜형 선로 5. 반사계수	2. 무한장선로 4. 일반의 유한장선로 6. 무손실 유한장회로와 공진 등
9. 라플라스변환	1. 라플라스 변환의 정의 3. 기본정리	2. 간단한 함수의 변환 4. 라플라스 변환 등
10. 회로의 전달 함수	1. 전달함수의 정의	2. 기본적 요소의 전달함수 등
11. 과도현상	1. R-L직렬의 직류회로 3. R-L병렬의 직류회로 5. R-L-C 직렬의 교류회로 7. 미분적분회로 등	2. R-C직렬의 직류회로 4. R-L-C 직렬의 직류회로 6. 시정수와 상승시간

INTRODUCTION

이 책의 특징

01
핵심논점 정리

- 단원별 필수논점을 누구나 이해할 수 있도록 설명을 하였다.
- 전기기사시험과 전기산업기사 기출문제 빈도가 낮으므로 핵심논점 정리를 꼼꼼히 학습하여야 한다.

02
필수예제

- 해당논점의 Key Word를 제시하여 논점을 숙지할 수 있게 하였다.
- 최근 10개년 기출문제를 분석하여 최대빈도의 문제를 수록하였다.

03
출제빈도

- 단원별 핵심논점마다 요약정리를 통해 개념정리에 도움을 주며 이해력향상을 위한 추가설명을 첨부하여 한 눈에 알 수 있게 하였다.

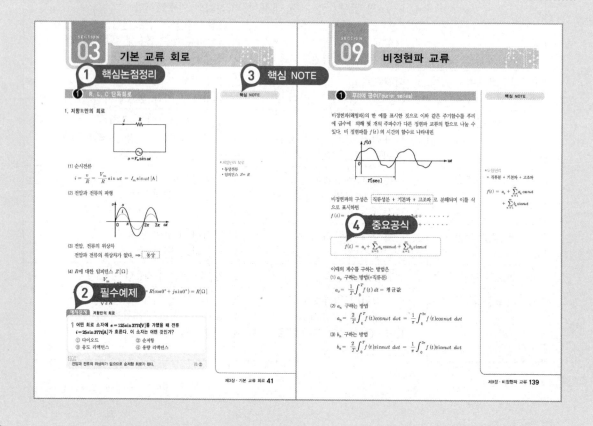

04 중요공식

• 단원별 필수 논점과 공식 중 출제빈도가 높은 중요공식은 중요박스를 삽입하여 꼭 암기할 수 있도록 하였다.

05 출제예상

• 최근 20개년 기출문제 경향을 바탕으로 상세해설과 함께 최대 출제빈도 문제들로 출제예상문제를 수록하였다.

06 과년도 기출문제

• 최근 5개년간 출제문제를 출제형식 그대로 수록하여 최종 출제경향파악 및 학습 완성도를 평가해 볼 수 있게 하였다.

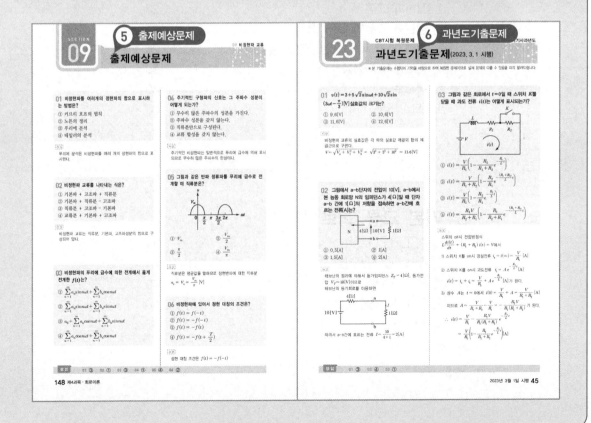

CONTENTS

CONTENTS

CONTENTS

직류회로

Chapter 01

SECTION 01 직류회로

① 전하와 전하량

1. 전하 : 물체에 대전된 전기

2. 전하량 : $Q\,[\mathrm{C}]$

전하가 가지고 있는 전기의 양으로 단위는 쿨롬(Coulomb)이며 [C]를 사용한다.

(1) 전하의 종류

① (+) 전하 : 양전하, 양자

② (−) 전하 : 부전하, 전자

- 전자 하나당 전하량 : $e = -\,1.602 \times 10^{-19}\,[\mathrm{C}]$
- 전자 하나당 질량 : $m = 9.109 \times 10^{-31}\,[\mathrm{kg}]$

(2) n개의 전자 이동시 전하량

$$Q = n\,e\,[\mathrm{C}]$$

② 전압과 전류

1. 전류 : $I\,[\mathrm{A}]$

(1) 직류

금속선을 통하여 전자가 이동하는 현상으로 단위시간[sec] 동안 이동하는 전기량

$$I = \frac{Q}{t} = \frac{n\,e}{t}\,[\mathrm{C/sec} = A] \qquad Q = I \cdot t\,[\mathrm{A} \cdot \mathrm{sec} = C]$$

(2) 교류

시간에 대한 전하의 변화량

$$i = \frac{dq}{dt}\,[\mathrm{C/sec} = A] \qquad q = \int_0^t i\,dt\,[\mathrm{A} \cdot \mathrm{sec} = C]$$

핵심 NOTE

■ 전하량

$e = -\,1.602 \times 10^{-19}\,[\mathrm{C}]$

$Q = n\,e\,[\mathrm{C}]$

■ 전하의 변화량

$q = \int_0^t i\,dt\,[\mathrm{C}]$

■ 전기량 및 시간환산
$$\int t^n \, dt = \frac{t^{n+1}}{n+1}$$

$1 \, [\text{hour}] = 3600 \, [\text{sec}]$

$1 \, [\text{sec}] = \frac{1}{3600} \, [\text{hour}]$

■ 전기가 하는 일
$W = V \cdot Q [\text{J}]$

■ 도선의 저항
$R = \rho \dfrac{l}{A} = \dfrac{4 \rho l}{\pi d^2}$

예제문제 전류

1 $i = 3000(2t + 3t^2) \, [\text{A}]$의 전류가 어떤 도선을 $2[\text{s}]$ 동안 흘렀다. 통과한 전 전기량은 몇$[\text{Ah}]$인가?

① 1.33   ② 10

③ 13.3   ④ 36

해설

$$q = \int_0^t i \, dt = \int_0^2 3000(2t + 3t^2) \, dt$$

$$= 3000[t^2 + t^3]_0^2 = 3000[2^2 + 2^3] = 36000 \, [\text{As}] = \frac{36000}{3600} = 10 \, [\text{Ah}]$$

답 ②

2. 전압 : $V [\text{V}]$

(1) 직류 $V [\text{J/C} = \text{V}]$

단위 정전하가 도선 두 점 사이를 이동할 때 하는 일의 양

$$V = \frac{W}{Q} \, [\text{J/C} = \text{V}] \; , \; W = Q \cdot V \, [\text{J}]$$

(2) 교류 $v [\text{J/C} = \text{V}]$

미소전하 $dq[\text{C}]$이 이동시 수반되는 에너지의 변환 $dw[\text{J}]$와의 비

$$v = \frac{dw}{dq} \, [\text{J/C} = \text{V}] \; , \; w = \int v \, dq \, [\text{J}]$$

③ 전기저항

1. 도선의 전기저항

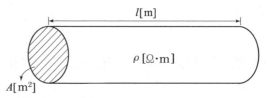

$$R = \rho \frac{l}{A} = \rho \frac{l}{\pi r^2} = \frac{4 \rho l}{\pi d^2} = \frac{l}{k A} \, [\Omega]$$

단, $r \, [\text{m}]$: 도선의 반지름 , $d \, [\text{m}]$: 도선의 지름 , $k \, [\mho/\text{m}]$: 도전율

2. 고유저항 $\rho [\Omega \cdot \text{m}]$

도선의 단위길이($l = 1[\text{m}]$) 당 단위면적($A = 1[\text{m}^2]$) 의 전기저항($R[\Omega]$) 값

$$\rho = \frac{RA}{l} \ [\Omega \cdot m]$$

3. 컨덕턴스 $G[\mho]$

전기 저항의 역수 값으로서 단위는 모(mho, $[\mho]$)를 쓴다.

$$G = \frac{1}{R} \ [\mho], \ R = \frac{1}{G} \ [\Omega]$$

4. 도전율(전도율) $k = \sigma \ [\mho/m]$

고유저항의 역수 값 $\quad k = \sigma = \frac{1}{\rho} \ [\mho/m]$

④ 옴의 법칙 (Ohm's law)

도체에 흐르는 전류는 도체의 양 끝 사이에 가한 전압(전위차)에 비례하고 도체의 저항에 반비례 한다.

$$I = \frac{V}{R} = G \cdot V \ [A]$$

$$V = I \cdot R = \frac{I}{G} \ [V]$$

$$R = \frac{V}{I} \ [\Omega], \quad G = \frac{I}{V} \ [\mho]$$

예제문제 옴의 법칙

2 일정 전압의 직류 전원에 저항을 접속하고 전류를 흘릴 때, 이 전류 값을 20[%] 증가시키기 위하여 저항값은 몇 배로 하여야 하는가?

① 1.25
② 1.20
③ 0.83
④ 0.80

해설 $V =$ 일정 , $I = 20\%$ 증가 $\Rightarrow 120\% \Rightarrow 1.2$ 배 이므로

$R = \dfrac{V}{I} \propto \dfrac{1}{I} = \dfrac{1}{1.2} = 0.83$배가 된다.

답 ③

■ 보조단위

명 칭	기 호	배 수
테라(tera)	T	10^{12}
기가(giga)	G	10^{9}
메가(mega)	M	10^{6}
킬로(kilo)	K	10^{3}
피코(pico)	p	10^{-12}
나노(nano)	n	10^{-9}
마이크로 (micro)	μ	10^{-6}
밀리(milli)	m	10^{-3}

■전력 및 전력량

$$P = \frac{W}{t} \ [\text{J/sec} = \text{W}]$$

$$W = P \cdot t \ [\text{W} \cdot \text{sec} = \text{J}]$$

■단위환산

$$1 \ [\text{kWh}] = 860 \ [\text{kcal}]$$

❺ 전력 및 전력량

1. 전력 $P \ [\text{J/sec} = W]$

전기가 단위시간동안 행할 수 있는 일의 양

$$P = \frac{W}{t} = \frac{QV}{t} = V \cdot I = I^2 R = \frac{V^2}{R} \ [\text{J/sec} = \text{W}]$$

즉, 1[sec]에 1[J]의 일을 하는 전기에너지를 1[W]의 전력이라 한다.
기계적인 동력의 단위로는 마력을 사용 하는 일이 많고 와트와의 사이에
는 다음과 같은 관계가 있다.
1[마력] = 1[Hp] = 746[W]

2. 전력량 $W \ [\text{W} \cdot \text{sec} = \text{J}]$

전력을 어느 시간동안 소비한 전기에너지의 총량

$$W = P \cdot t = V I t = I^2 R t = \frac{V^2}{R} t \ [\text{W} \cdot \text{sec} = \text{J}]$$

3. 단위환산(주울의 법칙)

① $1 \ [\text{J}] = 0.24 \ [\text{cal}]$
② $1 \ [\text{cal}] = 4.2 \ [\text{J}]$
③ $1 \ [\text{kWh}] = 860 \ [\text{kcal}]$

4. 전열기 공식

전기에너지를 열에너지로 변환시킨 공식으로 물의 온도를 상승시키는 전
열기에 관한 문제를 풀 때 주로 사용한다.

피열물의 질량 $m \ [\text{kg}]$, 비열 C, 소비전력 $P \ [\text{kW}]$, 시간 $t \ [\text{hour}]$,
상승 온도 $(T_2 - T_1)$, 효율을 $\eta [\%]$ 라 할 때 발생 열량을 $H \ [\text{kcal}]$라
하면

$$H = 860 P t \eta = C m (T_2 - T_1) \ [\text{kcal}]$$

5. 효율(η) : 입력에 대한 출력의 비

(1) 실측 효율

$$\eta = \frac{출력}{입력} \times 100 [\%]$$

(2) 규약 효율

① 발전기 $\eta = \dfrac{출력}{출력 + 손실} \times 100 [\%]$

② 전동기 $\eta = \dfrac{입력 - 손실}{입력} \times 100 [\%]$

6 저항의 접속

1. 저항의 직렬접속

전류가 흘러가는 길이 하나만 존재하는 경우

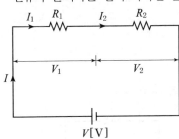 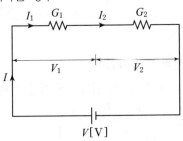

(1) 전류가 일정하다. $I = I_1 = I_2 \ [\mathrm{A}]$

(2) 전압은 분배된다. $V = V_1 + V_2 \ [\mathrm{V}]$

(3) 합성저항

$R_0 = R_1 + R_2 \ [\Omega]$

합성컨덕턴스 $G_0 = \dfrac{G_1 \cdot G_2}{G_1 + G_2} \ [\mho]$

(4) 전압 분배법칙

①
$$V_1 = \frac{R_1}{R_1 + R_2} V = \frac{G_2}{G_1 + G_2} V \ [\mathrm{V}]$$

②
$$V_2 = \frac{R_2}{R_1 + R_2} V = \frac{G_1}{G_1 + G_2} V \ [\mathrm{V}]$$

(5) 동일저항 접속

같은 저항 $R [\Omega]$ 을 n개 직렬연결시 합성저항

$$R_o = n R \ [\Omega]$$

같은 컨덕턴스 $G [\mho]$ 을 n개 직렬연결시 합성컨덕턴스 $G_o = \dfrac{G}{n} \ [\mho]$

■ 저항의 직렬접속

직렬접속 $\begin{cases} 전류 \ 일정 \\ 전압 \ 분배 \end{cases}$

■ 전압 분배 법칙

$V_1 = \dfrac{R_1}{R_1 + R_2} V \ [\mathrm{V}]$

$V_2 = \dfrac{R_2}{R_1 + R_2} V \ [\mathrm{V}]$

예제문제 저항의 직렬접속

3 24[Ω] 저항에 미지의 저항 R_x를 직렬로 접속한 후 전압을 가했을 때 24[Ω] 양단의 전압이 72[V]이고 저항 R_x 양단의 전압이 45[V]이면 저항 R_x는?

① 20[Ω]   ② 15[Ω]

③ 10[Ω]   ④ 8[Ω]

해설 회로도를 그리면 다음과 같다.
여기서 24[Ω]에 흐르는 전류는

$I = \dfrac{72}{24} = 3[\text{A}]$ 가 된다.

R_x와 24[Ω]이 직렬연결이므로 전류는 일정하고,

따라서 $R_x = \dfrac{45}{3} = 15\,[\Omega]$가 된다.

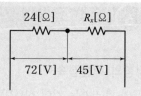

답 ②

■ 저항의 병렬접속

병렬접속 ┌ 전류 분배
           └ 전압 일정

■ 전류분배법칙

$I_1 = \dfrac{R_2}{R_1 + R_2} \cdot I \ [\text{A}]$

$I_2 = \dfrac{R_1}{R_1 + R_2} \cdot I \ [\text{A}]$

2. 저항의 병렬접속

전류가 흘러가는 길이 2개 이상 존재하는 경우

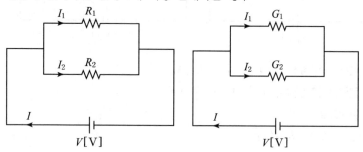

(1) 전압이 일정하다.

     $V = V_1 = V_2\,[\text{V}]$

(2) 전류가 분배된다.

     $I = I_1 + I_2\,[\text{A}]$

(3) 합성저항

     $R_0 = \dfrac{R_1 \cdot R_2}{R_1 + R_2}\,[\Omega]$

     합성컨덕턴스 $G_0 = G_1 + G_2\,[\mho]$

(4) 전류분배법칙

① $I_1 = \dfrac{R_2}{R_1 + R_2} \cdot I = \dfrac{G_1}{G_1 + G_2} \cdot I\,[\text{A}]$

② $I_2 = \dfrac{R_1}{R_1 + R_2} \cdot I = \dfrac{G_2}{G_1 + G_2} \cdot I\,[\text{A}]$

(5) 동일저항 접속

같은 저항 $R[\Omega]$을 n개 병렬연결시 합성저항

$$R_o = \frac{R}{n}[\Omega]$$

같은 컨덕턴스 $G[\mho]$을 n개 병렬연결시 합성컨덕턴스 $G_o = nG[\mho]$

예제문제 저항의 직 · 병렬접속

4 그림에서 a, b단자에 200[V]를 가할 때 저항 2[Ω]에 흐르는 전류 I_1 [A]는?

① 40

② 30

③ 20

④ 10

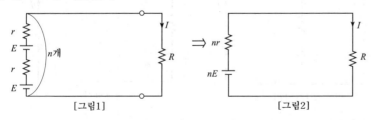

해설

합성저항 $R_0 = 2.8 + \dfrac{2\times3}{2+3} = 4[\Omega]$이므로

전체전류 $I = \dfrac{V}{R_0} = \dfrac{200}{4} = 50[A]$이 된다.

따라서 2[Ω]에 흐르는 전류는 전류 분배 법칙에 의하여 $I_1 = \dfrac{3}{2+3} \times 50 = 30[A]$

답 ②

❼ 전지의 접속

1. 전지 n개 직렬접속

[그림1]   ⟹   [그림2]

건전지마다 내부 저항이 있으므로 내부 저항을 r로 표시하고 여기에 외부 저항 R을 연결하면 그림 1과 같이 된다. 이때 전지가 직렬연결이면 내부저항 역시 직렬연결한 것이므로 합성 내부저항은 nr이 되고 여기에 외부 저항 R이 직렬연결이 되므로 그림 2와 같이 그릴 수 있다.

■ 전지의 직렬접속시 전류값

$$I = \frac{nE}{nr+R}$$

그림 2에서 합성 저항 $R_o = nr + R$ 이 되므로 외부 저항 R에 흐르는 전류는 $I = \dfrac{nE}{nr + R}$ [A]가 된다.

예제문제 전지의 직렬접속

5 어떤 전지의 외부 회로의 저항은 5[Ω]이고, 전류는 8[A]가 흐른다. 외부 회로에 5[Ω]대신에 15[Ω]의 저항을 접속하면 전류는 4[A]로 떨어진다. 이때 전지의 기전력은 몇[V]인가?

① 80   ② 50

③ 15   ④ 20

해설

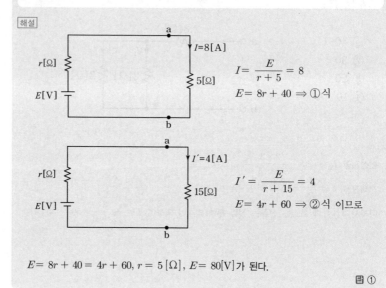

$I = \dfrac{E}{r + 5} = 8$

$E = 8r + 40 \Rightarrow$ ①식

$I' = \dfrac{E}{r + 15} = 4$

$E = 4r + 60 \Rightarrow$ ②식 이므로

$E = 8r + 40 = 4r + 60, \ r = 5\,[\Omega], \ E = 80[V]$가 된다.

답 ①

2. 전지 n개 병렬 접속

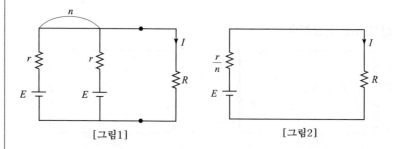

[그림1]   [그림2]

건전지마다 내부 저항이 있으므로 내부 저항을 r로 표시하고 여기에 외부저항 R을 연결하면 그림 1과 같이 된다. 이때 전지를 병렬연결하면 내부저항 역시 병렬연결한 것이므로 합성 내부저항은 $\dfrac{r}{n}$이 되고 여기에 외부저항 R이 직렬연결이 되므로 그림 2와 같이 그릴 수 있다.

■ 전지의 병렬접속시 전류값

$I = \dfrac{E}{\dfrac{r}{n} + R}$

그림 2에서 합성 저항 $R_o = \dfrac{r}{n} + R$이 되므로 외부 저항 R에 흐르는 전류는 $I = \dfrac{E}{\dfrac{r}{n} + R}$[A]가 된다.

예제문제 전지의 접속

6 기전력 2[V], 내부 저항 0.5[Ω]의 전지 9개가 있다. 이것을 3개씩 직렬로 하여 3조 병렬 접속한 것에 부하 저항 1.5[Ω]을 접속하면 부하 전류[A]는?

① 1.5   ② 3

③ 4.5   ④ 5

해설

전지 접속시 합성 내부 저항은 직렬접속일 경우 nr이고 병렬접속일 경우는 $\dfrac{r}{n}$이므로 $r_0 = \dfrac{3 \times 0.5}{3} = 0.5[\Omega]$ 이 된다.

따라서 부하저항까지 합친 합성저항 $R_0 = 0.5 + 1.5 = 2[\Omega]$

$\therefore I = \dfrac{V}{R_0} = \dfrac{3 \times 2}{2} = 3[A]$ 가 된다.

답 ②

---

⑧ 분류기 및 배율기

1. 분류기

일정한 전류계로서 큰 전류를 측정하고자 할 때 전류계의 측정 범위를 넓히기 위하여 전류계에 저항을 병렬로 연결한 것을 분류기라 한다.

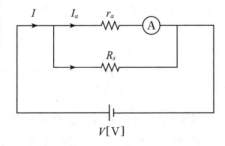

위 그림에서 전류계에 대한 내부 저항을 r_a이라 한다면 외부 저항 R_s가 병렬이 되므로 이때 전류계에 흐르는 전류는 전류 분배법칙에 의하여 $I_a = \dfrac{R_s}{R_s + r_a} I$에서 전류비 $\dfrac{I}{I_a} = \dfrac{R_s + r_a}{R_s}$이므로 이를 전체적으로

■분류기 저항
$R_s = \dfrac{r_a}{m-1}$
$m = \dfrac{I}{I_a}$

다시 표현하면, 전류비 $\dfrac{I}{I_a}$ 는 분류기의 배율로서 m으로 표시하면

$m = \dfrac{I}{I_a} = 1 + \dfrac{r_a}{R_s}$ 가 된다.

따라서 분류기 저항 $R_s = \dfrac{r_a}{m-1}$ 로 구할 수 있다.

여기서 R_s는 분류기 저항, r_a는 전류계의 내부 저항, m은 분류기의 배율, I는 측정코자 하는 전류, I_a는 전류계의 최고 측정 한도 전류이다.

예제문제 분류기

7 분류기를 사용하여 전류를 측정하는 경우 전류계의 내부 저항 0.12 [Ω], 분류기의 저항이 0.04[Ω]이면 그 배율은?

① 3   ② 4

③ 5   ④ 6

해설

전류계 내부저항 $r_a = 0.12\,[\Omega]$, 분류기 저항 $R_s = 0.04\,[\Omega]$이므로

분류기의 배율 $m = \dfrac{I}{I_a} = 1 + \dfrac{r_a}{R_s}$ 에 주어진 수치를 대입하면

$m = 1 + \dfrac{0.12}{0.04} = 4$배가 된다.

답 ②

■ 배율기

전압계 측정범위 확대시키기 위하여 전압계와 직렬연결

■ 배율기 저항

$R_m = (m-1)\,r_a$

$m = \dfrac{V}{V_a}$

2. 배율기

일정한 전압계로서 큰 전압을 측정하고자 할 경우 전압계의 측정 범위를 확대할 목적으로 외부에 저항을 전압계와 직렬로 연결한 저항을 배율기라 한다.

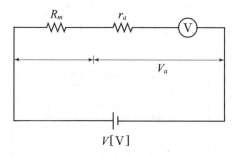

위 그림에서 전압계에 대한 내부저항을 r_a 라 한다면 외부 저항 R_m 이 직렬이 되므로 이때 전압계에 걸리는 전압은 전압 분배 법칙에 의해서

$V_a = \dfrac{r_a}{r_a + R_m} V$ 이므로 전압비 $\dfrac{V}{V_a} = \dfrac{r_a + R_m}{r_a}$ 가 된다.

여기서 전압비 $\dfrac{V}{V_a} = \dfrac{r_a + R_m}{r_a}$ 를 배율기의 배율로서 m으로 표시하면 $m = \dfrac{V}{V_a} = 1 + \dfrac{R_m}{r_a}$ 가 된다.

따라서 배율기 저항 $R_m = (m-1)r_a$로 구할 수 있다.

여기서 R_m는 배율기 저항, r_a는 전압계의 내부 저항, m는 배율기의 배율, V는 측정하고자 하는 전압 , V_a는 최고 측정 한도 전압이다.

예제문제 배율기

8 최대 눈금이 $50[V]$인 직류 전압계가 있다. 이 전압계를 사용하여 $150[V]$의 전압을 측정하려면 배율기의 저항은 몇$[\Omega]$을 사용하여야 하는가? 단, 전압계의 내부 저항은 $5000[\Omega]$이다.

① 1000   ② 2500

③ 5000   ④ 10000

해설

최대 측정 한도전압 $V_a = 50\,[V]$, 측정코자하는 전압 $V = 150\,[V]$, 전압계 내부저항 $r_a = 5000\,[\Omega]$ 이므로 배율기의 배율 $m = \dfrac{150}{50} = 3$ 배가 된다.

$R_m = (m-1)r_a = (3-1) \times 5000 = 10,000\,[\Omega]$

답 ④

---

⑨ 휘스톤 브릿지

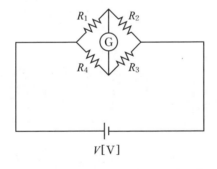

$V[V]$

R_1, R_2, R_3, R_4의 4개의 저항과 미소 전류를 검출하는 검류계 G를 그림과 같이 접속한 것을 휘스톤 브리지라 하고, 그림에서 R_1, R_2, R_3, R_4 중 어느 것을 적절히 가감하면 G에 흐르는 전류 I_g를 0으로 할 수 있다. 이러한 상태를 브리지가 평형 되었다고 하며, 이와 같이 평형이 되는 경우에는 대각선 저항의 곱이 서로 같아지게 된다. 즉, $R_1 \cdot R_3$ $= R_2 \cdot R_4$일 때를 브릿지 평형 조건이라 하며 검류계에 전류가 흐르지 못하므로 개방 상태로 보면 된다.

■ 휘스톤 브리지 평형조건
$R_1 \cdot R_3 = R_2 \cdot R_4$

예제문제 휘스톤 브리지

9 다음과 같은 회로에서 단자 a, b 사이의 합성 저항 [Ω]은?

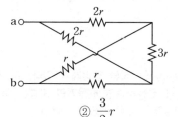

① r

② $\dfrac{3}{2}r$

③ $\dfrac{1}{2}r$

④ $3r$

해설

휘스톤 브릿지 회로로 등가변환 되며 다음과 같다

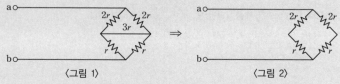

〈그림1〉에서 브릿지 평형이 되면 중앙은 개방상태가 되어 〈그림 2〉로 변환되며 이때의
합성저항 $R_{ab} = \dfrac{3}{2}r\,[\Omega]$ 가 된다.

답 ②

출제예상문제

01 그림과 같은 회로에서 R_2 양단의 전압 $E_2[\mathrm{V}]$는?

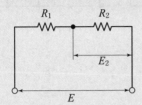

① $\dfrac{R_1}{R_1 + R_2} \cdot E$
② $\dfrac{R_2}{R_1 + R_2} \cdot E$

③ $\dfrac{R_1 \cdot R_2}{R_1 + R_2} \cdot E$
④ $\dfrac{R_1 + R_2}{R_1 R_2} \cdot E$

해설

저항 R_1 과 R_2가 직렬연결시 전압 분배법칙

$$E_1 = \dfrac{R_1}{R_1 + R_2} \cdot E\,[\mathrm{V}]\,, \quad E_2 = \dfrac{R_2}{R_1 + R_2} \cdot E\,[\mathrm{V}]$$

02 그림과 같은 회로에서 a, b단자에서 본 합성 저항은 몇 [Ω]인가?

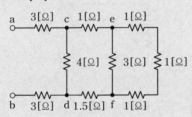

① 6
② 6.3
③ 8.3
④ 8

해설

① $e \sim f$ 사이의 합성저항

$$R_{ef} = \dfrac{3 \times (1+1+1)}{3 + (1+1+1)} = 1.5\,[\Omega]$$

② $c \sim d$ 사이의 합성저항

$$R_{cd} = \dfrac{4 \times (1 + R_{ef} + 1.5)}{4 + (1 + R_{ef} + 1.5)} = \dfrac{4 \times (1 + 1.5 + 1.5)}{4 + (1 + 1.5 + 1.5)} = 2\,[\Omega]$$

③ $a \sim b$ 사이의 합성저항

$$R_{ab} = 3 + R_{cd} + 3 = 3 + 2 + 3 = 8\,[\Omega]$$

03 그림과 같이 연결한 10[A]의 최대 눈금을 가진 두 개의 전류계 A_1, A_2에 13[A]의 전류를 흘릴 때, 전류계 A_2의 지시는 몇 [A]인가? 단, 최대 눈금에 있어서 전압 강하는 A_1 전류계에서는 70[mV], A_2 전류계에서는 60[mV]라 한다.

① 6
② 7
③ 8
④ 9

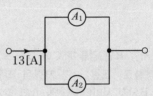

해설

전류계 두 대가 병렬연결이므로 전류계의 각 저항을 구하면

$$R_1 = \dfrac{V_1}{I_1} = \dfrac{70 \times 10^{-3}}{10} = 7 \times 10^{-3}\,[\Omega]\,,$$

$$R_2 = \dfrac{V_2}{I_2} = \dfrac{60 \times 10^{-3}}{10} = 6 \times 10^{-3}\,[\Omega]$$

전류분배법칙에 의하여 A_2 전류계에 흐르는 전류

$$I_2 = \dfrac{R_1}{R_1 + R_2} \cdot I = \dfrac{7}{7+6} \times 13 = 7\,[\mathrm{A}]$$

04 그림과 같은 회로에서 r_1, r_2에 흐르는 전류의 크기가 1 : 2의 비율이라면 r_1, r_2의 저항은 각각 몇 [Ω]인가?

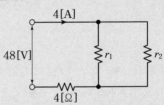

① $r_1 = 16$, $r_2 = 8$
② $r_1 = 24$, $r_2 = 12$
③ $r_1 = 6$, $r_2 = 3$
④ $r_1 = 8$, $r_2 = 4$

해설

전류비 $I_1 : I_2 = 1 : 2$ 이므로 저항비 $r_1 : r_2 = 2 : 1$에서
$r_1 = 2r_2 \Rightarrow$ ①식

합성저항 $R = \dfrac{V}{I} = \dfrac{48}{4} = 12\,[\Omega]$ 가 되고

회로도에서 합성저항을 구하면

$R = \dfrac{r_1 \cdot r_2}{r_1 + r_2} + 4 = 12 \Rightarrow \dfrac{r_1 \cdot r_2}{r_1 + r_2} = 8 \Rightarrow$ ②식

①식을 ②식에 대입하면 $r_2 = 12\,[\Omega]$, $r_1 = 24\,[\Omega]$

---

05 저항 R인 검류계 G에 그림과 같이 r_1인 저항을 병렬로, 또한 r_2인 저항을 직렬로 접속하고, A, B단자 사이의 저항을 R와 같게 하고 또한 G에 흐르는 전류를 전 전류의 $\dfrac{1}{n}$로 하기 위한 r_1의 값은 얼마인가?

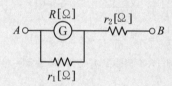

① $R\left(1 - \dfrac{1}{n}\right)$

② $\dfrac{R}{n-1}$

③ $\dfrac{R}{1-n}$

④ $R\left(1 + \dfrac{1}{n}\right)$

해설

검류계에 흐르는 전류 $I_G = \dfrac{1}{n}I$일 때 I_G은 R과 r_1이 병렬연결이므로 검류계 G에 흐르는 전류

$I_G = \dfrac{r_1}{R + r_1} \cdot I = \dfrac{1}{n} \cdot I$ 에서 $\dfrac{r_1}{R + r_1} = \dfrac{1}{n}$ 이므로

$r_1 = \dfrac{R}{n-1}\,[\Omega]$ 이 된다.

---

06 그림과 같은 회로에서 I 는 몇[A]인가? 단, 저항의 단위는[Ω]이다.

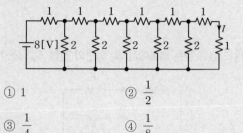

① 1

② $\dfrac{1}{2}$

③ $\dfrac{1}{4}$

④ $\dfrac{1}{8}$

해설

전원 반대편에서부터 저항을 합성해 오면
합성저항은 $R = 2\,[\Omega]$

전체전류 $I' = \dfrac{V}{R} = \dfrac{8}{2} = 4\,[A]$

$\therefore$ 맨 끝 저항에 흐르는 전류는 $I = \dfrac{1}{8}\,[A]$

---

07 3개의 같은 저항 $R[\Omega]$를 그림과 같이 △결선하고, 기전력 V[V], 내부저항 r[Ω]인 전지를 n개 직렬 접속했다. 이 때 전지 내를 흐르는 전류가 I[A]라면 R는 몇 [Ω]인가?

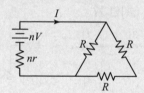

① $\dfrac{3}{2}n\left(\dfrac{V}{I} + r\right)$

② $\dfrac{2}{3}n\left(\dfrac{V}{I} + r\right)$

③ $\dfrac{3}{2}n\left(\dfrac{V}{I} - r\right)$

④ $\dfrac{2}{3}n\left(\dfrac{V}{I} - r\right)$

해설

합성저항 $R_o = \dfrac{nV}{I} = \dfrac{R \times 2R}{R + 2R} + nr = \dfrac{2R}{3} + nr$

$\dfrac{2R}{3} = \dfrac{nV}{I} - nr = n\left(\dfrac{V}{I} - r\right)$ 에서

$R = \dfrac{3}{2}n\left(\dfrac{V}{I} - r\right)$ 이 된다.

---

08 a, b 양단에 220[V] 전압을 인가 시 전류 I 가 1[A] 흘렀다면 R의 저항은 몇 [Ω]인가?

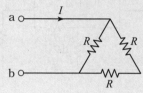

① 100[Ω]
② 150[Ω]
③ 220[Ω]
④ 330[Ω]

해설

저항이 직 병렬이므로 전체저항

$R_0 = \dfrac{R \times 2R}{R + 2R} = \dfrac{2R}{3}[\Omega]$ 이므로

$R_0 = \dfrac{V}{I} = \dfrac{220}{1} = 220 = \dfrac{2R}{3}[\Omega]$

$\therefore R = 330[\Omega]$

09 다음의 사다리꼴 회로에서 출력전압 V_L 은 몇 [V]인가?

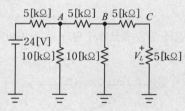

① 2[V]
② 3[V]
③ 4[V]
④ 6[V]

해설

$V_A = \dfrac{V}{2} = \dfrac{24}{2} = 12[V]$

$V_B = \dfrac{V_A}{2} = \dfrac{12}{2} = 6[V]$

$V_C = \dfrac{V_B}{2} = \dfrac{6}{2} = 3[V]$

$\therefore V_L = V_C = 3[V]$

10 그림과 같은 회로에 일정한 전압이 걸릴 때 전원에 R_1 및 100[Ω]을 접속하였다. R_1에 흐르는 전류를 최소로 하기 위한 R_2의 값[Ω]은?

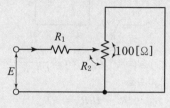

① 25
② 50
③ 75
④ 100

해설

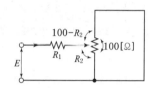

회로도에서 합성저항

$R = R_1 + \dfrac{(100 - R_2) \cdot R_2}{100 - R_2 + R_2} = R_1 + \dfrac{100R_2 - R_2^{\,2}}{100}$

이므로 R_1에 흐르는 전류가 최소가 되려면 합성저항이 최대일 때이므로 R_2에 대한 R의 기울기가 0 되어야 한다.

$\dfrac{dR}{dR_2} = 100 - 2R_2 = 0 , \ R_2 = 50[\Omega]$

11 $R = 1[\Omega]$의 저항을 그림과 같이 무한히 연결할 때, a, b 간의 합성저항은?

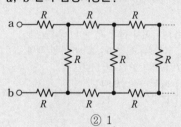

① 0
② 1
③ ∞
④ $1 + \sqrt{3}$

해설

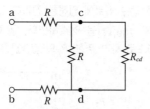

그림의 등가 회로에서 $R_{ab} = 2R + \dfrac{R \cdot R_{cd}}{R + R_{cd}}$ 이며

$R_{ab} ≒ R_{cd}$ 이므로

$RR_{ab} + R_{ab}^2 - 2R^2 - 2RR_{ab} = RR_{ab}$

여기서 $R = 1[\Omega]$ 를 대입하면

$R_{ab} + R_{ab}^2 - 2 - 2R_{ab} = R_{ab} \Rightarrow R_{ab}^2 - 2R_{ab} - 2 = 0$

에서 근의 공식에 대입하면

$R_{ab} = \dfrac{-(-2) \pm \sqrt{(-2)^2 - 4 \times 1 \times (-2)}}{2 \times 1} = 1 \pm \sqrt{3}$

이고 저항값은 (-)값을 가질 수 없으므로 $R_{ab} = 1 + \sqrt{3}$

이 된다.

[참고] $ax^2 + bx + c = 0$ 에서 근의 공식

$x = \dfrac{-b \pm \sqrt{b^2 - 4ac}}{2a}$

---

12 정격 전압에서 $1[\text{kW}]$의 전력을 소비하는 저항에 정격의 $80[\%]$의 전압을 가할 때의 전력[W]은?

① 320　　　　　② 580

③ 640　　　　　④ 860

해설

정격전압 V_1에서 전력 $P_1 = 1[\text{kW}]$일 때

정격의 80[%]의 전압 $V_2 = 0.8 V_1$일 때의

전력 $P_2[\text{W}]$는 $P \propto V^2$이므로

$P_2 = \left(\dfrac{V_2}{V_1} \right)^2 P_1 = \left(\dfrac{0.8 V_1}{V_1} \right)^2 \times 1 \times 10^3 = 640 [\text{W}]$

---

13 다음 회로에서 전류 I는 몇 [A]인가?

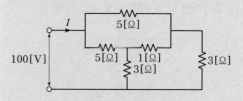

① 50[A]　　　　② 25[A]

③ 12.5[A]　　　④ 10[A]

해설

브릿지 평형으로 중앙에는 전류가 흐르지 않으므로 $1[\Omega]$은 개방상태이므로 등가 회로는 아래와 같다.

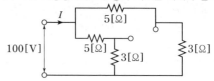

합성저항 $R = \dfrac{8 \times 8}{8 + 8} = 4[\Omega]$,

전류 $I = \dfrac{V}{R} = \dfrac{100}{4} = 25 [\text{A}]$

---

14 다음과 같은 회로에서 단자 a, b 사이의 합성 저항[Ω]은?

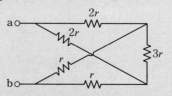

① r　　　　　② $\dfrac{3}{2}r$

③ $\dfrac{1}{2}r$　　　④ $3r$

해설

휘스톤 브릿지 회로로 등가변환 되며 다음과 같다

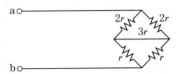

따라서 브릿지 평형이므로 가운데 $3r$은 개방상태가 되어 다음과 같다.

$$\therefore R_{ab} = \frac{3}{2}r\,[\Omega]$$

15 내부저항이 $15[\mathrm{k\Omega}]$이고, 최대눈금이 $150[\mathrm{V}]$인 전압계와 내부저항이 $10[\mathrm{k\Omega}]$이고 최대눈금이 $150[\mathrm{V}]$인 전압계가 있다. 두 전압계를 직렬 접속하여 측정하면 최대 몇 $[\mathrm{V}]$까지 측정할 수 있는가?

① 200 ② 250
③ 300 ④ 375

해설

전체 측정 전압을 E라 하고, 저항의 직렬 접속시에 저항값이 큰 쪽에 더 높은 전압이 분배되므로 전압 분배법칙을 이용하여 $\dfrac{15}{10+15}E \le 150$ 가 성립되어야 함을 알 수 있다.
$$\therefore E \le 250$$

memo

정현파 교류

Chapter 02

정현파 교류

① 정현파 교류

그림과 같이 자기장 중에 코일을 넣고 회전 시키면 플레밍의 오른손 법칙에 의하여 전압이 발생한다. 그 값은 $v = Blv\sin\theta$ [V]이며 이때 Blv는 최댓값으로 V_m으로 표시하면

$v = V_m \sin\theta = V_m \sin\omega t$ [V]로 표시 할 수 있다.

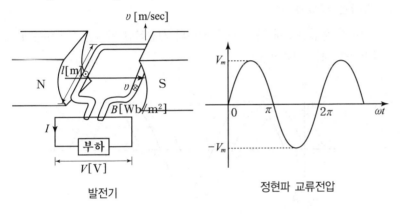

발전기   정현파 교류전압

1. 주기(T)

1 사이클에 대한 시간을 주기라 하며 문자로서 T [sec]라 한다.

2. 주파수(f)

1[sec]동안에 반복되는 사이클 수를 나타내며, 단위로는 [Hz]를 사용

3. 주기와 주파수와의 관계

$f = \dfrac{1}{T}$ [Hz], $T = \dfrac{1}{f}$ [sec]

4. 각 주파수(ω)

시간에 대한 각도의 변화율

$$\omega = \dfrac{\theta}{t} = \dfrac{2\pi}{T} = 2\pi f \text{ [rad/sec]}$$

ex) $f = 60$[Hz] $\Rightarrow \omega = 2\pi \times 60 = 377$ [rad/s]

$f = 50$[Hz] $\Rightarrow \omega = 2\pi \times 50 = 314$ [rad/s]

■각 속도와 주파수
$\omega = 2\pi f$ [rad/sec]
$f = 60$[Hz] : $\omega = 377$ [rad/s]
$f = 50$[Hz] : $\omega = 314$ [rad/s]

예제문제 각 주파수와 주파수의 관계

1 $v = 141\sin\left(377t - \dfrac{\pi}{6}\right)$인 파형의 주파수 [Hz]는?

① 377   ② 100

③ 60   ④ 50

해설

순시전압 $v = 141\sin\left(377t - \dfrac{\pi}{6}\right) = V_m\sin(\omega t - \theta)$ 이므로

각주파수 $\omega = 2\pi f = 377\,[\text{rad/sec}]$ 에서 주파수 $f = \dfrac{377}{2\pi} = 60\,[\text{Hz}]$

답 ③

■ 위상차
위상이 뒤진다 : 지상
위상이 앞선다 : 진상

5. 위상과 위상차

주파수가 동일한 2개 이상 교류 사이의 시간적인 차이를 나타내는데 위상차라는 것을 사용한다.

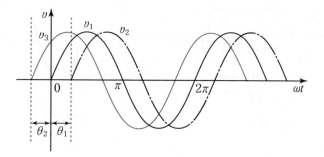

정현파 교류전압

그림에서 전압에 대한 식은 다음과 같다.

$v_1 = V_m\sin\omega t\,[\text{V}]$

$v_2 = V_m\sin(\omega t - \theta_1)\,[\text{V}]$

$v_3 = V_m\sin(\omega t + \theta_2)\,[\text{V}]$

v_2는 v_1보다 위상이 θ_1만큼 뒤지고
v_3는 v_1보다 위상이 θ_2만큼 앞선다.

② 정현파 교류의 크기 표시

1. 순시값

시간에 대해서 순간순간 변화하는 값

$$v = V_m \sin(\omega t \pm \theta)\,[\text{V}]\,, \quad i = I_m \sin(\omega t \pm \theta)\,[\text{A}]$$

2. 평균값

교류 순시값의 한주기 동안의 평균을 취하여 교류의 크기를 나타내는 경우가 있는데, 이것을 교류의 평균값이라 한다. 이를 식으로 나타내면

$$V_a = \frac{1}{T}\int_0^T v\,dt\,[\text{V}]\,, \quad I_a = \frac{1}{T}\int_0^T i\,dt\,[\text{A}]$$

3. 실효값

동일부하에 교류와 직류를 흘려 소비전력이 같아졌을 때의 직류분에 대한 교류분을 실효값이라 하며 이를 모든 계산식의 대푯값으로 사용한다. 이를 식으로 만들면

저항 R에 직류전류 $I\,[\text{A}]$가 흐를 때 소비전력

$$P_{dc} = I^2 R\,[\text{W}]$$

저항 R에 교류전류 $i\,[\text{A}]$가 흐를 때 소비전력

$$P_{ac} = \frac{1}{T}\int_0^T i^2 R\,dt\,[\text{W}]$$

실효값의 정의에 의해 $P_{dc} = P_{ac}$ 이므로 $I^2 R = \frac{1}{T}\int_0^T i^2 R\,dt$ 에서

$I^2 = \frac{1}{T}\int_0^T i^2\,dt$ 가 되므로 $I = \sqrt{\frac{1}{T}\int_0^T i^2 dt}$ 가 된다.

$$I = \sqrt{\frac{1}{T}\int_0^T i^2 dt}$$

■ 평균값과 실효값

평균값 $I_a = \frac{1}{T}\int_0^T i\,dt\,[\text{A}]$

실효값 $I = \sqrt{\frac{1}{T}\int_0^T i^2 dt}$

③ 여러 가지 파형의 평균값과 실효값

1. 정현파 또는 전파

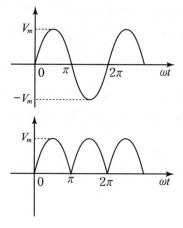

(1) 평균값

$$V_a = \frac{1}{\pi}\int_0^\pi V_m \sin\omega t\, d\omega t = \frac{V_m}{\pi}\left[-\cos\omega t\right]_0^\pi$$

$$= \frac{V_m}{\pi}[1-(-1)] = \frac{2V_m}{\pi} = 0.637\,V_m$$

(2) 실효값

$$V = \sqrt{\frac{1}{2\pi}\int_0^{2\pi}(V_m\sin\omega t)^2\,d\omega t} = \sqrt{\frac{V_m^2}{2\pi}\int_0^{2\pi}\sin^2\omega t\,d\omega t}$$

$$= \sqrt{\frac{V_m^2}{2\pi}\int_0^{2\pi}\frac{1-\cos 2\omega t}{2}\,d\omega t} = \sqrt{\frac{V_m^2}{4\pi}\int_0^{2\pi}(1-\cos 2\omega t)\,d\omega t}$$

$$= \sqrt{\frac{V_m^2}{4\pi}\left[\omega t - \frac{\sin 2\omega t}{2}\right]_0^{2\pi}} = \sqrt{\frac{V_m^2}{4\pi}\times 2\pi} = \frac{V_m}{\sqrt{2}} = 0.707\,V_m$$

예제문제 평균값과 실효값의 관계

2 어떤 정현파 전압의 평균값이 191[V]이면 최댓값[V]은?

① 약 150　　　　　② 약 250

③ 약 300　　　　　④ 약 400

해설

정현파에서 평균값 $V_a = \dfrac{2V_m}{\pi}$ 이므로

최댓값 $V_m = \dfrac{\pi}{2}V_a = \dfrac{\pi}{2}\times 191 = 300[V]$

답 ③

2. 정현반파

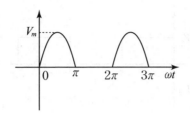

정현 반파의 평균값은 정현 전파의 $\dfrac{1}{2}$ 배이고 실효값은 $\dfrac{1}{\sqrt{2}}$ 배이다.
이를 식으로 표현하면

$$V_a = \frac{1}{2} \times \frac{2V_m}{\pi} = \frac{V_m}{\pi}, \quad V = \frac{1}{\sqrt{2}} \times \frac{V_m}{\sqrt{2}} = \frac{V_m}{2}$$

3. 구형파

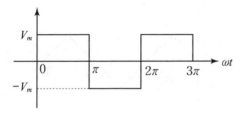

(1) 평균값

$$V_a = \frac{1}{\pi} \int_0^\pi V_m \, d\omega t = \frac{V_m}{\pi} [\omega t]_0^\pi = \frac{V_m}{\pi} \times \pi = V_m$$

(2) 실효값

$$V = \sqrt{\frac{1}{2\pi} \int_0^{2\pi} V_m^2 \, d\omega t} = \sqrt{\frac{V_m^2}{2\pi} [\omega t]_0^{2\pi}}$$

$$= \sqrt{\frac{V_m^2}{2\pi} \times 2\pi} = V_m$$

■ 구형반파

$$V_a = \frac{V_m}{2}$$

$$V = \frac{V_m}{\sqrt{2}}$$

4. 구형반파

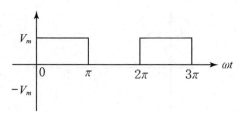

구형 반파의 평균값은 구형파의 $\frac{1}{2}$ 배이고 실효값은 $\frac{1}{\sqrt{2}}$ 배이다. 이를 식으로 표현하면

$$V = \frac{1}{\sqrt{2}} \times V_m = \frac{V_m}{\sqrt{2}}, \quad V_a = \frac{1}{2} \times V_m = \frac{V_m}{2}$$

5. 삼각파 또는 톱니파

■ 삼각파, 톱니파

$$V_a = \frac{V_m}{2}$$

$$V = \frac{V_m}{\sqrt{3}}$$

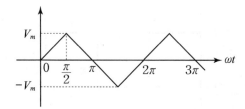

(1) 평균값

$$V_a = \frac{2}{\pi} \int_0^{\frac{\pi}{2}} \frac{2V_m}{\pi} \omega t \ d\omega t$$

$$= \frac{4V_m}{\pi^2} \left[\frac{1}{2} (\omega t)^2 \right]_0^{\frac{\pi}{2}} = \frac{4V_m}{\pi^2} \times \frac{1}{2} \times \frac{\pi^2}{4} = \frac{V_m}{2}$$

(2) 실효값

$$V = \sqrt{\frac{1}{\frac{\pi}{2}} \int_0^{\frac{\pi}{2}} \left(\frac{2V_m}{\pi} \omega t \right)^2 d\omega t} = \sqrt{\frac{2}{\pi} \times \frac{4V_m^2}{\pi^2} \int_0^{\frac{\pi}{2}} (\omega t)^2 d\omega t}$$

$$= \sqrt{\frac{8V_m^2}{\pi^3} \left[\frac{1}{3} (\omega t)^3 \right]_0^{\frac{\pi}{2}}} = \sqrt{\frac{8V_m^2}{\pi^3} \times \frac{1}{3} \times \left(\frac{\pi}{2} \right)^3} = \frac{V_m}{\sqrt{3}}$$

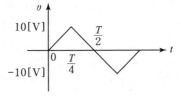

예제문제 여러 가지 파형의 평균값과 실효값

3 그림과 같이 시간축에 대하여 대칭인 3각파 교류 전압의 평균값[V]은?

① 5.77
② 5
③ 10
④ 6

해설

삼각파의 평균값 $V_a = \dfrac{V_m}{2} = \dfrac{10}{2} = 5[\mathrm{V}]$

답 ②

	정현파 전파정류	정현반파	구형파	구형반파	삼각파 톱니파
실효값	$\dfrac{최대}{\sqrt{2}}$	$\dfrac{최대}{2}$	최대	$\dfrac{최대}{\sqrt{2}}$	$\dfrac{최대}{\sqrt{3}}$
평균값	$\dfrac{2}{\pi}$최대	$\dfrac{최대}{\pi}$	최대	$\dfrac{최대}{2}$	$\dfrac{최대}{2}$

④ 파고율과 파형률

1. 파고율 : 실효값에 대한 최댓값의 비율

$$파고율 = \frac{최대값}{실효값}$$ ⇒ 실효값공식의 분모값과 같다.

2. 파형율 : 평균값에 대한 실효값의 비율

$$파형율 = \frac{실효값}{평균값}$$

(1) 정현파, 정현전파 : 1.11
(2) 정현반파 : 1.57
(3) 구형파 : 1
(4) 구형반파 : 1.414
(5) 삼각파, 톱니파 : 1.155

■ 파고율과 파형율

$$파고율 = \frac{최댓값}{실효값}$$

$$파형율 = \frac{실효값}{평균값}$$

예제문제 **파고율과 파형률**

4 파형이 톱니파일 경우 파형률은?

① 0.577 　　　　　　　② 1.732
③ 1.414 　　　　　　　④ 1.155

해설

톱니파의 파형률 $= \dfrac{\text{실효값}}{\text{평균값}} = \dfrac{\dfrac{V_m}{\sqrt{3}}}{\dfrac{V_m}{2}} = \dfrac{2}{\sqrt{3}} = 1.155$

답 ④

예제문제 **파고율과 파형률**

5 파고율이 2가 되는 파는?

① 정현파 　　　　　　　② 톱니파
③ 반파 정류파 　　　　　④ 전파 정류파

해설

반파정류의 파고율 $= \dfrac{\text{최댓값}}{\text{실효값}} = \dfrac{V_m}{\dfrac{V_m}{2}} = 2$

답 ③

⑤ 복소수

1. 허수

제곱하여 −1이 되는 수로서 실수와는 위상이 90° 차이가 나는 수

(1) $j = \sqrt{-1} = 1 \angle 90°$ 　　　　실수보다 90° 앞선다.

(2) $-j = 1 \angle -90°$ 　　　　실수보다 90° 뒤진다.

(3) $j^2 = -1$, $j^3 = -j$, $j^4 = 1$

2. 복소수

실수부와 허수부의 합으로 이루어진 수

복소수 = 실수부 + 허수부 $= a + j\,b$

3. 복소평면

$Z = a + jb$ 로 주어졌을 때 복소평면에 나타내면

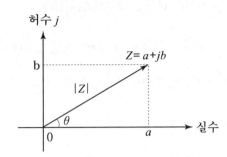

(1) 복소수의 크기
$$|Z| = \sqrt{실수부^2 + 허수부^2} = \sqrt{a^2 + b^2}$$

(2) 복소수의 위상
$$\theta = \tan^{-1}\frac{허수부}{실수부} = \tan^{-1}\frac{b}{a}$$

4. 함수의 표현법

(1) 직각좌표 표현법
$$Z = 실수부 + 허수부 = a + jb$$
$$(\,|Z| = \sqrt{a^2 + b^2} : 실효값\;,\;\; \theta = \tan^{-1}\frac{b}{a} : 위상\,)$$

(2) 극 좌표
$$Z = 크기 \angle 각도 = |Z| \angle \theta$$

(3) 지수 함수형
$$Z = 크기\, e^{j각도} = |Z|\, e^{j\theta}$$

(4) 삼각 함수형
$$Z = 크기(\cos 각도 + j\sin 각도) = |Z|(\cos\theta + j\sin\theta)$$

(5) 순시값 표현
$$Z = 최댓값 \sin(\omega t + 각도) = \sqrt{2}\,|Z|\sin(\omega t + \theta)$$
$$\therefore 최댓값 = 실효값 \times \sqrt{2}$$

5. 복소수 연산

(1) 복소수의 합과 차
실수부는 실수부끼리 허수부는 허수부끼리 더하고 뺀다.

$Z_1 = a + jb$, $Z_2 = c + jd$ 로 주어지는 경우
덧셈과 뺄셈을 구하는 방법은 다음과 같다.
$$Z_1 \pm Z_2 = (a \pm c) + j(b \pm d)$$

■ 복소수표현
$$Z = a + jb$$
$$|Z| = \sqrt{a^2 + b^2},\;\; \theta = \tan^{-1}\frac{b}{a}$$

$$Z = |Z| \angle \theta = |Z|\, e^{j\theta}$$
$$= |Z|(\cos\theta + j\sin\theta)$$

■ 복소수의 합과차
$$Z_1 \pm Z_2 = (a \pm c) + j(b \pm d)$$

■ 복소수의 곱과 나눗셈
$| Z_1 | \angle \theta_1 \times | Z_2 | \angle \theta_2$
$= | Z_1 \| Z_2 | \angle \theta_1 + \theta_2$

$\dfrac{| Z_1 | \angle \theta_1}{| Z_2 | \angle \theta_2} = \dfrac{| Z_1 |}{| Z_2 |} \angle \theta_1 - \theta_2$

(2) 복소수의 곱과 나눗셈

극좌표형으로 바꾸어 곱셈의 경우는 크기는 곱하고 각도는 더하며, 나눗셈의 경우는 크기는 나누고 각도끼리는 뺀다.

$Z_1 = a + jb$, $Z_2 = c + jd$일 때 극형식으로 고치면 다음과 같다.

$| Z_1 | = \sqrt{a^2 + b^2}$, $\theta_1 = \tan^{-1} \dfrac{b}{a}$

$| Z_2 | = \sqrt{c^2 + d^2}$, $\theta_2 = \tan^{-1} \dfrac{d}{c}$

그러므로 이를 이용하여 곱과 나눗셈을 구하면 다음과 같은 방법을 사용한다.

$Z_1 \times Z_2 = | Z_1 | \angle \theta_1 \times | Z_2 | \angle \theta_2 = | Z_1 \| Z_2 | \angle \theta_1 + \theta_2$

$\dfrac{Z_1}{Z_2} = \dfrac{| Z_1 | \angle \theta_1}{| Z_2 | \angle \theta_2} = \dfrac{| Z_1 |}{| Z_2 |} \angle \theta_1 - \theta_2$

■ 켤레복소수끼리의 곱
$(a + jb)(a - jb) = a^2 + b^2$

(3) 켤레복소수

허수부의 부호가 반대인 복소수이며 공액복소수라고도 한다.
$Z = a + jb$, $\overline{Z} = Z^* = a - jb$

예제문제　교류의 복소수 표현

6 교류 전류 $i_1 = 20\sqrt{2} \sin\left(\omega t + \dfrac{\pi}{3}\right)$[A], $i_2 = 10\sqrt{2} \sin\left(\omega t - \dfrac{\pi}{6}\right)$ [A]의 합성 전류[A]를 복소수로 표시하면?

① $18.66 - j12.32$
② $18.66 + j12.32$
③ $12.32 - j18.66$
④ $12.32 + j18.66$

해설

$I_1 + I_2 = 20\left(\cos \dfrac{\pi}{3} + j \sin \dfrac{\pi}{3}\right) + 10\left(\cos \dfrac{\pi}{6} - j\sin \dfrac{\pi}{6}\right) = 18.66 + j12.32$

답 ②

출제예상문제

01 정현파 교류의 실효값을 계산하는 식은?

① $I = \dfrac{1}{T}\displaystyle\int_0^T i^2\,dt$ ② $I^2 = \dfrac{2}{T}\displaystyle\int_0^T i\,dt$

③ $I^2 = \dfrac{1}{T}\displaystyle\int_0^T i^2\,dt$ ④ $I = \sqrt{\dfrac{2}{T}\displaystyle\int_0^T i^2\,dt}$

해설

정현파 교류의 실효값

$$I = \sqrt{\frac{1}{T}\int_0^T i^2\,dt} = \sqrt{i^2 \text{ 의 한주기 평균값}}$$

02 정현파 전압의 평균값과 최댓값과의 관계식 중 옳은 것은?

① $V_{av} = 0.707\,V_m$ ② $V_{av} = 0.840\,V_m$

③ $V_{av} = 0.637\,V_m$ ④ $V_{av} = 0.956\,V_m$

해설

정현파 교류의 평균값 $V_a = \dfrac{2}{\pi}V_m = 0.637\,V_m$ [V]

정현파 교류의 실효값 $V = \dfrac{V_m}{\sqrt{2}} = 0.707\,V_m$ [V]

03 어떤 정현파 전압의 평균값이 191[V]이면 최 댓값은?

① 약 150   ② 약 250

③ 약 300   ④ 약 400

해설

정현파에서 평균값 $V_a = \dfrac{2\,V_m}{\pi}$ 이므로

최댓값 $V_m = \dfrac{\pi}{2}V_a = \dfrac{\pi}{2}\times 191 = 300\,[\text{V}]$

04 어떤 교류 전압의 실효값이 314[V]일 때 평균 값 [V]은?

① 약 142   ② 약 283

③ 약 365   ④ 약 382

해설

정현파에서 평균값

$$V_a = \frac{2\,V_m}{\pi} = \frac{2\sqrt{2}\,V}{\pi} = \frac{2\sqrt{2}\times 314}{\pi} = 283\,[\text{V}]$$

05 정현파 교류의 평균값에 어떠한 수를 곱하면 실효값을 얻을 수 있는가?

① $\dfrac{2\sqrt{2}}{\pi}$ ② $\dfrac{\sqrt{3}}{2}$

③ $\dfrac{2}{\sqrt{3}}$ ④ $\dfrac{\pi}{2\sqrt{2}}$

해설

정현파의 평균값 $V_a = \dfrac{2\,V_m}{\pi} = \dfrac{2\sqrt{2}\,V}{\pi}$ [V] 이므로

실효값은 $V = \dfrac{\pi}{2\sqrt{2}}V_a$ [V] 이 된다.

06 그림과 같은 $i = I_m \sin\omega t$ 인 정현파 교류의 반파 정류 파형의 실효값은?

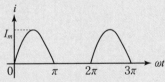

① $\dfrac{I_m}{\sqrt{2}}$ ② $\dfrac{I_m}{\sqrt{3}}$

③ $\dfrac{I_m}{2\sqrt{2}}$ ④ $\dfrac{I_m}{2}$

해설

정현반파의 평균값 $I_a = \dfrac{I_m}{\pi}$

정현반파의 실효값 $I = \dfrac{I_m}{2}$

---

07 그림과 같은 파형의 실효값은?

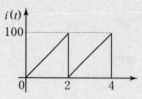

① 47.7   ② 57.7
③ 67.7   ④ 77.5

해설

톱니파의 평균값 $I_a = \dfrac{I_m}{2}$

톱니파의 실효값 $I = \dfrac{I_m}{\sqrt{3}} = \dfrac{100}{\sqrt{3}} = 57.7$

---

08 그림과 같이 시간축에 대하여 대칭인 3각파 교류전압의 평균값[V]은?

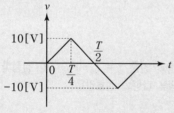

① 5.77   ② 5
③ 10   ④ 6

해설

삼각파의 평균값 $V_a = \dfrac{V_m}{2} = \dfrac{10}{2} = 5[V]$

---

09 그림과 같이 처음 10초간은 50[A]의 전류를 흘리고, 다음 20초간은 40[A]의 전류를 흘리면 전류의 실효값 [A]은? (단, 주기는 30초라 한다.)

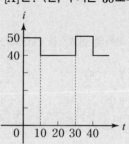

① 38.7   ② 43.6
③ 46.8   ④ 51.5

해설

$$V = \sqrt{\frac{1}{T}\int_0^T v^2\,\mathrm{d}t} = \sqrt{\frac{1}{30}\left\{\int_0^{10} 50^2\mathrm{d}t + \int_{10}^{30} 40^2\mathrm{d}t\right\}}$$
$$= 43.6\,[A]$$

---

10 교류의 파형률이란?

① $\dfrac{\text{실효값}}{\text{평균값}}$ ② $\dfrac{\text{평균값}}{\text{실효값}}$

③ $\dfrac{\text{실효값}}{\text{최댓값}}$ ④ $\dfrac{\text{최댓값}}{\text{실효값}}$

해설

파형률$= \dfrac{\text{실효값}}{\text{평균값}}$, 파고율$= \dfrac{\text{최댓값}}{\text{실효값}}$

---

11 정현파 교류의 실효값을 구하는 식이 잘못된 것은?

① $\sqrt{\dfrac{1}{T}\int_0^T i^2 dt}$ ② 파고율×평균값

③ $\dfrac{\text{최댓값}}{\sqrt{2}}$ ④ $\dfrac{\pi}{2\sqrt{2}}$×평균값

해설

• 실효값의 정의식 $I = \sqrt{\dfrac{1}{T}\displaystyle\int_0^T i^2 dt}$

• 정현파의 실효값

$$V = \dfrac{V_m}{\sqrt{2}} = \dfrac{최댓값}{\sqrt{2}}$$

• $\dfrac{\pi}{2\sqrt{2}} \times 평균값 = \dfrac{\pi}{2\sqrt{2}} \times \dfrac{2V_m}{\pi} = \dfrac{V_m}{\sqrt{2}} = 실효값$

12 다음 중 파형률이 1.11이 되는 파형은?

①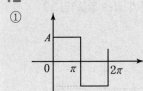

②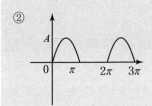

③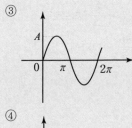

④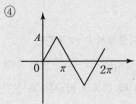

해설

정현파의 파형률 $= \dfrac{실효값}{평균값} = \dfrac{\dfrac{V_m}{\sqrt{2}}}{\dfrac{2}{\pi}V_m} = \dfrac{\pi}{2\sqrt{2}} = 1.111$

13 파형이 톱니파일 경우 파형률은?

① 0.577   ② 1.732

③ 1.414   ④ 1.155

해설

톱니파의 파형률 $= \dfrac{실효값}{평균값} = \dfrac{\dfrac{V_m}{\sqrt{3}}}{\dfrac{V_m}{2}}$

$= \dfrac{2}{\sqrt{3}} = 1.155$

14 정현파 교류전압의 파고율은?

① 0.91   ② 1.11

③ 1.41   ④ 1.73

해설

정현파의 실효값 전류 I, 평균값 전류 I_a라 하며

$$I = \dfrac{I_m}{\sqrt{2}} \;,\; I_a = \dfrac{2I_m}{\pi} \quad 이므로$$

파고율 $= \dfrac{최댓값}{실효값} = \dfrac{I_m}{\dfrac{I_m}{\sqrt{2}}} = \sqrt{2} = 1.41$

15 파고율이 2가 되는 파는?

① 정현파   ② 톱니파

③ 반파 정류파   ④ 전파 정류파

해설

반파정류의 파고율 $= \dfrac{최댓값}{실효값} = \dfrac{V_m}{\dfrac{V_m}{2}} = 2$

16 그림과 같은 파형의 파고율은 얼마인가?

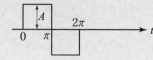

① 2.828   ② 1.732
③ 1.414   ④ 1

해설
구형파는 최댓값, 실효값, 평균값이 모두 같으므로 파형률과 파고율이 모두 1이다.

17 다음 파형의 파형률과 파고율을 더한 값은?

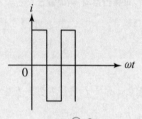

① 1   ② 2
③ 2.51   ④ 3.57

해설
구형파는 파고율과 파형율이 모두 1이므로
파고율 + 파형율 $1+1=2$

18 그림과 같은 파형의 파고율은?

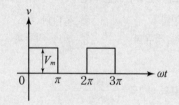

① $\sqrt{2}$ ② $\sqrt{3}$
③ 2   ④ 3

해설
구형반파에서 실효값 $V = \dfrac{V_m}{\sqrt{2}}$, 평균값 $V_a = \dfrac{V_m}{2}$

이므로 파고율 $= \dfrac{\text{최댓값}}{\text{실효값}} = \dfrac{V_m}{\dfrac{V_m}{\sqrt{2}}} = \sqrt{2}$

19 그림과 같은 파형의 맥동 전류를 열선형 계기로 측정한 결과 10[A]이었다. 이를 가동 코일형 계기로 측정할 때 전류의 값은 몇[A]인가?

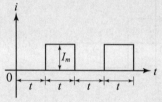

① 7.07   ② 10
③ 14.14   ④ 17.32

해설
열선형 계기는 실효값, 가동 코일형 계기는 평균값을 지시하므로 구형반파에서

실효값 $I = \dfrac{I_m}{\sqrt{2}}$, 평균값 $I_a = \dfrac{I_m}{2}$ 이므로

$$I_a = \dfrac{I_m}{2} = \dfrac{\sqrt{2}\,I}{2} = \dfrac{10}{\sqrt{2}} = 7.07[\text{A}]$$

20 그림과 같은 전류 파형에서 $0 \sim \pi$까지는 $i = I_m \sin \omega t$, $\pi \sim 2\pi$까지는 $i = -\dfrac{I_m}{2}$으로 주어진다. $I_m = 5$ [A]라 할 때 전류의 평균값 [A]은?

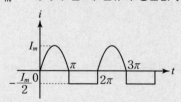

① 0.234   ② 0.342
③ 0.432   ④ 0.5

정답   16 ④   17 ②   18 ①   19 ①   20 ②

정현반파 부분의 평균값 $= \dfrac{I_m}{\pi} = \dfrac{5}{\pi} = 1.59\,[\mathrm{A}]$

구형반파 부분의 평균값 $= \dfrac{\frac{I_m}{2}}{2} = \dfrac{\frac{5}{2}}{2} = 1.25\,[\mathrm{A}]$ 이므로

전체 평균값은 $I_a = 1.59 - 1.25 = 0.34\,[\mathrm{A}]$

---

21 최대치 $100\,[\mathrm{V}]$, 주파수 $60\,[\mathrm{Hz}]$인 정현파 전압이 $t=0$에서 순시치가 $50\,[\mathrm{V}]$이고 이 순간에 전압이 감소하고 있을 경우의 정현파의 순시치 식은?

① $100\sin(120\pi t + 45°)$
② $100\sin(120\pi t + 135°)$
③ $100\sin(120\pi t + 150°)$
④ $100\sin(120\pi t + 30°)$

최댓값 $V_m = 100\,[\mathrm{V}]$, 주파수 $f = 60\,[\mathrm{Hz}]$, $t = 0$에서
순시전압 $v(t) = 50\,[\mathrm{V}]$ 이므로
$v(t) = V_m \sin(\omega t + \theta)$
$\quad = 100\sin(2\pi\times60 t + \theta) = 100\sin(120\pi t + \theta)$
$v(0) = 100\sin\theta = 50$, $\sin\theta = 0.5$
$\theta = \sin^{-1}0.5 = 30°,\ 150°$ 이며
$t=0$에서 순시치 전압이 감소하는 경우의 전압은
$v(t) = 100\sin(120\pi t + 150°)\,[\mathrm{V}]$

---

22 전류의 크기가 $i_1 = 30\sqrt{2}\sin\omega t\,[\mathrm{A}]$, $i_2 = 40\sqrt{2}\sin\left(\omega t + \dfrac{\pi}{2}\right)[\mathrm{A}]$일 때 $i_1 + i_2$의 실효값은 몇 $[\mathrm{A}]$인가?

① 50 ② $50\sqrt{2}$
③ 70 ④ $70\sqrt{2}$

$I_1 = 30\angle 0°$, $I_2 = 40\angle 90° = j40$ 이므로
$I_1 + I_2 = 30 + j40 = \sqrt{30^2 + 40^2} = 50\,[\mathrm{A}]$

---

23 복소수 $I_1 = 10\angle\tan^{-1}\dfrac{4}{3}$, $I_2 = 10\angle\tan^{-1}\dfrac{3}{4}$ 일 때 $I = I_1 + I_2$ 는 얼마인가?

① $-2 + j2$ ② $14 + j14$
③ $14 + j4$ ④ $14 + j3$

$\theta_1 = \tan^{-1}\dfrac{4}{3} = 53°$, $\theta_2 = \tan^{-1}\dfrac{3}{4} = 37°$
I_1 과 I_2 를 변형하면
$I_1 = 10(\cos\theta_1 + j\sin\theta_1) = 6 + j8$
$I_2 = 10(\cos\theta_2 + j\sin\theta_2) = 8 + j6$
$\therefore I = I_1 + I_2 = 6 + j8 + 8 + j6 = 14 + j14$

---

24 임피던스 $Z = 15 + j4\,[\Omega]$의 회로에 $I = 10(2+j)\,[\mathrm{A}]$를 흘리는 데 필요한 전압 $V[\mathrm{V}]$를 구하면?

① $10(26 + j23)$ ② $10(34 + j23)$
③ $10(30 + j4)$ ④ $10(15 + j8)$

$V = I \cdot Z = 10(2+j)(15 + j4) = 10(26 + j23)\,[\mathrm{V}]$

---

25 $A_1 = 20\left(\cos\dfrac{\pi}{3} + j\sin\dfrac{\pi}{3}\right)$, $A_2 = 5\left(\cos\dfrac{\pi}{6} + j\sin\dfrac{\pi}{6}\right)$로 표시되는 두 벡터가 있다. $A_3 = \dot{A_1}/\dot{A_2}$ 의 값은 얼마인가?

① $\dot{A_3} = 10\left(\cos\dfrac{\pi}{3} + j\sin\dfrac{\pi}{3}\right)[\mathrm{A}]$
② $\dot{A_3} = 10\left(\cos\dfrac{\pi}{6} + j\sin\dfrac{\pi}{6}\right)[\mathrm{A}]$
③ $\dot{A_3} = 4\left(\cos\dfrac{\pi}{3} + j\sin\dfrac{\pi}{3}\right)[\mathrm{A}]$
④ $\dot{A_3} = 4\left(\cos\dfrac{\pi}{6} + j\sin\dfrac{\pi}{6}\right)[\mathrm{A}]$

$\dfrac{A_1}{A_2} = \dfrac{20\angle 60°}{5\angle 30°} = 4\angle 30° = 4\left(\cos\dfrac{\pi}{6} + j\sin\dfrac{\pi}{6}\right)$

26 $V = v_1 + jv_2$ 와 $I = I$ 와의 위상차를 $\dfrac{\pi}{3}$[rad] 만큼 I 를 앞서게 하는 조건은?

① $v_2 = \sqrt{3}\,v_1$ ② $v_2 = -\sqrt{3}\,v_1$

③ $v_2 = \dfrac{1}{\sqrt{3}}\,v_1$ ④ $v_2 = -\dfrac{1}{\sqrt{3}}\,v_1$

해설

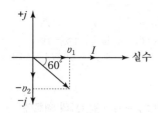

전류가 전압보다 위상이 $\theta = \dfrac{\pi}{3} = 60°$ 앞서므로 벡터도에서 $\tan 60° = \dfrac{-v_2}{v_1} = \sqrt{3}$ 이므로 $v_2 = -\sqrt{3}\,v_1$ 이 된다.

27 그림과 같은 회로에서 Z_1 의 단자전압 $V_1 = \sqrt{3} + jy$, Z_2의 단자 전압 $V_2 = |V| \angle 30°$ 일 때, y 및 $|V|$ 의 값은?

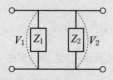

① $y = 1,\ |V| = 2$
② $y = \sqrt{3},\ |V| = 2$
③ $y = 2\sqrt{3},\ |V| = 1$
④ $y = 1,\ |V| = \sqrt{3}$

해설

Z_1 과 Z_2 가 병렬연결이므로 단자전압 $V_1 = V_2$ 이므로
$\sqrt{3} + jy = |V| \angle 30°$

$\qquad = |V|(\cos 30° + j\sin 30°) = \dfrac{|V|\sqrt{3}}{2} + j\dfrac{|V|}{2}$

$\therefore\ \sqrt{3} = \dfrac{|V|\sqrt{3}}{2}$, $y = \dfrac{|V|}{2} \Rightarrow |V| = 2,\ y = 1$

28 어떤 회로에 $E = 100 + j20$[V]인 전압을 가했을 때 $I = 4 + j3$[A]인 전류가 흘렀다면 이 회로의 임피던스는?

① $19.5 + j3.9[\Omega]$ ② $18.4 - j8.8[\Omega]$
③ $17.3 - j8.5[\Omega]$ ④ $15.3 + j3.7[\Omega]$

해설

임피던스
$$Z = \frac{E}{I} = \frac{100 + j20}{4 + j3} = \frac{(100 + j20)(4 - j3)}{(4 + j3)(4 - j3)}$$
$$= \frac{460 - j220}{25} = 18.4 - j8.8\,[\Omega]$$

정답   26 ②   27 ①   28 ②

Engineer Electricity
dustrial Engineer Electricity 기본 교류 회로

Chapter 03

SECTION 03 기본 교류 회로

① R, L, C 단독회로

1. 저항R만의 회로

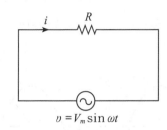

$$v = V_m \sin \omega t$$

(1) 순시전류

$$i = \frac{v}{R} = \frac{V_m}{R} \sin \omega t = I_m \sin \omega t \ [\text{A}]$$

(2) 전압과 전류의 파형

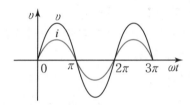

(3) 전압, 전류의 위상차

전압과 전류의 위상차가 없다. ⇒ 동상

(4) R에 대한 임피던스 $Z\,[\Omega]$

$$Z = \frac{V}{I} = \frac{\dfrac{V_m}{\sqrt{2}} \angle 0°}{\dfrac{V_m}{\sqrt{2}\,R} \angle 0°} = R\angle 0° = R(\cos 0° + j\sin 0°) = R\,[\Omega]$$

■ 저항만의 회로
• 동상선류
• 임피던스 $Z = R$

예제문제 저항만의 회로

1 어떤 회로 소자에 $e = 125\sin 377t\,[\text{V}]$를 가했을 때 전류
$i = 25\sin 377t\,[\text{A}]$가 흐른다. 이 소자는 어떤 것인가?

① 다이오드   ② 순저항

③ 유도 리액턴스   ④ 용량 리액턴스

해설
전압과 전류의 위상차가 없으므로 순저항 회로가 된다.   답 ②

2. 인덕턴스 L만의 회로

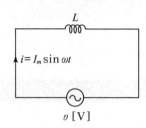

(1) $L[\mathrm{H}]$에 대한 역기전력

$$e = -L\frac{di}{dt}\,[\mathrm{V}]$$

(2) $L[\mathrm{H}]$에 대한 단자전압

$$v = L\frac{di}{dt} = L\frac{d}{dt}(I_m\sin\omega t)$$
$$= \omega L I_m\cos\omega t$$
$$= \omega L I_m\sin(\omega t + 90°)\,[\mathrm{V}]$$

(3) 전압과 전류의 파형

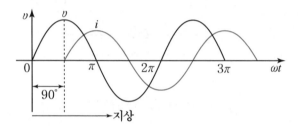

(4) 전압, 전류의 위상차

전압은 전류보다 위상이 90° 앞선다.

또는 전류는 전압보다 위상이 90° 뒤진다. ⇒ 유도성 (지상전류)

(5) L에 대한 임피던스 $Z[\Omega]$

$$Z = \frac{V}{I} = \frac{\dfrac{\omega L I_m}{\sqrt{2}}\angle 90°}{\dfrac{I_m}{\sqrt{2}}\angle 0°} = \omega L \angle 90° = \omega L(\cos 90° + j\sin 90°)$$
$$= j\omega L = j X_L\,[\Omega]$$

$$\boxed{X_L = \omega L = 2\pi f L\,[\Omega]}\quad : \text{유도성 리액턴스(Inductive reactance)}$$

(6) 직류전압을 인가하는 경우

직류전압은 주파수가 0이므로 $X_L=0$이 되어 단락상태이다.

(7) 코일에서 급격히 변화할 수 없는 것 : 전류

(8) 코일에 축적(저장)되는 에너지

$$w = \int p\,dt = \int vi\,dt = \int L\frac{di}{dt}i\,dt = \int Li\,di = \frac{1}{2}Li^2\,[\mathrm{J}]$$

■ 인덕턴스(코일)만의 회로

① $v = L\dfrac{di}{dt}$, $i = \dfrac{1}{L}\int v\,dt$

② 90° 지상전류

③ $Z = j\omega L = j X_L\,[\Omega]$

④ 직류 인가시 : 단락

⑤ 급격히 변화할수 없는 것⇒전류

⑥ 축적(저장)에너지

$W_L = \dfrac{1}{2}LI^2\,[\mathrm{J}]$

예제문제 인덕턴스만의 회로

2 어떤 회로에 전압 $v(t) = V_m \cos \omega t$ 를 가했더니 회로에 흐르는 전류는 $i(t) = I_m \sin \omega t$ 였다. 이 회로가 한 개의 회로 소자로 구성되어 있다면 이 소자의 종류는? 단, $V_m > 0$, $I_m > 0$ 이다.

① 저항　　　　　　　② 인덕턴스
③ 정전용량　　　　　④ 컨덕턴스

해설

전압 $v(t) = V_m \cos \omega t = V_m \sin(\omega t + 90°)$
전류 $i(t) = I_m \sin \omega t$ 이므로 전류가 전압보다 위상이 90° 늦으므로 $L[\text{H}]$ 만의 회로이다.

답 ②

3. 커패시턴스 C만의 회로

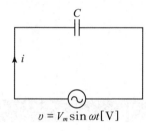

$v = V_m \sin \omega t[\text{V}]$

(1) $C[\text{F}]$에 흐르는 전류

$$i = C\frac{dv}{dt} = C\frac{d}{dt}(V_m \sin \omega t)$$

$$= \omega C V_m \cos \omega t$$

$$= \omega C V_m \sin(\omega t + 90°)[\text{A}]$$

(2) 전압과 전류의 파형

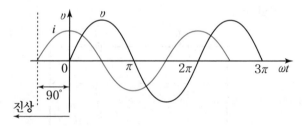

(3) 전압, 전류의 위상차

전류는 전압보다 위상이 90° 앞선다.

또는 전압은 전류보다 위상이 90° 뒤진다. ⇒ 용량성 (진상전류)

(4) C에 대한 임피던스 $Z[\Omega]$

$$Z = \frac{V}{I} = \frac{\dfrac{V_m}{\sqrt{2}} \angle 0°}{\dfrac{\omega C V_m}{\sqrt{2}} \angle 90°} = \frac{1}{\omega C} \angle -90°$$

$$= \frac{1}{\omega C}(\cos(-90°) + j\sin(-90°)) = \frac{1}{j\omega C} = -jX_C[\Omega]$$

$$\boxed{X_C = \frac{1}{\omega C} = \frac{1}{2\pi f C}[\Omega]}$$: 용량성 리액턴스(Capacitance reactance)

■ 커패시턴스(콘덴서)만의 회로

① $i = C\dfrac{dv}{dt}$, $v = \dfrac{1}{C}\displaystyle\int i\,dt$

② 90° 진상전류

③ $Z = \dfrac{1}{j\omega C} = -jX_C[\Omega]$

④ 직류 인가 시 : 개방

⑤ 급격히 변화할 수 없는 것 ⇒ 전압

⑥ 축적(저장)에너지

$W_C = \dfrac{1}{2}CV^2[\text{J}]$

(5) 직류전압을 인가하는 경우

직류전압은 주파수가 0이므로 $X_C = \infty$ 가 되어 개방상태가 된다.

(6) 콘덴서에서 급격히 변화할 수 없는 것 : 전압

(7) 콘덴서에 축적(저장)되는 에너지

$$w = \int p\, dt = \int v\, d = \int v\, C\frac{dv}{dt} d = \int C v\, dv = \frac{1}{2} C v^2 [\text{J}]$$

예제문제 커패시턴스만의 회로

3 어떤 회로에 전압을 가하니 90°위상이 앞선 전류가 흘렀다. 이 회로는?

① 저항성분   ② 용량성

③ 무유도성   ④ 유도성

해설

용량성 회로에서는 전류가 전압보다 90° 앞선다.

답 ②

---

② R, L, C 직렬회로

1. $R-L$ 직렬 회로

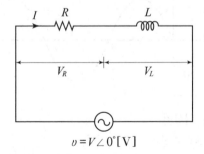

$$v = V \angle 0°[\text{V}]$$

(1) 합성임피던스

$$Z = Z_1 + Z_2 = R + jX_L [\Omega]$$

(2) 임피던스의 크기

$$|Z| = \sqrt{R^2 + X_L^2} \ [\Omega]$$

(3) 위상 $\theta = \tan^{-1}\dfrac{X_L}{R} = \tan^{-1}\dfrac{\omega L}{R}$

(4) 전압, 전류 위상차

$R-L$ 직렬에서는 전류가 전압보다 위상이 θ만큼 뒤지므로 유도성이 된다.

■R-L 직렬회로

$Z = R + jX_L [\Omega]$

$|Z| = \sqrt{R^2 + X_L^2} \ [\Omega]$

$\theta = \tan^{-1}\dfrac{X_L}{R}$

$\cos\theta = \dfrac{R}{Z}$, $\sin\theta = \dfrac{X_L}{Z}$

(5) 전류 $I[\mathrm{A}]$ (실효값)

$$I = \frac{V}{Z} = \frac{V}{\sqrt{R^2 + X_L^2}} = \frac{V}{\sqrt{R^2 + (\omega L)^2}} \ [\mathrm{A}]$$

(6) 순시전류 $i\ [\mathrm{A}]$

$$i = \text{최대값} \sin(\omega t + \text{각도})$$

$$= I_m \sin(\omega t - \theta) = \frac{V_m}{Z} \sin(\omega t - \theta)$$

$$= \frac{V_m}{\sqrt{R^2 + X_L^2}} \sin\left(\omega t - \tan^{-1}\frac{X_L}{R}\right) [\mathrm{A}]$$

(7) R 에 걸리는 전압 $V_R = I \cdot R\,[\mathrm{V}]$

(8) L 에 걸리는 전압 $V_L = jI \cdot X_L\,[\mathrm{V}]$

(9) 전체 전압 $V = V_R + jV_L = \sqrt{V_R^2 + V_L^2}\ [\mathrm{V}]$

(10) 역률 및 무효율

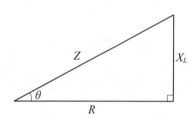

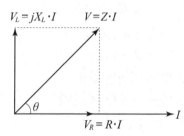

R-L직렬회로의 임피던스 3각형   R-L직렬회로의 전압 페이저도

- 역 률 $\cos\theta = \dfrac{R}{Z} = \dfrac{V_R}{V} = \dfrac{R}{\sqrt{R^2 + X_L^2}}$

- 무효율 $\sin\theta = \dfrac{X_L}{Z} = \dfrac{V_L}{V} = \dfrac{X_L}{\sqrt{R^2 + X_L^2}}$

2. $R - C$ 직렬 회로

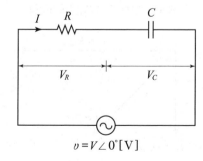

(1) 합성임피던스

$$Z = Z_1 + Z_2 = R - jX_C\,[\Omega]$$

(2) 임피던스의 크기

$$|Z| = \sqrt{R^2 + X_C^2}\ [\Omega]$$

■ R-C 직렬회로

$Z = R + jX_C\,[\Omega]$

$|Z| = \sqrt{R^2 + X_C^2}\ [\Omega]$

$\theta = \tan^{-1}\dfrac{X_C}{R}$

$\cos\theta = \dfrac{R}{Z}$, $\sin\theta = \dfrac{X_C}{Z}$

(3) 위상

$$\theta = \tan^{-1}\frac{X_C}{R} = \tan^{-1}\frac{1}{\omega CR}$$

(4) 전압, 전류 위상차

$R-C$ 직렬에서는 전류가 전압보다 위상이 θ만큼 앞서므로 용량성이 된다.

(5) 전류 I[A]

$$I = \frac{V}{Z} = \frac{V}{\sqrt{R^2 + X_C^2}} = \frac{V}{\sqrt{R^2 + \left(\frac{1}{\omega C}\right)^2}}\ [\text{A}]$$

(6) 순시전류 i [A]

$$i = 최대값\sin(\omega t + 각도) = I_m\sin(\omega t + \theta) = \frac{V_m}{Z}\sin(\omega t + \theta)$$

$$= \frac{V_m}{\sqrt{R^2 + X_C^2}}\sin(\omega t + \tan^{-1}\frac{X_C}{R})\ [\text{A}]$$

(7) R에 걸리는 전압

$$V_R = I \cdot R\,[\text{V}]$$

(8) C 에 걸리는 전압

$$V_C = -jI \cdot X_C\,[\text{V}]$$

(9) 전체 전압

$$V = V_R - jV_C = \sqrt{V_R^2 + V_C^2}\ [\text{V}]$$

(10) 역률 및 무효율

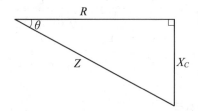

R-C직렬회로의 임피던스 3각형

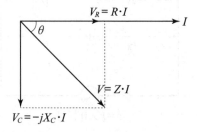

R-C직렬회로의 전압 페이저도

- 역 률 $\cos\theta = \dfrac{R}{Z} = \dfrac{V_R}{V} = \dfrac{R}{\sqrt{R^2 + X_C^2}}$

- 무효율 $\sin\theta = \dfrac{X_L}{Z} = \dfrac{V_C}{V} = \dfrac{X_L}{\sqrt{R^2 + X_C^2}}$

3. $R-L-C$ 직렬 회로

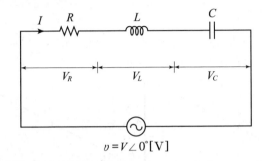

$$v = V\angle 0°\,[\mathrm{V}]$$

(1) 합성임피던스

$$Z = Z_1 + Z_2 + Z_3 = R + jX_L - jX_C = R + j(X_L - X_C)\,[\Omega]$$

(2) 임피던스의 크기

$$|Z| = \sqrt{R^2 + (X_L - X_C)^2}\,[\Omega]$$

(3) 위상

$$\theta = \tan^{-1}\frac{X_L - X_C}{R} = \tan^{-1}\frac{\omega L - \dfrac{1}{\omega C}}{R}$$

(4) 전압과 전류의 위상차

① $X_L > X_C,\ \omega L > \dfrac{1}{\omega C}$ 인 경우

유도성 회로로 전류는 전압보다 위상이 θ만큼 뒤진다.

② $X_L < X_C,\ \omega L < \dfrac{1}{\omega C}$ 인 경우

용량성 회로로 전류는 전압보다 위상이 θ만큼 앞선다.

③ $X_L = X_C,\ \omega L = \dfrac{1}{\omega C}$ 인 경우

무유도성 회로로 전류와 전압은 동상이다.

(5) 전류 $I\,[\mathrm{A}]$ (실효값)

$$I = \frac{V}{Z} = \frac{V}{\sqrt{R^2 + (X_L - X_C)^2}} = \frac{V}{\sqrt{R^2 + \left(\omega L - \dfrac{1}{\omega C}\right)^2}}\,[\mathrm{A}]$$

■ R–L–C 직렬회로

$Z = R + j(X_L - X_C)\,[\Omega]$
$= R + jX\,[\Omega]$

$\theta = \tan^{-1}\dfrac{\omega L - \dfrac{1}{\omega C}}{R}$

$X_L > X_C$: 유도성
$X_L < X_C$: 용량성

$V = V_R + j(V_L - V_C)$
$= \sqrt{V_R^2 + (V_L - V_C)^2}\,[\mathrm{V}]$

(6) R 에 걸리는 전압

$$V_R = I \cdot R \, [\text{V}]$$

(7) L 에 걸리는 전압

$$V_L = j I \cdot X_L \, [\text{V}]$$

(8) C 에 걸리는 전압

$$V_C = - j I \cdot X_C \, [\text{V}]$$

(9) 전체 전압

$$V = V_R + j V_L - j V_C = V_R + j(V_L - V_C) = \sqrt{V_R^2 + (V_L - V_C)^2} \, [\text{V}]$$

(10) 역율 및 무효율

■ 역률과 무효율

① 역 률

$$\cos\theta = \frac{R}{Z} = \frac{R}{\sqrt{R^2 + X^2}}$$

② 무효율

$$\sin\theta = \frac{X}{Z} = \frac{X}{\sqrt{R^2 + X^2}}$$

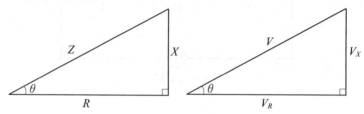

R-X 직렬회로의 임피던스 3각형   R-X 직렬회로의 전압 페이저도

• 역률 $\cos\theta = \dfrac{R}{Z} = \dfrac{V_R}{V} = \dfrac{R}{\sqrt{R^2 + X^2}}$ (단, $X = X_L - X_C$)

• 무효율 $\sin\theta = \dfrac{X}{Z} = \dfrac{V_X}{V} = \dfrac{X}{\sqrt{R^2 + X^2}}$ (단, $V_X = V_L - V_C$)

예제문제   R – L – C 직렬회로

4 그림에서 $e = 100 \sin(\omega t + 30°) [\text{V}]$ 일 때 전류 I의 **최댓값** [A]은?

① 1
② 2
③ 3
④ 5

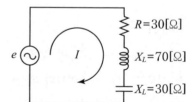

e I $R = 30[\Omega]$ $X_L = 70[\Omega]$ $X_L = 30[\Omega]$

해설

$R - L - C$ 직렬회로이므로 합성 임피던스는

$Z = R + j(X_L - X_C) = 30 + j(70 - 30) = 30 + j40 = \sqrt{30^2 + 40^2} = 50 [\Omega]$

최대전류 $I_m = \dfrac{V_m}{Z} = \dfrac{100}{50} = 2 \, [\text{A}]$

전류의 최댓값을 구하므로 전압역시 최댓값을 이용한다.

답 ②

③ R, L, C 병렬회로

1. $R-L$ 병렬회로

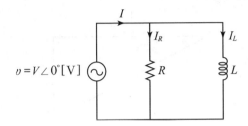

(1) 어드미턴스 $Y[\mho]$: 임피던스의 역수값

$$Y = \frac{1}{Z}[\mho] \ , \ Z = \frac{1}{Y}[\Omega]$$

(2) 합성(전체)어드미턴스

$$Y = Y_1 + Y_2 = \frac{1}{Z_1} + \frac{1}{Z_2} = \frac{1}{R} + \frac{1}{jX_L}$$

$$= \frac{1}{R} - j\frac{1}{X_L} = G - jB_L[\mho]$$

단, $G[\mho]$: 컨덕턴스, $B_L[\mho]$: 유도성 서셉턴스

(3) 어드미턴스의 크기

$$|Y| = \sqrt{\left(\frac{1}{R}\right)^2 + \left(\frac{1}{X_L}\right)^2} = \sqrt{G^2 + B_L^2} \ [\mho]$$

(4) 위상

$$\theta = \tan^{-1}\frac{\dfrac{1}{X_L}}{\dfrac{1}{R}} = \tan^{-1}\frac{B_L}{G} = \tan^{-1}\frac{R}{X_L}$$

(5) 전압, 전류의 위상차

$R-L$ 병렬에서는 전류가 전압보다 위상이 θ만큼 뒤지므로 유도성이 된다.

(6) R 에 흐르는 전류

$$I_R = \frac{V}{R}[A]$$

(7) L 에 흐르는 전류

$$I_L = \frac{V}{jX_L} = -j\frac{V}{X_L}[A]$$

■ R–L 병렬회로

$$Y = \frac{1}{R} - j\frac{1}{X_L}[\mho]$$

$$\theta = \tan^{-1}\frac{R}{X_L}$$

$$I = I_R - jI_L = \sqrt{I_R^2 + I_L^2}\ [A]$$

$$\cos\theta = \frac{I_R}{I} = \frac{G}{Y}$$

$$\sin\theta = \frac{I_L}{I} = \frac{B_L}{Y}$$

(8) 전체전류

$$I = I_R - j\,I_L = \sqrt{I_R^2 + I_L^2}\ [\text{A}]$$

(9) 역률 및 무효율

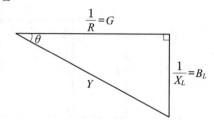

R-L 병렬회로의 어드미턴스 3각형

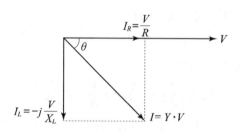

R-L 병렬회로의 전류 페이저도

• 역 률 $\cos\theta = \dfrac{I_R}{I} = \dfrac{G}{Y} = \dfrac{X_L}{\sqrt{R^2 + X_L^2}}$

• 무효율 $\sin\theta = \dfrac{I_L}{I} = \dfrac{B_L}{Y} = \dfrac{R}{\sqrt{R^2 + X_L^2}}$

2. $R - C$ 병렬회로

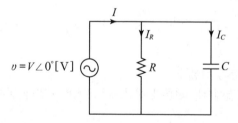

(1) 합성(전체)어드미턴스

$$Y = Y_1 + Y_2 = \frac{1}{Z_1} + \frac{1}{Z_2} = \frac{1}{R} + \frac{1}{-j\,X_C}$$

$$= \frac{1}{R} + j\,\frac{1}{X_C} = G + j\,B_C\ [\text{℧}]$$

단, $G\,[\text{℧}]$: 컨덕턴스, $B_C\,[\text{℧}]$: 용량성 서셉턴스

■ R-L 병렬회로

$Y = \dfrac{1}{R} + j\,\dfrac{1}{X_C}\ [\text{℧}]$

$\theta = \tan^{-1}\dfrac{R}{X_C}$

$I = I_R + j\,I_C = \sqrt{I_R^2 + I_C^2}\ [\text{A}]$

$\cos\theta = \dfrac{I_R}{I} = \dfrac{G}{Y}$

$\sin\theta = \dfrac{I_C}{I} = \dfrac{B_C}{Y}$

(2) 어드미턴스의 크기

$$|Y| = \sqrt{\left(\frac{1}{R}\right)^2 + \left(\frac{1}{X_C}\right)^2} = \sqrt{G^2 + B_C^2} \ [\mho]$$

(3) 위상

$$\theta = \tan^{-1}\frac{\dfrac{1}{X_C}}{\dfrac{1}{R}} = \tan^{-1}\frac{B_C}{G} = \tan^{-1}\frac{R}{X_C}$$

(4) 전압, 전류 위상차

$R-C$ 병렬에서는 전류가 전압보다 위상이 θ만큼 앞서므로 용량성이 된다.

(5) R에 흐르는 전류

$$I_R = \frac{V}{R}[\text{A}]$$

(6) C에 흐르는 전류

$$I_C = \frac{V}{-jX_C} = j\frac{V}{X_C}[\text{A}]$$

(7) 전체전류

$$I = I_R + jI_C = \sqrt{I_R^2 + I_C^2}\ [\text{A}]$$

(8) 역률 및 무효율

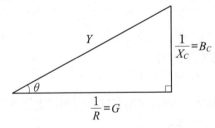

R–C 병렬회로의 어드미턴스 3각형

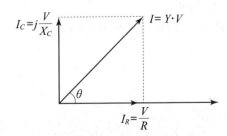

R–C 병렬회로의 전류 페이저도

■ R–L 병렬회로

$$Y = \frac{1}{R} + j\frac{1}{X_C}\ [\mho]$$

$$\theta = \tan^{-1}\frac{R}{X_C}$$

$$I = I_R + jI_C = \sqrt{I_R^2 + I_C^2}\ [\text{A}]$$

$$\cos\theta = \frac{I_R}{I} = \frac{G}{Y}$$

$$\sin\theta = \frac{I_C}{I} = \frac{B_C}{Y}$$

- 역 률 $\cos\theta = \dfrac{I_R}{I} = \dfrac{G}{Y} = \dfrac{X_C}{\sqrt{R^2 + X_C^2}}$

- 무효율 $\sin\theta = \dfrac{I_C}{I} = \dfrac{B_C}{Y} = \dfrac{R}{\sqrt{R^2 + X_C^2}}$

3. $R-L-C$ 병렬회로

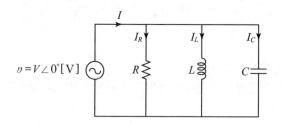

(1) 합성어드미턴스

$$Y = Y_1 + Y_2 + Y_3 = \dfrac{1}{Z_1} + \dfrac{1}{Z_2} + \dfrac{1}{Z_3} = \dfrac{1}{R} + \dfrac{1}{jX_L} + \dfrac{1}{-jX_C}$$

$$= \dfrac{1}{R} + j\left(\dfrac{1}{X_C} - \dfrac{1}{X_L}\right) = G + j(B_C - B_L)\,[\mho]$$

(2) 어드미턴스의 크기

$$|Y| = \sqrt{\left(\dfrac{1}{R}\right)^2 + \left(\dfrac{1}{X_C} - \dfrac{1}{X_L}\right)^2} = \sqrt{G^2 + (B_C - B_L)^2}\,[\mho]$$

(3) 위상

$$\theta = \tan^{-1}\dfrac{\dfrac{1}{X_C} - \dfrac{1}{X_L}}{\dfrac{1}{R}} = \tan^{-1}\dfrac{B_C - B_L}{G} = \tan^{-1}R\left(\omega C - \dfrac{1}{\omega L}\right)$$

(4) 전압과 전류의 위상차

① $X_L < X_C$ 인 경우

유도성회로로 전류는 전압보다 위상이 θ 만큼 뒤진다.

② $X_L > X_C$ 인 경우

용량성회로로 전류는 전압보다 위상이 θ 만큼 앞선다.

③ $X_L = X_C$ 인 경우

무유도성회로로 전류와 전압은 동상이다.

(5) R 에 흐르는 전류

$$I_R = \dfrac{V}{R}[A]$$

(6) L 에 흐르는 전류

$$I_L = \dfrac{V}{jX_L} = -j\dfrac{V}{X_L}[A]$$

■R–L–C 병렬회로

$$Y = \dfrac{1}{R} + j\left(\dfrac{1}{X_C} - \dfrac{1}{X_L}\right)[\mho]$$

$$\theta = \tan^{-1}R\left(\omega C - \dfrac{1}{\omega L}\right)$$

$$I = I_R + j(I_C - I_L)$$

$$= \sqrt{I_R^2 + (I_C - I_L)^2}\,[A]$$

(7) C 에 흐르는 전류

$$I_C = \frac{V}{-jX_C} = j\frac{V}{X_C}[\text{A}]$$

(8) 전체전류

$$I = I_R - jI_L + jI_C = I_R + j(I_C - I_L) = \sqrt{I_R^2 + (I_C - I_L)^2}\,[\text{A}]$$

(9) 역률 및 무효율

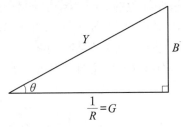

R-X 병렬회로의 어드미턴스 3각형

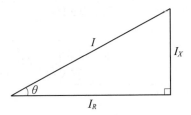

R-X 병렬회로의 전류 페이저도

• 역 률 $\cos\theta = \dfrac{G}{Y} = \dfrac{I_R}{I}$

• 무효율 $\sin\theta = \dfrac{B}{Y} = \dfrac{I_X}{I}$ (단, $B = B_C - B_L$, $I_X = I_C - I_L$)

■ R-L-C 병렬회로의 역률과 무효율

$$\cos\theta = \frac{G}{Y} = \frac{I_R}{I}$$

$$\sin\theta = \frac{B}{Y} = \frac{I_X}{I}$$

예제문제 R - L - C 병렬회로

5 $R = 15[\Omega]$, $X_L = 12[\Omega]$, $X_C = 30[\Omega]$이 병렬로 된 회로에 $120[\text{V}]$의 교류 전압을 가하면 전원에 흐르는 전류[A]와 역률 [%]은?

① 22, 85   ② 22, 80
③ 22, 60   ④ 10, 80

해설

$R - L - C$ 병렬회로에서는 단자전압이 일정하므로 각 소자에 흐르는 전류를 구하면

$$I_R = \frac{V}{R} = \frac{120}{15} = 8[\text{A}] \;,\; I_L = \frac{V}{X_L} = \frac{120}{12} = 10[\text{A}]$$

$$I_C = \frac{V}{X_C} = \frac{120}{30} = 4[\text{A}] \text{ 이므로}$$

전체전류 $I = I_R + j(I_C - I_L) = 8 + j(4 - 10)$

$$= 8 - j6 = \sqrt{8^2 + 6^2} = 10[\text{A}]$$

역 률 $\cos\theta = \dfrac{I_R}{I} = \dfrac{8}{10} = 0.8 = 80[\%]$

답 ④

④ R, L, C 공진회로

1. 직렬 공진회로

R–L–C 직렬회로의 임피던스 $Z = R + j\left(\omega L - \dfrac{1}{\omega C}\right)$이며,

이때 임피던스의 허수부의 값이 0 인 상태를 직렬공진 상태라 한다.
직렬공진 상태에서는 임피던스의 허수부가 0이 되므로 임피던스의 크기가 최소 상태가 되고 전류는 최대 상태가 된다.
또한 전압, 전류는 동상이 되므로 합성 역률이 1 인 상태가 된다.

(1) 공진조건

①
$$\omega L - \dfrac{1}{\omega C} = 0 \ , \ \omega L = \dfrac{1}{\omega C} \ , \ \omega^2 LC = 1$$

② 공진 각주파수 : $\omega_o = \dfrac{1}{\sqrt{LC}}$ [rad/s]

③ 공진 주파수
$$f_o = \dfrac{1}{2\pi\sqrt{LC}} \text{ [Hz]}$$

(2) 전압 확대율 = 첨예도 = 선택도 = 공진도 Q

$$Q = \dfrac{V_L}{V} = \dfrac{V_C}{V} = \dfrac{\omega_o L}{R} = \dfrac{1}{\omega_o CR} = \dfrac{1}{R}\sqrt{\dfrac{L}{C}}$$

2. 병렬 공진회로

$R - L - C$ 병렬 회로의 어드미턴스는 $Y = \dfrac{1}{R} + j\left(\omega C - \dfrac{1}{\omega L}\right)$이며
이때 어드미턴스의 허수부의 값이 0인 상태를 병렬 공진상태라 한다.
병렬공진 상태에서는 어드미턴스의 허수부가 0이므로 어드미턴스의 크기가 최소 상태가 되며 전류는 최소 상태가 된다.
또한 전압, 전류는 동상이 되므로 합성역률이 1 인 상태가 된다.

(1) 공진조건

①
$$\omega C - \dfrac{1}{\omega L} = 0 \ , \ \omega C = \dfrac{1}{\omega L} \ , \ \omega^2 LC = 1$$

② 공진 각주파수 : $\omega_o = \dfrac{1}{\sqrt{LC}}$ [rad/s]

③ 공진 주파수
$$f_o = \dfrac{1}{2\pi\sqrt{LC}} \text{[Hz]}$$

(2) 전류확대율 = 첨예도 = 선택도 = 공진도 Q

$$Q = \frac{I_L}{I} = \frac{I_C}{I} = \frac{R}{\omega_0 L} = \omega_0 CR = R\sqrt{\frac{C}{L}}$$

3. 일반적 공진회로

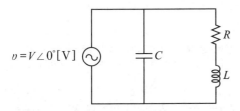

합성 어드미턴스를 구하면

$$Y = \frac{1}{R + j\omega L} + j\omega C$$

$$= \frac{R}{R^2 + \omega^2 L^2} + j\left(\omega C - \frac{\omega L}{R^2 + \omega^2 L^2}\right)$$

$$= G + jB \ [\mho] \text{가 된다.}$$

(1) 공진조건

$$\omega C = \frac{\omega L}{R^2 + \omega^2 L^2} \qquad \boxed{\therefore R^2 + \omega^2 L^2 = \frac{L}{C}}$$

(2) 공진 시 공진 어드미턴스

$$Y = \frac{R}{R^2 + \omega^2 L^2} = \boxed{\frac{CR}{L} \ [\mho]}$$

(3) 공진 시 공진 각주파수

$$\omega_o = \sqrt{\frac{1}{LC} - \frac{R^2}{L^2}} = \frac{1}{\sqrt{LC}}\sqrt{1 - \frac{R^2 C}{L}} \ [\text{rad/s}]$$

(4) 공진 시 공진 주파수

$$f_o = \frac{1}{2\pi\sqrt{LC}}\sqrt{1 - \frac{R^2 C}{L}} \ [\text{Hz}]$$

■ 일반적 공진
 • 공진조건
$$R^2 + \omega^2 L^2 = \frac{L}{C}$$
 • 공진 주파수
$$f_o = \frac{1}{2\pi\sqrt{LC}}\sqrt{1 - \frac{R^2 C}{L}} \ [\text{Hz}]$$
 • 공진 시 어드미턴스
$$Y_0 = \frac{CR}{L} \ [\mho]$$

예제문제 R - L - C 공진회로

6 $R - L - C$ 병렬회로에서 L 및 C의 값을 고정시켜 놓고 저항 R 의 값만 큰 값으로 변화시킬 때 옳게 설명한 것은?

① 이 회로의 Q(선택도)는 커진다.
② 공진주파수는 커진다.
③ 공진주파수는 변화한다.
④ 공진주파수는 커지고, 선택도는 작아진다.

해설

병렬 공진 회로의 선택도는 공진 곡선의 첨예도를 의미할 뿐만 아니라 공진시 전류 확대비이고 또한 공진시 리액턴스에 대한 저항의 비이다.

$$Q = \frac{I_L}{I} = \frac{I_C}{I} = \frac{R}{X_L} = \frac{R}{X_C} = R\sqrt{\frac{C}{L}}$$

이므로 저항 R 이 증가하면 선택도 Q가 커진다. 또한 병렬 공진 시 주파수는

$$f = \frac{1}{2\pi\sqrt{LC}} \ [\text{Hz}]$$ 이므로 저항 R과는 무관하므로 일정하다.

답 ①

01 어떤 회로에 전압을 가하니 90° 위상이 뒤진 전류가 흘렀다. 이 회로는?

① 저항성분 ② 용량성
③ 무유도성 ④ 유도성

해설

코일 즉, 유도성 부하에서는 전류가 전압보다 90° 뒤진다

02 0.1[H]인 코일의 리액턴스가 377[Ω]일 때 주파수[Hz]는?

① 60 ② 120
③ 360 ④ 600

해설

인덕턴스 $L = 0.1$ [H] , 유도성 리액턴스 $X_L = 377$ [Ω] 이므로 $X_L = \omega L = 2\pi f L [\Omega]$ 의 식에서

$$f = \frac{X_L}{2\pi L} = \frac{377}{2\pi \times 0.1} = 600[\text{Hz}]$$

03 그림과 같은 회로에서 전류 i를 나타낸 식은?

① $L \int e\, dt$ ② $\dfrac{1}{L} \int e\, dt$
③ $L \dfrac{de}{dt}$ ④ $\dfrac{1}{L} \dfrac{de}{dt}$

해설

코일의 단자전압 $e = L \dfrac{di}{dt}$ [V] 이므로

전류 $i = \dfrac{1}{L} \int e\, dt$ [A]

04 인덕터의 특성을 요약한 것 중 옳지 않은 것은?

① 인덕터는 직류에 대해서 단락 회로로 작용한다.
② 일정한 전류가 흐를 때 전압은 무한대이지만 일정량의 에너지가 축적된다.
③ 인덕터의 전류가 불연속적으로 급격히 변화 하면 전압이 무한대가 되어야 하므로 인덕 터 전류는 불연속적으로 변할 수 없다.
④ 인덕터는 에너지를 축적하지만 소모하지는 않는다.

해설

코일의 단자전압 $v = L \dfrac{di}{dt}$[V]이므로 전류가 일정하면 전류의 변화 $di = 0$ 이므로 전압이 0이 된다.

05 자기 인덕턴스 0.1[H]인 코일에 실효값 100 [V], 60[Hz] 위상각 0인 전압을 인가했을 때 흐르는 전류의 실효값[A]은?

① 1.25 ② 2.24
③ 2.65 ④ 3.41

해설

$L = 0.1$[H] , $V = 100$[V] , $f = 60$[Hz]이므로 코일에 흐르는 전류는

$$I = \frac{V}{X_L} = \frac{V}{\omega L} = \frac{100}{2\pi \times 60 \times 0.1} = 2.65 \, [\text{A}]$$

06 $L = 2$ [H] 인 인덕턴스에 $i(t) = 20\,\varepsilon^{-2t}$ [A] 의 전류가 흐를 때 L의 단자전압[V]은?

① $40\varepsilon^{-2t}$ ② $-40\varepsilon^{-2t}$
③ $80\varepsilon^{-2t}$ ④ $-80\varepsilon^{-2t}$

해설

$L = 2\,[\text{H}]$, $i(t) = 20e^{-2t}\,[\text{A}]$ 이므로 코일의 단자전압은

$v = L\dfrac{di(t)}{dt} = 2\dfrac{d}{dt}(20\,e^{-2t}) = 2 \times 20 \times e^{-2t} \times (-2)$
  $= -80e^{-2t}\,[\text{V}]$

[참고] $\dfrac{d}{dt}\,e^{at} = e^{at} \times a$

---

07 어떤 코일에 흐르는 전류가 $0.01\,[\text{s}]$ 사이에 일정하게 $50[\text{A}]$에서 $10[\text{A}]$로 변할 때 $20[\text{V}]$의 기전력이 발생한다고 하면 자기 인덕턴스$[\text{mH}]$는?

① 200   ② 33
③ 40   ④ 5

해설

$dt = 0.01\,[\text{sec}]$, $di = 10 - 50 = -40\,[\text{A}]$,

$e = 20\,[\text{V}]$ 일 때 유기전압 $e = -L\dfrac{di}{dt}\,[\text{V}]$ 이므로

자기 인덕턴스는

$L = \dfrac{-e\,dt}{di} = \dfrac{-20 \times 0.01}{-40}\,5 \times 10^{-3}[\text{H}] = 5\,[\text{mH}]$

---

08 자기 인덕턴스 $0.1[\text{H}]$ 인 코일에 실효값 $100[\text{V}]$, $60[\text{Hz}]$, 위상각 0인 전압을 가했을 때 흐르는 전류의 순시값$[\text{A}]$ 은?

① 약 $3.75\sin\left(377t - \dfrac{\pi}{2}\right)$

② 약 $3.75\cos\left(377t - \dfrac{\pi}{2}\right)$

③ 약 $3.75\cos\left(377t + \dfrac{\pi}{2}\right)$

④ 약 $3.75\sin\left(377t + \dfrac{\pi}{2}\right)$

해설

$L = 0.1\,[\text{H}]$, $V = 100\,[\text{V}]$, $f = 60\,[\text{Hz}]$ 이므로 코일에

흐르는 전류는 전압보다 위상이 $90^o = \dfrac{\pi}{2}$ 만큼 뒤지므로

$i = I_m \sin\left(\omega t - \dfrac{\pi}{2}\right) = \dfrac{\sqrt{2}\,V}{\omega L}\sin\left(\omega t - \dfrac{\pi}{2}\right)$

  $= \dfrac{\sqrt{2} \times 100}{2\pi \times 60 \times 0.1}\sin\left(2\pi \times 60t - \dfrac{\pi}{2}\right)$

  $= 3.75\sin\left(377t - \dfrac{\pi}{2}\right)[\text{A}]$

---

09 인덕턴스 $L = 20[\text{mH}]$ 인 실효값 코일에 $V = 50\,[\text{V}]$, 주파수 $f = 60\,[\text{Hz}]$ 인 정현파 전압을 인가했을 때 코일에 축적되는 평균 자기 에너지 $W_L\,[\text{J}]$ 은?

① 6.3   ② 0.63
③ 4.4   ④ 0.44

해설

$L = 20\,[\text{mH}]$, $V = 50\,[\text{V}]$, $f = 60\,[\text{Hz}]$일 때 코일에 축적 되는 평균 자기 에너지는

$W_L = \dfrac{1}{2}LI^2\,[\text{J}]$이므로 전류를 먼저구하면

$I = \dfrac{V}{X_L} = \dfrac{V}{\omega L} = \dfrac{50}{2\pi \times 60 \times 20 \times 10^{-3}} = 6.63\,[\text{A}]$

$W_L = \dfrac{1}{2} \times 20 \times 10^{-3} \times 6.63^2 = 0.44\,[\text{J}]$

---

10 두 개의 커패시터 C_1, C_2 를 직렬로 연결하면 합성 정전 용량이 $3.75[\text{F}]$이고, 병렬로 연결하면 합성 정전 용량이 $16[\text{F}]$이 된다. 두 커패시터는 각각 몇 $[\text{F}]$인가?

① $4[\text{F}]$과 $12[\text{F}]$ ② $5[\text{F}]$과 $11[\text{F}]$
③ $6[\text{F}]$과 $10[\text{F}]$ ④ $7[\text{F}]$과 $9[\text{F}]$

해설

직렬 합성정전용량

$C_{직렬} = \dfrac{C_1 \cdot C_2}{C_1 + C_2} = 3.75\,[\text{F}] \rightarrow$ ①식

병렬 연결시 합성정전용량
$C_{병렬} = C_1 + C_2 = 16\,[\text{F}] \rightarrow$ ②식
①식을 ②식을 동시에 만족하는 값은 ③번이 된다.

---

11 $1[\mu\text{F}]$인 콘덴서가 $60[\text{Hz}]$ 인 전원에 대해 갖는 용량 리액턴스의 값 $[\Omega]$은?

① 2753   ② 2653
③ 2600   ④ 2500

해설

$C = 1[\mu\text{F}]$, $f = 60[\text{Hz}]$일 때 용량성 리액턴스는

$X_C = \dfrac{1}{\omega C} = \dfrac{1}{2\pi \times 60 \times 1 \times 10^{-6}} = 2653\,[\Omega]$

정답   07 ④   08 ①   09 ④   10 ③   11 ②

12 $i(t) = I_0 e^{st}$ 로 주어지는 전류가 C에 흐르는 경우의 임피던스는?

① C　　　　　② sC

③ $\dfrac{1}{sC}$　　　④ $\dfrac{1}{j\omega C}$

해설

콘덴서 C 에서의 전압 $v(t) = \dfrac{1}{C}\displaystyle\int i(t)\,dt$ 이므로

$v(t) = \dfrac{1}{C}\displaystyle\int I_0\,e^{st}\,dt = \dfrac{I_0}{sC}\,e^{st}$ 가 되므로

임피던스는

$Z = \dfrac{v(t)}{i(t)} = \dfrac{\frac{I_0 e^{st}}{sC}}{I_0 e^{st}} = \dfrac{1}{sC}\,[\Omega]$

---

13 $3[\mu F]$인 커패시턴스는 $50[\Omega]$ 의 용량리액턴스로 사용하면 주파수는 몇 $[Hz]$ 인가?

① 2.06×10^3　　② 1.06×10^3

③ 3.06×10^3　　④ 4.06×10^3

해설

$C = 3[\mu F]$, $X_C = 50\,[\Omega]$ 일 때 용량성 리액턴스

$X_C = \dfrac{1}{\omega C} = \dfrac{1}{2\pi f C}[\Omega]$ 이므로 주파수

$f = \dfrac{1}{2\pi\,CX_C} = \dfrac{1}{2\pi \times 3 \times 10^{-6} \times 50} = 1.06 \times 10^3\,[Hz]$

---

14 정전용량 C 만의 회로에 $100[V]$, $60[Hz]$ 의 교류를 가하니 $60[mA]$ 의 전류가 흐른다. C 는 얼마인가?

① $5.26[\mu F]$　　　② $4.32[\mu F]$

③ $3.59[\mu F]$　　　④ $1.59[\mu F]$

해설

$V = 100[V]$, $f = 60[Hz]$, $I = 60[mA]$일 때

용량 리액턴스 $X_C = \dfrac{V}{I} = \dfrac{1}{\omega C}$ 이므로 정전용량

$C = \dfrac{I}{\omega V} = \dfrac{60 \times 10^{-3}}{2\pi \times 60 \times 100} = 1.59 \times 10^{-6} = 1.59\,[\mu F]$

---

15 $60[Hz]$에서 $3[\Omega]$의 리액턴스를 갖는 자기 인덕턴스 L값 및 정전용량 C값은 약 얼마인가?

① $6[mH],\ 660[\mu F]$　　② $7[mH],\ 770[\mu F]$

③ $8[mH],\ 884[\mu F]$　　④ $9[mH],\ 990[\mu F]$

해설

유도성 리액턴스 $X_L = \omega L = 2\pi f L = 3\,[\Omega]$ 에서

자기 인덕턴스는 $L = \dfrac{X_L}{2\pi f} = \dfrac{3}{2\pi \times 60} \times 10^3 = 8[mH]$

용량성 리액턴스 $X_C = \dfrac{1}{\omega C} = \dfrac{1}{2\pi f C} = 3\,[\Omega]$에서

정전 용량은

$C = \dfrac{1}{2\pi f X_c} = \dfrac{1}{2\pi \times 60 \times 3} \times 10^6 = 884\,[\mu F]$

---

16 정전용량 $C[F]$ 의 회로에 기전력
$e = E_m \sin wt\,[V]$를 가할 때 흐르는 전류 $i[A]$는?

① $i = \dfrac{E_m}{\omega C}\sin(\omega t + 90°)$

② $i = \dfrac{E_m}{\omega C}\sin(\omega t - 90°)$

③ $i = \omega C E_m \sin(\omega t + 90°)$

④ $i = \omega C E_m \cos(\omega t + 90°)$

해설

C만의 회로에서는 전류가 전압보다 위상이 $90°$ 앞서므로 순시전류는

$i = I_m \sin(\omega t + 90°) = \dfrac{E_m}{X_C}\sin(\omega t + 90°)$

$= \dfrac{E_m}{\frac{1}{\omega C}}\sin(\omega t + 90°)$

$= \omega C E_m \sin(\omega t + 90°)$

정답　12 ③　13 ②　14 ④　15 ③　16 ③

17 0.1$[\mu F]$의 정전 용량을 가지는 콘덴서에 실효값 1414[V], 주파수 1[kHz], 위상각 0인 전압을 가했을 때 순시값 전류[A]는?

① $0.89\sin(\omega t+90°)$ ② $0.89\sin(\omega t-90°)$
③ $1.26\sin(\omega t+90°)$ ④ $1.26\sin(\omega t-90°)$

해설

C만의 회로에서는 전류가 전압보다 위상이 90° 앞서므로 순시전류는

$i = I_m\sin(\omega t+90^o) = \dfrac{V_m}{X_C}\sin(\omega t+90^o)$

$= \dfrac{\sqrt{2}\,V}{\dfrac{1}{\omega C}}\sin(\omega t+90^o)$

$= \sqrt{2}\times1414\times2\pi\times1000\times0.1\times10^{-6}\sin(\omega t+90^o)$

$= 1.26\sin(\omega t+90^o)\,[A]$

18 100$[\mu F]$인 콘덴서의 양단에 전압을 30$[V/ms]$의 비율로 변화시킬 때 콘덴서에 흐르는 전류의 크기 [A]는?

① 0.03   ② 0.3
③ 3   ④ 30

해설

$C=100[\mu F]$, $\dfrac{dv}{dt}=30[V/ms]$일 때 C에 흐르는 전류

$i = C\dfrac{dv}{dt}[A]$ 이므로 $i = 100\times10^{-6}\times30\times10^3 = 3\,[A]$

19 C[F]의 콘덴서에 V[v]의 직류전압을 인가할 때 축적되는 에너지는 몇 [J]인가?

① $\dfrac{CV^2}{2}$ ② $\dfrac{C^2V^2}{2}$
③ $2CV^2$ ④ 0

20 콘덴서와 코일에서 실제적으로 급격히 변화할 수 없는 것이 있다. 그것은 다음 중 어느 것인가?

① 코일에서 전압, 콘덴서에서 전류
② 코일에서 전류, 콘덴서에서 전압
③ 코일, 콘덴서 모두 전압
④ 코일, 콘덴서 모두 전류

해설

코일의 단자전압 $v_L = L\dfrac{di}{dt}$ [V] 이므로 전류 i 가 급격히 (t=0인 순간) 변화하면 v_L 이 ∞가 되어 과전압이 걸린다.

콘덴서에 흐르는 전류 $i_c = C\dfrac{dv}{dt}$[A] 이므로 전압 v 가 급격히 (t=0인 순간) 변화하면 i_c 가 ∞가 되어 과전류가 흐른다.

21 $R=100[\Omega]$, $C=30[\mu F]$의 직렬 회로에 $f=60[Hz]$, $V=100$ [V]의 교류 전압을 인가할 때 전류 [A]는?

① 0.45   ② 0.56
③ 0.75   ④ 0.96

해설

$R=100[\Omega]$, $C=30[\mu F]$, 직렬 회로, $f=60[Hz]$, $V=100$ [V]일 때 전류는

$I = \dfrac{V}{Z} = \dfrac{V}{\sqrt{R^2+X_C^2}} = \dfrac{V}{\sqrt{R^2+\left(\dfrac{1}{\omega C}\right)^2}}$

$= \dfrac{100}{\sqrt{100^2+\left(\dfrac{1}{2\times3.14\times60\times30\times10^{-6}}\right)^2}} = 0.75\,[A]$

22 저항 $8[\Omega]$과 용량리액턴스 $X_c[\Omega]$가 직렬로 접속된 회로에 $100[V]$, $60[Hz]$의 교류를 가하니 $10[A]$ 의 전류가 흐른다면 이때 X_c의 값은?

① $10[\Omega]$　　　　　② $8[\Omega]$
③ $6[\Omega]$　　　　　④ $4[\Omega]$

해설

R-C 직렬회로의 합성 임피던스
$Z = \sqrt{R^2 + X_c^2} = \dfrac{V}{I}[\Omega]$이므로 $\sqrt{8^2 + X_c^2} = \dfrac{100}{10}$
$\therefore X_c = \sqrt{10^2 - 8^2} = 6[\Omega]$이 된다.

23 $R = 50[\Omega]$, $L = 200[mH]$의 직렬 회로에 주파수 $f = 50[Hz]$ 의 교류에 대한 역률[%] 은?

① 약 52.3　　　　　② 약 82.3
③ 약 62.3　　　　　④ 약 72.3

해설

$R = 50[\Omega]$, $L = 200[mH]$, 직렬회로, $f = 50[Hz]$일 때
R-L 직렬회로의 역률은
$$\cos\theta = \frac{R}{Z} = \frac{R}{\sqrt{R^2 + X_L^2}}$$
$$= \frac{50}{\sqrt{50^2 + (2 \times 3.14 \times 50 \times 200 \times 10^{-3})^2}}$$
$$= 0.623$$

24 $100[V]$, $50[Hz]$ 의 교류 전압을 저항 $100[\Omega]$, 커패시턴스 $10[\mu F]$의 직렬 회로에 가할 때 역률은?

① 0.25　　　　　② 0.27
③ 0.3　　　　　④ 0.35

해설

$V = 100[V]$, $f = 50[Hz]$, $R = 100[\Omega]$, $C = 10[\mu F]$ 일 때
$$X_C = \frac{1}{2\pi f C} = \frac{1}{2 \times 3.14 \times 50 \times 10 \times 10^{-6}} = 318[\Omega]$$

$$\therefore \cos\theta = \frac{R}{Z} = \frac{R}{\sqrt{R^2 + X_c^2}} = \frac{100}{\sqrt{100^2 + 318^2}} \fallingdotseq 0.3$$

25 그림과 같은 회로의 역률은 얼마인가?

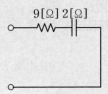

① 약 0.76　　　　　② 약 0.86
③ 약 0.97　　　　　④ 약 1.00

해설

R-C 직렬회로이므로 역률은
$$\cos\theta = \frac{R}{Z} = \frac{R}{\sqrt{R^2 + X_C^2}} = \frac{9}{\sqrt{9^2 + 2^2}} = 0.976$$

26 R-L직렬회로에 $v = 100\sin(120\pi t)[V]$ 의 전원을 연결하여 $i = 2\sin(120\pi t - 45°)[A]$의 전류가 흐르도록 하려면 저항은?

① $50[\Omega]$　　　　　② $\dfrac{50}{\sqrt{2}}[\Omega]$
③ $50\sqrt{2}[\Omega]$　　　　　④ $100[\Omega]$

해설

R-L 직렬회로에서 역률 $\cos\theta = \dfrac{R}{Z}$ 이므로 저항
$$R = Z\cos\theta = \frac{v}{i}\cos\theta = \frac{100}{2} \times \cos 45° = \frac{50}{\sqrt{2}}[\Omega]$$

27 $R = 10[k\Omega]$, $L = 10[mH]$, $C = 1[\mu F]$인 직렬 회로에 크기가 $100[V]$ 인 교류 전압을 인가할 때 흐르는 최대 전류는? (단, 교류전압의 주파수는 0 에서 무한대 까지 변화한다.)

① $0.1[mA]$　　　　　② $1[mA]$
③ $5[mA]$　　　　　④ $10[mA]$

해설

R-L-C 직렬회로의 합성임피던스
$Z = R + j(X_L - X_c)[\Omega]$이므로 최대전류가 흐르려면 합성 임피던스가 최소가 되어야 하므로 허수부가 0이 되는 공진상태에서 흐르는 전류를 말한다.
$$I_m = \frac{V}{R} = \frac{100}{10 \times 10^3} \times 10^3 = 10[mA]$$

28 $R=200[\Omega]$, $L=1.59[\mathrm{H}]$, $C=3.315[\mu\mathrm{F}]$를 직렬로 한 회로에 $v=141.4\sin377t[\mathrm{V}]$를 인가할 때 C의 단자전압[V]은?

① 71   ② 212

③ 283   ④ 401

해설

$R=200[\Omega]$, $L=1.59[\mathrm{H}]$, $C=3.315[\mu\mathrm{F}]$, 직렬회로,
$v=141.4\sin377t[\mathrm{V}]$일 때

$X_L=\omega L=2\pi\times60\times1.59=600[\Omega]$

$X_C=\dfrac{1}{\omega C}=\dfrac{1}{2\pi\times60\times3.315\times10^{-6}}=800[\Omega]$

$Z=R+j(X_L-X_C)=200+j(600-800)=200-j200$

$\quad=\sqrt{200^2+200^2}=200\sqrt{2}\ [\Omega]$이므로

$I=\dfrac{V}{Z}=\dfrac{100}{200\sqrt{2}}=\dfrac{1}{2\sqrt{2}}\ [\mathrm{A}]$

$V_C=I\cdot X_C=\dfrac{1}{2\sqrt{2}}\times800=283[\mathrm{V}]$

29 저항 30[Ω]과 유도 리액턴스 40[Ω]을 병렬로 접속하고 120[V]의 교류 전압을 가했을 때 회로의 역률값은?

① 0.6   ② 0.7

③ 0.8   ④ 0.9

해설

R–L 병렬회로에서는 단자전압이 일정하므로 각 소자에 흐르는 전류를 구하면

$I_R=\dfrac{V}{R}=\dfrac{120}{30}=4[\mathrm{A}]$, $I_L=\dfrac{V}{X_L}=\dfrac{120}{40}=3[\mathrm{A}]$

전체전류

$I=I_R-jI_L=4-j3=\sqrt{4^2+3^2}=5[\mathrm{A}]$가 된다.

역률 $\cos\theta=\dfrac{I_R}{I}=\dfrac{4}{5}=0.8$

30 $e_s(t)=3e^{-5t}$인 경우 그림과 같은 회로의 임피던스는?

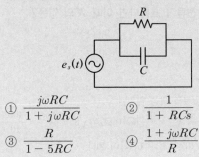

① $\dfrac{j\omega RC}{1+j\omega RC}$ ② $\dfrac{1}{1+RCs}$

③ $\dfrac{R}{1-5RC}$ ④ $\dfrac{1+j\omega RC}{R}$

해설

$e_s(t)=3e^{-5t}=3e^{j\theta}=3e^{j\omega t}$일 때 $R-C$ 병렬회로에서의 합성 임피던스는

$Z=\dfrac{Z_1\cdot Z_2}{Z_1+Z_2}=\dfrac{R\cdot\dfrac{1}{j\omega C}}{R+\dfrac{1}{j\omega C}}=\left.\dfrac{R}{1+j\omega CR}\right|_{j\omega=-5}$

$\quad=\dfrac{R}{1-5RC}\ [\Omega]$

31 이 회로의 합성 어드미턴스의 값은 몇 [℧]인가?

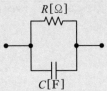

① $\dfrac{1}{R}(1+j\omega CR)$ ② $j\dfrac{R}{\omega CR-1}$

③ $R-j\dfrac{1}{\omega C}$ ④ $\dfrac{1}{R}-j\dfrac{1}{\omega C}$

해설

R–C 병렬회로에서의 합성 어드미턴스는

$Y=Y_1+Y_2=\dfrac{1}{Z_1}+\dfrac{1}{Z_2}=\dfrac{1}{R}+\dfrac{1}{\dfrac{1}{j\omega C}}$

$\quad=\dfrac{1}{R}+j\omega C=\dfrac{1}{R}(1+j\omega CR)\ [\℧]$

정답   28 ③   29 ③   30 ③   31 ①

32 그림과 같은 회로의 역률은 얼마인가?

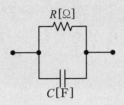

① $1+(\omega RC)^2$　　② $\sqrt{1+(\omega RC)^2}$

③ $\dfrac{1}{\sqrt{1+(\omega RC)^2}}$　　④ $\dfrac{1}{1+(\omega RC)^2}$

해설

R-C 병렬회로에서의 역률은

$$\cos\theta = \frac{G}{Y} = \frac{\dfrac{1}{R}}{\sqrt{\left(\dfrac{1}{R}\right)^2+\left(\dfrac{1}{X_C}\right)^2}} = \frac{X_C}{\sqrt{R^2+X_C^2}}$$

$$= \frac{1}{\sqrt{\left(\dfrac{R}{X_C}\right)^2+1}} = \frac{1}{\sqrt{(\omega CR)^2+1}}$$

33 저항 $30[\Omega]$과 유도 리액턴스 $40[\Omega]$을 병렬로 접속한 회로에 $120[\text{V}]$의 교류 전압을 가할 때의 전 전류 $[\text{A}]$는?

① 5　　　　② 6
③ 8　　　　④ 10

해설

R-L 병렬회로에서는 단자전압이 일정하므로 각 소자에 흐르는 전류를 구하면

$$I_R = \frac{V}{R} = \frac{120}{30} = 4\,[\text{A}], \ I_L = \frac{V}{X_L} = \frac{120}{40} = 3\,[\text{A}]$$

전체전류

$$I = I_R - jI_L = 4+j3 = \sqrt{4^2+3^2} = 5[\text{A}]$$

34 $R-L-C$ 직렬 회로에서 전압과 전류가 동상이 되기 위해서는? (단, $\omega = 2\pi f$ 이고 f는 주파수이다.)

① $\omega L^2 C^2 = 1$　　② $\omega^2 LC = 1$
③ $\omega LC = 1$　　④ $\omega = LC$

해설

R-L-C 직렬회로에서 전압과 전류가 동상인 경우는 공진 시 이므로 $X_L = X_c$, $\omega L = \dfrac{1}{\omega C}$, $\omega^2 LC = 1$

35 직렬 공진회로에서 최대가 되는 것은?

① 전류　　　　② 저항
③ 리액턴스　　④ 임피던스

해설

직렬공진시 임피던스의 허수부가 0이 되므로 임피던스가 최소가 되어 전류가 최대로 된다.

36 $\text{R} = 5[\Omega]$, $\text{L} = 20[\text{mH}]$ 및 가변 콘덴서 C로 구성된 $R-L-C$ 직렬 회로에 주파수 $1000[\text{Hz}]$인 교류를 가한 다음 C를 가변시켜 직렬 공진시킬 때 C의 값은 약 $[\mu\text{F}]$인가?

① 1.27　　　② 2.54
③ 3.52　　　④ 4.99

해설

직렬공진시 $X_L = X_c$, $\omega L = \dfrac{1}{\omega C}$이므로

$$C = \frac{1}{\omega^2 L} = \frac{1}{(2\pi\times 1000)^2 \times 20\times 10^{-3}} \times 10^6 = 1.27[\mu\text{F}]$$

37 그림과 같이 주파수 f[Hz] 인 교류회로에 있어서 전류 I와 I_R 이 같은 값으로 되는 조건은? (단, R은 저항[Ω], C는 정전용량 [F], L 은 인덕턴스 [H] 로 된다.)

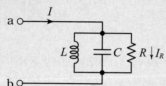

① $f = \dfrac{1}{\sqrt{LC}}$ ② $f = \dfrac{2\pi}{\sqrt{LC}}$

③ $f = \dfrac{1}{2\pi\sqrt{LC}}$ ④ $f = 2\pi(LC)^2$

해설

$I = I_R$ 이 되는 경우는 병렬 공진 이므로

공진주파수 $f = \dfrac{1}{2\pi\sqrt{LC}}$ 이다.

38 어떤 $R-L-C$ 병렬 회로가 병렬 공진되었을 때 합성 전류는?

① 최소가 된다.
② 최대가 된다.
③ 전류는 흐르지 않는다.
④ 전류는 무한대가 된다.

해설

병렬 공진 시 회로의 어드미턴스의 허수부가 0이므로 최소가 되어 전류도 최소가 된다.

39 $R-L-C$ 직렬 회로의 선택도 Q 는?

① $\sqrt{\dfrac{L}{C}}$ ② $\dfrac{1}{R}\sqrt{\dfrac{L}{C}}$

③ $\sqrt{\dfrac{C}{L}}$ ④ $R\sqrt{\dfrac{C}{L}}$

해설

직렬 공진 회로의 선택도는 공진 곡선의 첨예도를 의미할 뿐만 아니라 공진시 전압 확대비이고 또한 공진 시 저항에 대한 리액턴스의 비이다.

$$Q = \frac{V_L}{V} = \frac{V_C}{V} = \frac{X_L}{R} = \frac{X_c}{R} = \frac{1}{R}\sqrt{\frac{L}{C}}$$

40 $R = 10[\Omega]$, $L = 10[mH]$, $C = 1[\mu F]$ 인 직렬 회로에 100[V]의 전압을 인가할 때 공진의 첨예도 Q는?

① 1   ② 10

③ 100   ④ 1000

해설

$R = 10\,[\Omega]$, $L = 10\,[mH]$, $C = 1[\mu F]$ 일 때 직렬 공진 시 첨예도

$$Q = \frac{1}{R}\sqrt{\frac{L}{C}} = \frac{1}{10}\sqrt{\frac{10 \times 10^{-3}}{1 \times 10^{-6}}} = 10$$

정답   37 ③   38 ①   39 ②   40 ②

교류 전력

Chapter 04

교류 전력

① 복소평면에 의한 단상 교류 전력

전압 $v = V\angle 0° \,[\mathrm{V}]$, 전류 $i = I\angle \theta° \,[\mathrm{A}]$

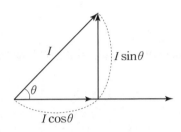

전압과 전류가 직각인 $I\sin\theta$ 성분은 전력을 발생 시킬 수 없는 성분 즉, 무효성분전류이고 전압, 전류가 동상인 $I\cos\theta$ 성분은 전력을 발생 시킬 수 있는 성분 즉, 유효성분의 전류가 되어 이에 의해 만들어진 전력을 무효 전력, 유효 전력이라 한다.

이를 식으로 표현하면

(1) 유효전력(active power)

$$P = VI\cos\theta \,[\mathrm{W}]$$

(2) 무효전력(reactive power)

$$P_r = VI\sin\theta \,[\mathrm{Var}]$$

(3) 피상전력(apparent power)

$$P_a = P \pm jP_r = \sqrt{P^2 + P_r^2} = V \cdot I \,[\mathrm{VA}]$$

(단, ＋ : 용량성(진상) , － : 유도성(지상))

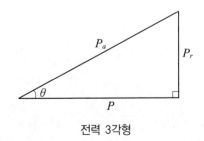

전력 3각형

■ 단산교류전력
• 유효전력
  $P = VI\cos\theta$
  $= I^2R = \dfrac{V^2}{R} \,[\mathrm{W}]$
• 무효전력
  $P_r = VI\sin\theta$
  $= I^2X = \dfrac{V^2}{X} \,[\mathrm{Var}]$
• 피상전력
  $P_a = P \pm jP_r$
  $= \sqrt{P^2 + P_r^2} = V \cdot I \,[\mathrm{VA}]$

■ 역률 및 무효율
• 역률 $\cos\theta = \dfrac{P}{P_a}$
• 무효율 $\sin\theta = \dfrac{P_r}{P_a}$

(4) 역률 및 무효율

① 역률(power factor)

$$\cos\theta = \frac{P}{P_a} = \frac{P}{\sqrt{P^2 + P_r^2}} = \frac{유효전력}{피상전력}$$

② 무효율(reactive factor)

$$\sin\theta = \frac{P_r}{P_a} = \frac{P_r}{\sqrt{P^2 + P_r^2}} = \frac{무효전력}{피상전력}$$

예제문제 **역률**

1 어떤 회로의 유효전력이 $80[\mathrm{W}]$, 무효전력이 $60[\mathrm{Var}]$이면 역률은 몇 $[\%]$인가?

① 50   ② 70

③ 80   ④ 90

해설

$$\cos\theta = \frac{P}{P_a} = \frac{P}{\sqrt{P^2 + P_r^2}} = \frac{80}{\sqrt{80^2 + 60^2}} = 0.8 = 80\,[\%]$$

답 ③

■R과 X의 직렬회로의 전력

$$P = \frac{V^2 R}{R^2 + X^2}\ [\mathrm{W}]$$

$$P_r = \frac{V^2 X}{R^2 + X^2}\ [\mathrm{Var}]$$

❷ 저항과 리액턴스의 직렬회로 전력

저항과 리액턴스의 직렬회로에서 전류와 역률 및 무효율을 구하면 다음과 같으며

$$I = \frac{V}{Z} = \frac{V}{\sqrt{R^2 + X^2}}, \quad \cos\theta = \frac{R}{\sqrt{R^2 + X^2}}, \quad \sin\theta = \frac{X}{\sqrt{R^2 + X^2}}$$

위의 식을 이용하여 각 전력을 계산하면 아래와 같은 결과를 얻을 수 있다.

(1) 유효전력

$$P = VI\cos\theta = I^2 R = \boxed{\frac{R}{R^2 + X^2}\,V^2\ [\mathrm{W}]}$$

(2) 무효전력

$$P_r = VI\sin\theta = I^2 X = \boxed{\frac{X}{R^2 + X^2}\,V^2\ [\mathrm{Var}]}$$

(3) 피상 전력

$$P_a = P \pm jP_r = \sqrt{P^2 + P_r^2} = V \cdot I = I^2 Z\ [\mathrm{VA}]$$

예제문제 **직렬회로의 유효전력**

2 $R=3[\Omega]$과 유도 리액턴스 $X_L=4[\Omega]$이 직렬로 연결된 회로에 $v=100\sqrt{2}\sin\omega t[V]$인 전압을 가하였다. 이 회로에서 소비되는 전력 [kW]은?

① 1.2   ② 2.2

③ 3.5   ④ 4.2

해설

$R=3[\Omega]$, $X_L=4[\Omega]$, $V=100[V]$일 때 $R-X$ 직렬 회로에서의 소비전력은

$$P=\frac{RV^2}{R^2+X^2}=\frac{100^2\times3}{3^2+4^2}=1200[W]=1.2[KW]$$

■주의

전력문제에서는 유효전력인지 무효전력인지를 확실히 구분하여 계산하여야 한다.

답 ①

예제문제 **직렬회로의 무효전력**

3 저항 $R=12[\Omega]$, 인덕턴스 $L=13.3[mH]$인 $R-L$직렬 회로에 실효값 130[V], 주파수 60[Hz]인 전압을 인가했을 때 이 회로의 무효전력[kVar]은?

① 500   ② 0.5

③ 5   ④ 50

해설

$R=12[\Omega]$, $L=13.3[mH]$, $V=130[V]$, $f=60[Hz]$ [V]일 때 $X_L=\omega L=2\pi fL=2\pi\times60\times13.3\times10^{-3}\fallingdotseq5[\Omega]$ $R-X$직렬회로에서의

무효전력은 $P_r=\dfrac{V^2X}{R^2+X^2}=\dfrac{130^2\times5}{12^2+5^2}=500[Var]=0.5[KVar]$

답 ②

❸ 복소 전력

전압과 전류가 복소수로 주어지는 경우의 전력계산법으로 전압 $V=a+jb[V]$, 전류 $I=c+jd$ [A]라 하면 피상전력은 전압의 공액 복소수와 전류의 곱으로서

$$\boxed{P_a=\overline{V}\cdot I=(a-jb)(c+d)=P\pm jP_r[VA]}$$

이때 허수부가 음(−)일 때는 뒤진 전류에 의한 지상 무효전력이 되고 양 (+)일 때는 앞선 전류에 의한 진상 무효전력이 된다.

■복소 전력
$P_a=\overline{V}\cdot I=P\pm jP_r[VA]$

4 $V = 100 + j30$[V]의 전압을 가하니 $I = 16 + j3$[A] 의 전류가 흘렀다. 이 회로에서 소비되는 유효 전력 [W] 및 무효 전력[Var]은 각각 얼마인가?

① 1690, 180
② 1510, 780
③ 1510, 180
④ 1690, 780

해설

$V = 100 + j30$[V] , $I = 16 + j3$[A] 일 때 복소전력을 구하면

$$P_a = \overline{V} I = (100 - j30)(16 + j3)$$
$$= 1690 - j180 = P - j P_r \text{ [VA]}$$

답 ①

④ 3전류계법과 3전압계법

전류계 3대 또는 전압계 3대를 이용하여 단상전력을 측정하는 방법에 대해 알아본다.

■ 3전류계법에서 역률 및 전력

$$\cos\theta = \frac{A_1^2 - A_2^2 - A_3^2}{2 A_2 A_3}$$

$$P = \frac{R}{2}(A_1^2 - A_2^2 - A_3^2)\text{[W]}$$

1. 3전류계법

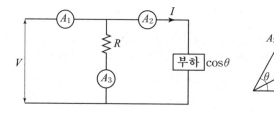

$A_1 = \sqrt{A_2^2 + A_3^2 + 2 A_2 A_3 \cos\theta}$ 이므로

$A_1^2 = A_2^2 + A_3^2 + 2 A_2 A_3 \cos\theta$ 에서

$\cos\theta$를 구하면 $\boxed{\cos\theta = \dfrac{A_1^2 - A_2^2 - A_3^2}{2 A_2 A_3}}$ 가 된다.

이때 부하에 걸리는 전력은

$$P = VI\cos\theta = R \times A_3 \times A_2 \times \frac{A_1^2 - A_2^2 - A_3^2}{2 A_2 A_3}$$

$$\therefore P = \frac{R}{2}(A_1^2 - A_2^2 - A_3^2) \text{ [W]}$$

2. 3전압계법

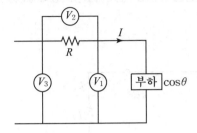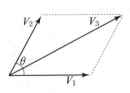

$V_3 = \sqrt{V_1^2 + V_2^2 + 2V_1V_2\cos\theta}$ 이므로

$V_3^2 = V_1^2 + V_2^2 + 2V_1V_2\cos\theta$ 에서

$\cos\theta$를 구하면 $\boxed{\cos\theta = \dfrac{V_3^2 - V_1^2 - V_2^2}{2V_1V_2}}$ 가 된다.

이때 부하에 걸리는 전력은

$P = V_1 I \cos\theta = V_1 \times \dfrac{V_2}{R} \times \dfrac{V_3^2 - V_1^2 - V_2^2}{2V_1V_2}$

$$\therefore P = \frac{1}{2R}(V_3^2 - V_1^2 - V_2^2)\,[\text{W}]$$

■ 3전압계법에서 역률 및 전력

$\cos\theta = \dfrac{V_3^2 - V_1^2 - V_2^2}{2V_1V_2}$

$P = \dfrac{1}{2R}(V_3^2 - V_1^2 - V_2^2)\,[\text{W}]$

예제문제 전류계법

5 그림과 같이 전류계 A_1, A_2, A_3 와 $25\,[\Omega]$의 저항 R를 접속하였더니, 전류계의 지시는 $A_1 = 10\,[\text{A}]$, $A_2 = 4\,[\text{A}]$, $A_3 = 7\,[\text{A}]$이다. 부하의 전력[W]과 역률을 구하면?

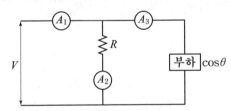

① $P=437.5$, $\cos\theta=0.625$ ② $P=437.5$, $\cos\theta=0.547$

③ $P=437.5$, $\cos\theta=0.647$ ④ $P=507.5$, $\cos\theta=0.747$

해설

3전류계법의 역률

$\cos\theta = \dfrac{A_1^2 - A_2^2 - A_3^2}{2A_2A_3} = \dfrac{10^2 - 4^2 - 7^2}{2\times4\times7} = 0.625$

3전류계법의 전력

$P = \dfrac{R}{2}(A_1^2 - A_2^2 - A_3^2) = \dfrac{25}{2}(10^2 - 4^2 - 7^2) = 437.5\,[\text{W}]$

답 ①

⑤ 최대 전력 전달

1. R_L 부하

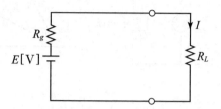

(1) 부하 전력

$$P = I^2 R_L = \left(\frac{E}{R_g + R_L} \right)^2 R_L \; [\text{W}]$$

(2) 최대전력조건

최대 전력의 값을 가지기 위해서는 (1)식에서 R_L에 대한 소비전력 P_L의 미분값이 0인 경우 이므로 $\dfrac{dP_L}{dR_L} = 0$ 인 상태를 구하면

$$E^2 \frac{(R_g + R_L)^2 - R_L \cdot 2(R_g + R_L)}{(R_g + R_L)^4} = E^2 \frac{R_g - R_L}{(R_g + R_L)^3} = 0 \text{에서}$$

$R_L = R_g$ 일 때가 된다.

(3) 최대전력

$$P_{\max} = \left(\frac{E}{R_g + R_L} \right)^2 R_L \bigg|_{R_L = R_g} = \frac{E^2}{4R_g} \; [\text{W}]$$

2. Z_L 부하

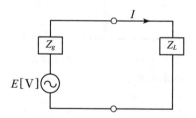

$Z_g = R_g + jX_g$, $Z_L = R_L + jX_L$ 인 경우

(1) 최대 전력 전달조건

$$Z_L = \overline{Z_g} = R_g - jX_g$$

■ 최대전력 전달조건
· 저항 부하인 경우
 $R_L = R_g$ (부하저항 = 내부저항)
· 임피던스 부하인 경우
 $Z_L = \overline{Z_g}$ (켤레 복소수)

■ 최대 공급 전력
$$P_{\max} = \frac{E^2}{4R_g} [\text{W}]$$

(2) 최대 공급 전력

$$P_{\max} = \frac{E^2}{4R_g} [\text{W}]$$

예제문제 최대 전력 전달

6 내부저항 $r[\Omega]$인 전원이 있다. 부하 R에 최대전력을 공급하기 위한 조건은?

① $r = 2R$ ② $R = r$

③ $R = 2\sqrt{r}$ ④ $R = r^2$

해설
전원과 부하에 순저항만 존재할 때 최대 전력 전달 조건은 전원 내부저항과 부하 저항이 같은 경우이다.

답 ②

SECTION 04

출제예상문제

01 어떤 부하에 $e = 100\sin\left(100\pi t + \dfrac{\pi}{6}\right)[V]$의 기전력을 인가하니 $i = 10\cos\left(100\pi t - \dfrac{\pi}{3}\right)[V]$인 전류가 흘렀다. 이 부하의 소비 전력은 몇 [W]인가?

① 250 ② 433
③ 500 ④ 866

해설

$e = 100\sin\left(100\pi t + \dfrac{\pi}{6}\right)[V]$

$i = 10\cos\left(100\pi t - \dfrac{\pi}{3}\right) = 10\sin\left(100\pi t - \dfrac{\pi}{3} + \dfrac{\pi}{2}\right)[A]$

일 때 유효전력은

$P = VI\cos\theta = \dfrac{100}{\sqrt{2}} \times \dfrac{10}{\sqrt{2}}\cos 0° = 500[W]$

02 $V = 100\angle 60°[V]$, $I = 20\angle 30°[A]$일 때 유효 전력 [W]은 얼마인가?

① $1000\sqrt{2}$ ② $1000\sqrt{3}$
③ $\dfrac{2000}{\sqrt{2}}$ ④ 20000

해설

$V = 100\angle 60°[V]$, $I = 20\angle 30°[A]$일 때 유효전력은

$P = VI\cos\theta = 100 \times 20 \times \cos 30° = 1000\sqrt{3}\,[W]$

03 어떤 회로의 전압과 전류가 각각

$v = 50\sin(\omega t + \theta)[V]$, $i = 4\sin(\omega t + \theta - 30°)[A]$

일 때, 무효전력[Var]은 얼마인가?

① 100 ② 86.6
③ 70.7 ④ 50

해설

$v = 50\sin(\omega t + \theta)[V]$,
$i = 4\sin(\omega t + \theta - 30°)[A]$ 일 때

무효전력은

$P_r = VI\sin\theta = \dfrac{50}{\sqrt{2}} \times \dfrac{4}{\sqrt{2}}\sin 30° = 50\,[Var]$

04 어떤 회로에 $V = 100\angle\dfrac{\pi}{3}[V]$의 전압을 가하니 $I = 10\sqrt{3} + j10[A]$의 전류가 흘렀다. 이 회로의 무효전력 [Var]은?

① 0 ② 1000
③ 1732 ④ 2000

해설

$V = 100\angle\dfrac{\pi}{3} = 100\angle 60°$

$I = 10\sqrt{3} + j10$

$= \sqrt{(10\sqrt{3})^2 + 10^2}\angle\tan^{-1}\dfrac{10}{10\sqrt{3}} = 20\angle 30°$

무효전력은

$P_r = VI\sin\theta = 100 \times 20 \times \sin 30° = 1000\,[Var]$

05 역률이 70[%]인 부하에 전압 100[V]를 가해서 전류 5[A]가 흘렀다. 이 부하의 피상전력 [VA]는?

① 100 ② 200
③ 400 ④ 500

해설

$\cos\theta = 0.7$, $V = 100\,[V]$, $I = 5\,[A]$일 때 피상전력은
$P_a = V \cdot I = 100 \times 5 = 500\,[VA]$

06 교류 전압 100[V], 전류 20[A]로서 1.2[kW]의 전력을 소비하는 회로의 리액턴스는 몇 [Ω]인가?

① 3 ② 4
③ 6 ④ 8

해설

$V = 100\,[V]$, $I = 20\,[A]$, $P = 1.2\,[kW]$일 때

리액턴스는 무효 전력 $P_r = \sqrt{P_a^2 - P^2} = I^2 X$이므로

$X = \dfrac{\sqrt{P_a^2 - P^2}}{I^2} = \dfrac{\sqrt{(100 \times 20)^2 - (1.2 \times 10^3)^2}}{20^2} = 4\,[\Omega]$

정답 01 ③ 02 ② 03 ④ 04 ② 05 ④ 06 ②

07 22[kVA]의 부하가 역률 0.8이라면 무효전력 [kVar]은?

① 16.6
② 17.6
③ 15.2
④ 13.2

해설

$P_a = 22\,[\text{kVA}]$, $\cos\theta = 0.8$ 일 때 무효전력은
$\sin\theta = \sqrt{1 - \cos^2\theta} = \sqrt{1 - 0.8^2} = 0.6$이므로
$P_r = VI\sin\theta = P_a\sin\theta = 22 \times 0.6 = 13.2\,[\text{kVar}]$
[참고] $\cos^2\theta + \sin^2\theta = 1$

08 어떤 회로에서 인가 전압이 100[V]일 때 유효 전력이 300[W], 무효전력이 400[Var]이다. 전류 I는?

① 5[A]
② 50[A]
③ 3[A]
④ 4[A]

해설

$V = 100\,[\text{V}]$, $P = 300\,[\text{W}]$, $P_r = 400\,[\text{Var}]$ 일 때 전류는
피상전력 $P_a = \sqrt{P^2 + P_r^2} = VI\,[\text{VA}]$에서
$I = \dfrac{\sqrt{P^2 + P_r^2}}{V} = \dfrac{\sqrt{300^2 + 400^2}}{100} = 5\,[\text{A}]$

09 저항 R, 리액턴스 X와의 직렬회로에 전압 V가 가해졌을 때 소비전력은?

① $\dfrac{R}{\sqrt{R^2 + X^2}}V^2$
② $\dfrac{X}{\sqrt{R^2 + X^2}}V^2$
③ $\dfrac{R}{R^2 + X^2}V^2$
④ $\dfrac{X}{R^2 + X^2}V^2$

해설

$R - X$ 직렬회로에서의 소비전력은
$P = VI\cos\theta = I^2R = \dfrac{RV^2}{R^2 + X^2}\,[\text{W}]$

10 $R = 30[\Omega]$, $L = 106[\text{mH}]$의 코일이 있다. 이 코일에 100[V], 60[Hz]의 전압을 인가할 때 소비되는 전력[W]은?

① 100
② 120
③ 160
④ 200

해설

$R = 30\,[\Omega]$, $L = 106\,[\text{mH}]$, $V = 100\,[\text{V}]$, $f = 60\,[\text{Hz}]$
$X_L = \omega L = 2\pi f L = 2\pi \times 60 \times 106 \times 10^{-3} \fallingdotseq 40\,[\Omega]$
$R - X_L$ 직렬회로에서의 소비전력은
$P = \dfrac{RV^2}{R^2 + X^2} = \dfrac{100^2 \times 30}{30^2 + 40^2} = 120\,[\text{W}]$

11 그림과 같은 회로에서 주파수 60[Hz], 교류 전압 200[V]의 전원이 인가되었을 때 R의 전력 손실을 $L = 0$인 때 의 $\dfrac{1}{2}$로 하려면 L의 크기[H]는? (단, $R = 600[\Omega]$)

① 0.59
② 1.59
③ 4.62
④ 3.62

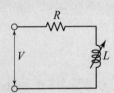

해설

회로도에서 소비전력 $P = \dfrac{RV^2}{R^2 + X_L^2} = \dfrac{1}{2}\dfrac{V^2}{R}$ 의 관계
이므로 이를 정리하면
$\dfrac{R}{R^2 + X_L^2} = \dfrac{1}{2R}$, $R^2 + X_L^2 = 2R^2$
$X_L^2 = R^2$, $X_L = R = \omega L = 2\pi f L$이므로
인덕턴스는 $L = \dfrac{R}{2\pi f} = \dfrac{600}{2\pi \times 60} = 1.59\,[\text{H}]$

12 그림과 같은 회로에서 각 계기들의 지시값은 다음과 같다. Ⓥ는 240[V], Ⓐ는 5[A], Ⓦ는 720[W]이다. 이때 인덕턴스 L[H]는? (단, 전원 주파수는 60[Hz]라 한다.)

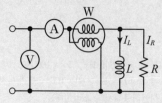

① $\dfrac{1}{\pi}$ ② $\dfrac{1}{2\pi}$

③ $\dfrac{1}{3\pi}$ ④ $\dfrac{1}{4\pi}$

해설

무효 전력 $P_r = \sqrt{P_a^2 - P^2} = \dfrac{V^2}{X_L} = \dfrac{V^2}{\omega L}$ 이므로

$$L = \dfrac{V^2}{\omega \sqrt{P_a^2 - P^2}} = \dfrac{V^2}{2\pi f \sqrt{P_a^2 - P^2}}$$

$$= \dfrac{240^2}{2\pi \times 60 \sqrt{(240 \times 5)^2 - 720^2}} = \dfrac{1}{2\pi} \, [\mathrm{H}]$$

13 $R-C$ 병렬 회로에 60[Hz], 100[V]의 전압을 가했더니 유효 전력이 800[W], 무효 전력이 600[Var] 이었다. 저항 R[Ω]과 정전 용량 C [μF]의 값은 각각 얼마인가?

① R=12.5, C=159   ② R=15.5, C=180
③ R=18.5, C=189   ④ R=20.5, C=219

해설

$f = 60[\mathrm{Hz}]$, $V = 100[\mathrm{V}]$ $P = 800[\mathrm{W}]$,
$P_r = 600[\mathrm{Var}]$일 때 R-C 병렬 회로에서는 전압이 일정하므로 저항에서는 유효전력이 콘덴서에서는 무효전력이 발생하므로

$$P = \dfrac{V^2}{R} \Rightarrow R = \dfrac{V^2}{P} = \dfrac{100^2}{800} = 12.5 \, [\Omega]$$

$$P_r = \dfrac{V^2}{X_C} = \omega C V^2$$

$$\Rightarrow C = \dfrac{P_r}{\omega V^2} = \dfrac{600}{2\pi \times 60 \times 100^2} = 159 \times 10^{-6} [\mathrm{F}]$$

$$= 159 \, [\mu\mathrm{F}]$$

14 어떤 회로의 전압 V, 전류 I 일 때,
$P_a = \overline{V} I = P + j P_r$ 에서 $P_r > 0$ 이다. 이 회로는 어떤 부하인가?

① 유노성   ② 무유도성
③ 용량성   ④ 정저항

해설

복소전력 $P_a = \overline{V} I = P \pm j P_r [\mathrm{VA}]$ 에서
(+) : 용량성부하, (-) : 유도성부하

15 그림과 같은 회로에서 전압계 3개로 단상 전력을 측정하고자 할 때의 유효 전력은?

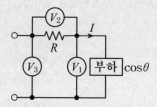

① $\dfrac{1}{2R} (V_3^2 - V_1^2 - V_2^2)$

② $\dfrac{1}{2R} (V_3^2 - V_1^2)$

③ $\dfrac{R}{2} (V_3^2 - V_1^2 - V_2^2)$

④ $\dfrac{R}{2} (V_2^2 - V_1^2 - V_3^2)$

해설

3전압계법의 역률 $\cos\theta = \dfrac{V_3^2 - V_1^2 - V_2^2}{2 V_1 V_2}$

3전압계법의 전력 $P = \dfrac{1}{2R} (V_3^2 - V_1^2 - V_2^2) [\mathrm{W}]$

16 그림과 같이 전압 E와 저항 R로 되는 회로 단자 a, b 간에 적당한 저항 R_L을 접속하여 R_L에서 소비되는 전력을 최대로 하게 했다. 이때 R_L에서 소비되는 전력 P는 얼마인가?

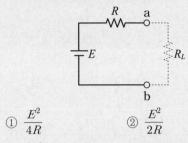

① $\dfrac{E^2}{4R}$

② $\dfrac{E^2}{2R}$

③ $\dfrac{E^2}{3R_L}$

④ $\dfrac{E}{R_L}$

해설

$P = I^2 R_L = \left(\dfrac{E}{R+R_L}\right)^2 R_L [\text{W}]$ 에서 최대 전력 전달조건은 $R_L = R$일 때이므로 이를 대입하면

$P = \left(\dfrac{E}{R+R_L}\right)^2 R_L = \left(\dfrac{E}{R+R}\right)^2 R = \dfrac{E^2}{4R} [\text{W}]$

17 최댓값 V_0, 내부임피던스 $Z_0 = R_0 + jX_0 (R_0 > 0)$ 인 전원에서 공급할 수 있는 최대 전력은?

① $\dfrac{V_0^2}{8R_0}$

② $\dfrac{V_0^2}{4R_0}$

③ $\dfrac{V_0}{2R_0^2}$

④ $\dfrac{V_0^2}{2\sqrt{2}R_0}$

해설

전원 전압이 정현파이고 그 실효값은 $V = \dfrac{V_0}{\sqrt{2}}$ 이므로 최대전력은 부하임피던스 Z_L이 내부임피던스의 공액복소수 $\overline{Z_0}$ 와 같을 경우이며 이때 최대 전력값은

$P_{\max} = \dfrac{V^2}{4R_0} = \dfrac{\left(\dfrac{V_0}{\sqrt{2}}\right)^2}{4R_0} = \dfrac{V_0^2}{8R_0} [\text{W}]$

18 부하 저항 R_L이 전원의 내부 저항 R_0의 3배가 되면 부하저항 R_L에서 소비되는 전력 P_L은 최대 전송 전력 P_m의 몇 배인가?

① 0.89

② 0.75

③ 0.5

④ 0.3

해설

부하저항이 $R_L = 3R_0$일 때의 소비전력은

$P_L = I^2 R_L = \left(\dfrac{V_g}{R_0+R_L}\right)^2 \cdot R_L$

$\quad = \left(\dfrac{E}{R_0+3R_0}\right)^2 \times 3R_0 = \dfrac{3}{16} \cdot \dfrac{E^2}{R_0} [\text{W}]$

최대전력 $P_{\max} = \dfrac{E^2}{4R_0} [\text{W}]$이므로

$\therefore \dfrac{P_L}{P_{\max}} = \dfrac{\dfrac{3}{16} \cdot \dfrac{E^2}{R_0}}{\dfrac{1}{4} \cdot \dfrac{E^2}{R_0}} = \dfrac{12}{16} = 0.75 [\text{배}]$

19 그림과 같이 저항 R과 정전용량 C의 병렬 회로가 있다. 전 전류를 일정하게 유지할 때 R에서 소비되는 전력을 최대로 하는 R의 값은? (단, 주파수는 f이다.)

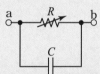

① $\dfrac{1}{\omega C}$

② $R - j\omega C$

③ ωCR

④ $R + j\omega C$

해설

최대전력조건 $R = X_c = \dfrac{1}{\omega C}$

20 그림과 같은 교류 회로에서 저항 R을 변환시킬 때 저항에서 소비되는 최대 전력[W] 은?

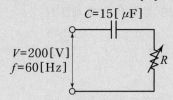

$C=15[\mu F]$
$V=200[V]$
$f=60[Hz]$
R

① 95   ② 113
③ 134   ④ 154

해설

R-C 직렬회로에서의 소비전력은

$$P = I^2 R = \left(\frac{V}{\sqrt{R^2 + X_C^2}}\right)^2 R = \frac{V^2}{R^2 + X_C^2} \cdot R \text{ 이므로}$$

이때 최대 전력 조건은 $R = X_C$ 이므로

$$P_{\max} = \frac{V^2}{2X_C} = \frac{1}{2}\omega C V^2 [W] \text{ 가 된다.}$$

주어진 수치를 대입하면

$$P_{\max} = \frac{1}{2}\omega C V^2 = \frac{1}{2}\times 2\pi \times 60 \times 15 \times 10^{-6} \times 200^2$$
$$= 113[W]$$

유도 결합 회로

Chapter 05

유도 결합 회로

① 자기 인덕턴스

핵심 NOTE

1. 자기 인덕턴스 $L[\text{H}]$

코일에 전류 $i\,[\text{A}]$가 흐르면 자속 $\phi\,[\text{Wb}]$가
형성되고 여기서 자속은 전류에 비례하므로
$\phi \propto i$가 성립함을 알 수 있다. 이 식을 등식으
로 고치면 L이라는 비례상수가 들어가서 $\phi = Li$
가 되며, 이때의 비례상수 L을 자기 인덕턴스라 한다.
만약 코일의 권수가 n회 감겨져 있다면 총 자속은 $n\phi$가 되어

$\phi[\text{Wb}]$
$I \quad L[\text{H}]$
$n[\text{회}]$

$\boxed{n\phi = Li}$ 가 된다. 따라서 자기 인덕턴스 $L = \dfrac{n\phi}{i}\,[\text{H}]$ 라는 식을
얻을 수 있다.

- 자기 인덕턴스 관련 공식
  - $LI = N\phi$
  - L : 자기 인덕턴스
  - I : 전류
  - N : 코일의 권수
  - ϕ : 자속

② 패러데이 법칙

시간에 대해서 코일에 자속의 변화 또는 전류의 변화가 생기면 코일에는
역기전력이 형성 되는데 이를 식으로 표현하면 다음과 같이 된다.

$$e = -n\frac{d\phi}{dt} = -L\frac{di}{dt}\,[\text{V}]$$

- 패러데이 법칙
$$e = -n\frac{d\phi}{dt} = -L\frac{di}{dt}\,[\text{V}]$$

예제문제   패러데이 법칙

1 어떤 코일에 흐르는 전류를 $0.5[\text{ms}]$ 동안에 $5[\text{A}]$로 변화시킬 때
$20[\text{V}]$의 전압이 발생한다. 자기 인덕턴스[mH]는?

① 2[mH]   ② 4[mH]
③ 6[mH]   ④ 8[mH]

해설

$dt = 0.5\,[\text{msec}]$, $di = 5[\text{A}]$, $e = 20\,[\text{V}]$ 일 때

패러데이 법칙에 의해 $e = L\dfrac{di}{dt}[\text{V}]$ 이므로 이때 자기 인덕턴스의 크기

$$L = \frac{e \times dt}{di} = \frac{20 \times 0.5 \times 10^{-3}}{5} \times 10^3 = 2\,[\text{mH}]$$

답 ①

❸ 상호 유도

상호 유도 전압의 크기 및 극성

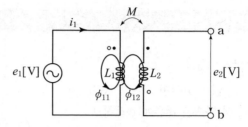

(1) 전류 i_1에 의하여 2차 측에 유기되는 상호 유도 전압

$$e_2 = \pm M \frac{di_1}{dt} [V]$$

단, M : 상호 인덕턴스

  ϕ_{11} : 누설 자속

  ϕ_{12} : 1차 측 자속 중 2차로 넘어간 자속

  $\phi_1 = \phi_{11} + \phi_{12}$: 1차 측 총 자속

(2) 극성

 • 가동결합 + , ○ 차동결합 −

예제문제 상호유도

2 상호 인덕턴스 100[mH]인 회로의 1차 코일에 3[A]의 전류가 0.3초
동안에 18[A]로 변화할 때 2차 유도 기전력[V]은?

① 5 　　　　　　　　　　② 6

③ 7 　　　　　　　　　　④ 8

해설

$M = 100 [mH]$, $dt = 0.3 [sec]$, $di_1 = 18 - 3 = 15 [A]$　일 때

2차 유도 기전력 $e_2 = M\dfrac{di_1}{dt} = 100 \times 10^{-3} \times \dfrac{18-3}{0.3} = 5[V]$

답 ①

④ 결합계수

두 코일간의 자기적인 결합정도를 나타내는 값.

(1) 결합계수

$$K = \frac{M}{\sqrt{L_1 L_2}} = \sqrt{\frac{\phi_{12}}{\phi_1} \cdot \frac{\phi_{21}}{\phi_2}}$$

ϕ_1 : 1차 측 총 자속

ϕ_{12} : 1차 측 총 자속 중 2차 코일에 쇄교하는 자속

ϕ_2 : 2차 측 총 자속

ϕ_{21} : 2차 측 총 자속 중 1차 코일에 쇄교하는 자속

(2) 상호 인덕턴스

$$M = K\sqrt{L_1 L_2}$$

(3) 누설자속이 없는 경우 = 완전 결합 = 이상적 결합 : $K = 1$
(4) 상호 자속이 전혀 없는 경우, 즉 유도 결합이 없는 경우 : $K = 0$
(5) 결합계수의 범위는 $0 \le K \le 1$

■ 결합계수와 상호인덕턴스

$$K = \frac{M}{\sqrt{L_1 L_2}}$$

$$M = K\sqrt{L_1 L_2}$$

■ 결합계수의 범위
$0 \le K \le 1$

예제문제 결합계수 및 상호인덕턴스

3 코일 1, 2가 있다. 각각의 L은 $20, 50[\mu H]$이고 그 사이의 M은 $5.6[\mu H]$이다. 두 코일간의 결합 계수는?

① 4.156 　　　② 0.177

③ 3.527 　　　② 0.427

해설

$L_1 = 20\,[\mu H]$, $L_2 = 50\,[\mu H]$, $M = 5.6\,[\mu H]$ 일 때

결합계수는 $k = \dfrac{M}{\sqrt{L_1 L_2}} = \dfrac{5.6}{\sqrt{20 \times 50}} = 0.1778$

답 ②

⑤ 합성 인덕턴스

1. 직렬연결

전류가 흘러가는 길이 하나인 경우

(1) 가동결합

두 전류의 방향이 동일하여 두 자속이 합해지는 경우

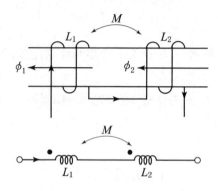

합성 인덕턴스

$$\boxed{L_o = \ L_1 + L_2 + 2M} = L_1 + L_2 + 2K\sqrt{L_1 L_2}\,[\mathrm{H}]$$

(2) 차동결합

전류의 방향이 반대이므로 자속의 방향이 반대인 경우

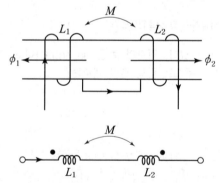

합성 인덕턴스

$$\boxed{L_o = \ L_1 + L_2 - 2M} = L_1 + L_2 - 2K\sqrt{L_1 L_2}\,[\mathrm{H}]$$

■ 코일의 직렬접속
$$L_o = L_1 + L_2 \pm 2M\,[\mathrm{H}]$$
(＋ : 가동 , － : 차동)

2. 병렬연결

전류가 흘러가는 길이 두 개 이상인 경우

(1) 가동결합

전류의 방향이 동일하여 자속이 합하여 지는 경우

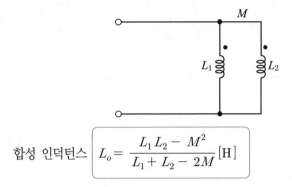

합성 인덕턴스 $\boxed{L_o = \dfrac{L_1 L_2 - M^2}{L_1 + L_2 - 2M}\,[\mathrm{H}]}$

(2) 차동결합

전류의 방향이 반대이므로 자속의 방향이 반대인 경우

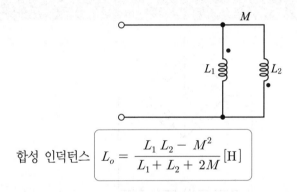

합성 인덕턴스 $\boxed{L_o = \dfrac{L_1 L_2 - M^2}{L_1 + L_2 + 2M}\,[\mathrm{H}]}$

■ 코일의 병렬접속
$$L_o = \frac{L_1 L_2 - M^2}{L_1 + L_2 \mp 2M}[\mathrm{H}]$$

(− : 가동 , + : 차동)

예제문제 코일의 접속 (합성 인덕턴스)

4 그림과 같은 결합 회로의 합성 인덕턴스는 몇[H]인가?

① 4
② 6
③ 10
④ 13

3[H]

4[H] 6[H]

해설
그림은 직렬접속의 차동 결합이므로
$L = L_1 + L_2 - 2M = 4 + 6 - 2 \times 3 = 4[\mathrm{H}]$

답 ①

■ 권수비

$$a = n = \frac{n_1}{n_2} = \frac{v_1}{v_2} = \frac{i_2}{i_1}$$

$$= \sqrt{\frac{Z_1}{Z_2}} = \sqrt{\frac{L_1}{L_2}}$$

■ 브릿지 평형 조건

$$Z_1 Z_3 = Z_2 Z_4$$

6 이상 변압기의 권수비

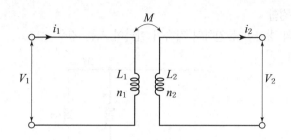

$$a = n = \frac{n_1}{n_2} = \frac{v_1}{v_2} = \frac{i_2}{i_1} = \sqrt{\frac{Z_1}{Z_2}} = \sqrt{\frac{L_1}{L_2}}$$

7 교류 브릿지 회로

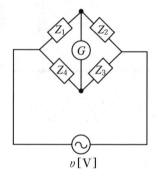

교류 브릿지 회로의 평형조건 : $\boxed{Z_1 Z_3 = Z_2 Z_4}$

예제문제 이상 변압기

5 그림과 같은 이상 변압기에 대하여 성립되지 않는 관계식은?
단, n_1, n_2 는 1차 및 2차 코일의 권수이다.

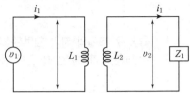

① $v_1 i_1 = v_2 i_2$

② $\dfrac{v_2}{v_1} = \dfrac{n_2}{n_1} = \dfrac{1}{n}$

③ $\dfrac{i_2}{i_1} = \dfrac{n_1}{n_2} = n$

④ $n = \sqrt{\dfrac{L_2}{L_1}}$

해설
이상 변압기의 권선비 $n = \dfrac{n_1}{n_2} = \dfrac{v_1}{v_2} = \dfrac{i_2}{i_1} = \sqrt{\dfrac{Z_1}{Z_2}} = \sqrt{\dfrac{L_1}{L_2}}$

답 ④

예제문제 교류 브릿지 회로

6 그림과 같은 브리지 회로가 평형되기 위한 $\dot{Z_4}$ 의 값은?

① $2 + j4$

② $-2 + j4$

③ $4 + j2$

④ $4 - j2$

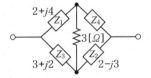

해설
브릿지 평형 조건 $Z_1 Z_2 = Z_3 Z_4$ 이므로 Z_4 는

$Z_4 = \dfrac{Z_1 Z_2}{Z_3} = \dfrac{(2+j4)(2-j3)}{3+j2} = \dfrac{(2+j4)(2-j3)(3-j2)}{(3+j2)(3-j2)}$

$= \dfrac{52 - j26}{13} = 4 - j2$

답 ④

출제예상문제

01 한 코일의 전류가 매초 $120[\text{A}]$ 의 비율로 변화할 때 다른 코일에 $15[\text{V}]$의 기전력이 발생하였다면 두 코일의 상호 인덕턴스 $[\text{H}]$ 는?

① 0.125
② 2.85
③ 0
④ 1.25

해설

$\dfrac{di_1}{dt} = 120\,[\text{A/sec}]$, $e_2 = 15\,[\text{V}]$일 때 상호 인덕턴스는

$e_2 = M\dfrac{di_1}{dt}\,[\text{V}]$ 이므로

$M = \dfrac{e_2}{\dfrac{di_1}{dt}} = \dfrac{15}{120} = 0.125\,[\text{H}]$

02 그림과 같은 회로에서 $i_1 = I_m \sin\omega t$일 때 개방된 2차 단자에 나타나는 유기기전력 e_2는 몇 $[\text{V}]$인가?

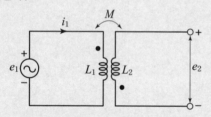

① $\omega M \sin\omega t$
② $\omega M \cos\omega t$
③ $\omega M I_m \sin(\omega t - 90°)$
④ $\omega M I_m \sin(\omega t + 90°)$

해설

그림은 차동결합이므로

$e_2 = -M\dfrac{di_1}{dt} = -\omega M I_m \cos\omega t = \omega M I_m \sin(\omega t - 90°)\,[\text{V}]$

[참고] $\dfrac{d}{dt}\sin\omega t = \cos\omega t \times \omega$

03 두 코일의 자기 인덕턴스가 L_1, L_2 이고 상호 인덕턴스가 M일 때 결합 계수 k 는?

① $\dfrac{\sqrt{L_1 L_2}}{M}$
② $\dfrac{M}{\sqrt{L_1 L_2}}$
③ $\dfrac{M^2}{L_1 L_2}$
④ $\dfrac{L_1 L_2}{M^2}$

04 그림과 같은 회로에서 a, b 간의 합성 인덕턴스 L_0 의 값은?

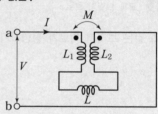

① $L_1 + L_2 + L$
② $L_1 + L_2 - 2M + L$
③ $L_1 + L_2 + 2M + L$
④ $L_1 + L_2 - M + L$

해설

L_1 과 L_2 의 결합이 직렬연결 시 차동 결합 형태이므로 합성인덕턴스는 $L_0 = L_1 + L_2 - 2M + L\,[\text{H}]$

05 그림의 회로에 있어 $L_1 = 6$ [mH], $R_1 = 4$ [Ω], $R_2 = 9$ [Ω], $L_2 = 7$ [mH], $M = 5$ [mH] 이며 L_1과 L_2가 서로 유도 결합되어 있을 때 등가 직렬 임피던스는 얼마인가?
(단, $\omega = 100$[rad/s]이다.)

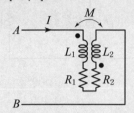

① $13 + j\,7.2$ ② $13 + j\,1.3$

③ $13 + j\,2.3$ ④ $13 + j\,9.4$

해설

그림은 $R - L$ 직렬연결이고 가동결합이므로
$$Z = R_o + j\omega L_o = R_1 + R_2 + j\omega(L_1 + L_2 + 2M)$$
$$= 4 + 9 + j100(6 + 7 + 2 \times 5) \times 10^{-3}$$
$$= 13 + j2.3\,[\Omega]$$

06 그림과 같은 회로에서 합성 인덕턴스는?

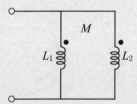

① $\dfrac{L_1 L_2 + M^2}{L_1 + L_2 - 2M}$ ② $\dfrac{L_1 L_2 - M^2}{L_1 + L_2 - 2M}$

③ $\dfrac{L_1 L_2 + M^2}{L_1 + L_2 + 2M}$ ④ $\dfrac{L_1 L_2 - M^2}{L_1 + L_2 + 2M}$

해설

그림은 병렬연결 시 가동결합이므로 합성인덕턴스
$$L_o = \frac{L_1 L_2 - M^2}{L_1 + L_2 - 2M}\,[\mathrm{H}]$$

07 5[mH] 인 두 개의 자기 인덕턴스가 있다. 결합 계수를 0.2로부터 0.8까지 변화시킬 수 있다면 이것을 직렬 접속하여 얻을 수 있는 합성 인덕턴스의 최댓값과 최솟값은 각각 몇 [mH] 인가?

① 20, 8   ② 20, 2

③ 18, 8   ④ 18, 2

해설

합성인덕턴스의 최댓값은 두 개의 코일을 가동결합으로 하며, 합성인덕턴스의 최솟값은 차동결합으로 얻는다.
최댓값, 최솟값을 각각 $L_{o\max}$, $L_{o\min}$ 라 하면
$$L_{o\max} = L_1 + L_2 + 2M = L_1 + L_2 + 2K\sqrt{L_1 L_2}$$
$$= 5 + 5 + 2 \times 0.8 \times \sqrt{5 \times 5} = 18[\mathrm{mH}]$$

$$L_{o\min} = L_1 + L_2 - 2M = L_1 + L_2 - 2K\sqrt{L_1 L_2}$$
$$= 5 + 5 - 2 \times 0.8 \times \sqrt{5 \times 5} = 2[\mathrm{mH}]$$

08 10[mH] 의 두 자기인덕턴스가 있다. 결합계수를 0.1로부터 0.9까지 변화시킬 수 있다면 이것을 직렬 접속시켜 얻을 수 있는 합성 인덕턴스의 최댓값과 최솟값의 비는 얼마인가?

① 9 : 1   ② 13 : 1

③ 16 : 1   ④ 19 : 1

해설

직렬 연결시 합성 인덕턴스
$$L_0 = L_1 + L_2 \pm 2M = L_1 + L_2 \pm k\sqrt{L_1 L_2}\,[\mathrm{H}]$$ 이고
결합 계수만 변화할 수 있으므로 $k = 0.9$ 대입하였을 때 최대, 최솟값이 된다.
$$L_0 = L_1 + L_2 \pm 2k\sqrt{L_1 L_2} = 10 + 10 \pm 2 \times 0.9 \times 10$$
$$= 20 \pm 18\,[\mathrm{mH}]$$
$$\frac{L_{최대} = 38}{L_{최소} = 2} = \frac{19}{1}$$

09 다음가 같이 1개의 콘덴서와 2개의 코일이 직렬로 접속 된 회로에 300[Hz]의 주파수가 공진한다고 한다. $C = 30[\mu F]$, $L_1 = L_2 = 4\,[mH]$이면 상호인덕턴스 M 값은 약 몇 [mH] 인가? (단, 코일은 동일 축 상에 같은 방향으로 감겨져 있다.)

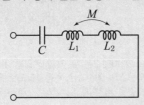

① 2.8[mH]　　　② 1.4[mH]

③ 0.7[mH]　　　④ 0.4[mH]

해설

L–C 직렬 공진 시 $X_L = X_C$, $\omega L = \dfrac{1}{\omega C}$ → ①식

L_1과 L_2가 직렬연결에 코일을 같은 방향으로 감으면 가동결합이므로

합성인덕턴스 $L = L_1 + L_2 + 2M[H]$ → ②식

②식을 ①식에 대입하면

$\omega(L_1 + L_2 + 2M) = \dfrac{1}{\omega C}$

$M = \dfrac{1}{2}\left(\dfrac{1}{\omega^2 C} - L_1 - L_2 \right)$

$= \dfrac{1}{2}\left(\dfrac{1}{(2\pi \times 300)^2 \times 30 \times 10^{-6}} - 4 \times 10^{-3} - 4 \times 10^{-3} \right) \times 10^3$

$= 0.7[mH]$

10 그림과 같은 이상 변압기의 권선비가 $n_1 : n_2 = 1 : 3$ 일 때 a, b 단자에서 본 임피던스 [Ω]는?

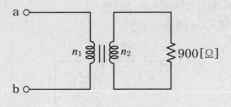

① 50　　　　② 100

③ 200　　　　④ 400

해설

이상 변압기의 권선비 n은

$n = \dfrac{n_1}{n_2} = \dfrac{v_1}{v_2} = \dfrac{i_2}{i_1} = \sqrt{\dfrac{Z_1}{Z_2}} = \sqrt{\dfrac{L_1}{L_2}}$ 이므로

$Z_1 = Z_2\, n^2 = 900 \times \left(\dfrac{1}{3} \right)^2 = 100\,[\Omega]$ 가 된다.

일반 선형 회로망

Chapter 06

일반 선형 회로망

① 전원의 등가 변환

1. 이상 전압원과 실제 전압원

이상적 전압원은 그림(a)에서 회로 단자가 단락된 상태에서 내부 저항 R이 0인 경우를 말한다. 이를 그림으로 표현하면 그림(b)와 같이 된다. 그러나 실제 전압원은 내부 저항이 존재하므로 전압 강하가 생겨 그림(c)와 같이 된다.

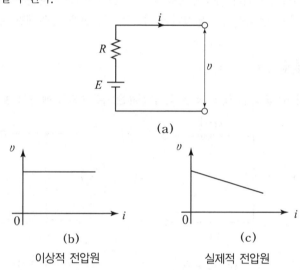

(a)

(b)
이상적 전압원

(c)
실제적 전압원

2. 이상 전류원과 실제 전류원

이상 전류원은 그림(a)에서 회로 단자가 개방된 상태에서 내부 저항 R이 ∞인 경우를 말한다. 이를 그림으로 표현하면 그림(b)와 같이 된다. 그러나 실제 전류원은 내부 저항이 존재하므로 전류가 감소한다. 이를 그림으로 나타내면 그림(c)와 같다.

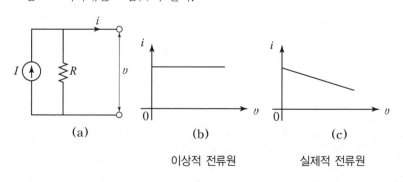

(a)

(b)
이상적 전류원

(c)
실제적 전류원

■ 실제적인 전압원, 전류원
전압원 : 내부저항 직렬
전류원 : 내부저항 병렬

■ 이상적인 전압원, 전류원
전압원 : 내부저항 = 0 (단락)
전류원 : 내부저항 = ∞ (개방)

3. 전원의 등가변환 : 그림 (a)와 (b)는 서로 등가이다.

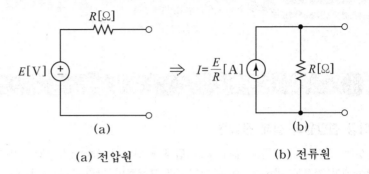

(a) 전압원   (b) 전류원

전압원에는 저항을 직렬로 연결하고 전류원에는 저항을 병렬로 연결한다. 회로망에서 전압원과 전류원이 동시에 존재할 때에는 직렬연결 시에는 전압원을 제거(단락)시키고 병렬연결 시에는 전류원을 제거(개방)시킨다.

예제문제 전원의 등가변환

1 그림 (a)를 그림 (b)와 같은 등가 전류원으로 변환할 때 I와 R은?

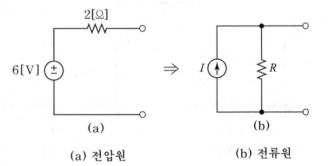

(a) 전압원   (b) 전류원

① $I = 6$, $R = 2$ ② $I = 3$, $R = 5$

③ $I = 4$, $R = 0.5$ ④ $I = 3$, $R = 2$

해설

등가전류 $I = \dfrac{V}{R} = \dfrac{6}{2} = 3\,[\text{A}]$, 등가저항 $R = 2\,[\Omega]$

답 ④

② 키르히 호프의 법칙

1. 키르히 호프의 제 1법칙 (KCL=전류법칙)

임의의 한점을 중심으로 들어가는 전류의 합은 나오는 전류의 합과 같다. 또는 전류의 대수합은 0이다.

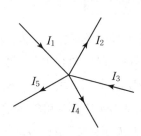

이를 식으로 표현하면 들어가는 전류의 합은 $I_1 + I_3$ 이고 나오는 전류의 합은 $I_2 + I_4 + I_5$ 이므로 이 둘은 항상 같다고 했으므로 $I_1 + I_3 = I_2 + I_4 + I_5$ 가 되고, 전류의 대수합은 0이므로 $I_1 + I_3 - I_2 - I_4 - I_5 = 0$ 가 된다.

즉, $\sum I = 0$ 가 되며 들어오는 전류는 (+)로 나가는 전류는 (−)로 부호를 대입한다.

예제문제 키르히 호프의 법칙

2 그림에서 i_5 전류의 크기[A]는?

① 3
② 5
③ 8
④ 12

$i_1 = 5[\text{A}]$

i_5

$i_2 = 3[\text{A}]$

$i_4 = 2[\text{A}]$

$i_3 = 2[\text{A}]$

해설
키르히 호프의 전류 법칙에 따라 $\sum$ 유입전류 $= \sum$유출전류 이므로
$i_1 + i_2 + i_4 = i_3 + i_5 \Rightarrow 5 + 3 + 2 = 2 + i_5 \Rightarrow i_5 = 8[\text{A}]$

답 ③

---

2. 키르히 호프의 제 2법칙(KVL=전압법칙)

회로망에서 임의의 폐회로를 구성 했을 때 폐회로내의 기전력의 합은 내부 전압강하의 합과 같다.

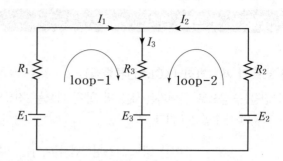

위 그림에서 R_1에 흐르는 전류를 I_1, R_2에 흐르는 전류를 I_2, R_3에 흐르는 전류를 I_3라 했을 때 임의의 폐회로1에서 기전력의 합은 $E_1 - E_3$, 내부 전압 강하의 합은 $R_1 I_1 + R_3 I_3$가 되므로, $E_1 - E_3 = I_1 R_1 + I_3 R_3 \rightarrow$ ① 가 된다. 임의의 폐회로 2에서 기전력의 합은 $E_2 - E_3$, 내부 전압 강하의 합은 $R_2 I_2 + R_3 I_3$이므로, $E_2 - E_3 = R_2 I_2 + R_3 I_3 \rightarrow$ ②의 식이 성립된다. 즉, $\sum E = \sum R I$가 된다.

또한, 키르히 호프의 제 1법칙에 의해서 임의의 한 점 A에서 들어가는 전류의 합은 나가는 전류의 합과 같으므로 $I_1 + I_2 = I_3 \rightarrow$ ③ 가 된다. 위 세 개의 방정식을 이용 연립 방정식으로 풀이하여 I_1, I_2, I_3를 구할 수 있다. 여기서, 전류와 기전력의 방향이 반대이면 (−)부호를 붙인다.

■ 제2법칙 (KVL 전압법칙)
$\sum$기전력 $= \sum$전압강하
$\sum E = \sum R I$

예제문제 키르히 호프의 법칙

3 키르히 호프의 전압 법칙의 적용에 대한 서술 중 옳지 않은 것은?

① 이 법칙은 집중 정수 회로에 적용된다.
② 이 법칙은 회로 소자의 선형, 비선형에는 관계를 받지 않고 적용된다.
③ 이 법칙은 회로 소자의 시변, 시불변성에 구애를 받지 않는다.
④ 이 법칙은 선형 소자로만 이루어진 회로에 적용된다.

해설
키르히 호프의 법칙은 회로에서 선형, 비선형, 시변, 시불변에 무관하게 항상 성립된다.
답 ④

③ 중첩의 정리

회로망 내에 다수의 전압원과 전류원이 존재 시 한 지로에 흐르는 전류는 전압원 단락, 전류원 개방 시 흐르는 전류의 합과 같다. (선형 회로망에만 적용)

예제문제 중첩의 정리

4 다음 회로에서 $4[\Omega]$ 의 저항에 흐르는 전류는 몇 $[A]$인가?

① 1
② 2
③ 3
④ 4

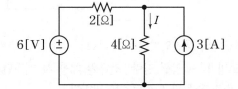

해설

• 전압원 단락 시 $4[\Omega]$에 흐르는 전류

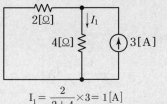

$$I_1 = \frac{2}{2+4} \times 3 = 1[A]$$

• 전류원 개방 시 $4[\Omega]$에 흐르는 전류

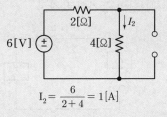

$$I_2 = \frac{6}{2+4} = 1[A]$$

• $4[\Omega]$에 흐르는 전체전류 $I = I_1 + I_2 = 2[A]$

답 ②

예제문제 중첩의 정리

5 그림에서 저항 $20[\Omega]$에 흐르는 전류는 몇 $[A]$인가?

① 0.4
② 1
③ 3
④ 3.4

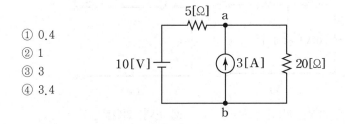

해설

중첩의 원리에 의하여 전류원 개방시 $10[V]$에 의한 전류

$$I_1 = \frac{10}{5+20} = 0.4[A]$$

전압원 단락시 $2[A]$에 의한 전류 $I_2 = \frac{5}{5+20} \times 3 = 0.6[A]$

$\therefore \ I = I_1 + I_2 = 0.4 + 0.6 = 1.0[A]$

답 ②

■중첩의 정리
다수의 전압원과 전류원이 동시에 존재하는 회로망에 있어서 회로 전류는 각 전압원이나 전류원이 각각 단독으로 가해졌을 때 흐르는 전류를 합한 것과 같다

■중요
전압원 단락
전류원 개방

④ 테브난의 정리 (Thevenin's theorem)

임의의 능동 회로망의 a, b단자에 부하 임피던스(Z_L)을 연결할 경우 부하 임피던스에 흐르는 전류를 구한다.

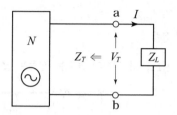

(1) 테브난의 등가임피던스 $Z_T[\Omega]$

 회로망 내 전압원 단락, 전류원 개방 시 개방단자 a, b에서 회로망 쪽을 바라본 등가 임피던스를 말한다.

(2) 테브난의 등가전압 $V_T[\mathrm{V}]$

 개방단자 a, b에 걸리는 단자전압을 말한다.

(3) 테브난의 등가회로 작성

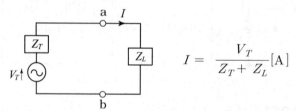

$$I = \frac{V_T}{Z_T + Z_L}[\mathrm{A}]$$

예제문제   테브난의 정리

6 그림과 같은 (a)의 회로를 그림 (b)와 같은 등가 회로로 구성하고자 한다. 이때 V 및 R의 값은?

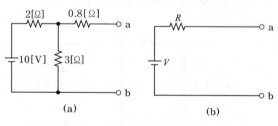

	(a)		(b)

① 2[V], 3[Ω]   ② 3[V], 2[Ω]
③ 6[V], 2[Ω]   ④ 2[V], 6[Ω]

해설
테브난의 등가저항은 전압원 단락, 전류원 개방 시 개방단에서 바라본 등가저항이므로
$R = 0.8 + \dfrac{2 \times 3}{2 + 3} = 2[\Omega]$
테브난의 등가전압은 개방단자 사이에 걸리는 전압이므로
$V = \dfrac{3}{2 + 3} \times 10 = \dfrac{30}{5} = 6[\mathrm{V}]$가 된다.   답 ③

⑤ 밀만의 정리 (Millman's theorem)

주파수가 동일한 다수의 전압원이 병렬 연결시 공통전압 V_{ab}를 구한다.

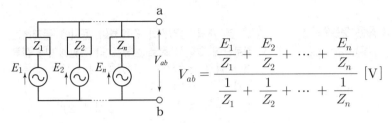

$$V_{ab} = \cfrac{\cfrac{E_1}{Z_1} + \cfrac{E_2}{Z_2} + \cdots + \cfrac{E_n}{Z_n}}{\cfrac{1}{Z_1} + \cfrac{1}{Z_2} + \cdots + \cfrac{1}{Z_n}} \ [V]$$

■ 밀만의 정리

$$V_{ab} = \frac{\sum I}{\sum Y} = \frac{\sum \cfrac{E}{Z}}{\sum \cfrac{1}{Z}}$$

예제문제 밀만의 정리

7 다음 회로의 단자 a, b에 나타나는 전압[V]은 얼마인가?

① 9
② 10
③ 12
④ 3

해설

밀만의 정리에 의하여 $V_{ab} = \cfrac{\cfrac{V_1}{R_1} + \cfrac{V_2}{R_2}}{\cfrac{1}{R_1} + \cfrac{1}{R_2}} = \cfrac{\cfrac{9}{3} + \cfrac{12}{6}}{\cfrac{1}{3} + \cfrac{1}{6}} = 10[V]$

답 ②

⑥ 가역 정리 (reciprocity theorem)

회로망을 사이에 둔 양단자 사이의 전압, 전류의 관계를 알아보기 위한 원리

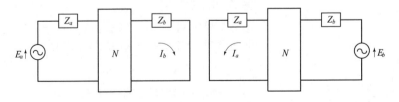

선형회로망의 Z_a 지로에 기전력 E_a를 인가했을 때 Z_b 지로에 흐르는 전류를 I_b 반대로 Z_b 지로에 기전력 E_b를 인가했을 때 Z_a 지로에 흐르는 전류를 I_a라 하면 $E_a I_a = E_b I_b$ 가 성립 한다.

■ 가역 정리

$E_a I_a = E_b I_b$

01 이상적인 전압 전류원에 관하여 옳은 것은?

① 전압원의 내부 저항은 ∞이고 전류원의 내부
　저항은 0이다.
② 전압원의 내부 저항은 0이고 전류원의 내부
　저항은 ∞이다.
③ 전압원, 전류원의 내부 저항은 흐르는 전류
　에 따라 변한다.
④ 전압원의 내부 저항은 일정하고 전류원의 내
　부 저항은 일정하지 않다.

해설

이상적 전압원 : 내부저항 = 0[Ω],
이상적 전류원 : 내부저항 = ∞[Ω]

02 회로에서 저항 0.5[Ω]에 걸리는 전압[v]은?

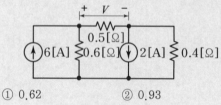

① 0.62　　　　　　② 0.93
③ 1.47　　　　　　④ 1.68

해설

전류원 2[A] 개방시 0.5[Ω]에 흐르는 전류

$$I_1 = \frac{0.6}{0.6 + 0.5 + 0.4} \times 6 = \frac{3.6}{1.5}[A]$$

전류원 6[A] 개방 시 0.5[Ω]에 흐르는 전류

$$I_2 = \frac{0.4}{0.6 + 0.5 + 0.4} \times 2 = \frac{0.8}{1.5}[A]$$ 이므로

0.5[Ω]에 흐르는 전체전류는

$$I = I_1 + I_2 = \frac{3.6}{1.5} + \frac{0.8}{1.5} = \frac{4.4}{1.5}[A]$$

0.5[Ω]에 걸리는 전압 $V = IR = \frac{4.4}{1.5} \times 0.5 = 1.47[V]$

03 몇 개의 전압원과 전류원이 동시에 존재하는 회로망에 있어서 회로 전류는 각 전압원이나 전류원이 각각 단독으로 가해졌을 때 흐르는 전류를 합한 것과 같다는 것은?

① 노튼의 정리　　　② 중첩의 원리
③ 키르히 호프 법칙　④ 테브냥의 정리

해설

회로망 내의 어느 한 지로에 흐르는 전류를 각 전원이 단
독으로 존재할 때의 전류를 합하여 구하는 것을 중첩의 원
리라 한다.

04 선형 회로에 가장 관계가 있는 것은?

① 키르히 호프의 법칙
② 중첩의 원리
③ $V = RI^2$
④ 파라데이의 전자 유도 법칙

해설

중첩의 원리는 선형 회로인 경우에만 적용한다.

05 테브냥의 정리와 쌍대의 관계가 있는 것은 다음 중 어느 것인가?

① 밀만의 정리　　　② 중첩의 원리
③ 노튼의 정리　　　④ 보상의 정리

해설

테브난의 정리와 쌍대의 관계는 노오튼의 정리이다.

06 그림에서 10[Ω]의 저항에 흐르는 전류는 몇 [A]인가?

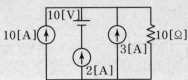

① 16 ② 15
③ 14 ④ 13

해설

중첩의 원리를 이용하여 전압원을 단락시켜 전류원에 의한 전류를 구하고 전류원을 개방시켜 전압원에 의한 전류를 구하여 합하면 저항에 흐르는 전류를 구할 수 있다.
전압원 단락 시 전류 I_1, 전류원 개방 시 전류 I_2 라 하면
$I_1 = 10 + 2 + 3 = 15[\mathrm{A}]$, $I_2 = 0[\mathrm{A}]$
∴ $I_1 + I_2 = 15 + 0 = 15\,[\mathrm{A}]$

07 다음 회로에서 저항 R 에 흐르는 전류 I는 몇 [A] 인가?

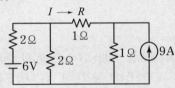

① 2[A] ② 1[A]
③ −2[A] ④ −1[A]

해설

중첩의 원리에 의하여 전류원 개방시 6[V]의 전압원에 의한 합성저항 $R = 2 + \dfrac{2 \times 2}{2 + 2} = 3[\Omega]$

전체전류 $I = \dfrac{V}{R} = \dfrac{6}{3} = 2[\mathrm{A}]$

1[Ω]에 흐르는 전류 $I_1 = \dfrac{2}{2 + 2} \times 2 = 1[\mathrm{A}]$

전압원 단락시 9[A]의 전류원에 의한 1[Ω]에 흐르는 전류

$I_2 = \dfrac{1}{\dfrac{2 \times 2}{2 + 2} + 1 + 1} \times 9 = 3[\mathrm{A}]$

I_1과 I_2의 전류의 방향이 반대이므로
∴ $I = I_1 + I_2 = 1 - 3 = -2[\mathrm{A}]$

08 그림의 회로에서 단자 a, b에 걸리는 전압 V_{ab} 는 몇[V]인가?

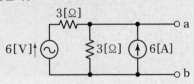

① 12 ② 18
③ 24 ④ 36

해설

중첩의 원리에 의하여
전류원 개방 시 6[V]의 전압원에 의한 전류
$I_1 = \dfrac{6}{3 + 3} = 1[\mathrm{A}]$
전압원 단락 시 6[A]의 전류원에 의한 전류
$I_2 = \dfrac{3}{3 + 3} \times 6 = 3[\mathrm{A}]$
∴ $I = I_1 + I_2 = 1 + 3 = 4[\mathrm{A}]$
그러므로 $V_{ab} = I \cdot R = 4 \times 3 = 12[\mathrm{V}]$

09 그림과 같은 회로에서 7[Ω] 저항 양단의 전압 [V]은?

① 4
② −4
③ 7
④ −7

해설

중첩의 원리에 의하여 전류원 개방 시 4[V]의 전압원에 의한 전류 $I_1 = 0[\mathrm{A}]$
전압원 단락 시 1[A]의 전류원에 의한 전류 $I_2 = 1[\mathrm{A}]$
∴ $I = I_1 + I_2 = 0 + 1 = 1[\mathrm{A}]$
그러므로 $V = I \cdot R = 1 \times 7 = 7[\mathrm{V}]$이고 전류가 흐르는 방향의 반대로 전압강하가 생기므로 $V = -7[\mathrm{A}]$가 된다.

정답　06 ②　07 ③　08 ①　09 ④

10 a, b 단자의 전압 V는?

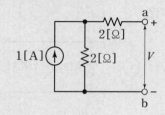

① 2
② −2
③ −8
④ 8

해설

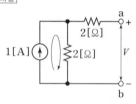

회로망에서 전류는 폐회로 쪽으로만 흐르므로 개방단자 사이에 걸리는 전압은
$V = IR = 1 \times 2 = 2[V]$가 된다.

11 그림과 같은 회로에서 단자 a, b간의 전압 V_{ab}는?

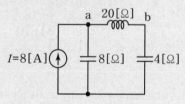

① $-j160$
③ 40
② $j160$
④ 80

해설

먼저 a, b에 흐르는 전류를 계산하면
$$I_{ab} = \frac{-j8}{(j20 - j4) - j8} \times 8 = -8 [A]$$
$$\therefore \ V_{ab} = -8 \times j20 = -j160 [V]$$

12 그림 (a) 와 같은 회로를 (b) 와 같은 등가 전압원과 직렬 저항으로 변환시켰을 때 E_r [V] 및 R_r [Ω]는?

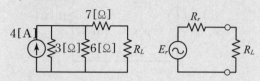

① 12, 7
② 8, 9
③ 36, 7
④ 12, 13

해설

전류원을 전압원으로 변경하면 아래와 같다.

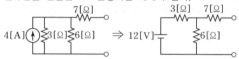

테브난의 정리에 의하여 등가전압
$$V_T = \frac{6}{3+6} \times 12 = 8 [V]$$

테브난의 등가임피던스 $Z_0 = 7 + \dfrac{3 \times 6}{3+6} = 9 [\Omega]$

13 다음 회로를 테브낭(Thevenin)의 등가회로로 변환할 때 테브낭의 등가저항 $R_T[\Omega]$와 등가전압 $V_T[V]$는?

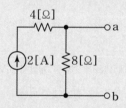

① $R_T = \dfrac{8}{3}, \ V_T = 8$ ② $R_T = 8, \ V_T = 12$

③ $R_T = 8, \ V_T = 16$ ④ $R_T = \dfrac{8}{3}, \ V_T = 16$

해설

테브난의 정리에 의해서 테브난의 등가저항은 전압원 단락, 전류원 개방 시 개방단에서 본 등가저항이므로 $R_T = 8 [\Omega]$ 이고 테브난의 등가전압은 개방단자 사이에 걸리는 전압이므로 $8 [\Omega]$에 걸리는 전압이므로
$$V_T = IR = 2 \times 8 = 16[V]$$

14 그림과 같은 회로에서 a, b 단자의 전압이 100[V], a, b에서 본 능동 회로망 N의 임피던스가 15[Ω]일 때 단자 a, b에 10[Ω]의 저항을 접속하면 a, b 사이에 흐르는 전류는 몇 [A]인가?

① 2
② 4
③ 6
④ 8

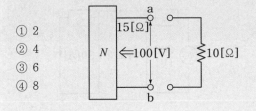

해설

테브난의 정리에 의하여

$$I = \frac{V_T}{Z_T + Z_L} = \frac{100}{15 + 10} = 4[\text{A}]$$

15 내부에 기전력이 있는 회로가 있다. 이 회로의 한 쌍의 단자 전압을 측정 하였을 때 70[V]이고, 또 이 단자에서 본 이 회로의 임피던스가 60[Ω]이라 한다. 지금 이 단자에 40[Ω]의 저항을 접속하면, 이 저항에 흐르는 전류는?

① 0.5[A]　　　　② 0.6[A]
③ 0.7[A]　　　　④ 0.8[A]

해설

테브난의 등가회로를 그리면 아래와 같다.

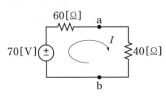

$$I = \frac{V}{R} = \frac{70}{60 + 40} = 0.7[\text{A}]$$

16 회로에서 20[Ω]의 저항이 소비하는 전력[W]은?

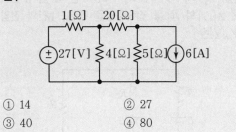

① 14　　　　　　② 27
③ 40　　　　　　④ 80

해설

테브난의 정리를 이용하여 등가회로로 나타내면

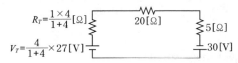

$$I = \frac{0.8 \times 27 + 30}{0.8 + 20 + 5} = 2[\text{A}]$$
$$\therefore P = I^2 R = 2^2 \times 20 = 80[\text{W}]$$

17 그림과 같은 회로에서 0.2[Ω]의 저항에 흐르는 전류는 몇 [A]인가?

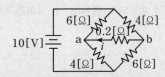

① 0.1[A]　　　　② 0.2[A]
③ 0.3[A]　　　　④ 0.4[A]

해설

테브난의 정리에 의해서 테브난의 등가저항은 전압원 단락, 전류원 개방 시 개방단에서 본 등가저항이므로
$$R_T = \frac{4 \times 6}{4 + 6} + \frac{6 \times 4}{6 + 4} = 4.8[\Omega]\text{이고}$$
테브난의 등가전압은 개방단자 사이에 걸리는 전압이므로
$$V_T = V_b - V_a = \frac{6}{4 + 6} \times 10 - \frac{4}{6 + 4} \times 10 = 2[\text{V}]\text{가 되}$$
어 0.2[Ω]에 흐르는 전류는
$$I = \frac{V_T}{R_{ab} + R_T} = \frac{2}{0.2 + 4.8} = 0.4[\text{A}]\text{가 된다.}$$

18 그림과 같은 회로에서 $E_1 = 110[\text{V}]$, $E_2 = 120[\text{V}]$, $R_1 = 1[\Omega]$, $R_2 = 2[\Omega]$일 때 a, b 단자에 $5[\Omega]$의 R_3 를 접속하였을 때 a, b간의 전압 $V_{ab}[\text{V}]$은?

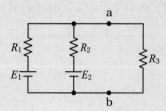

① 85

② 90

③ 100

④ 105

해설

밀만의 정리를 적용하면

$$V_{ab} = \frac{\dfrac{E_1}{R_1} + \dfrac{E_2}{R_2} + \dfrac{E_3}{R_3}}{\dfrac{1}{R_1} + \dfrac{1}{R_2} + \dfrac{1}{R_3}} = \frac{\dfrac{110}{1} + \dfrac{120}{2} + \dfrac{0}{5}}{\dfrac{1}{1} + \dfrac{1}{2} + \dfrac{1}{5}}$$

$$= \frac{1700}{17} = 100[\text{V}]$$

19 그림의 회로에서 단자 a, b 사이의 전압을 구하면?

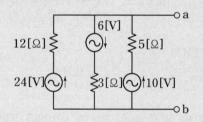

① $\dfrac{360}{37}[\text{V}]$

② $\dfrac{120}{37}[\text{V}]$

③ 28 [V]

④ 40 [V]

해설

밀만의 정리에 의하여

$$V_{ab} = \frac{\dfrac{24}{12} - \dfrac{6}{3} + \dfrac{10}{5}}{\dfrac{1}{12} + \dfrac{1}{3} + \dfrac{1}{5}} = \frac{120}{37} [\text{V}]$$

20 그림과 같은 회로망에서 Z_a 지로에 $300[\text{V}]$의 전압을 가할 때 Z_b 지로에 $30[\text{A}]$의 전류가 흘렀다. Z_b 지로에 $200[\text{V}]$의 전압을 가할 때 Z_a지로에 흐르는 전류[A] 를 구하면?

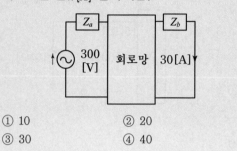

① 10

② 20

③ 30

④ 40

해설

가역의 정리에 의하여 $I_1\ V_1 = I_2\ V_2$ 에서

$$I_1 = \frac{I_2}{V_1} \cdot V_2 = \frac{30}{300} \times 200 = 20[\text{A}]$$

다상 교류

Chapter 07

다상 교류

① 대칭 3상 교류

(1) 대칭 3상의 상순 : a → b → c 상

(2) 대칭 3상의 위상차 : $120° = \dfrac{2\pi}{3}[\text{rad}]$

(3) 대칭 3상의 순시전압

$$e_a = \sqrt{2}\,E\,\sin\omega t[\text{V}]$$
$$e_b = \sqrt{2}\,E\,\sin\left(\omega t - \dfrac{2\pi}{3}\right)[\text{V}]$$
$$e_c = \sqrt{2}\,E\,\sin\left(\omega t - \dfrac{4\pi}{3}\right)[\text{V}]$$

■ 대칭 3상의 조건
① 크기 동일
② 주파수 동일
③ 위상차 120° 씩

(4) 대칭 3상의 파형

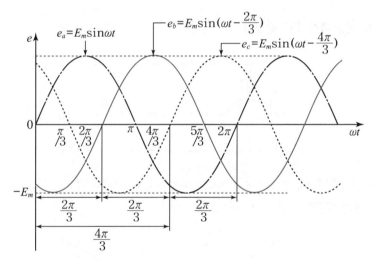

(5) 대칭 3상의 복소수 표현

$e_a = E \angle 0^o = E$

$e_b = E \angle -\dfrac{2}{3}\pi = E\left(\cos\dfrac{2\pi}{3} - j\sin\dfrac{2\pi}{3}\right) = E\left(-\dfrac{1}{2} - j\dfrac{\sqrt{3}}{2}\right)$

$e_c = E \angle -\dfrac{4}{3}\pi = E\left(\cos\dfrac{4\pi}{3} - j\sin\dfrac{4\pi}{3}\right) = E\left(-\dfrac{1}{2} + j\dfrac{\sqrt{3}}{2}\right)$

(6) 대칭 3상 기전력의 총합

$$e_a + e_b + e_c = 0$$

■ 대칭 3상 기전력의 총합
$e_a + e_b + e_c = 0$

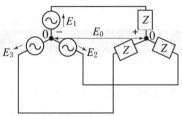

예제문제 대칭 3상 교류 기전력

1 그림과 같은 회로에서 E_1, E_2, E_3는 대칭 3상 전압이다. 평형 부하라 할 때 전압 E_o는?

① 0

② $\sqrt{3}\,E_1$

③ $\dfrac{E_1}{3}$

④ $\dfrac{E_1}{\sqrt{3}}$

해설

대칭(평형) 3상일 때 중성점 전압 $E_o = E_1 + E_2 + E_3 = 0$이 된다.

답 ①

2 대칭 3상 교류의 결선

1. 성형결선 (Y 결선)

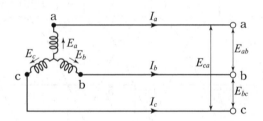

선간전압 $\dot{E}_{ab} = \dot{E}_a - \dot{E}_b$, $\dot{E}_{bc} = \dot{E}_b - \dot{E}_c$, $\dot{E}_{ca} = \dot{E}_c - \dot{E}_a$

선간전압과 상전압과의 벡터도를 그리면

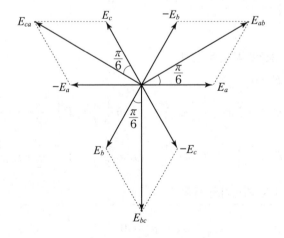

■ Y결선

$V_l = \sqrt{3}\,V_p \angle 30^o\,[\mathrm{V}]$

$I_l = I_P\,[\mathrm{A}]$

벡터도에서 선간전압 상전압의 크기 및 위상을 구하면

$$E_{ab} = 2\,E_a\cos\frac{\pi}{6} \angle \frac{\pi}{6} = \sqrt{3}\,E_a \angle \frac{\pi}{6}$$

$$E_{bc} = 2\,E_b\cos\frac{\pi}{6} \angle \frac{\pi}{6} = \sqrt{3}\,E_b \angle \frac{\pi}{6}$$

$$E_{ca} = 2\,E_c\cos\frac{\pi}{6} \angle \frac{\pi}{6} = \sqrt{3}\,E_c \angle \frac{\pi}{6}$$

이상의 관계에서 선간 전압을 V_l, 선전류를 I_l, 상전압을 V_P, 상전류을 I_p라 하면

$$V_l = \sqrt{3}\,V_p \angle \frac{\pi}{6}\,[\text{V}], \quad I_l = I_p[\text{A}]$$

예제문제 | Y 결선 (성형결선)

2 Y결선의 전원에서 각 상전압이 100[V]일 때 선간전압 [V]은?

① 143   ② 151
③ 173   ④ 193

해설

Y결선, $V_p = 100[\text{V}]$ 일 때 선간전압은 $V_l = \sqrt{3}\,V_p = \sqrt{3} \times 100 = 173\,[\text{V}]$

답 ③

2. 환상결선 (△결선)

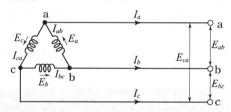

선전류 $\dot{I}_a = \dot{I}_{ab} - \dot{I}_{ca}, \quad \dot{I}_b = \dot{I}_{bc} - \dot{I}_{ab}, \quad \dot{I}_c = \dot{I}_{ca} - \dot{I}_{bc}$

선간류와 상전류와의 벡터도를 그리면

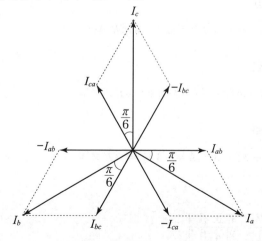

벡터도에서 선전류와 상전류의 크기 및 위상을 구하면

$$I_a = 2\,I_{ab}\cos\frac{\pi}{6}\angle-\frac{\pi}{6} = \sqrt{3}\,I_{ab}\angle-\frac{\pi}{6}$$

$$I_b = 2\,I_{bc}\cos\frac{\pi}{6}\angle-\frac{\pi}{6} = \sqrt{3}\,I_{bc}\angle-\frac{\pi}{6}$$

$$I_c = 2\,I_{ca}\cos\frac{\pi}{6}\angle-\frac{\pi}{6} = \sqrt{3}\,I_{ca}\angle-\frac{\pi}{6}$$

이상의 관계에서 선간 전압을 V_l, 선전류을 I_l , 상전압을 V_P, 상전류을 I_p라 하면

$$I_l = \sqrt{3}\,I_p\angle-\frac{\pi}{6}\,[\mathrm{A}],\ \ V_l = V_p[\mathrm{V}]$$

■ △결선
$V_l = V_P[\mathrm{V}]$
$I_l = \sqrt{3}\,I_p\angle-30^o\,[\mathrm{A}]$

예제문제 △ 결선 (환상결선)

3 △ 결선의 상전류가 각각 $I_{ab} = 4\angle-36°$, $I_{bc} = 4\angle-156°$, $I_{ca} = 4\angle-276°$ 이다. 선전류 I_c 는?

① $4\angle-306°$ ② $6.93\angle-306°$

③ $6.93\angle-276°$ ④ $4\angle\ \ 276°$

해설
△결선의 선전류는 $I_l = \sqrt{3}\,I_p\angle-30^o$ 이므로
$I_c = \sqrt{3}\,I_{ca}\angle-30^o = \sqrt{3}\cdot4\angle-276^o\angle-30^o = 6.93\angle-306^o$ 답 ②

③ 대칭 3상 교류의 전력

■ 대칭 3상 교류전력
$P = \sqrt{3}\,V_l\,I_l\cos\theta = 3I_P^2R\,[\mathrm{W}]$
$P_r = \sqrt{3}\,V_l\,I_l\sin\theta = 3I_P^2X\,[\mathrm{Var}]$
$P_a = \sqrt{P^2 + P_r^2}$
$\quad = \sqrt{3}\,V_l\,I_l = 3I_P^2Z\,[\mathrm{VA}]$

$\cos\theta = \dfrac{P}{P_a} = \dfrac{\text{유효 전력}}{\text{피상 전력}}$

1. 유효 전력
$$P = 3V_PI_P\cos\theta = \sqrt{3}\,V_l\,I_l\cos\theta = 3I_P^2R\,[\mathrm{W}]$$

2. 무효 전력
$$P_r = 3V_PI_P\sin\theta = \sqrt{3}\,V_l\,I_l\sin\theta = 3I_P^2X\,[\mathrm{Var}]$$

3. 피상 전력
$$P_a = \sqrt{P^2 + P_r^2} = 3V_PI_P = \sqrt{3}\,V_l\,I_l = 3I_P^2Z\,[\mathrm{VA}]$$

4. 역 률
$$\cos\theta = \frac{P}{P_a} = \frac{\text{유효 전력}}{\text{피상 전력}}$$

예제문제 대칭 3상 교류의 전력

4 3상 평형 부하가 있다. 전압이 $200[V]$, 역률이 0.8이고 소비 전력은 $10[kW]$이다. 부하 전류는 몇 $[A]$인가?

① 약 $30[A]$ ② 약 $32[A]$

③ 약 $34[A]$ ④ 약 $36[A]$

해설

$V_l = 200\,[V]$, $\cos\theta = 0.8$, $P = 10\,[kW]$이므로 $P = \sqrt{3}\,V_l I_l \cos\theta$ 의 식에서 선

전류를 구하면 $I_l = \dfrac{P}{\sqrt{3}\,V_l \cos\theta} = \dfrac{10\times 10^3}{\sqrt{3}\times 200\times 0.8} = 36.08[A]$

답 ④

④ 대칭 n상 교류 회로

1. Y 결선 (성형 결선)

$$V_l = 2\,\sin\frac{\pi}{n}\,V_P \angle \frac{\pi}{2}\left(1 - \frac{2}{n}\right)\,[V]$$

2. △ 결선 (환상 결선)

$$I_l = 2\,\sin\frac{\pi}{n}\,I_P \angle -\frac{\pi}{2}\left(1 - \frac{2}{n}\right)\,[A]$$

3. 다상 교류의 전력

$$P = n\,V_P\,I_P\,\cos\theta = \frac{n}{2\sin\dfrac{\pi}{n}}\,V_l\,I_l\,\cos\theta\,[W]$$

예제문제 대칭 n상 교류

5 12상 Y결선 상전압이 $100[V]$일 때 단자 전압$[V]$은?

① 75.88 ② 25.88

③ 100 ④ 51.76

해설

상수 $n = 12$, Y 결선, $V_P = 100\,[V]$ 일 때

선간전압은 $V_l = 2\sin\dfrac{\pi}{n}\,V_p = 2\sin\dfrac{\pi}{12}\times 100 = 51.76[V]$

답 ④

⑤ 임피던스 Y-△ 등가 변환

1. △ 결선에서 Y 결선으로의 변화

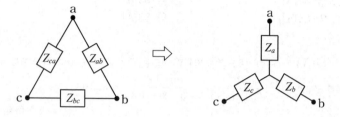

$Z_\triangle = Z_{ab} + Z_{bc} + Z_{ca}$ 라 하면

$Z_a = \dfrac{Z_{ca} \cdot Z_{ab}}{Z_\triangle}$, $Z_b = \dfrac{Z_{ab} \cdot Z_{bc}}{Z_\triangle}$, $Z_c = \dfrac{Z_{bc} \cdot Z_{ca}}{Z_\triangle}$ 가 된다.

만일 △결선의 임피던스가 서로 같은 평형부하일 때
즉, $Z_{ab} = Z_{bc} = Z_{ca}$ 인 경우

$$\boxed{Z_Y = \frac{1}{3} Z_\triangle}$$ 가 된다.

2. Y 결선에서 △ 결선으로의 변화

■임피던스 Y-△ 등가변환 공식

$Z_Y = \dfrac{1}{3} Z_\triangle$

$Z_\triangle = 3 Z_Y$

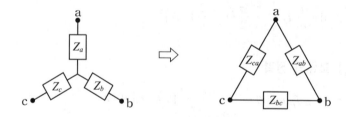

$Z_Y = Z_a Z_b + Z_b Z_c + Z_c Z_a$ 라 하면

$Z_{ab} = \dfrac{Z_Y}{Z_c}$, $Z_{bc} = \dfrac{Z_Y}{Z_a}$, $Z_{ca} = \dfrac{Z_Y}{Z_b}$ 가 된다.

만일 Y결선의 임피던스가 서로 같은 평형부하일 때
즉 $Z_a = Z_b = Z_c$ 인 경우

$$\boxed{Z_\triangle = 3 Z_Y}$$ 가 된다.

예제문제 Y − Δ 등가 변환

6 그림과 같은 Δ 회로를 등가인 Y 회로로 환산하면 a상의 임피던스 [Ω]는?

① $3 + j6$
② $-3 + j6$
③ $6 + j3$
④ $-6 + j3$

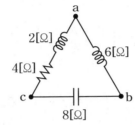

해설
$Z_{ab} = j6 [\Omega]$, $Z_{bc} = -j8 [\Omega]$, $Z_{ca} = 4 + j2 [\Omega]$이므로
Δ결선에서 Y 결선으로 변환 시 임피던스는
$$Z_a = \frac{Z_{ab} \cdot Z_{ca}}{Z_{ab} + Z_{bc} + Z_{ca}} = \frac{j6 \times (4 + j2)}{j6 - j8 + 4 + j2} = \frac{j24 - 12}{4} = -3 + j6 \ [\Omega]$$

답 ②

6 Y − Δ 결선의 비교

1. Y 결선에서 Δ결선으로의 변환 시

- 임피던스 : 3배
- 선 전 류 : 3배   ∴ $\boxed{\Delta = 3Y}$
- 소비전력 : 3배

2. Δ 결선에서 Y결선으로의 변환 시

- 임피던스 : $\frac{1}{3}$ 배
- 선 전 류 : $\frac{1}{3}$ 배   ∴ $\boxed{Y = \frac{1}{3}\Delta}$
- 소비전력 : $\frac{1}{3}$ 배

예제문제 Y − △ 비교

7 △ 결선된 부하를 Y 결선으로 바꾸면 소비 전력은 어떻게 되겠는가? (단, 선간전압은 일정하다.)

① 3 배

② 9 배

③ $\dfrac{1}{9}$ 배

④ $\dfrac{1}{3}$ 배

해설

△결선 시 소비전력 $P_\Delta = 3I_P^2 R = 3\left(\dfrac{V_P}{R}\right)^2 R = 3\left(\dfrac{V_L}{R}\right)^2 R = 3\dfrac{V_L^2}{R}$ [W]

Y결선 시 소비전력 $P_Y = 3I_P^2 R = 3\left(\dfrac{V_P}{R}\right)^2 R = 3\left(\dfrac{V_L}{\sqrt{3}\,R}\right)^2 R = \dfrac{V_L^2}{R}$ [W]

$P_Y = \dfrac{1}{3} P_\Delta$ 이 된다.

답 ④

예제문제 Y − △ 비교

8 $R[\Omega]$인 3개의 저항을 같은 전원에 △ 결선으로 접속시킬 때와 Y 결선으로 접속시킬 때 선전류의 크기비 $\left(\dfrac{I_\Delta}{I_Y}\right)$는?

① $\dfrac{1}{3}$

② $\sqrt{6}$

③ $\sqrt{3}$

④ 3

해설

△결선 시 선전류 $I_\triangle = \sqrt{3}\,I_P = \sqrt{3}\,\dfrac{V}{R}$ [A]

Y 결선 시 선전류 $I_Y = I_P = \dfrac{V_P}{R} = \dfrac{\dfrac{V}{\sqrt{3}}}{R} = \dfrac{V}{\sqrt{3}\,R}$ [A]

$\dfrac{I_\Delta}{I_Y} = \dfrac{\dfrac{\sqrt{3}\,V}{R}}{\dfrac{V}{\sqrt{3}\,R}} = 3$

답 ④

⑦ 2전력계법

단상 전력계 2대로 3상 전력을 측정하는 방법

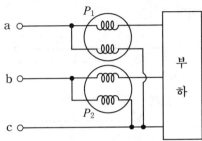

위의 그림에서 전력계의 지시값을 P_1, P_2[W]라 하면

1. 유효 전력

$$P = P_1 + P_2 = \sqrt{3}\, V_l\, I_l \cos\theta \,[\text{W}]$$

2. 무효 전력

$$P_r = \sqrt{3}\,(P_1 - P_2) = \sqrt{3}\, V_l\, I_l \sin\theta \,[\text{Var}]$$

3. 피상 전력

$$P_a = \sqrt{P^2 + P_r^2}$$
$$= \sqrt{(P_1 + P_2)^2 + [\sqrt{3}\,(P_1 - P_2)]^2}$$
$$= \boxed{2\sqrt{P_1^2 + P_2^2 - P_1 P_2}\,[\text{VA}]}$$

4. 역률

$$\cos\theta = \frac{P}{P_a} = \frac{P_1 + P_2}{2\sqrt{P_1^2 + P_2^2 - P_1 P_2}}$$

[참고] $P_1 = 0$, $P_2 =$ 존재 $\Rightarrow \cos\theta = 0.5$

P_1, $P_2 = 2P_1 \Rightarrow \cos\theta = 0.866$

P_1, $P_2 = 3P_1 \Rightarrow \cos\theta = 0.756$

■2전력계법
$$P = P_1 + P_2 \,[\text{W}]$$
$$P_r = \sqrt{3}\,(P_1 - P_2)\,[\text{Var}]$$
$$P_a = 2\sqrt{P_1^2 + P_2^2 - P_1 P_2}\,[\text{VA}]$$
$$\cos\theta = \frac{P_1 + P_2}{2\sqrt{P_1^2 + P_2^2 - P_1 P_2}}$$

예제문제 전력계법

9 2전력계법으로 평형 3상 전력을 측정하였더니 한 쪽의 지시가 800[W], 다른 쪽의 지시가 1600[W]이었다. 피상 전력은 얼마[VA]인가?

① 2971 ② 2871

③ 2771 ④ 2671

해설

2전력계법에 의한 피상전력은

$$P_a = 2\sqrt{P_1^2 + P_2^2 - P_1 P_2} = 2\sqrt{800^2 + 1600^2 - 800 \times 1600} = 2771\,[\text{VA}]$$

답 ③

❽ 3상 V 결선

Δ 결선으로 운전 중 변압기 1대가 소손되어 2대만 가지고 3상 운전 하는 것을 V 결선이라 한다.

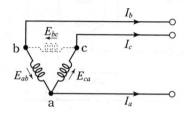

1. V결선의 출력

$$P_V = \sqrt{3}\, P\,[\text{KVA}]$$

단, $P\,[\text{KVA}]$: 변압기 한 대의 용량

2. V결선의 변압기 이용율

$$U = \frac{V\,\text{결선시 출력}}{\text{변압기 2대의 출력}} = \frac{\sqrt{3}\,P}{2\,P} = \frac{\sqrt{3}}{2} = 0.866 = \boxed{86.6\ [\%]}$$

3. 출력비 (고장비)

고장 전 출력에 대한 고장 후 출력과의 비

$$\text{출력비} = \frac{P_V}{P_\Delta} = \frac{\sqrt{3}\,P}{3\,P} = \frac{1}{\sqrt{3}} = 0.577 = \boxed{57.7\ [\%]}$$

■3상 V결선
$P_V = \sqrt{3}\, P\,[\text{KVA}]$
$U = \dfrac{\sqrt{3}}{2} = 0.866$

$\text{출력비} = \dfrac{1}{\sqrt{3}} = 0.577$

예제문제   V 결선

10 단상 변압기 3대 $(100[\text{kVA}]\times3)$로 △결선하여 운전 중 1대 고장으로 V결선한 경우의 출력 $[\text{kVA}]$은?

① $100\ [\text{kVA}]$ ② $100\sqrt{3}\ [\text{kVA}]$

③ $245\ [\text{KVA}]$ ④ $300\ [\text{kVA}]$

해설
V 결선시 출력
$P_V = \sqrt{3}\,P = \sqrt{3}\times100 = 100\sqrt{3}\ [\text{kVA}]$

답 ②

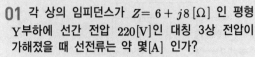

출제예상문제

01 각 상의 임피던스가 $Z = 6 + j8\,[\Omega]$ 인 평형 Y부하에 선간 전압 220[V]인 대칭 3상 전압이 가해졌을 때 선전류는 약 몇[A] 인가?

① 11.7 ② 12.7
③ 13.7 ④ 14.7

해설

$Z = 6 + j8\,[\Omega]$, Y결선, $V_l = 220\,[V]$일 때

선전류는 $I_l = I_p = \dfrac{V_P}{Z} = \dfrac{\dfrac{V_l}{\sqrt{3}}}{Z} = \dfrac{\dfrac{220}{\sqrt{3}}}{\sqrt{6^2 + 8^2}} \fallingdotseq 12.7\,[A]$

02 전원과 부하가 다같이 △ 결선된 3상 평형 회로가 있다. 전원 전압이 200[V], 부하 임피던스가 $6 + j8\,[\Omega]$ 인 경우 선전류[A]는?

① 20 ② $\dfrac{20}{\sqrt{3}}$
③ $20\sqrt{3}$ ④ $10\sqrt{3}$

해설

△결선, $V_l = 200\,[V]$, $Z = 6 + j8\,[\Omega]$인 경우 상전류

$I_p = \dfrac{V_P}{Z} = \dfrac{V_l}{Z} = \dfrac{200}{\sqrt{6^2 + 8^2}} = 20\,[A]$이므로

선전류 $I_l = \sqrt{3}\,I_p = 20\sqrt{3}\,[A]$가 된다.

03 각상의 임피던스가 각각 $Z = 6 + j8\,[\Omega]$ 인 평형 △부하에 선간 전압이 220[V]인 대칭 3상 전압을 인가할 때의 선전류는 약 몇 [A] 인가?

① 27.2[A] ② 38.1[A]
③ 22[A] ④ 12.7[A]

해설

$Z = 6 + j8\,[\Omega]$, $V_l = 220\,[V]$에서 △결선시 상전압과 선간전압은 같고 선전류는 상전류의 $\sqrt{3}$ 배이므로

$I_l = \sqrt{3}\,I_p = \sqrt{3}\,\dfrac{V_p}{Z} = \sqrt{3}\,\dfrac{V_l}{Z}$

$= \sqrt{3}\,\dfrac{220}{\sqrt{6^2 + 8^2}} = 38.1\,[A]$가 된다.

04 대칭 3상 Y 결선 부하에서 각 상의 임피던스가 $16 + j12\,[\Omega]$이고 부하전류가 10[A]일 때 이 부하의 선간 전압은?

① 235.4[V] ② 346.4[V]
③ 456.7[V] ④ 524.4[V]

해설

$Z = 16 + j12 = \sqrt{16^2 + 12^2} = 20\,[\Omega]$, Y결선,
$I_P = 10\,[A]$ 에서 Y결선시 선간전압은
$V_l = \sqrt{3}\,V_P = \sqrt{3}\,I_P Z = \sqrt{3} \times 10 \times 20 = 346.4\,[V]$

05 성형 Y결선의 부하가 있다. 선간 전압 300[V]의 3상 교류를 인가했을 때 선전류가 40[A]이고 역률이 0.8이라면 리액턴스는 약 몇 [Ω]인가?

① 2.6[Ω] ② 4.3[Ω]
③ 16.1[Ω] ④ 35.6[Ω]

해설

성형결선(Y 결선), 선간 전압 $V_l = 300\,[V]$, 선전류
$I_l = 40\,[A]$, 역률 $\cos\theta = 0.8$ 일 때 한상의 임피던스

$Z = \dfrac{V_P}{I_P} = \dfrac{\dfrac{V_l}{\sqrt{3}}}{I_l} = \dfrac{\dfrac{300}{\sqrt{3}}}{40} = 4.33\,[\Omega]$

역률이 0.8 일 때 무효율 $\sin\theta = 0.6$ 이므로
$\sin\theta = \dfrac{X}{Z}$ 에서 $X = Z\sin\theta = 4.33 \times 0.6 = 2.59\,[\Omega]$

06 그림과 같은 순저항으로 된 회로에 대칭 3상 전압을 가했을 때 각 선에 흐르는 전류가 같으려면 R의 값[Ω]은?

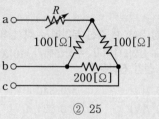

① 20
② 25
③ 30
④ 35

해설

3상 회로의 각 선전류가 모두 같아지려면 각 상의 저항이 모두 같아야 하므로 등가회로를 그려서 이를 알 수 있다.

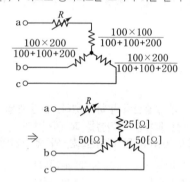

등가회로 (b)에서 각 상의 저항을 R_a, R_b, R_c라 하면
$R_a = R + 25\,[\Omega]$, $R_b = 50\,[\Omega]$, $R_c = 50\,[\Omega]$
$R_a = R_b = R_c$인 경우
$\therefore \ R = 25\,[\Omega]$

07 9[Ω]과 3[Ω]의 저항 3개를 그림과 같이 연결하였을 때 A, B 사이의 합성저항은 얼마인가?

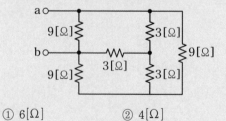

① 6[Ω]
② 4[Ω]
③ 3[Ω]
④ 2[Ω]

해설

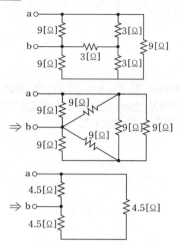

Y 결선된 3[Ω] 저항을 △결선으로 변환하면 합성저항은 3배 증가되어 9[Ω]으로 바뀐다.
$$R_{AB} = \frac{4.5 \times (4.5 + 4.5)}{4.5 + (4.5 + 4.5)} = 3\,[\Omega]$$

08 그림과 같이 접속된 회로에 평형 3상 전압 E를 가할 때의 전류 $I_1\,[\mathrm{A}]$ 및 $I_2\,[\mathrm{A}]$는?

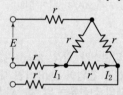

① $I_1 = \dfrac{\sqrt{3}}{4E}$, $I_2 = \dfrac{rE}{4}$

② $I_1 = \dfrac{4E}{\sqrt{3}}$, $I_2 = \dfrac{4r}{E}$

③ $I_1 = \dfrac{\sqrt{3}\,E}{4}$, $I_2 = \dfrac{E}{4r}$

④ $I_1 = \dfrac{\sqrt{3}\,E}{4r}$, $I_2 = \dfrac{E}{4r}$

해설

△결선을 Y 결선으로 변환 시 각상의 저항은 1/3배로 감소하므로

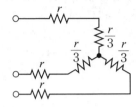

각 상의 저항 값은

$R_a = R_b = R_c = R_p = r + \dfrac{r}{3} = \dfrac{4r}{3} \ [\Omega]$이 되므로

Y 결선시 선전류 $I_1 = \dfrac{\dfrac{E}{\sqrt{3}}}{\dfrac{4r}{3}} = \dfrac{\sqrt{3}}{4r} E$,

$\triangle$ 결선시 상전류 $I_2 = \dfrac{I_1}{\sqrt{3}} = \dfrac{E}{4r}$

09 그림과 같이 선간전압 200[V]의 3상 전원에 대칭 부하를 접속할 때 부하 역률은?
(단, $R = 9[\Omega]$, $\dfrac{1}{\omega C} = 4[\Omega]$이다.)

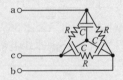

① 0.6　　　　② 0.7
③ 0.8　　　　④ 0.9

해설

△결선을 Y결선으로 변환하면 저항은 1/3로 감소하므로 등가회로는 다음과 같다.

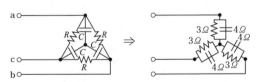

위의 그림에서 R–C병렬이므로 역률

$\cos\theta = \dfrac{X_c}{\sqrt{R^2 + X_c^2}} = \dfrac{4}{\sqrt{3^2 + 4^2}} = 0.8$이 된다.

10 대칭 n 상 성상 결선에서 선간 전압의 크기는 성상 전압의 몇 배인가?

① $\sin \dfrac{\pi}{n}$　　　　② $\cos \dfrac{\pi}{n}$
③ $2\sin \dfrac{\pi}{n}$　　　　④ $2\cos \dfrac{\pi}{n}$

해설

Y결선시 n상에 대한 선간전압
$V_l = 2\,V_p \sin\dfrac{\pi}{n} \angle \dfrac{\pi}{2}\Big(1 - \dfrac{2}{n}\Big)$[V]이므로
$\therefore \ \dfrac{V_l}{V_p} = 2\sin\dfrac{\pi}{n}$

11 대칭 n 상에서 선전류와 상전류 사이의 위상차 [rad]는 어떻게 되는가?

① $\dfrac{\pi}{2}\Big(1 - \dfrac{2}{n}\Big)$　　　② $2\Big(1 - \dfrac{2}{n}\Big)$
③ $\dfrac{n}{2}\Big(1 - \dfrac{2}{\pi}\Big)$　　　④ $\dfrac{\pi}{2}\Big(1 - \dfrac{n}{2}\Big)$

해설

대칭 n 상에서 상전류는 선전류보다 위상이 $\dfrac{\pi}{2}\Big(1 - \dfrac{2}{n}\Big)$ [rad]만큼 앞선다.

12 대칭 6상 전원이 있다. 환상 결선으로 권선에 120[A]의 전류를 흘린다고 하면 선전류는 몇[A]인가?

① 60　　　　② 90
③ 120　　　　④ 150

해설

상수 $n = 6$, △결선, $I_P = 120$[A]일 때
선전류는 $I_l = 2I_P \sin\dfrac{\pi}{n} = 2 \times 120 \times \sin\dfrac{\pi}{6} = 120$ [A]

13 대칭 5상 기전력의 선간 전압과 상전압의 위상차는 얼마인가?

① 27°　　　　　② 36°
③ 54°　　　　　④ 72°

해설

Y 결선 시 대칭 n 상에서 선간 전압은 상전압보다 위상이 $\dfrac{\pi}{2}\left(1-\dfrac{2}{n}\right)$[rad]만큼 앞서므로

$\therefore\ \theta=\dfrac{\pi}{2}\left(1-\dfrac{2}{n}\right)=\dfrac{\pi}{2}\left(1-\dfrac{2}{5}\right)=54°$

14 선간 전압이 200[V]인 10[kW]의 3상 대칭 부하에 3상 전력을 공급하는 선로 임피던스가 $4+j3\,[\Omega]$일 때 부하가 뒤진 역률 80[%]이면 선전류는 몇[A]인가?

① $18.8+j21.6$　　　② $28.8-j21.6$
③ $35.7-j4.3$　　　④ $14.1-j33.1$

해설

3상, $V_l=200[\mathrm{V}]$, $\cos\theta=0.8$, $P=10[\mathrm{KW}]$이므로
소비전력 $P=\sqrt{3}\,V_l I_l\cos\theta$

$\therefore\ I_l=\dfrac{P}{\sqrt{3}\,V_l\cos\theta}=\dfrac{10\times10^3}{\sqrt{3}\times200\times0.8}=36\,[\mathrm{A}]$

가 된다. 그리고 부하가 뒤진 역률(유도성)을 가지므로
$I=I(\cos\theta-j\sin\theta)$
$=36.08(0.8-j0.6)=28.8-j21.6$

15 한 상의 임피던스가 $3+j4\,[\Omega]$인 평형 △ 부하에 대칭인 선간 전압 200[V]를 가할 때 3상 전력은 몇 [kW] 인가?

① 9.6　　　　　② 12.5
③ 14.4　　　　　④ 20.5

해설

$Z=3+j4=\sqrt{3^2+4^2}=5[\Omega]$,
△결선, $V_l=200[\mathrm{V}]$일 때

상전류 $I_P=\dfrac{V_P}{Z}=\dfrac{V_l}{Z}=\dfrac{200}{5}=40\,[\mathrm{A}]$

유효전력
$P=3I^2R=3\times40^2\times3=14400\,[\mathrm{W}]=14.4\,[\mathrm{kW}]$

16 1상의 임피던스가 $14+j48\,[\Omega]$인 △부하에 대칭 선간 전압 200[V]를 가한 경우의 3상 전력은 몇 [W] 인가?

① 672　　　　　② 692
③ 172　　　　　④ 732

해설

$Z=14+j48=\sqrt{14^2+48^2}=50[\Omega]$, △결선,
$V_l=200[\mathrm{V}]$ 일 때

상전류 $I_P=\dfrac{V_P}{Z}=\dfrac{V_l}{Z}=\dfrac{200}{50}=4\,[\mathrm{A}]$

유효전력 $P=3I^2R=3\times4^2\times14=672\,[\mathrm{W}]$

17 다음 그림의 3상 Y결선 회로에서 소비하는 전력[W] 은?

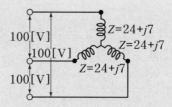

① 약 3072[W]　　　② 약 1536[W]
③ 약 768[W]　　　④ 약 381[W]

해설

$Z=24+j7=\sqrt{24^2+7^2}=25[\Omega]$,
Y결선, $V_l=100[\mathrm{V}]$ 일 때

상전류 $I_P=\dfrac{V_P}{Z}=\dfrac{\dfrac{V_l}{\sqrt{3}}}{Z}=\dfrac{\dfrac{100}{\sqrt{3}}}{25}=2.3\,[\mathrm{A}]$

유효전력 $P=3I^2\cdot R=3\times2.3^2\times24=381\,[\mathrm{W}]$

정답　　13 ③　　14 ②　　15 ③　　16 ①　　17 ④

18 3상 평형 부하가 있다. 이것의 선간전압은 200[V], 선전류는 10[A] 이고, 부하의 소비전력은 4[kW] 이다. 이 부하의 등가 Y회로의 각 상의 저항 [Ω] 은 얼마인가?

① 8   ② 13.3

③ 15.6   ④ 18.3

해설

3상, $V_l = 200$[V], $I_l = 10$[A], $P = 4$[kW]일 때
Y결선시 선전류와 상전류는 같으므로
$P = 3I_P^2 R = 3I_l^2 R$[W]에서

저항 $R = \dfrac{P}{3I_l^2} = \dfrac{4 \times 10^3}{3 \times 10^2} = 13.3$[Ω]

19 대칭 3상 Y부하에서 각 상의 임피던스가 $Z = 3 + j4$[Ω]이고, 부하 전류가 20[A]일 때 이 부하의 무효 전력 [Var]은?

① 1600   ② 2400

③ 3600   ④ 4800

해설

$Z = 3 + j4 = \sqrt{3^2 + 4^2} = 5$[Ω], Y결선, $I_P = 20$[A]
일 때 무효전력 $P = 3I^2 \cdot X = 3 \times 20^2 \times 4 = 4800$[Var]

20 3상 평형 부하에 선간 전압 200[V]의 평형 3상 정현파 전압을 인가했을 때 선전류는 8.6[A]가 흐르고 무효 전력이 1788[Var] 이었다. 역률은 얼마인가?

① 0.6   ② 0.7

③ 0.8   ④ 0.9

해설

3상, $V_l = 200$[V], $I_l = 8.6$[A], $P_r = 1788$[Var]일 때
무효전력 $P_r = \sqrt{3} V_l I_l \sin\theta$ [Var]이므로
무효율
$\sin\theta = \dfrac{P_r}{\sqrt{3} V_l I_l} = \dfrac{1788}{\sqrt{3} \times 200 \times 8.6} = 0.6$이므로
역률 $\cos\theta = \sqrt{1 - \sin^2\theta} = \sqrt{1 - 0.6^2} = 0.8$

21 대칭 3상 Y 부하에서 각 상의 임피던스가 $Z = 3 + j4$[Ω] 이고, 부하 전류가 20[A] 일 때 피상 전력 [VA] 은?

① 1800   ② 2000

③ 2400   ④ 6000

해설

$Z = 3 + j4 = \sqrt{3^2 + 4^2} = 5$[Ω], Y결선, $I_P = 20$ [A]
일 때
피상전력 $P_a = 3I_P^2 \cdot Z = 3 \times 20^2 \times 5 = 6000$ [VA]
[참고] Y결선 ⇒ △ 결선으로 변환
① 임피던스 3배 ② 선전류 3배 ③ 소비전력 3배

22 다상 교류 회로의 설명 중 잘못된 것은?
(단, n = 상수이다.)

① 평형 3 상 교류에서 △ 결선의 상전류는 선전류의 $\dfrac{1}{\sqrt{3}}$과 같다.

② n 상 전력 $P = \dfrac{1}{2\sin\dfrac{\pi}{n}} V_l I_l \cos\theta$ 이다.

③ 성형 결선에서 선간 전압과 상전압과의 위상차는 $\dfrac{\pi}{2}\left(1 - \dfrac{2}{n}\right)$[rad]이다.

④ 비대칭 다상 교류가 만드는 회전 자계는 타원 회전 자계이다.

해설

n 상의 유효전력 $P = \dfrac{n}{2\sin\dfrac{\pi}{n}} V_l I_l \cos\theta$ [W]

23 그림에서 저항 R 이 접속되고 여기에 3상 평형 전압 V 가 가해져 있다. 지금 ×표의 곳에서 1선이 단선 되었다고 하면 소비 전력은 처음의 몇 배로 되는가?

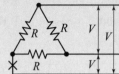

① 1.0
② 0.7
③ 0.5
④ 0.25

해설

△결선 한상의 전류 $I_{P1} = \dfrac{V}{R}$[A] 이므로

3상전력 $P_1 = 3I_{P1}^2 R = \dfrac{3V^2}{R}$[W]

1선이 단선시 단상이 되므로 합성저항

$R_o = \dfrac{R \times 2R}{R + 2R} = \dfrac{2}{3} R [\Omega]$ 이므로

단선시 단상전력 $P_2 = \dfrac{V^2}{R_o} = \dfrac{V^2}{\dfrac{2}{3} R} = \dfrac{3V^2}{2R}$[W]

$\therefore \dfrac{P_2}{P_1} = \dfrac{\dfrac{3V^2}{2R}}{\dfrac{3V^2}{R}} = \dfrac{1}{2} = 0.5$배

24 두 대의 전력계를 사용하여 3상 평형 부하의 역률을 측정하려고 한다. 전력계의 지시가 각각 P_1, P_2 라 할 때 이 회로의 역률은?

① $\dfrac{\sqrt{P_1 + P_2}}{P_1 + P_2}$

② $\dfrac{P_1 + P_2}{P_1^2 + P_2^2 - 2P_1 P_2}$

③ $\dfrac{P_1 + P_2}{2\sqrt{P_1^2 + P_2^2 - P_1 P_2}}$

④ $\dfrac{2P_1 P_2}{\sqrt{P_1^2 + P_2^2 - P_1 P_2}}$

해설

유효전력 $P = P_1 + P_2$, 무효전력 $P_r = \sqrt{3}\,(P_1 - P_2)$ 이므로 2전력계법에 의한 역률

$\cos\theta = \dfrac{P}{P_a} = \dfrac{P}{\sqrt{P^2 + P_r^2}} = \dfrac{P_1 + P_2}{2\sqrt{P_1^2 + P_2^2 - P_1 P_2}}$

25 2전력계법을 써서 3상 전력을 측정하였더니 각 전력계가 +500[W], +300[W]를 지시하였다. 전전력 [W] 은?

① 800
② 200
③ 500
④ 300

해설

2전력계법에 의한 유효 전력

$P = P_1 + P_2 = 500 + 300 = 800$[W]

26 2개의 단상 전력계로 3상 유도 전동기의 전력을 측정하였더니 한 전력계는 다른 전력계의 2배의 지시를 나타냈다고 한다. 전동기의 역률[%]은? 단, 전압과 전류는 순정현파라고 한다.

① 70
② 76.4
③ 86.6
④ 90

해설

2전력계법에 의한 역률 $\cos\theta = \dfrac{P_1 + P_2}{2\sqrt{P_1^2 + P_2^2 - P_1 P_2}}$ 에서

P_1, $P_2 = 2P_1$ 이면

$\cos\theta = \dfrac{\sqrt{3}}{2} = 0.866 = 86.6\,[\%]$

27 3상 전력을 측정하는 데 두 전력계 중에서 하나가 0 이었다. 이때의 역률은 어떻게 되는가?

① 0.5
② 0.8
③ 0.6
④ 0.4

해설

2전력계법에 의한 역률 $\cos\theta = \dfrac{P_1 + P_2}{2\sqrt{P_1^2 + P_2^2 - P_1 P_2}}$ 에서

$P_1 = P$, $P_2 = 0$ 이면

$\cos\theta = \dfrac{1}{2} = 0.5$

정답   23 ③   24 ③   25 ①   26 ③   27 ①

28 단상 전력계 2개로써 평형 3상 부하의 전력을 측정하였더니 각각 300[W]와 600[W]를 나타내었다. 부하 역률은? (단, 전압과 전류는 정현파이다.)

① 0.5 　　　　　② 0.577
③ 0.637 　　　　④ 0.866

해설

2전력계법에서

$$\cos\theta = \frac{P}{P_a} = \frac{P_1 + P_2}{2\sqrt{P_1^2 + P_2^2 - P_1 P_2}}$$

$$= \frac{300 + 600}{2\sqrt{300^2 + 600^2 - 300 \times 600}} = 0.866$$

29 V 결선의 변압기 이용률 [%]은?

① 57.7 　　　　② 86.6
③ 80 　　　　　④ 100

해설

V 결선시 이용률 : 0.866 = 86.6 [%]
V 결선시 출력비 : 0.577 = 57.7 [%]

30 비대칭 다상 교류가 만드는 회전 자계는?

① 교번 자계 　　　② 타원 회전 자계
③ 원형 회전 자계 　④ 포물선 회전 자계

해설

대칭 : 원형회전자계
비대칭 : 타원회전자계

memo

대칭 좌표법

Chapter 08

대칭 좌표법

❶ 벡터 연산자

$$a = 1\angle 120^o = 1\angle -240^° = 1(\cos 120° + j\sin 120°) = -\frac{1}{2} + j\frac{\sqrt{3}}{2}$$

$$a^2 = 1\angle 240^o = 1\angle -120° = 1(\cos 240° + j\sin 240°) = -\frac{1}{2} - j\frac{\sqrt{3}}{2}$$

$$\boxed{a^2 + a + 1 = 0}, \quad a^3 = 1, \quad a^4 = a$$

핵심 NOTE

■ 대칭 좌표법
고장시에 일반적으로 3상회로는 비대칭으로 되어 계산이 곤란하게 되므로 이를 대칭성분인 영상, 정상, 역상분의 3개의 대칭 회로로 분해하여 계산하고 이의 결과를 합하여 해를 구하는 방법을 대칭 좌표법이라 한다.

❷ 각 상의 비대칭분 전압, 전류

비대칭 전압, 전류 V_a, V_b, V_c, I_a, I_b, I_c를 대칭분으로 표시하면

$$V_a = V_o + V_1 + V_2 \qquad\qquad I_a = I_o + I_1 + I_2$$

$$V_b = V_o + a^2 V_1 + a V_2 \qquad I_b = I_o + a^2 I_1 + a I_2$$

$$V_c = V_o + a V_1 + a^2 V_2 \qquad I_c = I_o + a I_1 + a^2 I_2$$

비대칭 전압 비대칭 전류

■ 벡터 연산자
$$a = 1\angle 120^o = -\frac{1}{2} + j\frac{\sqrt{3}}{2}$$

$$a^2 = 1\angle -120° = -\frac{1}{2} - j\frac{\sqrt{3}}{2}$$

$$a^2 + a + 1 = 0$$

❸ 대칭분 영상, 정상, 역상분 전압, 전류

1. 영상분 전압, 전류

$$V_o = \frac{1}{3}(V_a + V_b + V_c) \qquad I_o = \frac{1}{3}(I_a + I_b + I_c)$$

2. 정상분 전압, 전류

$$V_1 = \frac{1}{3}(V_a + a V_b + a^2 V_c) \qquad I_1 = \frac{1}{3}(I_a + a I_b + a^2 I_c)$$

3. 역상분 전압, 전류

$$V_2 = \frac{1}{3}(V_a + a^2 V_b + a V_c) \qquad I_2 = \frac{1}{3}(I_a + a^2 I_b + a I_c)$$

■ 대칭분 영상, 정상, 역상분 전압
- $V_o = \frac{1}{3}(V_a + V_b + V_c)$
- $V_1 = \frac{1}{3}(V_a + a V_b + a^2 V_c)$
- $V_2 = \frac{1}{3}(V_a + a^2 V_b + a V_c)$

예제문제 영상, 정상, 역상분

1 $V_a = 3\,[\text{V}]$, $V_b = 2 - j3\,[\text{V}]$, $V_c = 4 + j3\,[\text{V}]$를 3상 불평형 전압이라고 할 때 영상 전압 [V]은?

① 3   ② 9

③ 27   ④ 0

해설
$$V_o = \frac{1}{3}(V_a + V_b + V_c) = \frac{1}{3}(3 + 2 - j3 + 4 + j3) = 3\,[\text{V}]$$

답 ①

예제문제 영상, 정상, 역상분

2 불평형 3상 교류 회로에서 각상의 전류가 각각 $I_a = 7 + j2\,[\text{A}]$, $I_b = -8 - j10\,[\text{A}]$, $I_c = -4 + j6\,[\text{A}]$일 때 전류의 대칭분 중 정상분은 약 몇 [A]인가?

① 8.93   ② 7.46

③ 3.76   ④ 2.53

해설
정상분 전류 $I_1 = \dfrac{1}{3}(I_a + aI_b + a^2 I_c)$

$$= \frac{1}{3}\left\{7 + j2 + \left(-\frac{1}{2} + j\frac{\sqrt{3}}{2}\right)(-8 - j10) + \left(-\frac{1}{2} - j\frac{\sqrt{3}}{2}\right)(-4 + j6)\right\}$$

$$= 8.95 + j0.18 = \sqrt{8.95^2 + 0.18^2} = 8.93\,[\text{A}]$$

답 ①

❹ 불평형률

■ 특수한 경우 불평형률(암기)
· 선간전압 : 120[V], 100[V], 100[V] ⇒ 13 [%]
· 선간전압 : 80[V], 50[V], 50[V] ⇒ 39.6 [%]

대칭분 중 정상분에 대한 역상분의 비로 비대칭을 나타내는 척도가 된다.

$$\text{불평형률} = \frac{\text{역상분}}{\text{정상분}} = \frac{V_2}{V_1} = \frac{I_2}{I_1}$$

예제문제 불평형률

3 3상 불평형 전압에서 역상전압이 50[V]이고 정상전압이 200[V], 영상전압이 10[V]라고 할 때 전압의 불평형률은?

① 0.01   ② 0.05

③ 0.25   ④ 0.5

해설
$$\text{불평형률} = \frac{\text{역상 전압}}{\text{정상 전압}} = \frac{50}{200} = 0.25$$

답 ③

예제문제 **불평형률**

4 어느 3상 회로의 선간 전압을 측정하니 $V_a = 120[\text{V}]$,
 $V_b = -60 - j80[\text{V}]$, $V_c = -60 + j80[\text{V}]$이었다. 불평형률 [%]은?

① 12   ② 13
③ 14   ④ 15

해설
 선간전압이 120, 100, 100$[\text{V}]$이면 불평형률은 약 13$[\%]$

답 ②

---

⑤ a상을 기준한 대칭 3상 전압

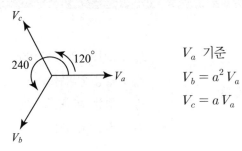

V_a 기준

$V_b = a^2 V_a$

$V_c = a V_a$

■a상 기준한 대칭 3상
 $V_o = 0$
 $V_1 = V_a$
 $V_2 = 0$

a상을 기준한 대칭 3상 전압

$$V_o = \frac{1}{3}(V_a + V_b + V_c)$$

$$= \frac{1}{3}(V_a + a^2 V_a + a V_a) = \frac{1}{3} V_a(1 + a^2 + a) = 0$$

$$V_1 = \frac{1}{3}(V_a + a V_b + a^2 V_c)$$

$$= \frac{1}{3}(V_a + a^3 V_a + a^3 V_a) = \frac{1}{3} V_a(1 + 1 + 1) = V_a$$

$$V_2 = \frac{1}{3}(V_a + a^2 V_b + a V_c)$$

$$= \frac{1}{3}(V_a + a^4 V_a + a^2 V_a) = \frac{1}{3} V_a(1 + a + a^2) = 0$$

즉, 대칭 3상 전압의 영상분과 역상분은 0이고 정상분만 a상의 전압 V_a
로 존재한다.

■3상 교류 발전기 기본식
$V_o = -I_o Z_o$
$V_1 = E_a - I_1 Z_1$
$V_2 = -I_2 Z_2$

예제문제 a상을 기준한 대칭 3상

5 대칭 3상 전압이 a상 V_a[V], b상 $V_b = a^2 V_a$[V], c상 $V_c = a V_a$[V]일 때 a상을 기준으로 한 대칭분 전압 중 정상분 V_1은 어떻게 표시되는가?

① $\dfrac{1}{3} V_a$ ② V_a

③ $a V_a$ ④ $a^2 V_a$

해설
a상 기준 대칭분 전압 $V_o = 0$, $V_1 = V_a$, $V_2 = 0$

답 ②

⑥ 3상 교류 발전기 기본식

$$\begin{cases} V_o = -I_o Z_o \\ V_1 = E_a - I_1 Z_1 \\ V_2 = -I_2 Z_2 \end{cases}$$

E_a : a상의 유기 기전력
Z_o : 영상 임피던스
Z_1 : 정상 임피던스
Z_2 : 역상 임피던스

⑦ 1선 지락사고

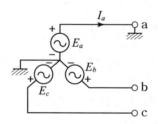

a 상이 지락된 경우 $V_a = 0$, $I_b = I_c = 0$이므로

$$I_o = \frac{1}{3}(I_a + I_b + I_c) = \frac{1}{3} I_a$$

$$I_1 = \frac{1}{3}(I_a + a I_b + a^2 I_c) = \frac{1}{3} I_a$$

$$I_2 = \frac{1}{3}(I_a + a^2 I_b + a I_c) = \frac{1}{3} I_a$$

$$\therefore I_o = I_1 = I_2$$

지락상의 전압 $V_a = 0$ 이므로

$$V_a = V_o + V_1 + V_2$$

$$= -Z_o I_o + E_a - Z_1 I_1 - Z_2 I_2 = -\frac{1}{3}(Z_o + Z_1 + Z_2) + E_a = 0$$ 이므로

지락전류 $\boxed{I_g = I_a = \dfrac{3E_a}{Z_o + Z_1 + Z_2} \ [\text{A}]}$ 가 된다.

■1선 지락사고
$$I_o = I_1 = I_2$$
$$I_g = \frac{3E_a}{Z_o + Z_1 + Z_2} \ [\text{A}]$$

예제문제 1선 지락(접지)사고

6 그림과 같은 평형 3상 교류 발전기의 1선이 접지되었을 때 접지 전류 I_g의 값은? (단, Z_0는 영상 임피던스, Z_1은 정상 임피던스, Z_2는 역상 임피던스이다.)

① $\dfrac{E_a}{Z_0 + Z_1 + Z_2}$

② $\dfrac{\sqrt{3}\,E_a}{Z_0 + Z_1 + Z_2}$

③ $\dfrac{E_a}{3(Z_0 + Z_1 + Z_2)}$

④ $\dfrac{3E_a}{Z_0 + Z_1 + Z_2}$

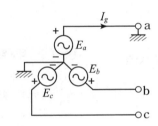

답 ④

출제예상문제

01 비접지 3상 Y부하에서 각 선전류를 I_a, I_b, I_c 라 할 때, 전류의 영상분 I_0는?

① 1
② 0
③ −1
④ $\sqrt{3}$

해설
$Y-Y$ 결선의 3상 3선식(비접지식) : 영상분이 없다.

02 불평형 회로에서 영상분이 존재하는 3상 회로 구성은?

① $\Delta-\Delta$ 결선의 3상 3선식
② $\Delta-Y$결선의 3상 3선식
③ $Y-Y$결선의 3상 3선식
④ $Y-Y$결선의 3상 4선식

03 3상 4선식에서 중성선이 필요하지 않아서 중성선을 제거하여 3상 3선식을 만들기 위한 중성선에서의 조건식은 어떻게 되는가? 단, I_a, I_b, I_c는 각상의 전류이다.

① 불평형 3상 $I_a + I_b + I_c = 1$
② 평형 3상 $I_a + I_b + I_c = \sqrt{3}$
③ 불평형 3상 $I_a + I_b + I_c = 3$
④ 평형 3상 $I_a + I_b + I_c = 0$

04 대칭 좌표법에 관한 설명 중 잘못 된 것은?

① 불평형 3상 회로 비접지식 회로에서는 영상분이 존재한다.
② 대칭 3상 전압에서 영상분은 0이 된다.
③ 대칭 3상 전압은 정상분만 존재한다.
④ 불평형 3상 회로의 접지식 회로에서는 영상분이 존재한다.

해설
불평형 3상 회로 비접지식 회로에서는 영상분이 존재하지 않는다.

05 대칭 좌표법에 관한 설명 중 잘못된 것은?

① 대칭 좌표법은 일반적인 비대칭 n상 교류 회로의 계산에도 이용된다.
② 대칭 3상 전압의 영상분과 역상분은 0이고, 정상분만 남는다.
③ 비대칭 n상의 교류 회로는 영상분, 역상분 및 정상분의 3성분으로 해석된다.
④ 비대칭 3상 회로의 접지식 회로에는 영상분이 존재하지 않는다.

해설
비대칭 3상 회로의 접지식 회로에는 영상분이 존재한다.

06 대칭분을 I_0, I_1, I_2라 하고 선전류를 I_a, I_b, I_c 라 할 때 I_b는?

① $I_0 + I_1 + I_2$
② $\dfrac{1}{3}(I_0 + I_1 + I_2)$
③ $I_0 + a^2 I_1 + a I_2$
④ $I_0 + a I_1 + a^2 I_2$

해설
불평형(비대칭) 3상의 전류
a상의 전류 $I_a = I_o + I_1 + I_2$
b상의 전류 $I_b = I_o + a^2 I_1 + a I_2$
c상의 전류 $I_c = I_o + a I_1 + a^2 I_2$

정답   01 ②   02 ④   03 ④   04 ①   05 ④   06 ③

07 3상 회로에 있어서 대칭분 전압이
$V_o = -8 + j3\,[\text{V}]$, $V_1 = 6 - j8\,[\text{V}]$,
$V_2 = 8 + j12\,[\text{V}]$일 때 a상의 전압[V]은?

① $6 + j7$

② $-32.3 + j2.73$

③ $2.3 + j0.73$

④ $2.3 - j0.73$

해설

불평형(비대칭) 3상의 전압
a상의 전압 $V_a = V_o + V_1 + V_2$
b상의 전압 $V_b = V_o + a^2 V_1 + a V_2$
c상의 전압 $V_c = V_o + a V_1 + a^2 V_2$ 이므로
$V_a = -8 + j3 + 6 - j8 + 8 + j12 = 6 + j7$가 된다.

08 3상 불평형 전압을 V_a, V_b, V_c 라고 할 때, 영상전압 V_o 는 얼마인가?

① $\dfrac{1}{3}(V_a + a V_b + a^2 V_c)$

② $\dfrac{1}{3}(V_a + a^2 V_b + a V_c)$

③ $\dfrac{1}{3}(V_a + V_b + V_c)$

④ $\dfrac{1}{3}(V_a + a^2 V_b + V_c)$

해설

영상 전압 $V_0 = \dfrac{1}{3}(V_a + V_b + V_c)$

정상 전압 $V_1 = \dfrac{1}{3}(V_a + a V_b + a^2 V_c)$

역상 전압 $V_2 = \dfrac{1}{3}(V_a + a^2 V_b + a V_c)$

09 상순이 a−b−c인 경우 V_a, V_b, V_c를 3상 불평형 전압이라 하면 정상 전압은?

① $\dfrac{1}{3}(V_a + V_b + V_c)$

② $\dfrac{1}{3}(V_a + a^2 V_b + a V_c)$

③ $\dfrac{1}{3}(V_a + a V_b + a^2 V_c)$

④ $\dfrac{1}{3}(V_a + a^2 V_b + a^2 V_c)$

해설

영상 전압 $V_0 = \dfrac{1}{3}(V_a + V_b + V_c)$

정상 전압 $V_1 = \dfrac{1}{3}(V_a + a V_b + a^2 V_c)$

역상 전압 $V_2 = \dfrac{1}{3}(V_a + a^2 V_b + a V_c)$

10 V_a, V_b, V_c 라 3상 전압일 때 역상 전압은?
(단, $a = e^{j\frac{2}{3}\pi}$ 이다.)

① $\dfrac{1}{3}(V_a + a V_b + a^2 V_c)$

② $\dfrac{1}{3}(V_a + a^2 V_b + a V_c)$

③ $\dfrac{1}{3}(V_a + V_b + V_c)$

④ $\dfrac{1}{3}(V_a + a^2 V_b + V_c)$

해설

영상 전압 $V_0 = \dfrac{1}{3}(V_a + V_b + V_c)$

정상 전압 $V_1 = \dfrac{1}{3}(V_a + a V_b + a^2 V_c)$

역상 전압 $V_2 = \dfrac{1}{3}(V_a + a^2 V_b + a V_c)$

정답　　07 ①　　08 ③　　09 ③　　10 ②

11 대칭좌표법을 이용하여 3상 회로의 각 상전압을 다음과 같이 쓴다.

$$V_a = V_{ao} + V_{a1} + V_{a2}$$
$$V_b = V_{ao} + V_{a1}\angle -120° + V_{a2}\angle +120°$$
$$V_c = V_{ao} + V_{a1}\angle +120° + V_{a2}\angle -120°$$

이와 같이 표시될 때 정상분 전압 V_{a1} 표시를 올바르게 계산한 것은? 상순은 a, b, c이다.

① $\frac{1}{3}(V_a + V_b + V_c)$

② $\frac{1}{3}(V_a + V_b\angle +120° + V_c\angle -120°)$

③ $\frac{1}{3}(V_a + V_b\angle -120° + I_c\angle +120°)$

④ $\frac{1}{3}(V_a\angle +120° + V_b + V_c\angle -120°)$

해설

$$V_1 = \frac{1}{3}(V_a + aV_b + a^2V_c)$$
$$= \frac{1}{3}(V_a + V_b\angle +120° + V_c\angle -120°)$$

[참고] $a = 1\angle 120° = 1\angle -240° = -\frac{1}{2} + j\frac{\sqrt{3}}{2}$
$$a^2 = 1\angle 240° = 1\angle -120° = -\frac{1}{2} - j\frac{\sqrt{3}}{2}$$

12 상순이 a, b, c인 불평형 3상 전류 I_a, I_b, I_c의 대칭분을 I_0, I_1, I_2라 하면 이때 대칭분과의 관계식 중 옳지 못한 것은?

① $\frac{1}{3}(I_a + I_b + I_c)$

② $\frac{1}{3}(I_a + I_b\angle 120° + I_c\angle -120°)$

③ $\frac{1}{3}(I_a + I_b\angle -120° + I_c\angle 120°)$

④ $\frac{1}{3}(-I_a - I_b - I_c)$

해설

영상분 전류 $I_o = \frac{1}{3}(I_a + I_b + I_c)$

정상분 전류
$I_1 = \frac{1}{3}(I_a + aI_b + a^2I_c) = \frac{1}{3}(I_a + I_b\angle 120° + I_c\angle -120°)$

역상분 전류
$I_2 = \frac{1}{3}(I_a + a^2 + aI_c) = \frac{1}{3}(I_a + I_b\angle -120° + I_c\angle 120°)$

13 대칭 좌표법에서 사용되는 용어 중 3상에 공통인 성분을 표시하는 것은?

① 정상분　　② 영상분
③ 역상분　　④ 공통분

해설

불평형(비대칭) 3상의 전류
a상의 전류 $I_a = I_o + I_1 + I_2$
b상의 전류 $I_b = I_o + a^2I_1 + aI_2$
c상의 전류 $I_c = I_o + aI_1 + a^2I_2$ 이므로
공통인 성분은 영상분(I_o)이다.

14 불평형 3상 전류 $I_a = 15 + j2$[A], $I_b = -20 - j14$[A], $I_c = -3 + j10$[A]일 때의 영상 전류 I_0는?

① $2.67 + j0.36$　　② $-2.67 - j0.67$
③ $15.7 - j3.25$　　④ $1.91 + j6.24$

해설

영상분 전류
$$I_0 = \frac{1}{3}(I_a + I_b + I_c)$$
$$= \frac{1}{3}(15 + j2 - 20 - j14 - 3 + j10)$$
$$= \frac{1}{3}(-8 - j2) = -2.67 - j0.67$$

15 3상 부하가 Δ결선으로 되어있다. 콘덕턴스가 a상에 0.3[℧], b상에 0.3[℧]이고, 유도 서셉턴스가 c 상에 0.3[℧]가 연결되어 있을 때 이 부하의 영상 어드미턴스는 몇 [℧]인가?

① $0.2+j0.1$　　② $0.2-j0.1$
③ $0.6-j0.3$　　④ $0.6+j0.3$

해설

영상분어드미턴스
$$Y_o = \frac{1}{3}(Y_a + Y_b + Y_c)$$
$$= \frac{1}{3}(0.3 + 0.3 - j0.3) = 0.2 - j0.1[℧]$$
[참고] 유도성서셉턴스는 $-j$로 표현됨에 유의할 것.

16 각 상의 전류가 $i_a = 30\sin\omega t$, $i_b = 30\sin(\omega t - 90°)$, $i_c = 30\sin(\omega t + 90°)$ 일 때 영상 대칭분의 전류[A]는?

① $10\sin\omega t$

② $\dfrac{10}{3}\sin\dfrac{\omega t}{3}$

③ $\dfrac{30}{\sqrt{3}}\sin(\omega t + 45°)$

④ $30\sin\omega t$

해설

영상분 전류

$i_0 = \dfrac{1}{3}(i_a + i_b + i_c)$

$= \dfrac{1}{3}\{30\sin\omega t + 30\sin(\omega t - 90°) + 30\sin(\omega t + 90°)\}$

$= \dfrac{30}{3}\{\sin\omega t + \sin\omega t\cos(-90°) + \cos\omega t\sin(-90°)$

$+ \sin\omega t\cos 90° + \cos\omega t\sin 90°\} = 10\sin\omega t$

[참고] 삼각함수 가법정리

$\sin(\alpha \pm \beta) = \sin\alpha\cos\beta \pm \cos\alpha\sin\beta$ (사코 ± 코사)

$\cos(\alpha \pm \beta) = \cos\alpha\cos\beta \mp \sin\alpha\sin\beta$ (코코 ∓ 사사)

17 불평형 3상 전류가 $I_a = 15 + j2[A]$, $I_b = -20 - j14[A]$, $I_c = -3 + j10[A]$ 일 때, 역상분 전류 $I_2[A]$ 를 구하면?

① $1.91 + j\,6.24$ ② $15.74 - j\,3.57$

③ $-2.67 - j\,0.67$ ④ $2.67 - j\,0.67$

해설

역상분 전류

$I_2 = \dfrac{1}{3}(I_a + a^2 I_b + a I_c)$

$= \dfrac{1}{3}\{15 + j2 + \left(-\dfrac{1}{2} - j\dfrac{\sqrt{3}}{2}\right)(-20 - j14)$

$+ \left(-\dfrac{1}{2} + j\dfrac{\sqrt{3}}{2}\right)(-3 + j10)\}$

$= 1.91 + j6.24[A]$

18 어느 3상 회로의 선간 전압을 측정하였더니 120[V], 100[V] 및 100[V]이었다. 이때의 역상 전압 V_2의 값은 약 몇 [V]인가?

① 9.8 ② 13.8

③ 96.2 ④ 106.2

해설

역상분 전압

$V_2 = \dfrac{1}{3}(V_a + a^2 V_b + a V_c)$

$= \dfrac{1}{3}\{120 + \left(-\dfrac{1}{2} - j\dfrac{\sqrt{3}}{2}\right)(-60 - j80)$

$+ \left(-\dfrac{1}{2} + j\dfrac{\sqrt{3}}{2}\right)(-60 + j80)\}$

$= \dfrac{1}{3}(120 + 60 - 80\sqrt{3}) = 13.8[V]$

19 대칭 3상 전압 V_a, V_b, V_c를 a상을 기준으로 한 대칭분은?

① $V_0 = 0$, $V_1 = V_a$, $V_2 = aV_a$

② $V_0 = V_a$, $V_1 = V_a$, $V_2 = V_a$

③ $V_0 = 0$, $V_1 = 0$, $V_2 = a^2 V_a$

④ $V_0 = 0$, $V_1 = V_a$, $V_2 = 0$

해설

a상 기준 대칭분 전압 $V_o = 0$, $V_1 = V_a$, $V_2 = 0$

20 3상 불평형 전압에서 불평형률이란?

① $\dfrac{\text{역상전압}}{\text{영상전압}} \times 100$ ② $\dfrac{\text{정상전압}}{\text{역상전압}} \times 100$

③ $\dfrac{\text{역상전압}}{\text{정상전압}} \times 100$ ④ $\dfrac{\text{영상전압}}{\text{정상전압}} \times 100$

해설

불평형률 = $\dfrac{\text{역상전압}}{\text{정상전압}} \times 100[\%]$

21 3상 회로의 선간 전압이 각각 $80, 50, 50[V]$일 때 전압의 불평형률[%]은?

① 39.6 ② 57.3
③ 73.6 ④ 86.7

22 대칭 3상 교류 발전기의 기본식 중 알맞게 표현된 것은? 단, V_0는 영상분 전압, V_1은 정상분 전압, V_2는 역상분 전압이다.

① $V_0 = E_0 - Z_0 I_0$ ② $V_1 = -Z_1 I_1$
③ $V_2 = Z_2 I_2$ ④ $V_1 = E_a - Z_1 I_1$

해설

대칭 3상 교류발전기 기본식
영상분 $V_o = -Z_o I_o$
정상분 $V_1 = E_a - Z_1 I_1$
역상분 $V_2 = -Z_2 I_2$

23 그림과 같이 중성점을 접지한 3상 교류 발전기의 a상이 지락되었을 때의 조건으로 맞는 것은?

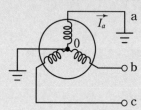

① $I_0 = I_1 = I_2$ ② $V_0 = V_1 = V_2$
③ $I_1 = -I_2 , I_0 = 0$ ④ $V_1 = -V_2, V_0 = 0$

해설

지락전류 및 조건

• 1선지락전류 및 조건 $\begin{cases} I_0 = I_1 = I_2 = \dfrac{1}{3} I_a \\ I_a = \dfrac{3E_a}{Z_0 + Z_1 + Z_2} \end{cases}$

• 2선지락 조건 $V_0 = V_1 = V_2 \neq 0$

24 단자 전압의 각 대칭분 V_0, V_1, V_2가 0이 아니고 같게 되는 고장의 종류는?

① 1선지락 ② 선간 단락
③ 2선 지락 ④ 3선 단락

25 전압 대칭분을 V_0, V_1, V_2, 전류의 대칭분을 각각 I_0, I_1, I_2라 할 때 대칭분으로 표시되는 전 전력은 얼마인가?

① $V_0 I_1 + V_1 I_2 + V_2 I_0$
② $V_0 I_0 + V_1 I_1 + V_2 I_2$
③ $3 V_0 I_1 + 3 V_1 I_2 + 3 V_2 I_0$
④ $3 \overline{V_0} I_0 + 3 \overline{V_1} I_1 + 3 \overline{V_2} I_2$

해설

$P_a = P + j P_r$

$= \overline{V_a} I_a + \overline{V_b} I_b + \overline{V_c} I_c = 3 \overline{V_0} I_0 + 3 \overline{V_1} I_1 + 3 \overline{V_2} I_2$

정답   21 ①   22 ④   23 ①   24 ③   25 ④

비정현파 교류

Chapter 09

SECTION 09

비정현파 교류

1 푸리에 급수(Fourier series)

비정현파(왜형파)의 한 예를 표시한 것으로 이와 같은 주기함수를 푸리에 급수에 의해 몇 개의 주파수가 다른 정현파 교류의 합으로 나눌 수 있다. 비 정현파를 $f(t)$ 의 시간의 함수로 나타내면

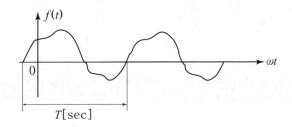

비정현파의 구성은 $\boxed{\text{직류성분 + 기본파 + 고조파}}$ 로 분해되며 이를 식으로 표시하면

$$f(t) = a_o + a_1\cos\omega t + a_2\cos 2\omega t + a_3\cos 3\omega t + \cdots\cdots$$
$$+ b_1\sin\omega t + b_2\sin 2\omega t + b_3\sin 3\omega t + \cdots\cdots$$

$$f(t) = a_o + \sum_{n=1}^{\infty} a_n\cos n\omega t + \sum_{n=1}^{\infty} b_n\sin n\omega t$$

이때의 계수를 구하는 방법은

(1) a_o 구하는 방법(=직류분)

$$a_o = \frac{1}{T}\int_0^T f(t)\,dt = \text{평균값}$$

(2) a_n 구하는 방법

$$a_n = \frac{2}{T}\int_0^T f(t)\cos n\omega t\,d\omega t = \frac{1}{\pi}\int_0^{2\pi} f(t)\cos n\omega t\,d\omega t$$

(3) b_n 구하는 방법

$$b_n = \frac{2}{T}\int_0^T f(t)\sin n\omega t\,d\omega t = \frac{1}{\pi}\int_0^{2\pi} f(t)\sin n\omega t\,d\omega t$$

■ 비정현파
  = 직류분 + 기본파 + 고조파

$$f(t) = a_o + \sum_{n=1}^{\infty} a_n\cos n\omega t$$
$$+ \sum_{n=1}^{\infty} b_n\sin n\omega t$$

1 ωt가 0에서 π까지 $i = 10\,[\text{A}]$, π에서 2π까지는 $i = 0\,[\text{A}]$인 파형을 푸리에 급수로 전개하면 a_0는?

① 14.14

② 10

③ 7.05

④ 5

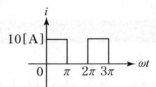

해설
직류분은 평균값을 말하므로 구형 반파에 대한 직류분 다음과 같다.

$$a_o = I_a = \frac{I_m}{2} = \frac{10}{2} = 5\,[\text{A}]$$

답 ④

2 특수한 파형의 비정현파 대칭성

1. 정현 대칭파

(1) 대칭 조건

$$f(t) = -f(-t)$$

(2) 특징

직류성분 $a_o = 0$, cos 항의 계수 $a_n = 0$ 이고 sin항만 존재하는 파형

(3) 함수

$$f(t) = \sum_{n=1}^{\infty} b_n \sin n\omega t \quad (n = 1, 2, 3, 4, \cdots)$$

(4) 파형

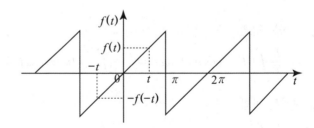

2. 여현 대칭

(1) 대칭 조건 (함수식)

$$f(t) = f(-t)$$

(2) 특징

sin항의 계수 $b_n = 0$ 이고 직류성분과 cos항이 존재하는 파형

(3) 함수

$$f(t) = a_o + \sum_{n=1}^{\infty} a_n \cos n\omega t \quad (n = 1, 2, 3, 4, \cdots)$$

(4) 파형

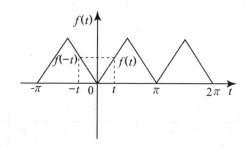

■ 여현 대칭
$f(x) = f(-x)$
a_0, cos항 존재

3. 반파 대칭

반주기마다 크기는 같고 부호는 반대인 파형으로 π만큼 수평이동한 후 x 축에 대하여 대칭인 파형

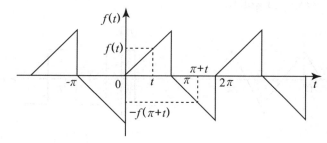

(1) 대칭 조건

$$f(t) = -f(\pi + t)$$

(2) 특징

직류성분 $a_o = 0$이며 sin항의 계수와 cos 항이 동시에 존재한다.
단, 여기서 n는 홀수의 값을 갖는다.

(3) 함수

$$f(t) = \sum_{n=1}^{\infty} a_n \cos n\omega t + \sum_{n=1}^{\infty} b_n \sin n\omega t \quad (n = 1, 3, 5, \cdots)$$

■ 반파 대칭
$f(t) = -f(\pi + t)$
홀수차 sin, cos항 존재

■ 반파 정현 대칭
$f(t) = -f(-t)$
$f(t) = -f(\pi + t)$
홀수차 sin항만 존재

4. 반파 · 정현 대칭

반파 대칭 및 정현대칭을 동시에 만족하는 파형으로 삼각파나 맥류파는 대표적인 반파 · 정현대칭의 파형이다.

(1) 대칭 조건 (함수식)

$$f(t) = -f(-t) , f(t) = -f(\pi + t)$$

(2) 특징

직류성분 $a_o = 0$, cos항의 계수 $a_n = 0$ 이며 홀수항의 sin항만 존재한다.

(3) 함수

$$f(t) = \sum_{n=1}^{\infty} b_n \sin n\omega t \quad (n = 1 , 3 , 5 , 7 , \cdots)$$

(4) 파형

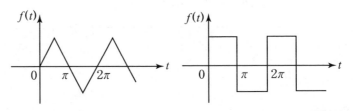

■ 반파 여현 대칭
$f(t) = f(-t)$
$f(t) = -f(\pi + t)$
홀수차 cos항만 존재

5. 반파 · 여현 대칭

반파 대칭 및 여현 대칭을 동시에 만족하는 파형으로 그림은 대표적인 반파 · 여현의 파형이다.

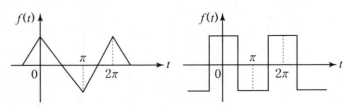

(1) 대칭 조건

$$f(t) = f(-t) , f(t) = -f(\pi + t)$$

(2) 특징

직류성분 $a_o = 0$, sin항의 계수 $b_n = 0$ 이며 홀수항의 cos항만 존재한다.

(3) 함수

$$f(t) = \sum_{n=1}^{\infty} a_n \cos n\omega t \quad (n = 1 , 3 , 5 , 7 , \cdots)$$

예제문제 비정현파 교류의 대칭성

2 그림과 같은 파형을 퓨우리에 급수로 전개할 때에는?

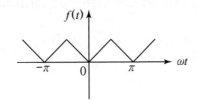

① sin항은 없다.
② cos항은 없다.
③ sin항, cos항 모두 있다.
④ sin항, cos항을 쓰면 유한수의 항으로 전개된다.

해설
그림의 파형은 여현 대칭파 이므로 sin 항은 없다.

답①

③ 비정현파의 실효치

1. 실효치

직류성분 및 기본파와 각 고조파의 실효값의 제곱의 합의 제곱근으로 표시된다.

전류　$i(t) = I_o + I_{m1}\sin\omega t + I_{m2}\sin2\omega t + I_{m3}\sin3\omega t + \cdots$　로 주어진다면 전류의 실효값은

$$I = \sqrt{I_o^2 + I_1^2 + I_2^2 + I_3^2 + \cdots} = \sqrt{I_o^2 + \left(\frac{I_{m1}}{\sqrt{2}}\right)^2 + \left(\frac{I_{m2}}{\sqrt{2}}\right)^2 + \left(\frac{I_{m3}}{\sqrt{3}}\right)^2 \cdots}$$

전압　$v(t) = V_o + V_{m1}\sin\omega t + V_{m2}\sin2\omega t + V_{m3}\sin3\omega t + \cdots$ 로 주어진다면 전압의 실효값은

$$V = \sqrt{V_o^2 + V_1^2 + V_2^2 + V_3^2 + \cdots} = \sqrt{V_o^2 + \left(\frac{V_{m1}}{\sqrt{2}}\right)^2 + \left(\frac{V_{m2}}{\sqrt{2}}\right)^2 + \left(\frac{V_{m3}}{\sqrt{3}}\right)^2 \cdots}$$

■비정현파의 실효치
각 파의 실효값 제곱의 합의 제곱근

비정현파의 실효치

3 비정현파 전압

$v = \sqrt{2} \cdot 100 \sin \omega t + \sqrt{2} \cdot 50 \sin 2\omega t + \sqrt{2} \cdot 30 \sin 3\omega t$ [V]일 때 실효 전압[V]은?

① $100 + 50 + 30 = 180$

② $\sqrt{100 + 50 + 30} = 13.4$

③ $\sqrt{100^2 + 50^2 + 30^2} = 115.8$

④ $\dfrac{\sqrt{100^2 + 50^2 + 30^2}}{3} = 38.6$

해설

실효 전압은

$V = \sqrt{V_1^2 + V_2^2 + V_3^2} = \sqrt{100^2 + 50^2 + 30^2} = 115.8$ [V]

답 ③

2. 왜형률

비정현파가 정현파에 대하여 일그러지는 정도를 나타내는 값으로 기본파에 대한 고조파분의 포함 정도를 말한다.

$$왜형률 = \frac{전\ 고조파의\ 실효치}{기본파의\ 실효치}$$

■ 비정현파의 왜형률

$= \dfrac{전\ 고조파의\ 실효치}{기본파의\ 실효치}$

비정현파의 전압이

$v = \sqrt{2}\, V_1 \sin(\omega t + \theta_1) + \sqrt{2}\, V_2 \sin(2\omega t + \theta_2)$
$\quad + \sqrt{2}\, V_3 \sin(\omega t + \theta_3) + \cdots$

라 하면 왜형률$(D) = \dfrac{\sqrt{V_2^2 + V_3^2 + V_4^2 \cdots}}{V_1}$

비정현파의 왜형률

4 왜형파 전압 $v = 100\sqrt{2}\sin \omega t + 50\sqrt{2}\sin 2\omega t + 30\sqrt{2}\sin 3\omega t$의 왜형률을 구하면?

① 1.0   ② 0.8

③ 0.5   ④ 0.3

해설

왜형률 $= \dfrac{\sqrt{V_2^2 + V_3^2}}{V_1} = \dfrac{\sqrt{50^2 + 30^2}}{100} = 0.5$

답 ③

예제문제 비정현파의 왜형률

5 기본파의 $40[\%]$인 제3고조파와 $30[\%]$인 제5고조파를 포함하는 전압파의 왜형률은?

① 0.3   ② 0.5

③ 0.7   ④ 0.9

해설

$V_3 = 0.4\,V_1$, $V_5 = 0.3\,V_1$일 때 전압의 왜형률

$$왜형률 = \frac{\sqrt{V_3^2 + V_5^2}}{V_1} = \frac{\sqrt{(0.4\,V_1)^2 + (0.3\,V_1)^2}}{V_1} = 0.5$$

답 ②

④ n 고조파 직렬 임피던스

1. n 고조파 직렬 임피던스

(1) $R-L$직렬

$$Z_1 = R + j\omega L = \sqrt{R^2 + (\omega L)^2}$$

$$Z_2 = R + j\,2\omega L = \sqrt{R^2 + (2\omega L)^2}$$

$$Z_3 = R + j\,3\omega L = \sqrt{R^2 + (3\omega L)^2}$$

$$Z_n = R + j\,n\omega L = \sqrt{R^2 + (n\omega L)^2}$$

(2) $R-C$직렬

$$Z_1 = R - j\frac{1}{\omega C} = \sqrt{R^2 + \left(\frac{1}{\omega C}\right)^2}$$

$$Z_2 = R - j\frac{1}{2\omega C} = \sqrt{R^2 + \left(\frac{1}{2\omega C}\right)^2}$$

$$Z_3 = R - j\frac{1}{3\omega C} = \sqrt{R^2 + \left(\frac{1}{3\omega C}\right)^2}$$

$$Z_n = R - j\frac{1}{n\omega C} = \sqrt{R^2 + \left(\frac{1}{n\omega C}\right)^2}$$

■ n 고조파 직렬 임피던스

$R-L$: $Z_n = R + j\,n\omega L$

$R-C$: $Z_n = R - j\dfrac{1}{n\omega C}$

공진조건 : $n\omega L = \dfrac{1}{n\omega C}$

공진주파수 : $f_o = \dfrac{1}{2\pi n\sqrt{LC}}$

2. n 고조파 직렬 공진주파수

n 고조파 R-L-C 직렬 합성임피던스

$$Z = R + j\left(n\omega L - \frac{1}{n\omega C}\right) [\Omega] 에서$$

공진시 허수부가 0이 되어야 하므로

$$n\omega L = \frac{1}{n\omega C}, \quad \omega = \frac{1}{n\sqrt{LC}} \ 에서$$

제 n차 고조파의 공진 주파수 $\boxed{f_o = \dfrac{1}{2\pi n\sqrt{LC}} [\text{Hz}]}$ 가 된다.

예제문제 n 고조파

6 왜형파 전압 $v = 100\sqrt{2}\sin\omega t + 75\sqrt{2}\sin 3\omega t$ $+ 20\sqrt{2}\sin 5\omega t[\text{V}]$를 $R-L$ 직렬 회로에 인가할 때에 제3고조파 전류의 실효값[A]은? 단, $R = 4[\Omega]$, $\omega L = 1[\Omega]$이다.

① 75　　　　　　　　② 20

③ 4　　　　　　　　④ 15

해설

3고조파 임피던스 $Z_3 = R + j3\omega L = 4 + j1 \times 3 = 4 + j3 = 5[\Omega]$

3고조파 전류 $I_3 = \dfrac{V_3}{Z_3} = \dfrac{75}{5} = 15[\text{A}]$

답 ④

---

⑤　비정현파 교류의 전력

1. 유효 전력 $P[\text{W}]$

같은 성분끼리 전력을 계산하여 모두 합산한다.

$$P = V_o I_o + V_1 I_1 \cos\theta_1 + V_2 I_2 \cos\theta_2 + V_3 I_3 \cos\theta_3 + \cdots$$

$$= \boxed{V_o I_o + \sum_{n=1}^{\infty} V_n I_n \cos\theta_n} = I^2 R [\text{W}]$$

2. 무효 전력 $P_r[\text{Var}]$

$$P_r = V_1 I_1 \sin\theta_1 + V_2 I_2 \sin\theta_2 + V_3 I_3 \sin\theta_3 + \cdots$$

$$= \boxed{\sum_{n=1}^{\infty} V_n I_n \sin\theta_n [\text{Var}]}$$

■ 비정현파 교류의 전력

$$P = V_o I_o + \sum_{n=1}^{\infty} V_n I_n \cos\theta_n$$

$$= I^2 R [\text{W}]$$

$$P_r = \sum_{n=1}^{\infty} V_n I_n \sin\theta_n [\text{Var}]$$

$$P_a = VI, \quad \cos\theta = \frac{P}{P_a}$$

3. 피상 전력 $P_a[\mathrm{VA}]$

$$\boxed{P_a = VI} = \sqrt{V_0^2 + V_1^2 + V_2^2 + \cdots} \times \sqrt{I_0^2 + I_1^2 + I_2^2 + \cdots}\ [\mathrm{VA}]$$

4. 역률

$$\cos\theta = \frac{P}{P_a} = \frac{P}{VI}$$

예제문제 비정현파 교류의 전력

7 어떤 회로의 단자 전압이 $v = 100\sin\omega t + 40\sin 2\omega t + 30\sin$ $(3\omega t + 60°)\,[\mathrm{V}]$ 이고 전압강하의 방향으로 흐르는 전류가 $i = 10\sin(\omega t - 60°) + 2\sin(3\omega t + 105°)\,[\mathrm{A}]$ 일 때 회로에 공급되는 평균 전력[W] 은?

① 530　　　　　　　　② 630

㉰ 371.2　　　　　　　④ 271.2

해설
$v = 100\sin\omega t + 40\sin 2\omega t + 30\sin(3\omega t + 60°)\,[\mathrm{V}]$,
$i = 10\sin(\omega t - 60°) + 2\sin(3\omega t + 105°)\,[\mathrm{A}]$ 일 때 평균전력은
$P = V_1 I_1 \cos\theta_1 + V_3 I_3 \cos\theta_3 = \dfrac{100}{\sqrt{2}} \times \dfrac{10}{\sqrt{2}} \cos 60^o + \dfrac{30}{\sqrt{2}} \times \dfrac{2}{\sqrt{2}} \cos 45^o$
$= 271.2\,[\mathrm{W}]$ 가 된다.

답 ④

❻ 상순(상회전)에 따른 고조파 차수 h

(1) 각상이 동위상인 경우

$h = 3n = 3,\, 6,\, 9\cdots$

(2) 기본파와 동일방향

$h = 3n + 1 = 1,\, 4,\, 7,\, 10\cdots$

(3) 기본파와 반대방향

$h = 3n - 1 = 2,\, 5,\, 8,\, 11\cdots$

단, $n = 1,\, 2,\, 3,\, 4\cdots$

출제예상문제

01 비정현파를 여러개의 정현파의 합으로 표시하는 방법은?

① 키르히 호프의 법칙
② 노튼의 정리
③ 푸리에 분석
④ 테일러의 분석

해설

푸리에 분석은 비정현파를 여러 개의 정현파의 합으로 표시한다.

02 비정현파 교류를 나타내는 식은?

① 기본파 + 고조파 + 직류분
② 기본파 + 직류분 - 고조파
③ 직류분 + 고조파 - 기본파
④ 교류분 + 기본파 + 고조파

해설

비정현파 교류는 직류분, 기본파, 고조파성분의 합으로 구성되어 있다.

03 비정현파의 푸리에 급수에 의한 전개에서 옳게 전개한 $f(t)$는?

① $\sum_{n=1}^{\infty} a_n \sin n\omega t + \sum_{n=1}^{\infty} b_n \cos n\omega t$

② $\sum_{n=1}^{\infty} a_n \sin n\omega t + \sum_{n=1}^{\infty} b_n \sin n\omega t$

③ $a_0 + \sum_{n=1}^{\infty} a_n \cos n\omega t + \sum_{n=1}^{\infty} b_n \sin n\omega t$

④ $\sum_{n=1}^{\infty} a_n \cos n\omega t + \sum_{n=1}^{\infty} b_n \cos n\omega t$

04 주기적인 구형파의 신호는 그 주파수 성분이 어떻게 되는가?

① 무수히 많은 주파수의 성분을 가진다.
② 주파수 성분을 갖지 않는다.
③ 직류분만으로 구성된다.
④ 교류 합성을 갖지 않는다.

해설

주기적인 비정현파는 일반적으로 푸리에 급수에 의해 표시되므로 무수히 많은 주파수의 합성이다.

05 그림과 같은 반파 정류파를 푸리에 급수로 전개할 때 직류분은?

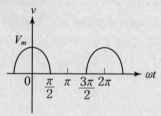

① V_m

② $\dfrac{V_m}{2}$

③ $\dfrac{\pi}{2}$

④ $\dfrac{V_m}{\pi}$

해설

직류분은 평균값을 말하므로 정현반파에 대한 직류분

$a_o = V_a = \dfrac{V_m}{\pi}$ [V]

06 비정현파에 있어서 정현 대칭의 조건은?

① $f(t) = f(-t)$
② $f(t) = -f(-t)$
③ $f(t) = -f(t)$
④ $f(t) = -f(t + \dfrac{T}{2})$

해설

정현 대칭 조건은 $f(t) = -f(-t)$

정답　01 ③　02 ①　03 ③　04 ①　05 ④　06 ②

07 반파 대칭의 왜형파 퓨우리에 급수에서 옳게 표현된 것은?

(단, $f(t) = \sum_{n=1}^{\infty} a_n \sin n\omega t + a_0 + \sum_{n=1}^{\infty} b_n \cos n\omega t$ 라 한다.)

① $a_0 = 0$, $b_n = 0$ 이고, 홀수항 a_n 만 남는다.
② $a_0 = 0$ 이고, a_0 및 홀수항 b_n 만 남는다.
③ $a_0 = 0$ 이고, 홀수항의 a_n, b_n 만 남는다.
④ $a_0 = 0$ 이고, 모든 고조파분의 a_n, b_n 만 남는다.

해설

반파 대칭에서는 반주기마다 크기는 같고 직류분 $a_o = 0$ 이고 홀수항의 a_n 및 b_n 만 존재한다.

08 반파 대칭의 왜형파에서 성립되는 식은?

① $y(x) = y(\pi - x)$
② $y(x) = y(\pi + x)$
③ $y(x) = -y(\pi + x)$
④ $y(x) = -y(2\pi - x)$

해설

반파대칭 조건은
$y(x) = -y(\frac{T}{2} + t)$, $y(x) = -y(\pi + t)$

09 반파 대칭의 왜형파에 포함되는 고조파는 어느 파에 속하는가?

① 제2고조파
② 제4고조파
③ 제5고조파
④ 제6고조파

해설

반파 대칭에서는 반주기마다 크기는 같고 직류분 $a_o = 0$ 이고 홀수항의 a_n 및 b_n 만 존재한다.

10 다음의 왜형파 주기 함수를 보고 아래의 서술 중 잘못된 것은?

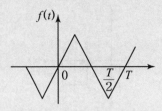

① 기수차의 정현항 계수는 0이다.
② 기함수파이다.
③ 반대 대칭파이다.
④ 직류 성분은 존재하지 않는다.

해설

그림은 정현반파 대칭파 이므로 정현항(sin)의 기수(홀수)는 존재한다.

11 왜형파를 푸리에 급수로 나타내면
$y = b_0 + \sum_{n=1}^{\infty} b_n \cos nx + \sum_{n=1}^{\infty} a_n \sin nx$ 라 할 때 반파 및 여현 대칭일 때의 식은?

① $\sum_{n=1}^{\infty} a_n \sin nx$ (n = 짝수)

② $\sum_{n=1}^{\infty} b_n \cos nx$ (n = 짝수)

③ $\sum_{n=1}^{\infty} a_n \sin nx$ (n = 홀수)

④ $\sum_{n=1}^{\infty} b_n \cos nx$ (n = 홀수)

해설

여현 반파 대칭에서는 직류분과 $\sin$ 항의 계수 $b_0 = 0$, $a_n = 0$ 이고 $\cos$ 항의 계수 b_n 만 존재하므로
$y = \sum_{n=1}^{\infty} b_n \cos nx$ (n = 홀수) 이 된다.

정답   07 ③   08 ③   09 ③   10 ①   11 ④

12 그림과 같은 파형을 퓨우리에 급수로 전개하면?

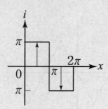

① $\dfrac{A}{\pi} + \dfrac{\sin 2x}{2} + \dfrac{\sin 4x}{4} + \cdots\cdots$

② $\dfrac{4A}{\pi}\left(\sin\alpha\sin x + \dfrac{1}{9}\sin 3\alpha\sin 3x + \cdots\cdots\right)$

③ $\dfrac{4A}{\pi}\left(\sin x + \dfrac{1}{3}\sin 3x + \dfrac{1}{5}\sin 5x \cdots\cdots\right)$

④ $\dfrac{4}{\pi}\left(\dfrac{\cos 2x}{1\times 3} + \dfrac{\cos 4x}{3\times 5} + \dfrac{\cos 6x}{5\times 7}\cdots\cdots\right)$

 해설

그림은 정현반파 대칭파이므로 정현항(sin)의 기수(홀수)는 존재한다.

13

$i(t) = \dfrac{4I_m}{\pi}\left(\cos\omega t + \dfrac{1}{3}\cos 3\omega t + \dfrac{1}{5}\cos 5\omega t + \cdots\cdots\right)$

를 표시하는 파형은 어떻게 되는가?

①　　　　　　　　　②
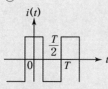　　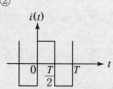

③　　　　　　　　　④
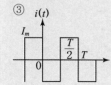　　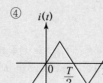

해설

주어진 함수는 여현항(cos)의 기수(홀수)항만 존재하므로 여현반파 대칭파이다.

14

$i(t) = \dfrac{4I_m}{\pi}\left(\sin\omega t + \dfrac{1}{3}\sin 3\omega t + \dfrac{1}{5}\sin 5\omega t + \cdots\cdots\right)$

를 표시하는 파형은 어떻게 되는가?

①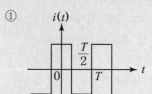

②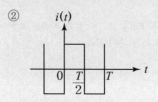

③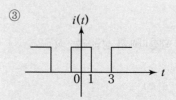

④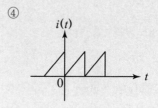

해설

주어진 함수가 정현항(sin)의 기수(홀수)항만 존재하므로 정현반파 대칭파이다.

---

15 비정현파의 실효값은?

① 최대파의 실효값
② 각 고조파의 실효값의 합
③ 각 고조파 실효값의 합의 제곱근
④ 각 파의 실효값의 제곱의 합의 제곱근

해설

왜형파의 실효값은 각 고조파 실효값 제곱의 합의 제곱근이다.

정답   12 ③　13 ①　14 ②　15 ④

16 $v(t) = 50 + 30\sin\omega t\,[\text{V}]$ 의 실효값 V는 몇 [V]인가?

① 약 50.3 ② 약 62.3

③ 약 54.3 ④ 약 58.3

해설

$v(t) = 50 + 30\sin\omega t\,[\text{V}]$에서 실효전압은

$$V = \sqrt{V_0^2 + V_1^2} = \sqrt{50^2 + \left(\frac{30}{\sqrt{2}}\right)^2} = 54.3\,[\text{V}]$$

17 순시값 $i = 30\sin\omega t + 50\sin(3\omega t + 60°)$ [A]의 실효값은 몇 [A]인가?

① 29.1 ② 41.2

③ 50.4 ④ 58.2

해설

$i = 30\sin\omega t + 50\sin(3\omega t + 60°)$에서 실효전류는

$$I = \sqrt{I_1^2 + I_3^2} = \sqrt{\left(\frac{30}{\sqrt{2}}\right)^2 + \left(\frac{50}{\sqrt{2}}\right)^2} = 41.2\,[\text{A}]$$

18 $v = 10 + 10\sqrt{2}\sin\omega t + 10\sqrt{2}\sin 3\omega t + 10\sqrt{2}\sin 5\omega t\,[\text{V}]$일 때 실효값 [V]은?

① 10 ② 14.14

③ 17.32 ④ 20

해설

$v = 10 + 10\sqrt{2}\sin\omega t + 10\sqrt{2}\sin 3\omega t + 10\sqrt{2}\sin 5\omega t$ 에서 실효전압은

$$V = \sqrt{V_o + V_1^2 + V_3^2 + V_5^2}$$
$$= \sqrt{10^2 + 10^2 + 10^2 + 10^2} = 20\,[\text{V}]$$

19 전압

$$v = 3 + 10\sqrt{2}\sin\omega t + 4\sqrt{2}\sin\left(3\omega t + \frac{\pi}{3}\right)$$
$$+ 10\sqrt{2}\sin\left(5\omega t - \frac{\pi}{6}\right)$$일 때 실효값[V]은?

① 11.6

② 15

③ 31

④ 42.6

해설

$$v = 3 + 10\sqrt{2}\sin\omega t + 4\sqrt{2}\sin\left(3\omega t + \frac{\pi}{3}\right)$$에서
$$+ 10\sqrt{2}\sin\left(5\omega t - \frac{\pi}{6}\right)$$에서

실효전압은
$$V = \sqrt{V_o^2 + V_1^2 + V_3^2 + V_5^2}$$
$$= \sqrt{3^2 + 10^2 + 4^2 + 10^2} = 15\,[\text{V}]$$

20 전류가 1[H]의 인덕터를 흐르고 있을 때 인덕터에 축적되는 에너지[J]는 얼마인가?

(단, $i = 5 + 10\sqrt{2}\sin 100t + 5\sqrt{2}\sin 200t\,[\text{A}]$이다.)

① 150

② 100

③ 75

④ 50

해설

$L = 1\,[\text{H}]$, $i = 5 + 10\sqrt{2}\sin 100t + 5\sqrt{2}\sin 200t\,[\text{A}]$일 때 전류의 실효값은

$$I = \sqrt{I_o^2 + I_1^2 + I_2^2} = \sqrt{5^2 + 10^2 + 5^2} = \sqrt{150}\,[\text{A}]$$

가 된다. 이때 코일에 축적되는 에너지는

$$W = \frac{1}{2}LI^2 = \frac{1}{2} \times 1 \times (\sqrt{150})^2 = 75\,[\text{J}]$$ 가 된다.

21 저항 $3[\Omega]$, 유도 리액턴스 $4[\Omega]$인 직렬회로에 $e = 141.4\sin\omega t + 42.4\sin3\omega t$ [V] 전압 인가 시 전류의 실효값은 몇 [A]인가?

① 20.15   ② 18.25
③ 16.15   ④ 14.25

해설

기본파 임피던스 $Z_1 = R + j\omega L = 3 + j4 = 5[\Omega]$
3고조파 임피던스 $Z_3 = R + j3\omega L = 3 + j3\times4$
$= 3 + j12 = \sqrt{3^2 + 12^2} = 12.37[\Omega]$
기본파 전류 $I_1 = \dfrac{V_1}{Z_1} = \dfrac{100}{4} = 20[A]$
3고조파 전류 $I_3 = \dfrac{V_3}{Z_3} = \dfrac{30}{12.37} = 2.43[A]$
전류의 실효값
$I = \sqrt{I_1^2 + I_3^2} = \sqrt{20^2 + 2.43^2} = 20.15[A]$

22 $R = 3[\Omega]$, $\omega L = 4[\Omega]$ 의 직렬 회로에 $v = 60 + \sqrt{2} \cdot 100\sin\left(\omega t - \dfrac{\pi}{6}\right)$ [V]를 가할 때 전류의 실효값은 대략 몇 [A]인가?

① 24.2   ② 26.3
③ 28.3   ④ 30.2

해설

$R = 3[\Omega]$, $\omega L = 4[\Omega]$, $R - L$ 직렬.
$v = 60 + \sqrt{2} \cdot 100\sin\left(\omega t - \dfrac{\pi}{6}\right)$ [V] 에서
직류분 임피던스 $Z_o = R = 3[\Omega]$
기본파 임피던스
$Z_1 = R + j\omega L = 3 + j4 = \sqrt{3^2 + 4^2} = 5[\Omega]$
직류분 전류 $I_o = \dfrac{V_o}{Z_o} = \dfrac{60}{3} = 20[A]$
기본파 전류 $I_1 = \dfrac{V_1}{Z_1} = \dfrac{100}{5} = 20[A]$
전류의 실효값
$I = \sqrt{I_o^2 + I_1^2} = \sqrt{20^2 + 20^2} = 28.3[A]$

23 왜형률이란 무엇인가?

① $\dfrac{\text{전 고조파의 실효값}}{\text{기본파의 실효값}}$

② $\dfrac{\text{전 고조파의 평균값}}{\text{기본파의 평균값}}$

③ $\dfrac{\text{제3 고조파의 실효값}}{\text{기본파의 실효값}}$

④ $\dfrac{\text{우수 고조파의 실효값}}{\text{기수 고조파의 실효값}}$

24 다음 왜형파 전류의 왜형률을 구하면 얼마인가?

$i = 30\sin\omega t + 10\cos3\omega t + 5\sin5\omega t$ [A]

① 약 0.46   ② 약 0.26
③ 약 0.53   ④ 약 0.37

해설

$i = 30\sin\omega t + 10\cos3\omega t + 5\sin5\omega t$ 에서
왜형률 $= \dfrac{\sqrt{I_3^2 + I_5^2}}{I_1} = \dfrac{\sqrt{10^2 + 5^2}}{30} = 0.37$

25 기본파의 $30[\%]$인 제3고조파와 $20[\%]$인 제5 고조파를 포함하는 전압파의 왜형률은?

① 0.23   ② 0.46
③ 0.33   ④ 0.36

해설

$V_3 = 0.3 V_1$, $V_5 = 0.2 V_1$ 일 때 전압의
왜형률 $= \dfrac{\sqrt{V_3^2 + V_5^2}}{V_1} = \dfrac{\sqrt{(0.3 V_1)^2 + (0.2 V_1)^2}}{V_1}$
$= 0.36$

정 답   21 ①   22 ③   23 ①   24 ④   25 ④

26 $R-L-C$ 직렬 공진 회로에서 제 n고조파의 공진 주파수 f_n [Hz] 은?

① $\dfrac{1}{2\pi\sqrt{LC}}$

② $\dfrac{1}{2\pi\sqrt{nLC}}$

③ $\dfrac{1}{2\pi n\sqrt{LC}}$

④ $\dfrac{1}{2\pi n^2\sqrt{LC}}$

해설

직렬 공진시 허수부가 0이어야 하므로

$n\omega L=\dfrac{1}{n\omega C}$, $\omega=\dfrac{1}{n\sqrt{LC}}$ 가 된다.

따라서, 제n차 고조파의 공진 주파수

$f_o=\dfrac{1}{2\pi n\sqrt{LC}}$ [Hz]

27 비 정현파의 전력식에서 옳지 않은 것은?

① $P=V_0 I_0+\displaystyle\sum_{n=1}^{\infty}V_n I_n\cos\theta_n$ [W]

② $P_a=VI$ [VA]

③ $\cos\theta=\dfrac{P}{VI}$

④ $P_r=\displaystyle\sum_{n=1}^{\infty}V_n I_n\cos\theta_n$ [Var]

해설

비정현파 무효전력 $P_r=\displaystyle\sum_{n=1}^{\infty}V_n I_n\sin\theta_n$ [Var]

28 어떤 자기 회로에 $v=100\sin(\omega t+\dfrac{\pi}{2})$[V] 를 가했더니 전류가 $i=10\sin(3\omega t+\dfrac{\pi}{6})$[A]가 흘렀다. 이 회로의 소비전력은 몇 [W] 인가?

① $250\sqrt{2}$

② 500

③ 250

④ 0

해설

전압과 전류의 같은 성분이 없으므로 소비전력은 0이 된다.

29 어떤 회로에 전압 $v=100+50\sin 377t$[V] 를 가했을 때 전류 $i=10+3.54\sin(377t-45°)$ [A] 가 흘렀다고 한다. 이 회로에서 소비되는 전력[W] 은?

① 562.5

② 1062.5

③ 1250.5

④ 1385.5

해설

$v=100+50\sin 377t$ [V] ,

$i=10+3.54\sin(377t-45°)$ [A]

일때 소비전력은

$P=V_0 I_0+V_1 I_1\cos\theta_1$

$=100\times 10+\dfrac{50}{\sqrt{2}}\times\dfrac{3.54}{\sqrt{2}}\cos 45°=1062.5$ [W]

30 다음과 같은 비정현파 기전력 및 전류에 의한 전력[W] 은? 단, 전압 및 전류의 순시식은 다음과 같다.

$e=100\sqrt{2}\sin(\omega t+30°)+50\sqrt{2}\sin(5\omega t+60°)$[V]

$i=15\sqrt{2}\sin(3\omega t+30°)+10\sqrt{2}\sin(5\omega t+30°)$[A]

① $250\sqrt{3}$

② 1000

③ $1000\sqrt{3}$

④ 2000

해설

$e=100\sqrt{2}\sin(\omega t+30°)+50\sqrt{2}\sin(5\omega t+60°)$ [V],

$i=15\sqrt{2}\sin(3\omega t+30°)+10\sqrt{2}\sin(5\omega t+30°)$ [A]

일 때 소비전력은

$P=V_5 I_5\cos\theta_5=50\times 10\cos 30°=250\sqrt{3}$ [W]

가 된다.

31 비정현파 기전력 및 전류의 값이

$v=100\sin\omega t-50\sin(3\omega t+30°)+$
$\quad 20\sin(5\omega t+45°)$ [V]

$i=20\sin(\omega t+30°)+10\sin(3\omega t-30°)$
$\quad +5\cos 5\omega t$ [A]라면, 전력[W] 은?

① 736.2

② 776.4

③ 705.8

④ 725.6

$v = 100\sin\omega t - 50\sin(3\omega t + 30°) + 20\sin(5\omega t + 45°)\,[\text{V}]$

$i = 20\sin(\omega t + 30°) + 10\sin(3\omega t - 30°) + 5\cos 5\omega t$

$\quad = 20\sin(\omega t + 30°) + 10\sin(3\omega t - 30°)$
$\qquad + 5\sin(5\omega t + 90°)\,[\text{A}]$

라면 전력[W]은

$P = V_1 I_1 \cos\theta_1 + V_3 I_3 \cos\theta_3 + V_5 I_5 \cos\theta_1$

$\quad = \dfrac{1}{2}(100 \times 20\cos 30° - 50 \times 10\cos 60°$
$\qquad + 20 \times 50\cos 45°)$

$\quad = 776.4\,[\text{W}]$ 가 된다.

---

32 5[Ω]의 저항에 흐르는 전류가

$i = 5 + 14.14\sin 100t + 7.07\sin 200t$ [A]일 때 저항에서 소비되는 평균 전력[W] 은?

① 150
② 250
③ 625
④ 750

$R = 5\,[\Omega]$, $i = 5 + 14.14\sin 100t + 7.07\sin 200t$ 일 때
평균전력은 $P = I^2 R\,[\text{W}]$ 이므로 전류의 실효값
$I = \sqrt{I_o^2 + I_1^2 + I_2^2} = \sqrt{5^2 + 10^2 + 5^2} = \sqrt{150}\,[\text{A}]$
평균전력 $P = (\sqrt{150})^2 \times 5 = 750\,[\text{W}]$

---

33 $R = 4[\Omega]$, $\omega L = 3[\Omega]$의 직렬 회로에

$v = \sqrt{2}\,100\sin\omega t + 50\sqrt{2}\sin 3\omega t\,[\text{V}]$를 가할 때 이 회로의 소비 전력[W] 은?

① 1000
② 1414
③ 1560
④ 1703

$I_1 = \dfrac{V_1}{Z_1} = \dfrac{V_1}{\sqrt{R^2 + (\omega L)^2}} = \dfrac{100}{\sqrt{4^2 + 3^2}} = 20\,[\text{A}]$

$I_3 = \dfrac{V_3}{Z_3} = \dfrac{V_3}{\sqrt{R^2 + (3\omega L)^2}} = \dfrac{50}{\sqrt{4^2 + 9^2}} = 5.07\,[\text{A}]$

$I = \sqrt{I_1^2 + I_3^2} = \sqrt{20^2 + 5.07^2} = 20.63\,[\text{A}]$

$\therefore\ P = I^2 R = 20.63^2 \times 4 = 1702[\text{W}]$

---

34 $v = 100\sin(\omega t + 30°) - 50\sin(3\omega t + 60°)$
$\quad + 25\sin 5\omega t\,[\text{V}]$, $i = 20\sin(\omega t - 30°) + 15\sin(3\omega t$
$\quad + 30°) + 10\cos(5\omega t - 60°)\,[\text{A}]$

위와 같은 식의 비 정현파 전압 전류로부터 전력 [W] 과 피상 전력[VA] 은 얼마인가?

① $P=283.5$, $P_a=1542$
② $P=385.2$, $P_a=2021$
③ $P=404.9$, $P_a=3284$
④ $P=491.3$, $P_a=4141$

$v = 100\sin(\omega t + 30°) - 50\sin(3\omega t + 60°)$
$\qquad + 25\sin 5\omega t\,[\text{V}]$

$i = 20\sin(\omega t - 30°) + 15\sin(3\omega t + 30°)$
$\qquad + 10\cos(5\omega t - 60°)\,[\text{A}]$

$\quad = 20\sin(\omega t - 30°) + 15\sin(3\omega t + 30°)$
$\qquad + 10\sin(5\omega t - 60° + 90°)\,[\text{A}]$

라면 유효전력
$P = V_1 I_1 \cos\theta_1 + V_3 I_3 \cos\theta_3 + V_5 I_5 \cos\theta_1$

$\quad = \dfrac{1}{2}(100 \times 20\cos 60° - 50 \times 15\cos 30° + 25 \times 10\cos 30°)$

$\quad = 283.5\,[\text{W}]$

피상전력

$P_a = VI = \sqrt{V_1^2 + V_3^2 + V_5^2} \cdot \sqrt{I_1^2 + I_3^2 + I_5^2}$

$\quad = \sqrt{\left(\dfrac{100}{\sqrt{2}}\right)^2 + \left(\dfrac{50}{\sqrt{2}}\right)^2 + \left(\dfrac{25}{\sqrt{2}}\right)^2}$

$\qquad \cdot \sqrt{\left(\dfrac{20}{\sqrt{2}}\right)^2 + \left(\dfrac{15}{\sqrt{2}}\right)^2 + \left(\dfrac{10}{\sqrt{2}}\right)^2}$

$\quad = 1542\,[\text{VA}]$

---

35 전압 $v = 20\sin\omega t + 30\sin 3\omega t$ [V]이고 전류가 $i = 30\sin\omega t + 20\sin 3\omega t$[A] 인 왜형파 교류 전압과 전류간의 역률은 얼마인가?

① 0.92
② 0.86
③ 0.46
④ 0.43

유효전력 $P = V_1 I_1 \cos\theta_1 + V_3 I_3 \cos\theta_3$
$\qquad\quad = \dfrac{1}{2}(20 \times 30\cos 0° + 30 \times 20\cos 0°) = 600\,[\text{W}]$

피상전력
$P_a = VI = \sqrt{V_1^2 + V_3^2} \cdot \sqrt{I_1^2 + I_3^2}$

$\quad = \sqrt{\left(\dfrac{20}{\sqrt{2}}\right)^2 + \left(\dfrac{30}{\sqrt{2}}\right)^2} \cdot \sqrt{\left(\dfrac{30}{\sqrt{2}}\right)^2 + \left(\dfrac{20}{\sqrt{2}}\right)^2}$

$\quad = 650\,[\text{VA}]$

역률 $\cos\theta = \dfrac{P}{P_a} = \dfrac{600}{650} = 0.92$

---

36 그림과 같은 파형의 교류전압 V와 전류 i간의 등가역률은 얼마인가? (단, $v=V_m \sin\omega t$[V], $i=I_m(\sin\omega t-\dfrac{1}{\sqrt3}\sin3\omega t)$[A]이다.)

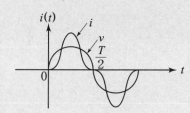

① $\dfrac{\sqrt3}{2}$ ② $\dfrac{\sqrt4}{2}$

③ 0.8 ④ 0.9

해설

유효전력

$$P=VI_1\cos\theta_1=\frac{V_m}{\sqrt2}\frac{I_m}{\sqrt2}\cos0°=\frac{V_mI_m}{2}\text{[W]}$$

피상전력

$$P_a=VI=\frac{V_m}{\sqrt2}\cdot\sqrt{\left(\frac{I_m}{\sqrt2}\right)^2+\left(\frac{I_m}{\sqrt3\sqrt2}\right)^2}$$
$$=\frac{V_mI_m}{\sqrt3}\text{[VA]}$$

역률 $\cos\theta=\dfrac{P}{P_a}=\dfrac{\dfrac{V_mI_m}{2}}{\dfrac{V_mI_m}{\sqrt3}}=\dfrac{\sqrt3}{2}$

37 일반적으로 대칭 3상 회로의 전압, 전류에 포함되는 전압, 전류의 고조파는 n을 임의의 정수로 하여 [3n+1] 일 때의 상회전은 어떻게 되는가?

① 정지 상태
② 각 상 동위상
③ 상회전은 기본파의 반대
④ 상회전은 기본파와 동일

해설

상회전(상순)에 따른 고조파 차수
① 3n+1 : 상회전이 기본파와 동일 ⇒ 1, 4, 7, 10, .고조파
② 3n−1 : 상회전이 기본파와 반대 ⇒ 2, 5, 8, 11, .고조파
③ 3n : 각 상이 동위상 ⇒ 3, 6, 9, ...고조파

38 다음 3상 교류 대칭 전압 중 포함되는 고조파에서 상순이 기본파와 같은 것은?

① 제3고조파 ② 제5고조파
③ 제7고조파 ④ 제9고조파

39 3상 교류 대칭 전압에 포함되는 고조파 중에서 상회전이 기본파에 대하여 반대인 것은?

① 제3고조파 ② 제5고조파
③ 제7고조파 ④ 제9고조파

40 $i=2+5\sin(100t+30°)+10\sin(200t-10°)-5\cos(400t+10°)$ 와 파형이 동일하나 기본파의 위상이 20°늦은 비정현 전류파의 순시값 i'의 표시식은?

① $i'=2+5\sin(100t+10°)+10\sin(200t-50°)-5\sin(400t-70°)$
② $i'=2+5\sin(100t+10°)+10\sin(200t+20°)+5\cos(400t-10°)$
③ $i'=2+5\sin(100t+10°)+10\sin(200t-50°)-5\cos(400t-70°)$
④ $i'=2+5\sin(100t+10°)+10\sin(200t+20°)+5\sin(400t-10°)$

해설

기본파의 위상이 20°늦은 경우 2고조파는 40°, 4고조파는 80°가 늦게 되므로
$i=2+5\sin(100t+30°-20°)+10\sin(200t-10°-40°)-5\cos(400t+10°-80°)$
$=2+5\sin(100t+10°)+10\sin(200t-50°)-5\cos(400t-70°)$

memo

SECTION 10

2단자망

❶ 구동점 임피던스

2개의 단자를 가진 임의의 수동 선형 회로망을 2 단자망이라 하며 2 단자망에 전원을 인가시켜 회로망을 구동시킨 후 전원 측에서 회로망 쪽을 바라본 등가임피던스를 구동점 임피던스라 한다.

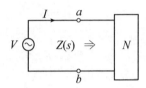

1. R, L, C 에 대한 구동점 임피던스

$$R\,[\Omega] \;\Rightarrow\; Z(s) = R\,[\Omega]$$

$$L\,[\mathrm{H}] \;\Rightarrow\; Z(s) = j\omega L = sL\,[\Omega]$$

$$C\,[\mathrm{F}] \;\Rightarrow\; Z(s) = \frac{1}{j\omega C} = \frac{1}{sC}\,[\Omega]$$

핵심 NOTE

■ 구동점 임피던스
$R\,[\Omega] \;\Rightarrow\; R\,[\Omega]$
$L\,[\mathrm{H}] \;\Rightarrow\; Ls\,[\Omega]$
$C\,[\mathrm{F}] \;\Rightarrow\; \dfrac{1}{Cs}\,[\Omega]$

예제문제 구동점 임피던스

1 그림과 같은 2 단자망의 구동점 임피던스 [Ω]는?
(단, $s = j\omega$ 이다.)

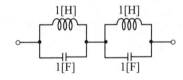

① $\dfrac{s}{s^2+1}$

② $\dfrac{1}{s^2+1}$

③ $\dfrac{2s}{s^2+1}$

④ $\dfrac{3s}{s^2+1}$

해설

$$Z(s) = \frac{s \times \frac{1}{s}}{s + \frac{1}{s}} + \frac{s \times \frac{1}{s}}{s + \frac{1}{s}} = \frac{2s}{s^2+1}\,[\Omega]$$

답 ③

2. 2단자 회로망에 직류 인가시

회로망에 직류 전원을 인가할 경우 직류는 주파수 $f = 0$ 이므로 $\omega = 0$ 이 되므로 $s = j\omega = j2\pi f\big|_{(직류 f = 0)} = 0$이 됨을 알 수 있다.

예제문제   직류 인가시

2 임피던스 $Z(s) = \dfrac{s + 30}{s^2 + 2RLs + 1}$ [Ω]으로 주어지는 2단자 회로에 직류 전류 30[A]를 가할 때, 이 회로의 단자 전압[V]은? (단, $s = j\omega$ 이다.)

① 30   ② 90
③ 300   ④ 900

해설

직류 전원이므로 $f = 0$,   ∴ $s = j\omega = j2\pi f = 0$

$Z = \dfrac{s + 30}{s^2 + 2RLs + 1}\bigg|_{s = 0} = 30\,[\Omega]$

∴ $V = Z \cdot I = 30 \times 30 = 900\,[\mathrm{V}]$

답 ④

■ 영점과 극점
 영점 : $Z(s)$의 분자 = 0 (단락)
 극점 : $Z(s)$의 분모 = 0 (개방)

3. 영점과 극점

구동점 임피던스 $Z(s) = \dfrac{(s + a_1)(s + a_2) + \cdots}{(s + b_1)(s + b_2) + \cdots}$ [Ω]

(1) 영점

$Z(s)$가 0이 되는 s의 값으로 $Z(s)$의 분자가 0이 되는 점. 즉, 회로 단락상태가 된다.

(2) 극점

$Z(s)$가 ∞ 되는 s의 값으로 $Z(s)$의 분모가 0이 되는 점. 즉, 회로 개방상태가 된다.

예제문제   영점과 극점

3 2단자 임피던스 함수 $Z(s)$가 $Z(s) = \dfrac{(s+1)(s+2)}{(s+3)(s+4)}$ 일 때 영점과 극점을 옳게 표시한 것은?

① 영점 : −1, −2   극점 : −3, −4
② 영점 : 1, 2   극점 : 3 , 4
③ 영점 : 없다.   극점 : −1, −2, −3, −4
④ 영점 : −1, −2, −3, −4   극점 : 없다.

답 ①

❷ 역회로 (쌍대의 회로)

구동점 임피던스가 Z_1, Z_2일 때 구동점 임피던스의 곱이 실수 K의 제곱의 관계

즉 $Z_1 \cdot Z_2 = K^2$ 이 되는 관계에 있을 때 $Z_1 \cdot Z_2$는 K에 대하여 역회로라고 한다.

예를 들어 $Z_1 = j\omega L_1$, $Z_2 = \dfrac{1}{j\omega C_2}$ 이라고 하면

$Z_1 \cdot Z_2 = j\omega L_1 \cdot \dfrac{1}{j\omega C_2} = \dfrac{L_1}{C_2} = K^2$ 이 되고 이때 인덕턴스 L_1 과 정전용량 C_2는 역회로가 되며 이때에 이 둘을 쌍대의 관계에 있다고 한다.

1. 쌍대의 관계

저항 R[Ω]	컨덕턴스 G[℧]
인덕턴스 L[H]	정전용량 C[F]
직렬	병렬
테브난의 정리	노튼의 정리

2. 쌍대회로

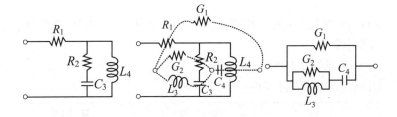

❸ 정저항 회로

구동점 임피던스의 허수부가 어떠한 주파수에서도 0이고 실수부도 주파수에 관계없이 일정하게 되는 순저항의 회로를 정저항 회로라 한다.

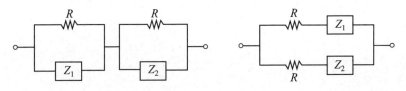

■ 정저항 조건

$$Z_1 \cdot Z_2 = R^2 = \frac{L}{C}$$

$$R = \sqrt{\frac{L}{C}}$$

$$L = CR^2$$

$$C = \frac{L}{R^2}$$

정저항 회로가 되기 위한 조건은 $Z_1 \cdot Z_2 = R^2$이며 Z_1과 Z_2가 L, C 단독회로인 경우 $Z_1 = j\omega L_1$, $Z_2 = \dfrac{1}{j\omega C_2}$이므로

$$Z_1 Z_2 = j\omega L \cdot \dfrac{1}{j\omega C} = \dfrac{L}{C} = R^2\text{이 된다.}$$

예제문제 정저항 회로

4 그림과 같은 회로에서 $L = 4[\text{mH}]$, $C = 0.1[\mu\text{F}]$일 때 이 회로가 정저항 회로가 되려면 R의 값은 얼마이어야 하는가?

① $100[\Omega]$
② $400[\Omega]$
③ $300[\Omega]$
④ $200[\Omega]$

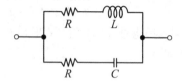

해설
$R^2 = \dfrac{L}{C}$, $R = \sqrt{\dfrac{L}{C}}$ 이므로 $\therefore$ $R = \sqrt{\dfrac{4\times10^{-3}}{0.1\times10^{-6}}} = 200[\Omega]$

답 ④

---

④ 함수와 2단자 회로망의 관계

$Z(s)$의 함수를 줄때 회로망으로 그리기 위해서는 다음과 같은 방법을 사용한다.

(1) 모든 분수의 분자를 1로 한다.

(2) 아래의 표를 적용한다.

구 분	분 수 밖	분 수 속
+	직 렬	병 렬
실 수	R	G
S의 계수	L	C
$\dfrac{1}{S}$의 계수	C	L

구 분	분수밖	분수속
+	직 렬	병 렬
실 수	R	G
S 계수	L	C
$\dfrac{1}{S}$ 계수	C	L

예제문제 함수와 2단자 회로망의 관계

5 리액턴스 함수가 $Z(\lambda) = \dfrac{4\lambda}{\lambda^2 + 9}$ 로 표시되는 리액턴스 2 단자망은?

①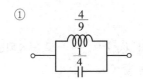

②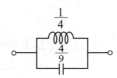

③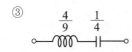

④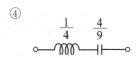

해설

$$Z(\lambda) = \frac{4\lambda}{\lambda^2 + 9} = \frac{1}{\dfrac{\lambda}{4} + \dfrac{9}{4\lambda}}$$

$$= \frac{1}{\dfrac{1}{4}\lambda + \dfrac{1}{\dfrac{4}{9}\lambda}} = \frac{1}{C\lambda + \dfrac{1}{L\lambda}} \ [\Omega]$$

답 ①

출제예상문제

01 구동점 임피던스에 있어서 영점(zero)은?

① 전류가 흐르지 않는 경우이다.
② 회로를 개방한 것과 같다.
③ 회로를 단락한 것과 같다.
④ 전압이 가장 큰 상태이다.

해설

구동점 임피던스 영점은 $Z(s) = 0$인 경우이므로 분자가 0이 되는 s의 값이며 임피던스가 0[Ω]이므로 회로를 단락한 상태를 의미한다.

02 구동점 임피던스에 있어서 극점(pole)은?

① 전류가 많이 흐르는 상태를 의미한다.
② 단락 회로 상태를 의미한다.
③ 개방 회로 상태를 의미한다.
④ 아무 상태도 아니다.

해설

구동점 임피던스 극점은 $Z(s) = \infty$가 되는 경우이므로 분모가 0이 되는 s의 값이며 임피던스가 ∞[Ω]이므로 회로를 개방한 상태가 되어 전류는 흐르지 못한다.

03 그림과 같은 회로의 구동점 임피던스 [Ω]는?

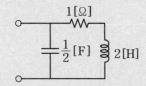

① $\dfrac{2(2s+1)}{2s^2+s+2}$

② $\dfrac{2s+1}{2s^2+s+2}$

③ $\dfrac{2(2s-1)}{2s^2+s+2}$

④ $\dfrac{2s^2+s+2}{2(2s+1)}$

해설

$$Z(s) = \frac{\dfrac{2}{s} \cdot (1+2s)}{\dfrac{2}{s} + 2s + 1} = \frac{2 \cdot (2s+1)}{2s^2+s+2}$$

04 임피던스 함수가 $Z(s) = \dfrac{4s+2}{s}$로 표시되는 2단자 회로망은 다음 중 어느 것인가?

①

②

③

④

해설

$$Z(s) = \frac{4s+2}{s} = 4 + \frac{2}{s} = 4 + \frac{1}{\dfrac{1}{2}s}$$

$$= R + \frac{1}{Cs} \; [\Omega]$$

05 L 및 C를 직렬로 접속한 임피던스가 있다. 지금 그림과 같이 L 및 C의 각각에 동일한 무유도 저항 R을 병렬로 접속하여 이 합성 회로가 주파수에 무관계하게 되는 R의 값을 구하여라.

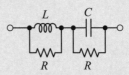

① $R^2 = \dfrac{L}{C}$

② $R^2 = \dfrac{C}{L}$

③ $R^2 = L \cdot C$

④ $R^2 = \dfrac{1}{LC}$

해설

Z가 주파수에 무관계하에 되려면 정저항 회로이므로

$$\therefore \; R^2 = Z_1 Z_2 = j\omega L \times \frac{1}{j\omega C} = \frac{L}{C}$$

06 그림과 같은 회로가 정저항 회로로 되기 위해서는 C를 몇 $[\mu F]$으로 하면 좋은가? (단, $R = 10[\Omega]$, $L = 100\,[\mathrm{mH}]$이다.

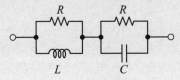

① 1   ② 10
③ 100   ④ 1000

해설

$R^2 = \dfrac{L}{C}$, $R = \sqrt{\dfrac{L}{C}}$ 이므로

$C = \dfrac{L}{R^2} = \dfrac{100 \times 10^{-3}}{10^2} \times 10^6 = 10^3\,[\mu F]$

07 다음 회로의 임피던스가 R이 되기 위한 조건은?

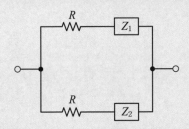

① $Z_1 Z_2 = R$ ② $\dfrac{Z_2}{Z_2} = R$

③ $Z_1 Z_2 = R^2$ ④ $\dfrac{Z_1}{Z_2} = R^2$

해설

회로의 합성 임피던스를 Z라 하여 $Z = R$이 되기 위한 식을 유도하면

$Z = \dfrac{(R + Z_1)(R + Z_2)}{(R + Z_1) + (R + Z_2)} = R$

$R^2 + Z_1 R + Z_2 R + Z_1 Z_2 = 2R^2 + Z_1 R + Z_2 R$

$\therefore Z_1 Z_2 = R^2$

08 그림과 같은 회로가 정저항 회로가 되기 위한 $L[H]$의 값은? (단, $R = 10[\Omega]$, $C = 100[\mu F]$이다.)

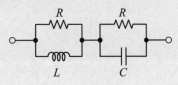

① 10   ② 2
③ 0.1   ④ 0.01

해설

정저항 회로의 조건 $R^2 = \dfrac{L}{C}$, $R = \sqrt{\dfrac{L}{C}}$ 이므로

$L = CR^2 = 100 \times 10^{-6} \times 10^2 = 0.01\,[\mathrm{H}]$

09 그림에서 회로가 주파수에 관계없이 일정한 임피던스를 갖도록 C의 값$[\mu F]$을 결정하면?

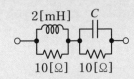

① 20   ② 10
③ 2.454   ④ 0.24

해설

$R = \sqrt{\dfrac{L}{C}}$ 의 식에서

$C = \dfrac{L}{R^2} = \dfrac{2 \times 10^{-3}}{10^2} = 20\,[\mu F]$

10 2단자 임피던스의 허수부가 어떤 주파수에 관해서도 언제나 0이 되고 실수부도 주파수에 무관하게 항상 일정하게 되는 회로는?

① 정 인덕턴스 회로
② 정 임피던스 회로
③ 정 리액턴스 회로
④ 정 저항 회로

memo

Chapter 11

4단자망

① 4단자 파라미터

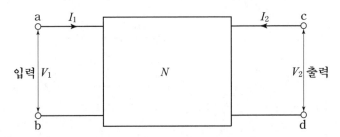

그림에 표시한 4단자 회로의 입력, 출력 사이의 관계를 나타내는 정수를 4단자 파라미터라 하고 V_1, V_2, I_1, I_2 중에서 임의의 2개를 독립 변수 나머지 2개를 종속 변수로 하여 방정식을 만들어 해석하는 방법을 말한다.

② 임피던스 파라미터 (parameter)

T형 회로를 해석 (독립변수 : 전류, 종속변수 : 전압)

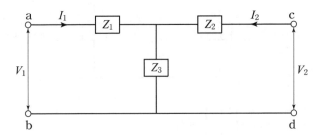

$$\begin{bmatrix} V_1 \\ V_2 \end{bmatrix} = \begin{bmatrix} Z_{11} \, Z_{12} \\ Z_{21} \, Z_{22} \end{bmatrix} \begin{bmatrix} I_1 \\ I_2 \end{bmatrix} \text{ 에서}$$

$V_1 = Z_{11}I_1 + Z_{12}I_2$

$V_2 = Z_{21}I_1 + Z_{22}I_2$ 가 된다.

■ Z 파라미터 : T형 회로
$V_1 = Z_{11}\,I_1 + Z_{12}\,I_2$
$V_2 = Z_{21}\,I_1 + Z_{22}\,I_2$

1. 출력측 개방 ($I_2 = 0$)

$$Z_{11} = \left. \frac{V_1}{I_1} \right|_{I_2 = 0} = Z_1 + Z_3 \qquad\qquad Z_{21} = \left. \frac{V_2}{I_1} \right|_{I_2 = 0} = Z_3$$

2. 입력측 개방 ($I_1 = 0$)

$$Z_{12} = \left.\frac{V_1}{I_2}\right|_{I_1 = 0} = Z_3 \qquad\qquad Z_{22} = \left.\frac{V_2}{I_2}\right|_{I_1 = 0} = Z_2 + Z_3$$

예제문제   임피던스 파라미터

1 그림의 $1-1'$ 에서 본 구동점 임피던스 Z_{11} 의 값[Ω]은?

① 5
② 8
③ 10
④ 4.4

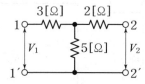

해설

$$Z_{11} = \left.\frac{V_1}{I_1}\right|_{I_2 = 0} = \frac{(3 + 5)I_1}{I_1} = 8$$

답 ②

❸ 어드미턴스 파라미터 (parameter)

π 형 회로를 해석(독립변수 : 전압, 종속변수 : 전류)

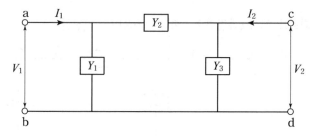

$$\begin{bmatrix} I_1 \\ I_2 \end{bmatrix} = \begin{bmatrix} Y_{11} & Y_{12} \\ Y_{21} & Y_{22} \end{bmatrix} \begin{bmatrix} V_1 \\ V_2 \end{bmatrix} \text{ 에서}$$

$$I_1 = Y_{11}V_1 + Y_{12}V_2$$

$$I_2 = Y_{21}V_1 + Y_{22}V_2 \text{ 가 된다.}$$

■Y 파라미터 : π형 회로
$I_1 = Y_{11}V_1 + Y_{12}V_2$
$I_2 = Y_{21}V_1 + Y_{22}V_2$

1. 출력측 단락($V_2 = 0$)

$$Y_{11} = \left.\frac{I_1}{V_1}\right|_{V_2 = 0} = Y_1 + Y_2 \qquad\qquad Y_{21} = \left.\frac{I_2}{V_1}\right|_{V_2 = 0} = Y_2$$

2. 입력측 단락($V_1 = 0$)

$$Y_{12} = \left.\frac{I_1}{V_2}\right|_{V_1 = 0} = Y_2$$

$$Y_{22} = \left.\frac{I_2}{V_2}\right|_{V_1 = 0} = Y_2 + Y_3$$

예제문제 어드미턴스 파라미터

2 그림과 같은 4단자망을 어드미턴스 파라미터로 나타내면 어떻게 되는가?

$$1 \circ\!\!-\!\!\!\overset{10[\Omega]}{\text{WW}}\!\!\!-\!\!\circ 2$$
$$1' \circ\!\!-\!\!\!-\!\!\circ 2'$$

① $Y_{11} = 10$, $Y_{21} = 10$, $Y_{22} = 10$

② $Y_{11} = \dfrac{1}{10}$, $Y_{21} = \dfrac{1}{10}$, $Y_{22} = \dfrac{1}{10}$

③ $Y_{11} = 10$, $Y_{21} = \dfrac{1}{10}$, $Y_{22} = 10$

④ $Y_{11} = \dfrac{1}{10}$, $Y_{21} = 10$, $Y_{22} = \dfrac{1}{10}$

해설

어드미턴스 파라미터로 고치면 아래의 그림과 같으므로

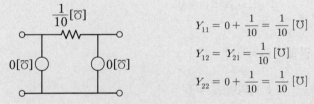

$$Y_{11} = 0 + \frac{1}{10} = \frac{1}{10}\,[\mho]$$

$$Y_{12} = Y_{21} = \frac{1}{10}\,[\mho]$$

$$Y_{22} = 0 + \frac{1}{10} = \frac{1}{10}\,[\mho]$$

Y 파라미터를 구하려면 일단 π 형 회로로 만들어야 하며, 회로 소자는 어드미턴스 값이어야 한다.

답 ②

4 ABCD 파라미터 (4단자 정수, F파라미터)

T, π 형 회로를 해석 (독립변수 : 2차, 종속변수 : 1차)

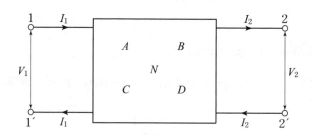

$$\begin{bmatrix} V_1 \\ I_1 \end{bmatrix} = \begin{bmatrix} A & B \\ C & D \end{bmatrix} \begin{bmatrix} V_2 \\ I_2 \end{bmatrix} \text{에서}$$

$$\boxed{V_1 = A V_2 + B I_2, \quad I_1 = C V_2 + D I_2}\ \text{가 된다.}$$

■4단자 정수 (A, B, C, D)
$V_1 = A V_2 + B I_2$
$I_1 = C V_2 + D I_2$
A : 전 압 비
B : 임피던스
C : 어드미턴스
D : 전 류 비

1. 출력측 개방 ($I_2 = 0$)

$A = \dfrac{V_1}{V_2}\Big|_{I_2 = 0}$: 전압이득(전압비) $\Rightarrow$ 권수비 $a = n$

$C = \dfrac{I_1}{V_2}\Big|_{I_2 = 0}$: 어드미턴스 $\Rightarrow$ 0

2. 출력측 단락 ($V_2 = 0$)

$B = \dfrac{V_1}{I_2}\Big|_{V_2 = 0}$: 임피던스 $\Rightarrow$ 0

$D = \dfrac{I_1}{I_2}\Big|_{V_2 = 0}$: 전류이득(전류비) $\Rightarrow$ 권수비의 역수 $\dfrac{1}{a} = \dfrac{1}{n}$

[참고] 이상변압기의 권수비 $a = n = \dfrac{n_1}{n_2} = \dfrac{v_1}{v_2} = \dfrac{i_2}{i_1}$

예제문제 4단자 정수

3 4단자 정수 A, B, C, D 중에서 임피던스의 차원을 가지는 것은?

① A   ② B
③ C   ④ D

해설
A : 전압비, B : 임피던스, C : 어드미턴스, D : 전류비

답 ②

❺ 일반 회로의 4단자 정수

1. 단일회로

①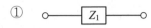

$$\begin{bmatrix} A & B \\ C & D \end{bmatrix} = \begin{bmatrix} 1 & Z_1 \\ 0 & 1 \end{bmatrix}$$

②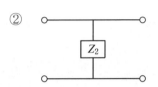

$$\begin{bmatrix} A & B \\ C & D \end{bmatrix} = \begin{bmatrix} 1 & 0 \\ \dfrac{1}{Z_2} & 1 \end{bmatrix}$$

2. T 형

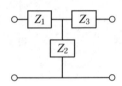

$$\begin{bmatrix} A & B \\ C & D \end{bmatrix} = \begin{bmatrix} 1+\dfrac{Z_1}{Z_2} & Z_1+Z_3+\dfrac{Z_1 Z_3}{Z_2} \\ \dfrac{1}{Z_2} & 1+\dfrac{Z_3}{Z_2} \end{bmatrix}$$

3. π 형

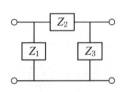

$$\begin{bmatrix} A & B \\ C & D \end{bmatrix} = \begin{bmatrix} 1+\dfrac{Z_2}{Z_3} & Z_2 \\ \dfrac{Z_1+Z_2+Z_3}{Z_1 Z_3} & 1+\dfrac{Z_2}{Z_1} \end{bmatrix}$$

■ T형

$$\begin{bmatrix} 1+\dfrac{Z_1}{Z_2} & Z_1+Z_3+\dfrac{Z_1 Z_3}{Z_2} \\ \dfrac{1}{Z_2} & 1+\dfrac{Z_3}{Z_2} \end{bmatrix}$$

■ π형

$$\begin{bmatrix} 1+\dfrac{Z_2}{Z_3} & Z_2 \\ \dfrac{Z_1+Z_2+Z_3}{Z_1 Z_3} & 1+\dfrac{Z_2}{Z_1} \end{bmatrix}$$

$$AD-BC=1$$

| 참고 | 4단자 정수의 성질

1) $AD-BC=1$ 2) 좌우 대칭 : $A=D$

예제문제　일반회로의 4단자 정수

4 그림과 같은 T 형 회로에서 4단자 정수가 아닌 것은?

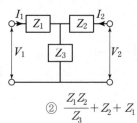

① $1 + \dfrac{Z_1}{Z_3}$

② $\dfrac{Z_1 Z_2}{Z_3} + Z_2 + Z_1$

③ $1 + \dfrac{Z_2}{Z_3}$

④ $1 + \dfrac{Z_3}{Z_2}$

해설

T 형 회로의 4단자 정수

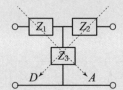

$$\begin{bmatrix} A & B \\ C & D \end{bmatrix} = \begin{bmatrix} 1 + \dfrac{Z_1}{Z_3} & Z_1 + Z_2 + \dfrac{Z_1 Z_2}{Z_3} \\[2mm] \dfrac{1}{Z_3} & 1 + \dfrac{Z_2}{Z_3} \end{bmatrix}$$

답 ④

6　영상 임피던스

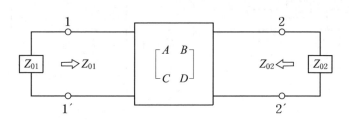

■ 영상임피던스

$Z_{01} = \sqrt{\dfrac{AB}{CD}}$

$Z_{02} = \sqrt{\dfrac{BD}{AC}}$

$Z_{01} \cdot Z_{02} = \dfrac{B}{C}$, $\dfrac{Z_{01}}{Z_{02}} = \dfrac{A}{D}$

대칭회로 : $Z_{01} = Z_{02} = \sqrt{\dfrac{B}{C}}$

1. 1차 영상 임피던스 Z_{01} [Ω]

$$Z_{01} = \frac{V_1}{I_1} = \boxed{\sqrt{\frac{AB}{CD}}} = \sqrt{Z_{1S} \cdot Z_{1O}}$$

Z_{1S} : 2차 단락시 1차측에서 본 임피던스

Z_{1O} : 2차 개방시 1차측에서 본 임피던스

2. 2차 영상 임피던스 Z_{02} [Ω]

$$Z_{02} = \frac{V_2}{I_2} = \boxed{\sqrt{\frac{BD}{AC}}} = \sqrt{Z_{S2} \cdot Z_{O2}}$$

Z_{S2} : 1차 단락시 2차측에서 본 임피던스

Z_{O2} : 1차 개방시 2차측에서 본 임피던스

3. 1차, 2차 영상 임피던스의 관계

$$Z_{01} \cdot Z_{02} = \frac{B}{C}$$

$$\frac{Z_{01}}{Z_{02}} = \frac{A}{D}$$

4. 좌우 대칭회로의 영상 임피던스

좌우 대칭회로의 경우 4단자 정수에서 A = D의 관계가 성립하므로 1차 영상 임피던스와 2차 영상 임피던스가 같아진다.

$$Z_{01} = Z_{02} = \sqrt{\frac{B}{C}}$$

예제문제 영상 임피던스

5 그림과 같은 회로의 영상 임피던스 Z_{01}, Z_{02} 는?

① $Z_{01} = 9$ [Ω], $Z_{02} = 5$ [Ω]

② $Z_{01} = 4$ [Ω], $Z_{02} = 5$ [Ω]

③ $Z_{01} = 4$ [Ω], $Z_{02} = \frac{20}{9}$ [Ω]

④ $Z_{01} = 6$ [Ω], $Z_{02} = \frac{10}{3}$ [Ω]

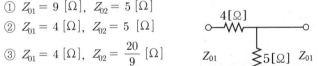

해설

4단자 정수 $A = 1 + \frac{4}{5} = \frac{9}{5}$, $B = 4$, $C = \frac{1}{5}$, $D = 1$ 이므로

$$Z_{01} = \sqrt{\frac{AB}{CD}} = \sqrt{\frac{\frac{9}{5} \times 4}{\frac{1}{5} \times 1}} = 6 \ , \ Z_{02} = \sqrt{\frac{BD}{AC}} = \sqrt{\frac{4 \times 1}{\frac{9}{5} \times \frac{1}{5}}} = \frac{10}{3}$$

답 ④

$$\theta = \log_e (\sqrt{AD} + \sqrt{BC})$$
$$= \cosh^{-1}\sqrt{AD} = \sinh^{-1}\sqrt{BC}$$

$$A = \sqrt{\frac{Z_{01}}{Z_{02}}}\cosh\theta$$

$$B = \sqrt{Z_{01}Z_{02}}\sinh\theta$$

$$C = \frac{1}{\sqrt{Z_{01}Z_{02}}}\sinh\theta$$

$$D = \sqrt{\frac{Z_{02}}{Z_{01}}}\cosh\theta$$

❼ 영상 전달 정수 θ

영상 전달 정수
$$\boxed{\begin{array}{l} \theta = \log_e (\sqrt{AD} + \sqrt{BC}) \\ \quad = \cosh^{-1}\sqrt{AD} = \sinh^{-1}\sqrt{BC} \end{array}}$$

(1) $\cosh\theta = \sqrt{AD}$, $\sinh\theta = \sqrt{BC}$

(2) 영상파라미터와 4단자 정수와의 관계

① $A = \sqrt{\dfrac{Z_{01}}{Z_{02}}}\cosh\theta$

② $B = \sqrt{Z_{01}Z_{02}}\sinh\theta$

③ $C = \dfrac{1}{\sqrt{Z_{01}Z_{02}}}\sinh\theta$

④ $D = \sqrt{\dfrac{Z_{02}}{Z_{01}}}\cosh\theta$

예제문제 영상 전달 정수

6 그림과 같은 T형 4단자망의 전달 정수는?

① $\log_e 2$

② $\log_e \dfrac{1}{2}$

③ $\log_e \dfrac{1}{3}$

④ $\log_e 3$

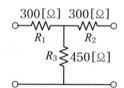

$$300[\Omega] \quad 300[\Omega]$$

$R_1 \qquad R_2$

$R_3 \gtrless 450[\Omega]$

[해설]
4단자 정수를 구하면 회로가 대칭이므로

$$A = D = 1 + \frac{R_1}{R_3} = 1 + \frac{300}{450} = \frac{5}{3}$$

$$B = R_1 + R_2 + \frac{R_1 R_2}{R_3} = 300 + 300 + \frac{300\times300}{450} = 800$$

$$C = \frac{1}{R_3} = \frac{1}{450}$$

$$\therefore \theta = \log_e (\sqrt{AD} + \sqrt{BC}) = \log_e \left(\sqrt{\frac{5}{3}\times\frac{5}{3}} + \sqrt{\frac{800}{450}}\right) = \log_e 3$$

답 ④

예제문제 영상 파라미터와 4단자 정수와의 관계

7 T 형 4단자 회로망에서 영상임피던스가 $Z_{01} = 50\,[\Omega]$, $Z_{02} = 2\,[\Omega]$ 이고, 전달정수가 0일 때 이 회로의 4단자 정수 D의 값은?

① 10　　　　　　　　② 5

③ 0.2　　　　　　　④ 0.1

해설

$$D = \sqrt{\frac{Z_{02}}{Z_{01}}}\,\cosh\theta = \sqrt{\frac{2}{50}}\,\cosh 0^{o} = \frac{1}{5} = 0.2$$

답 ③

SECTION 11 출제예상문제

01 그림의 $1-1'$ 에서 본 구동점 임피던스 Z_{11} 의 값[Ω]은?

① 5
② 8
③ 10
④ 4.4

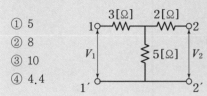

해설

$$Z_{11} = \left.\frac{V_1}{I_1}\right|_{I_2=0} = \frac{(3+5)I_1}{I_1} = 8$$

[별해] T형 회로에서 임피던스 파라미터 찾는 방법

① Z_{11} ⇒ 앞쪽 임피던스와 중앙 임피던스를 더한다.
　　⇒ $Z_{11} = Z_1 + Z_3$

② Z_{22} ⇒ 뒤쪽 임피던스와·중앙 임피던스를 더한다.
　　⇒ $Z_{22} = Z_2 + Z_3$

③ $Z_{12} = Z_{21}$ ⇒ 중앙의 공통 임피던스를 취한다.
　　⇒ $Z_{12} = Z_{21} = Z_3$

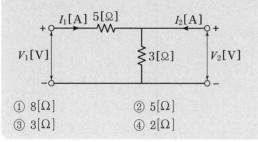

$$Z_{11} = 3 + 5 = 8\,[\Omega]$$

02 다음과 같은 4단자 회로에서 임피던스 파라미터 Z_{11}의 값은?

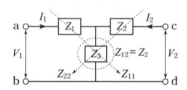

① 8[Ω]　　　　② 5[Ω]
③ 3[Ω]　　　　④ 2[Ω]

해설

임피던스 파라미터

$$Z_{11} = \left.\frac{V_1}{I_1}\right|_{I_2=0} = \frac{(5+3)I_1}{I_1} = 8$$

$$Z_{12} = \left.\frac{V_1}{I_2}\right|_{I_1=0} = \frac{3\,I_2}{I_2} = 3$$

$$Z_{21} = \left.\frac{V_2}{I_1}\right|_{I_2=0} = \frac{3\,I_1}{I_1} = 3$$

$$Z_{22} = \left.\frac{V_2}{I_2}\right|_{I_1=0} = \frac{3\,I_2}{I_2} = 3$$

03 그림과 같은 회로의 임피던스 파라미터 Z_{22} 를 구하면 몇 [Ω] 인가?

① 4
② 5
③ 6
④ 7

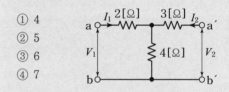

해설

$$Z_{22} = 4 + 3 = 7\,[\Omega]$$

04 그림과 같은 T형 4단자망의 임피던스 파라미터로서 틀린 것은?

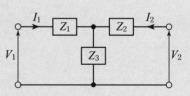

① $Z_{11} = Z_1 + Z_3$　　② $Z_{12} = Z_3$
③ $Z_{21} = -Z_3$　　④ $Z_{22} = Z_2 + Z_3$

정답　01 ②　02 ①　03 ④　04 ③

해설

$$Z_{11} = \frac{V_1}{I_1}\bigg|_{I_2=0} = \frac{I_1(Z_1+Z_3)}{I_1}\bigg|_{I_2=0} = Z_1 + Z_3,$$

$$Z_{12} = \frac{V_1}{I_2}\bigg|_{I_1=0} = \frac{I_2 Z_3}{I_2}\bigg|_{I_1=0} = Z_3$$

$$Z_{21} = \frac{V_2}{I_1}\bigg|_{I_2=0} = \frac{I_1 Z_3}{I_1}\bigg|_{I_2=0} = Z_3,$$

$$Z_{22} = \frac{V_2}{I_2}\bigg|_{I_1=0} = \frac{I_2(Z_2+Z_3)}{I_2}\bigg|_{I_1=0} = Z_2 + Z_3$$

05 그림과 같은 π형 4단자 회로의 어드미턴스 상수 중 Y_{22}는?

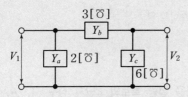

① 5[℧]   ② 6[℧]
③ 9[℧]   ④ 11[℧]

해설

π형 회로에서 어드미턴스 파라미터 찾는 방법

• Y_{11} ⇒ 앞쪽 어드미턴스와 중앙 어드미턴스를 더한다.
   ⇒ $Y_{11} = Y_1 + Y_2$
• Y_{22} ⇒ 뒤쪽 어드미턴스와 중앙 어드미턴스를 더한다.
   ⇒ $Y_{22} = Y_3 + Y_2$
• $Y_{12} = Y_{21}$ ⇒ 중앙 어드미턴스를 취한다.
   ⇒ $Y_{12} = Y_{21} = Y_2$

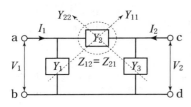

∴ $Y_{22} = 6 + 3 = 9\,[℧]$

06 그림과 같은 4단자 회로의 어드미턴스 파라미터 중 Y_{11}은 어느 것인가?

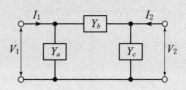

① Y_a ② $-Y_b$
③ $Y_a + Y_b$ ④ $Y_b + Y_c$

해설

$$Y_{11} = \frac{I_1}{V_1}\bigg|_{V_2=0} = Y_a + Y_b$$

$$Y_{12} = \frac{I_1}{V_2}\bigg|_{V_1=0} = \frac{-Y_b V_2}{V_2} = -Y_b$$

$$Y_{21} = \frac{I_2}{V_1}\bigg|_{V_2=0} = \frac{-Y_b V_1}{V_1} = -Y_b$$

$$Y_{22} = \frac{I_2}{V_2}\bigg|_{V_1=0} = Y_b + Y_c$$

07 그림과 같은 π형 회로에 있어서 어드미턴스 파라미터 중 Y_{21}은 어느 것인가?

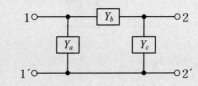

① $Y_a + Y_b$ ② $Y_a + Y_c$
③ Y_b ④ $-Y_a$

해설

$Y_{11} = Y_b + Y_a,\ Y_{12} = Y_{21} = Y_b,$
$Y_{22} = Y_b + Y_c$

08 그림과 같은 T 회로의 임피던스 정수를 구하면?

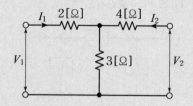

① $Z_{11} = 5[\Omega],\ Z_{21} = 3[\Omega],\ Z_{22} = 7[\Omega],\ Z_{12} = 3[\Omega]$
② $Z_{11} = 7[\Omega],\ Z_{21} = 5[\Omega],\ Z_{22} = 3[\Omega],\ Z_{12} = 5[\Omega]$
③ $Z_{11} = 3[\Omega],\ Z_{21} = 7[\Omega],\ Z_{22} = 3[\Omega],\ Z_{12} = 5[\Omega]$
④ $Z_{11} = 5[\Omega],\ Z_{21} = 7[\Omega],\ Z_{22} = 3[\Omega],\ Z_{12} = 7[\Omega]$

해설

$Z_{11} = 2 + 3 = 5\,[\Omega],\ Z_{22} = 4 + 3 = 7\,[\Omega],$
$Z_{12} = Z_{21} = 3\,[\Omega]$

09 그림에서 4단자망의 개방 순방향 전달 임피던스 $Z_{21}[\Omega]$과 단락 순방향 전달 어드미턴스 $Y_{21}[\mho]$은?

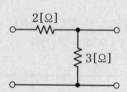

① $Z_{21} = 5,\ Y_{21} = -\dfrac{1}{2}$ ② $Z_{21} = 3,\ Y_{21} = -\dfrac{1}{3}$

③ $Z_{21} = 3,\ Y_{21} = -\dfrac{1}{2}$ ④ $Z_{21} = 3,\ Y_{21} = -\dfrac{5}{6}$

해설

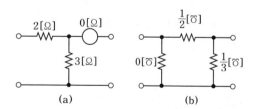

(a)   (b)

그림 (a)에서 $Z_{21} = 3\,[\Omega]$, 그림 (b)에서 $Y_{21} = -\dfrac{1}{2}\,[\mho]$

10 4단자 정수 $A,\ B,\ C,\ D$ 중에서 어드미턴스의 차원을 가진 정수는 어느 것인가?

① A ② B
③ C ④ D

해설

$\left.\begin{array}{l} V_1 = A V_2 + B I_2 \\ I_1 = C V_2 + D I_2 \end{array}\right)$ 에서 4단자 정수를 구하면

$A = \dfrac{V_1}{V_2}\bigg|_{I_2=0}$: 전압이득(전압비)⇒권수비 $a = n$

$C = \dfrac{I_1}{V_2}\bigg|_{I_2=0}$: 어드미턴스(병렬)⇒ 0

$B = \dfrac{V_1}{I_2}\bigg|_{V_2=0}$: 임피던스(직렬) ⇒ 0

$D = \dfrac{I_1}{I_2}\bigg|_{V_2=0}$: 전류이득(전류비)

⇒ 권수비의 역수 $\dfrac{1}{a} = \dfrac{1}{n}$

11 다음 결합 회로의 4단자 정수 $A,\ B,\ C,\ D$ 파라미터 행렬은?

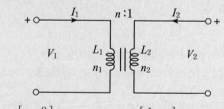

① $\begin{bmatrix} n & 0 \\ 0 & \dfrac{1}{n} \end{bmatrix}$ ② $\begin{bmatrix} 1 & n \\ \dfrac{1}{n} & 0 \end{bmatrix}$

③ $\begin{bmatrix} 0 & n \\ \dfrac{1}{n} & 1 \end{bmatrix}$ ④ $\begin{bmatrix} \dfrac{1}{n} & 0 \\ 0 & n \end{bmatrix}$

해설

권수비 $a = \dfrac{n_1}{n_2} = \dfrac{n}{1} = n$ 이므로 $\begin{bmatrix} A & B \\ C & D \end{bmatrix} = \begin{bmatrix} n & 0 \\ 0 & \dfrac{1}{n} \end{bmatrix}$

12 그림과 같은 단일 임피던스 회로의 4단자 정수는?

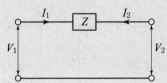

① $A = Z$ $B = 0$ $C = 1$ $D = 0$
② $A = 0$ $B = 0$ $C = Z$ $D = 1$
③ $A = 1$ $B = Z$ $C = 0$ $D = 1$
④ $A = 1$ $B = 0$ $C = 1$ $D = Z$

해설

$$\begin{bmatrix} A & B \\ C & D \end{bmatrix} = \begin{bmatrix} 1 & Z \\ 0 & 1 \end{bmatrix}$$

13 그림과 같은 4단자망에서 4단자 정수 행렬은?

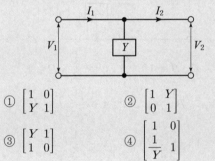

① $\begin{bmatrix} 1 & 0 \\ Y & 1 \end{bmatrix}$ ② $\begin{bmatrix} 1 & Y \\ 0 & 1 \end{bmatrix}$

③ $\begin{bmatrix} Y & 1 \\ 1 & 0 \end{bmatrix}$ ④ $\begin{bmatrix} 1 & 0 \\ \dfrac{1}{Y} & 1 \end{bmatrix}$

해설

$$\begin{bmatrix} A & B \\ C & D \end{bmatrix} = \begin{bmatrix} 1 & 0 \\ Y & 1 \end{bmatrix}$$

14 그림과 같은 T형 회로의 $ABCD$ 파라미터 중 C의 값을 구하면?

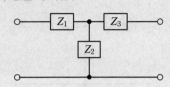

① $\dfrac{Z_3}{Z_2} + 1$ ② $\dfrac{1}{Z_2}$

③ $1 + \dfrac{Z_1}{Z_2}$ ④ Z_2

해설

$$A = 1 + \frac{Z_3}{Z_2} , \ B = Z_1 + Z_3 + \frac{Z_1 Z_3}{Z_2}$$

$$C = \frac{1}{Z_2} , \ D = 1 + \frac{Z_3}{Z_2}$$

15 그림과 같은 T형 회로에서 4단자 정수 중 D의 값은?

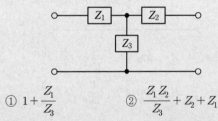

① $1 + \dfrac{Z_1}{Z_3}$ ② $\dfrac{Z_1 Z_2}{Z_3} + Z_2 + Z_1$

③ $\dfrac{1}{Z_3}$ ④ $1 + \dfrac{Z_2}{Z_3}$

해설

$$A = 1 + \frac{Z_1}{Z_3} , \ B = Z_1 + Z_2 + \frac{Z_1 Z_2}{Z_3}$$

$$C = \frac{1}{Z_3} , \ D = 1 + \frac{Z_2}{Z_3}$$

정답 12 ③ 13 ① 14 ② 15 ④

16 그림과 같은 4단자 회로의 4단자 정수 중 D 의 값은?

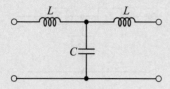

① $1 - \omega^2 LC$

② $j\omega L(2 - \omega^2 LC)$

③ $j\omega C$

④ $j\omega L$

해설

$$D = 1 + \frac{j\omega L}{\dfrac{1}{j\omega C}} = 1 - \omega^2 LC$$

17 그림과 같은 회로에서 4단자 정수 A, B, C, D 를 구하면?

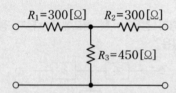

① $A = \dfrac{5}{3}, B = 800, C = \dfrac{1}{450}, D = \dfrac{5}{3}$

② $A = \dfrac{3}{5}, B = 600, C = \dfrac{1}{350}, D = \dfrac{3}{5}$

③ $A = 800, B = \dfrac{5}{3}, C = \dfrac{5}{3}, D = \dfrac{1}{450}$

④ $A = 600, B = \dfrac{3}{5}, C = \dfrac{3}{5}, D = \dfrac{1}{350}$

해설

$$A = D = 1 + \frac{300}{450} = \frac{5}{3},$$

$$C = \frac{1}{450}, \ B = 300 + 300 + \frac{300 \times 300}{450} = 800$$

18 다음과 같은 4단자 회로의 4단자 정수 A, B, C, D에서 C의 값은?

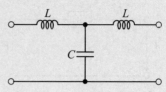

① $1 - j\omega C$

② $1 - \omega^2 L C$

③ $j\omega L(2 - \omega^2 LC)$

④ $j\omega C$

해설

T 형 회로의 4단자정수 $C = \dfrac{1}{Z_2} = \dfrac{1}{\dfrac{1}{j\omega C}} = j\omega C$

19 그림과 같은 L형 회로의 4단자 정수는 어떻게 되는가?

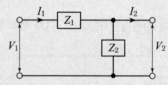

① $A = Z_1, B = 1 + \dfrac{Z_1}{Z_2}, C = \dfrac{1}{Z_2}, D = 1$

② $A = 1, B = \dfrac{1}{Z_2}, C = 1 + \dfrac{1}{Z_2}, D = Z_1$

③ $A = 1 + \dfrac{Z_1}{Z_2}, B = Z_1, C = \dfrac{1}{Z_2}, D = 1$

④ $A = \dfrac{1}{Z_2}, B = 1, C = Z_1, D = 1 + \dfrac{Z_1}{Z_2}$

해설

$$A = 1 + \frac{Z_1}{Z_2}, \ C = \frac{1}{Z_2}$$

$$B = Z_1 + 0 + \frac{Z_1 \times 0}{Z_2} = Z_1, \ D = 1 + \frac{0}{Z_2} = 1$$

정답   16 ①   17 ①   18 ④   19 ③

20 그림과 같은 H형 회로의 4단자 정수 중 A의 값은 얼마인가?

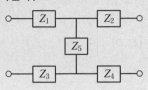

① Z_5

② $\dfrac{Z_5}{Z_2 + Z_4 + Z_5}$

③ $\dfrac{1}{Z_5}$

④ $\dfrac{Z_1 + Z_3 + Z_5}{Z_5}$

해설

T 형으로 등가변환하면 아래와 같으므로

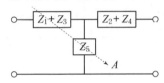

$$A = 1 + \frac{Z_1 + Z_3}{Z_5} = \frac{Z_1 + Z_3 + Z_5}{Z_5}$$

21 그림에서 4단자 회로 정수 A, B, C, D 중 출력 단자 3,4가 개방되었을 때의 $\dfrac{V_1}{V_2}$ 인 A 의 값은?

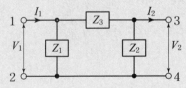

① $1 + \dfrac{Z_2}{Z_1}$

② $\dfrac{Z_1 + Z_2 + Z_3}{Z_1 Z_3}$

③ $1 + \dfrac{Z_2}{Z_3}$

④ $1 + \dfrac{Z_3}{Z_2}$

해설

π형 회로의 4단자 정수

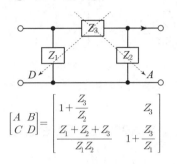

$$\begin{bmatrix} A & B \\ C & D \end{bmatrix} = \begin{bmatrix} 1 + \dfrac{Z_3}{Z_2} & Z_3 \\ \dfrac{Z_1 + Z_2 + Z_3}{Z_1 Z_2} & 1 + \dfrac{Z_3}{Z_1} \end{bmatrix}$$

22 그림과 같은 π 형 회로의 합성 4단자 정수를 A, B, C, D 라 할 때 B 는?

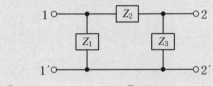

① Z_1

② Z_2

③ Z_3

④ 0

해설

$$\begin{bmatrix} A & B \\ C & D \end{bmatrix} = \begin{bmatrix} 1 + \dfrac{Z_2}{Z_3} & Z_2 \\ \dfrac{Z_1 + Z_2 + Z_3}{Z_1 Z_3} & 1 + \dfrac{Z_2}{Z_1} \end{bmatrix}$$

23 그림과 같은 π 형 회로의 4단자 정수 중 D 의 값은?

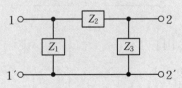

① Z_2

② $1 + \dfrac{Z_2}{Z_1}$

③ $\dfrac{1}{Z_1} + \dfrac{1}{Z_3}$

④ $1 + \dfrac{Z_2}{Z_3}$

해설

$$\begin{bmatrix} A & B \\ C & D \end{bmatrix} = \begin{bmatrix} 1+\dfrac{Z_2}{Z_3} & Z_2 \\ \dfrac{Z_1+Z_2+Z_3}{Z_1 Z_3} & 1+\dfrac{Z_2}{Z_1} \end{bmatrix}$$

해설

자이레이터에서 전력은 변압기에서와 같이 어떤 순간에서도 유출입하는 그 합은 0이 되며 $\dfrac{V_1}{I_2} = \dfrac{V_2}{I_1} = r$의 관계를 가지므로 $\begin{bmatrix} A & B \\ C & D \end{bmatrix} = \begin{bmatrix} 0 & r \\ \dfrac{1}{r} & 0 \end{bmatrix}$

24 그림과 같은 L형 회로의 4단자 정수 중 C는?

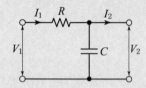

① $\dfrac{1}{j\omega C}$ 　　　　② $j\omega C$

③ $-\dfrac{1}{j\omega C}$ 　　　④ $-j\omega C$

해설

$$C = \dfrac{1}{\dfrac{1}{j\omega C}} = j\omega C$$

26 어떤 회로망의 4단자 정수가 A=8, B=j2, D=3+j2이면 이 회로망의 C는 얼마인가?

① $2+j\,3$ 　　　　② $3+j\,3$
③ $24+j\,14$ 　　④ $8-j\,11.5$

해설

4단자 정수의 성질 $AD-BC=1$ 이므로
$$C = \dfrac{AD-1}{B} = \dfrac{8(3+j2)-1}{j2} = 8-j11.5$$

27 4단자 회로에서 4단자 정수를 A, B, C, D라 하면 영상 임피던스 Z_{01}, Z_{02}는?

① $Z_{01} = \sqrt{\dfrac{AB}{CD}}$, $Z_{02} = \sqrt{\dfrac{BD}{AC}}$

② $Z_{01} = \sqrt{AB}$, $Z_{02} = \sqrt{CD}$

③ $Z_{01} = \sqrt{\dfrac{BC}{AD}}$, $Z_{02} = \sqrt{ABCD}$

④ $Z_{01} = \sqrt{\dfrac{BD}{AC}}$, $Z_{02} = \sqrt{ABCD}$

해설

• 1차 영상 임피던스 $Z_{01} = \sqrt{\dfrac{A B}{C D}}$

• 2차 영상 임피던스 $Z_{02} = \sqrt{\dfrac{B D}{A C}}$

25 다음 그림은 이상적인 gyrator로서 4단자 정수 A, B, C, D 파라미터 행렬은? (단, 저항은 r 이다.)

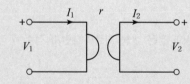

① $\begin{bmatrix} 0 & r \\ -r & 1 \end{bmatrix}$ 　　② $\begin{bmatrix} 0 & r \\ -\dfrac{1}{r} & 0 \end{bmatrix}$

③ $\begin{bmatrix} 0 & r \\ \dfrac{1}{r} & 0 \end{bmatrix}$ 　　④ $\begin{bmatrix} 1 & r \\ -r & 0 \end{bmatrix}$

정답　　24 ②　　25 ③　　26 ④　　27 ①

28 4단자 회로에서 4단자 정수를 A, B, C, D 라 하면 영상 임피던스 $\dfrac{Z_{01}}{Z_{02}}$는?

① $\dfrac{D}{A}$ 　　　② $\dfrac{B}{C}$

③ $\dfrac{C}{B}$ 　　　④ $\dfrac{A}{D}$

해설

1차 영상임피던스 $Z_{01} = \sqrt{\dfrac{AB}{CD}}$ [Ω],

2차 영상임피던스 $Z_{02} = \sqrt{\dfrac{DB}{CA}}$ [Ω]이므로

$$\frac{Z_{o1}}{Z_{02}} = \frac{\sqrt{\dfrac{AB}{CD}}}{\sqrt{\dfrac{DB}{CA}}} = \frac{A}{D} \text{ 가 된다.}$$

29 L 형 4단자 회로에서 4단자 정수가 $A = \dfrac{15}{4}$, $D = 1$ 이고 영상 임피던스 $Z_{02} = \dfrac{12}{5}$ [Ω]일 때 영상 임피던스 Z_{01}[Ω]의 값은 얼마인가?

① 12 　　　② 9
③ 8 　　　④ 6

해설

$Z_{01} \cdot Z_{02} = \dfrac{B}{C}, \quad \dfrac{Z_{01}}{Z_{02}} = \dfrac{A}{D}$ 에서

$$Z_{01} = \frac{A}{D} Z_{02} = \frac{\dfrac{15}{4}}{1} \times \frac{12}{5} = \frac{180}{20} = 9 \, [\Omega]$$

30 L 형 4단자 회로망에서 4단자 정수가 $B = \dfrac{5}{3}$, $C = 1$ 이고 영상 임피던스 $Z_{01} = \dfrac{20}{3}$ [Ω]일 때 영상 임피던스 Z_{02} [Ω]의 값은?

① $\dfrac{1}{4}$ 　　　② $\dfrac{100}{9}$

③ 9 　　　④ $\dfrac{9}{100}$

해설

$$Z_{01} \cdot Z_{02} = \frac{B}{C} \text{ 에서 } Z_{02} = \frac{\dfrac{5}{3}}{\dfrac{20}{3} \times 1} = \frac{1}{4} \, [\Omega]$$

31 어떤 4단자망의 입력 단자 1, 1′ 사이의 영상 임피던스 Z_{01} 과 출력 단자 2, 2′ 사이의 영상 임피던스 Z_{02} 가 같게 되려면 4단자 정수 사이에 어떠한 관계가 있어야 하는가?

① $AD = BC$ 　　　② $AB = CD$
③ $A = D$ 　　　④ $B = C$

해설

$Z_{01} = Z_{02}$ 이므로

$$Z_{01} = \sqrt{\frac{AB}{CD}}, \quad Z_{02} = \sqrt{\frac{BC}{AC}} \text{ 에서 } A = D$$

32 대칭 4단자 회로에서 특성 임피던스는?

① $\sqrt{\dfrac{AB}{CD}}$ 　　　② $\sqrt{\dfrac{DB}{CA}}$

③ $\sqrt{\dfrac{B}{C}}$ 　　　④ $\sqrt{\dfrac{A}{D}}$

해설

대칭 T 형에는 $A = D$ 이므로

$$Z_{01} = \sqrt{\frac{AB}{CD}} = \sqrt{\frac{B}{C}}$$

33 다음과 같은 4단자망에서 영상 임피던스는 몇 [Ω]인가?

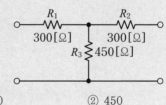

① 600 　　　② 450
③ 300 　　　④ 200

해설

$Z_{01} = \sqrt{\dfrac{AB}{CD}}$ 에서 대칭 T형 회로에서는 $A = D$ 이므로

$Z_{01} = \sqrt{\dfrac{B}{C}}$ 이고 회로에서

$C = \dfrac{1}{450}$, $B = \dfrac{300 \times 450 + 300 \times 300 + 300 \times 450}{450} = 800$

$\therefore \ Z_{01} = \sqrt{\dfrac{800}{\dfrac{1}{450}}} = 600 \, [\Omega]$

---

34 4단자 회로에서 4단자 정수를 $\dot{A}, \dot{B}, \dot{C}, \dot{D}$ 라 할 때 전달 정수 θ 는 어떻게 되는가?

① $\log_e\left(\sqrt{\dot{A}\dot{B}} + \sqrt{\dot{C}\dot{D}}\right)$

② $\log_e\left(\sqrt{\dot{A}\dot{B}} - \sqrt{\dot{C}\dot{D}}\right)$

③ $\log_e\left(\sqrt{\dot{A}\dot{D}} + \sqrt{\dot{B}\dot{C}}\right)$

④ $\log_e\left(\sqrt{\dot{A}\dot{D}} - \sqrt{\dot{B}\dot{C}}\right)$

해설

4단자 회로에서 전달 정수

$\theta = \log_e\left(\sqrt{AD} + \sqrt{BC}\right) = \cosh^{-1}\sqrt{AD} = \sinh^{-1}\sqrt{BC}$

---

35 영상 임피던스 및 전달 정수 Z_{01}, Z_{02}, θ 와 4단자 회로망의 정수 A, B, C, D 로 표시할 때 올바르지 않게 표시된 것은?

① $A = \sqrt{\dfrac{Z_{01}}{Z_{02}}} \cosh \theta$

② $B = \sqrt{Z_{01} Z_{02}} \sinh \theta$

③ $C = \dfrac{1}{\sqrt{Z_{01} Z_{02}}} \cosh \theta$

④ $D = \sqrt{\dfrac{Z_{02}}{Z_{01}}} \cosh \theta$

해설

영상파라미터와 4단자 정수와의 관계

① $A = \sqrt{\dfrac{Z_{01}}{Z_{02}}} \cosh\theta$

② $B = \sqrt{Z_{01} Z_{02}} \sinh\theta$

③ $C = \dfrac{1}{\sqrt{Z_{01} Z_{02}}} \sinh\theta$

④ $D = \sqrt{\dfrac{Z_{02}}{Z_{01}}} \cosh\theta$ 이다.

분포 정수 회로

Chapter 12

분포 정수 회로

1 분포 정수 회로

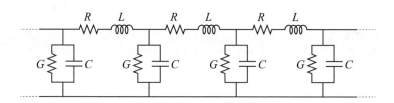

미소 저항 R과 인덕턴스 L이 직렬로 연결되고, 선간에 미소한 정전 용량 C와 누설 콘덕턴스 G가 형성되이 이들이 반복하여 분포되어 있는 회로를 분포 정수 회로라 한다.

단위 길이에 대한 선로의 직렬 임피던스 $Z = R + j\omega L[\Omega/\text{m}]$, 병렬 어드미턴스 $Y = G + j\omega C[\text{℧}/\text{m}]$이다.

■분포정수회로의 임피던스와 어드미턴스
$Z = R + j\omega L$
$Y = G + j\omega C$

2 특성 임피던스 (파동 임피던스)

$$Z_o = \sqrt{\frac{Z}{Y}} = \sqrt{\frac{R + j\omega L}{G + j\omega C}} [\Omega]$$

예제문제 특성 임피던스

1 저항 $0.2[\Omega/\text{km}]$, 인덕턴스 $1.4[\text{mH}/\text{km}]$, 정전용량 $0.0085[\mu\text{F}/\text{km}]$, 길이 $250[\text{km}]$의 송전 선로가 있다. 주파수 $60[\text{Hz}]$일 때의 특성 임피던스 $[\Omega]$는 대략 얼마인가?

① $\sqrt{16.5 - j6.2} \times 10^2$
② $\sqrt{6.2 - j16.5} \times 10^2$
③ $\sqrt{16.5 + j6.2} \times 10^2$
④ $\sqrt{26.5 - j16.2} \times 10^2$

해설

특성 임피던스

$Z_0 = \sqrt{\dfrac{Z}{Y}} = \sqrt{\dfrac{R + j\omega L}{G + j\omega C}}$

$= \sqrt{\dfrac{0.2 + j377 \times 1.4 \times 10^{-3}}{j377 \times 0.0085 \times 10^{-6}}} = \sqrt{16.5 - j6.2} \times 10^2 [\Omega]$

답 ①

■ 전파정수
$$\gamma = \sqrt{ZY}$$
$$\quad = \sqrt{(R+j\omega L)\cdot(G+j\omega C)}$$

■ 무손실 선로
$R=0,\ G=0$
$$Z_o = \sqrt{\frac{L}{C}}\ [\Omega]$$
$$\gamma = j\omega\sqrt{LC}$$
$$\lambda = \frac{2\pi}{\beta}\ [\text{m}]$$
$$v = \frac{\omega}{\beta} = \frac{1}{\sqrt{LC}}\ [\text{m/sec}]$$

③ 전파정수

$$\boxed{\gamma = \sqrt{ZY}} = \sqrt{(R+j\omega L)\cdot(G+j\omega C)} = \alpha + j\beta$$

여기서, α는 감쇠정수 , β는 위상 정수를 말한다.

④ 무손실 선로

(1) 조건

$$\boxed{R=0,\ G=0}$$

(2) 특성임피던스

$$Z_o = \sqrt{\frac{Z}{Y}} = \sqrt{\frac{R+j\omega L}{G+j\omega C}} = \boxed{\sqrt{\frac{L}{C}}\ [\Omega]}$$

(3) 전파 정수

$$\gamma = \sqrt{ZY} = \sqrt{(R+j\omega L)(G+j\omega C)} = \boxed{j\omega\sqrt{LC}}$$

여기서 감쇠 정수$\alpha = 0$ 이며 위상정수 $\beta = \omega\sqrt{LC}$ 이다.

(4) 파장

$$\lambda = \frac{2\pi}{\beta} = \frac{2\pi}{\omega\sqrt{LC}} = \frac{1}{f\sqrt{LC}}[\text{m}]$$

(5) 속도

$$v = \lambda f = \frac{2\pi f}{\beta} = \frac{\omega}{\beta} = \frac{1}{\sqrt{LC}}\ [\text{m/sec}]$$

예제문제 무손실 선로

2 선로의 1차 상수를 1[m]로 환산했을 때, $L = 2\ [\mu\text{H/m}]$, $C = 6\ [\text{pF/m}]$으로 되는 무손실 선로가 있다. 주파수 80[MHz]의 전류가 가해진다고 하면 특성임피던스[Ω]는 약 얼마인가?

① 257   ② 367

③ 476   ④ 577

해설
$$Z_0 = \sqrt{\frac{L}{C}} = \sqrt{\frac{2\times 10^{-6}}{6\times 10^{-12}}} = 577\,[\Omega]$$

답 ④

⑤ 무왜형 선로

(1) 조건

$$\boxed{\frac{R}{L} = \frac{G}{C}} \quad \text{또는} \quad \boxed{LG = RC}$$

(2) 특성 임피던스

$$Z_o = \sqrt{\frac{Z}{Y}} = \sqrt{\frac{R+j\omega L}{G+j\omega C}} = \sqrt{\frac{R+j\omega L}{\frac{RC}{L}+j\omega C}} = \sqrt{\frac{L}{C}\left(\frac{R+j\omega L}{R+j\omega L}\right)} = \boxed{\sqrt{\frac{L}{C}}} \, [\Omega]$$

(3) 전파정수

$$\gamma = \sqrt{ZY} = \sqrt{(R+j\omega L)(G+j\omega C)} = \sqrt{(R+j\omega L)\left(\frac{RC}{L}+j\omega C\right)}$$

$$= \sqrt{(R+j\omega L)\frac{C}{L}(R+j\omega L)} = \sqrt{\frac{C}{L}}\,(R+j\omega L)$$

$$= \sqrt{\frac{CR^2}{L}} + j\omega\sqrt{LC} = \boxed{\sqrt{RG} + j\omega\sqrt{LC}}$$

여기서, 감쇠정수 $\alpha = \sqrt{RG}$ 위상 정수 $\beta = \omega\sqrt{LC}$ 이다.

(4) 속도

$$v = \lambda f = \frac{2\pi f}{\beta} = \frac{\omega}{\beta} = \frac{1}{\sqrt{LC}}\,[\text{m/sec}]$$

■ 무왜형 선로

$$\frac{R}{L} = \frac{G}{C} \quad \text{또는} \quad LG = RC$$

$$Z_o = \sqrt{\frac{L}{C}}\,[\Omega]$$

$$\gamma = \sqrt{RG} + j\omega\sqrt{LC}$$

예제문제 무왜형 선로

3 분포 정수 회로에서 선로 정수가 $R,\ L,\ C,\ G$ 이고 무왜 조건이 $RC = GL$ 과 같은 관계가 성립될 때 선로의 특성 임피던스 Z_0는?

① $\sqrt{CL}$ ② $\dfrac{1}{\sqrt{CL}}$

③ $\sqrt{RG}$ ④ $\sqrt{\dfrac{L}{C}}$

해설
무왜형 선로에서 특성임피던스 $Z_o = \sqrt{\dfrac{L}{C}}\,[\Omega]$

답 ④

❻ 반사 계수 및 정재파비

(1) 반사 계수 $\rho = \dfrac{Z_R - Z_o}{Z_R + Z_o}$ 이며 여기서 $\begin{cases} Z_R : \text{부하 임피던스} \\ Z_o : \text{특성 임피던스} \end{cases}$

(2) 정재파 비 $\delta = \dfrac{1 + |\rho|}{1 - |\rho|}$ 이며 이 값은 $\delta \geq 1$의 값을 갖는다.

■ 반사계수와 정재파 비

반사 계수 : $\rho = \dfrac{Z_R - Z_o}{Z_R + Z_o}$

정재파 비 : $\delta = \dfrac{1 + |\rho|}{1 - |\rho|}$

예제문제 정재파 비

4 전송 선로의 특성 임피던스가 100[Ω]이고, 부하저항이 400[Ω]일 때 전압 정재파비 S는 얼마인가?

① 0.25   ② 0.6

③ 1.67   ④ 4

해설

특성임피던스 Z_0, 부하저항 Z_L, 전압 반사계수 ρ 하면

$\rho = \dfrac{Z_L - Z_0}{Z_L + Z_0} = \dfrac{400 - 100}{400 + 100} = \dfrac{300}{500} = 0.6$

정재파비 $s = \dfrac{1 + |\rho|}{1 - |\rho|} = \dfrac{1 + 0.6}{1 - 0.6} = \dfrac{1.6}{0.4} = 4$

답 ④

출제예상문제

01 단위 길이당 임피던스 및 어드미턴스가 각각 Z 및 Y인 전송 선로의 특성 임피던스는?

① $\sqrt{ZY}$　　　② $\sqrt{\dfrac{Z}{Y}}$

③ $\sqrt{\dfrac{Y}{Z}}$　　　④ $\dfrac{Y}{Z}$

해설

직렬임피던스 $Z = R + j\omega L [\Omega/\mathrm{m}]$,
병렬어드미턴스 $Y = G + j\omega C [\mho/\mathrm{m}]$일 때
특성 임피던스 $Z_0 = \sqrt{\dfrac{Z}{Y}} = \sqrt{\dfrac{R+j\omega L}{G+j\omega C}} [\Omega]$로
표시된다.

02 선로의 단위 길이의 분포 인덕턴스, 저항, 정전용량, 누설 컨덕턴스를 각각 L, r, C 및 g로 할 때 특성 임피던스는?

① $(r+j\omega L)(g+j\omega C)$
② $\sqrt{(r+j\omega L)(g+j\omega C)}$
③ $\sqrt{\dfrac{r+j\omega L}{g+j\omega C}}$
④ $\sqrt{\dfrac{g+j\omega C}{r+j\omega L}}$

해설

특성 임피던스 $Z_0 = \sqrt{\dfrac{Z}{Y}} = \sqrt{\dfrac{r+j\omega L}{g+j\omega C}} [\Omega]$

03 단위 길이당 인덕턴스 및 커패시턴스가 각각 L 및 C일 때 고주파 전송 선로의 특성 임피던스는?

① $\dfrac{L}{C}$　　　② $\dfrac{C}{L}$

③ $\sqrt{\dfrac{C}{L}}$　　　④ $\sqrt{\dfrac{L}{C}}$

해설

특성 임피던스 $Z_0 = \sqrt{\dfrac{Z}{Y}} = \sqrt{\dfrac{R+j\omega L}{G+j\omega C}}$ 에서

$R = G = 0$ 이 되면 $Z_0 = \sqrt{\dfrac{L}{C}}$ 로 표시된다.

04 단위 길이당 임피던스 및 어드미턴스가 각각 Z 및 Y인 전송 선로의 전파정수 γ 는?

① $\sqrt{\dfrac{Z}{Y}}$　　　② $\sqrt{\dfrac{Y}{Z}}$

③ $\sqrt{YZ}$　　　④ YZ

해설

$Z = R + j\omega L [\Omega/\mathrm{m}]$, $Y = G + j\omega C [\mho/\mathrm{m}]$일 때
선로의 전파 정수는
$\gamma = \sqrt{ZY} = \sqrt{(R+j\omega L)(G+j\omega C)} = \alpha + j\beta$
단, α 감쇠정수, β 위상정수

05 분포 정수 회로에서 선로의 특성 임피던스를 Z_0, 전파 정수를 γ라 할 때 선로의 직렬 임피던스는?

① $\dfrac{Z_0}{\gamma}$　　　② $\dfrac{\gamma}{Z_0}$

③ $\sqrt{\gamma Z_0}$　　　④ γZ_0

해설

선로의 직렬 임피던스는
$\gamma Z_0 = \sqrt{ZY} \cdot \sqrt{\dfrac{Z}{Y}} = Z$

06 무손실 분포 정수 선로에 대한 설명 중 옳지 않은 것은?

① 전파 정수 γ는 $j\omega\sqrt{LC}$이다.
② 진행파의 전파 속도는 $\sqrt{LC}$이다.
③ 특성 임피던스는 $\sqrt{\dfrac{L}{C}}$ 이다.
④ 파장은 $\dfrac{1}{f\sqrt{LC}}$이다.

해설

무손실 선로 : 손실이 없는 선로
• 조건 $R = G = 0$
• 특성임피던스 $Z_0 = \sqrt{\dfrac{Z}{Y}} = \sqrt{\dfrac{L}{C}}\,[\Omega]$
• 전파정수 $\gamma = \sqrt{Z \cdot Y} = j\omega\sqrt{LC}$
  ($\therefore$ 감쇠정수 $\alpha = 0$, 위상정수 $\beta = \omega\sqrt{LC}$)
• 전파속도 $v = \dfrac{\omega}{\beta} = \dfrac{2\pi f}{\beta} = \dfrac{1}{\sqrt{LC}} = \lambda f\,[\mathrm{m/sec}]$

07 전송 선로에서 무손실일 때 $L = 96[\mathrm{mH}]$, $C = 0.6[\mu\mathrm{F}]$이면 특성 임피던스$[\Omega]$는?

① 500
② 400
③ 300
④ 200

해설

$Z_0 = \sqrt{\dfrac{L}{C}} = \sqrt{\dfrac{96 \times 10^{-3}}{0.6 \times 10^{-6}}} = 400\,[\Omega]$

08 무손실 선로의 분포 정수 회로에서 감쇠 정수 α와 위상 정수 β의 값은?

① $\alpha = \sqrt{RG}$, $\beta = \omega\sqrt{LC}$
② $\alpha = 0$, $\beta = \omega\sqrt{LC}$
③ $\alpha = \sqrt{RG}$, $\beta = 0$
④ $\alpha = 0$, $\beta = \dfrac{1}{\sqrt{LC}}$

09 무손실 선로가 되기 위한 조건 중 옳지 않은 것은?

① $Z_0 = \sqrt{\dfrac{L}{C}}$
② $\gamma = \sqrt{ZY}$
③ $\alpha = \omega\sqrt{LC}$
④ $v = \dfrac{1}{\sqrt{LC}}$

해설

무손실 선로에서 감쇠정수 $\alpha = 0$

10 선로의 저항 R과 컨덕턴스 G가 동시에 0이 되었을 때 전파 정수 γ와 관계있는 것은?

① $\gamma = j\omega\sqrt{LC}$
② $\gamma = j\omega\sqrt{\dfrac{C}{L}}$
③ $C = \dfrac{\gamma}{(j\omega)^2 L}$
④ $\beta = j\omega\gamma\sqrt{LC}$

해설

저항 R과 컨덕턴스 G가 동시에 0인 경우 무손실 선로 이므로 전파정수 $\gamma = j\omega\sqrt{LC}$이 된다.

11 무손실 선로에 있어서 단위 길이의 인덕턴스 $L\,[\mathrm{H}]$, 정전 용량 $C\,[\mathrm{F}]$일 때의 선로상의 진행파의 위상 속도는?

① $\dfrac{1}{\sqrt{LC}}$
② $\sqrt{LC}$
③ $\omega\sqrt{LC}$
④ $\dfrac{\omega}{\sqrt{LC}}$

해설

무손실 선로에서의 위상속도 전파속도
$v = \dfrac{\omega}{\beta} = \dfrac{2\pi f}{\beta} = \dfrac{1}{\sqrt{LC}} = \lambda f\,[\mathrm{m/sec}]$

정답   06 ②   07 ②   08 ②   09 ③   10 ①   11 ①

12 분포 정수 회로에서 위상 정수가 β라 할 때 파장 λ는?

① $2\pi\beta$ ② $\dfrac{2\pi}{\beta}$

③ $4\pi\beta$ ④ $\dfrac{4\pi}{\beta}$

해설

전파속도 $v=\dfrac{\omega}{\beta}=\dfrac{2\pi f}{\beta}=\dfrac{1}{\sqrt{LC}}=\lambda f\,[\mathrm{m/sec}]$ 에서

파장은 $\lambda=\dfrac{2\pi}{\beta}\,[\mathrm{m}]$

13 위상 정수가 $\dfrac{\pi}{4}\,[\mathrm{rad/m}]$인 전송 선로에서 $10[\mathrm{MHz}]$에 대한 파장 $[\mathrm{m}]$은?

① 10   ② 8
③ 6   ④ 4

해설

$\lambda=\dfrac{2\pi}{\beta}=\dfrac{2\pi}{\dfrac{\pi}{4}}=8\,[\mathrm{m}]$

14 위상 정수가 $\dfrac{\pi}{8}\,[\mathrm{rad/m}]$인 선로의 $1[\mathrm{MHz}]$에 대한 전파 속도$[\mathrm{m/s}]$는?

① 1.6×10^{7} ② 9×10^{7}
③ 10×10^{7} ④ 11×10^{7}

해설

$v=\dfrac{\omega}{\beta}=\dfrac{2\pi f}{\beta}=\dfrac{2\pi\times1\times10^{6}}{\dfrac{\pi}{8}}=1.6\times10^{7}\,[\mathrm{m/sec}]$

15 분포 정수 회로가 무왜 선로로 되는 조건은? 단, 선로의 단위 길이당 저항을 R, 인덕턴스를 L, 정전 용량을 C, 누설 컨덕턴스를 G 라 한다.

① $RC=LG$ ② $RL=CG$

③ $R=\sqrt{\dfrac{L}{C}}$ ④ $R=\sqrt{LC}$

해설

무왜형 선로 : 파형의 일그러짐이 없는 선로
- 조건 $LG=RC$
- 특성임피던스 $Z_0=\sqrt{\dfrac{Z}{Y}}=\sqrt{\dfrac{L}{C}}\,[\Omega]$
- 전파정수 $r=\sqrt{Z\cdot Y}=\sqrt{RG}+j\omega\sqrt{LC}$
  ($\because$ 감쇠정수 $\alpha=\sqrt{RG}$, 위상정수 $\beta=\omega\sqrt{LC}$)
- 전파속도 $v=\dfrac{\omega}{\beta}=\dfrac{2\pi f}{\beta}=\dfrac{1}{\sqrt{LC}}=\lambda f\,[\mathrm{m/sec}]$

16 선로의 분포정수 R, L, C, G 사이에 $\dfrac{R}{L}=\dfrac{G}{C}$ 의 관계가 있으면 전파 정수 γ 는?

① $RG+j\omega LC$ ② $RL+j\omega CG$
③ $\sqrt{RG}+j\omega\sqrt{LC}$ ④ $RL+j\omega\sqrt{GC}$

해설

$\dfrac{R}{L}=\dfrac{G}{C}$ 인 조건은 무왜형 선로이므로 전파정수
$\gamma=\sqrt{RG}+j\omega\sqrt{LC}$

17 분포정수회로에서 저항 $0.5[\Omega/\mathrm{km}]$, 인덕턴스가 $1[\mu\mathrm{H/km}]$, 정전용량 $6[\mu\mathrm{F/km}]$, 길이 $10[\mathrm{km}]$인 송전선로에서 무왜형 선로가 되기 위한 컨덕턴스는?

① $1[\mho/\mathrm{km}]$ ② $2[\mho/\mathrm{km}]$
③ $3[\mho/\mathrm{km}]$ ④ $4[\mho/\mathrm{km}]$

해설

무왜형 선로가 되기 위한 조건은 $LG=RC$이므로 컨덕
턴스 $G=\dfrac{RC}{L}$ 이므로 주어진 수치를 대입하면

$G=\dfrac{0.5\times6\times10^{-6}}{1\times10^{-6}}=3\,[\mho/\mathrm{km}]$

정답   12 ②   13 ②   14 ①   15 ①   16 ③   17 ③

18 다음 분포 전송 회로에 대한 서술에서 옳지 않은 것은?

① $\dfrac{R}{L} = \dfrac{G}{C}$인 회로를 무왜 회로라 한다.

② $R = G = 0$인 회로를 무손실 회로라 한다.

③ 무손실회로, 무왜 회로의 감쇠 정수는 $\sqrt{RG}$ 이다.

④ 무손실 회로, 무왜 회로에서의 위상 속도는 $\dfrac{1}{\sqrt{CL}}$ 이다.

해설

무손실 선로에서 감쇠정수 $\alpha = 0$

19 분포 정수 회로에서 4단자 정수 중 B 값은?

① $\cosh\gamma l$

② $\dfrac{1}{Z_0}\sinh\gamma l$

③ $Z_0\sinh\gamma l$

④ $\sinh\gamma l$

해설

$A = \cosh r l$, $B = Z_o \sinh r l$,

$C = \dfrac{1}{Z_o}\sinh r l$, $D = \cosh r l$

20 그림과 같은 회로에서 특성임피던스 $Z_0[\Omega]$는?

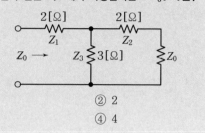

① 1

② 2

③ 3

④ 4

해설

T 형 회로의 4단자 정수

$B = 2 + 2 + \dfrac{2 \times 2}{3} = \dfrac{16}{3}$, $C = \dfrac{1}{3}$ 이므로

특성임피던스 $Z_o = \sqrt{\dfrac{B}{C}} = \sqrt{\dfrac{\dfrac{16}{3}}{\dfrac{1}{3}}} = 4$

Engineer Electricity
strial Engineer Electricity

라플라스 변환

Chapter 13

라플라스 변환

① 라플라스 변환

1. 라플라스 변환의 정의

어떤 시간함수 $f(t)$ 를 복소함수 $F(s)$ 로 변환시킨다.

$$\mathcal{L}\left[f(t)\right] = F(s) = \int_0^\infty f(t)\,e^{-st}\,dt$$

■ 라플라스 변환의 정의식

$\mathcal{L}\left[f(t)\right] = F(s)$
$= \int_0^\infty f(t)\,e^{-st}\,dt$

2. 라플라스 변환의 기본식

(1) 단위 임펄스 함수 = 단위충격함수 = 델타함수 = 하중함수 = 중량함수

① 함수 $f(t) = \delta(t)$

② 파형

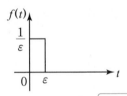

③ 라플라스 변환식 $\boxed{F(s) = 1}$

■ 라플라스 변환의 기본식

함 수 명	$f(t)$	$F(s)$
단위 임펄스 함수	$\delta(t)$	1
단위 계단 함수	$u(t) = 1$	$\dfrac{1}{s}$
단위 램프 함수	t	$\dfrac{1}{s^2}$
n차 램프 함수	t^n	$\dfrac{n!}{s^{n+1}}$
지수 감쇠 함수	$e^{\mp at}$	$\dfrac{1}{s \pm a}$
정현파 함수	$\sin \omega t$	$\dfrac{\omega}{s^2 + \omega^2}$
여현파 함수	$\cos \omega t$	$\dfrac{s}{s^2 + \omega^2}$

중량함수

1 자동 제어계에서 중량함수(weight function)라고 불려지는 것은?

① 임펄스　　　　　　② 인디셜

③ 전달함수　　　　　④ 램프함수

해설
단위 임펄스 함수 = 단위충격함수 = 델타함수 = 하중함수 = 중량함수

답 ①

(2) 단위 계단 함수(unit step function)의 Laplace 변환

① 함수 $\boxed{f(t) = u(t) = 1}$

② 파형

③ 라플라스 변환 $\boxed{F(s) = \dfrac{1}{s}}$

예제문제 | 라플라스변환

2 그림과 같은 직류 전압의 라플라스 변환을 구하면?

① $\dfrac{E}{s-1}$

② $\dfrac{E}{s+1}$

③ $\dfrac{E}{s}$

④ $\dfrac{E}{s^2}$

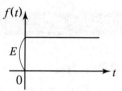

해설

시간함수 $f(t) = Eu(t)$ 이므로 $F(s) = E \times \dfrac{1}{s} = \dfrac{E}{s}$

답 ③

(3) 지수감쇠, 지수증가 함수의 Laplace 변환

① 시간함수 $\boxed{f(t) = e^{\mp \alpha t}}$

② 파형

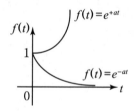

③ 라플라스 변환 $\boxed{F(s) = \dfrac{1}{s \pm a}}$

예제문제 | 라플라스 변환

3 $e^{j\omega t}$의 라플라스 변환은?

① $\dfrac{1}{s-j\omega}$

② $\dfrac{1}{s+j\omega}$

③ $\dfrac{1}{s^2-\omega^2}$

④ $\dfrac{\omega}{s^2-\omega^2}$

해설

$f(t) = e^{\pm at}$, $F(s) = \dfrac{1}{s \mp a}$ 이므로

$F(s) = \pounds f(t) = \pounds\,[e^{j\omega t}] = \dfrac{1}{s-j\omega}$

답 ①

(4) 단위램프(Ramp)함수의 Laplace 변환

① 함수 $\boxed{f(t) = t\,u(t)}$

② 파형

③ 라플라스 변환 $\boxed{F(s) = \dfrac{1}{s^2}}$

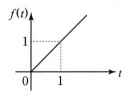

예제문제 라플라스 변환

4 다음 파형의 라플라스 변환은?

① $\dfrac{E}{s^2}$

② $\dfrac{E}{Ts^2}$

③ $\dfrac{E}{s}$

④ $\dfrac{E}{Ts}$

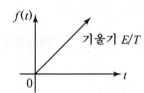

기울기 E/T

해설

$f(t) = \dfrac{E}{T}\,t\,u(t)$ 이므로 $F(s) = \dfrac{E}{T} \cdot \dfrac{1}{s^2} = \dfrac{E}{Ts^2}$

답 ②

(5) n차 램프(ramp)함수의 Laplace 변환

① 함수 $\boxed{f(t) = t^n}$

② 라플라스 변환 $\boxed{F(s) = \dfrac{n!}{s^{n+1}}}$

[참고] $2! = 2 \times 1 = 2$, $3! = 3 \times 2 \times 1 = 6$,
$\qquad 4! = 4 \times 3 \times 2 \times 1 = 24$

예제문제 라플라스 변환

5 $f(t) = 3t^2$ 의 라플라스 변환은?

① $\dfrac{3}{s^2}$

② $\dfrac{3}{s^3}$

③ $\dfrac{6}{s^2}$

④ $\dfrac{6}{s^3}$

해설

$\mathcal{L}\,[at^n] = a\dfrac{n!}{s^{n+1}}$ 에서 $F(s) = \mathcal{L}\,[3t^2] = 3\dfrac{2!}{s^{2+1}} = \dfrac{6}{s^3}$

답 ④

⑹ 삼각함수의 Laplace 변환

① $f(t) = \sin \omega t,$ $\boxed{F(s) = \dfrac{\omega}{s^2 + \omega^2}}$

② $f(t) = \cos \omega t,$ $\boxed{F(s) = \dfrac{s}{s^2 + \omega^2}}$

③ $f(t) = \sinh \omega t,$ $\boxed{F(s) = \dfrac{\omega}{s^2 - \omega^2}}$

④ $f(t) = \cosh \omega t,$ $\boxed{F(s) = \dfrac{s}{s^2 - \omega^2}}$

예제문제 라플라스 변환

6 $\mathcal{L}[\sin t] = \dfrac{1}{s^2 + 1}$ 을 이용하여 ① $\mathcal{L}[\cos \omega t]$, ② $\mathcal{L}[\sin at]$를 구하면?

① ① $\dfrac{1}{s^2 - a^2}$ ② $\dfrac{1}{s^2 - \omega^2}$

② ① $\dfrac{1}{s + a}$ ② $\dfrac{s}{s + \omega}$

③ ① $\dfrac{s}{s^2 + \omega^2}$ ② $\dfrac{a}{s^2 + a^2}$

④ ① $\dfrac{1}{s + a}$ ② $\dfrac{1}{s - \omega}$

해설
$\mathcal{L}[\cos \omega t] = \dfrac{s}{s^2 + \omega^2}$, $\mathcal{L}[\sin at] = \dfrac{a}{s^2 + a^2}$

目 ③

---

② 라플라스 변환에 관한 여러 가지 정리

■ 선형의 정리
$\mathcal{L}[ef_1(t) \pm bf_2(t)]$
$= aF_1(s) \pm bF_2(s)$

1. 선형의 정리

두 개 이상의 시간함수가 합이나 차인 경우 라플라스 변환

$$\mathcal{L}[af_1(t) \pm bf_2(t)] = aF_1(s) \pm bF_2(s)$$

예제문제 선형의 정리

7 함수 $f(t) = 1 - e^{-at}$ 를 라플라스 변환하면?

① $\dfrac{1}{s+a}$

② $\dfrac{1}{s(s+a)}$

③ $\dfrac{a}{s}$

④ $\dfrac{a}{s(s+a)}$

해설

선형의 정리 $\mathcal{L}\left[af_1(t) \pm bf_2(t)\right] = aF_1(s) \pm bF_2(s)$ 에 의해서

$F(s) = \mathcal{L}[f(t)] = \mathcal{L}[1 - e^{-at}] = \dfrac{1}{s} - \dfrac{1}{s+a} = \dfrac{s+a-s}{s(s+a)} = \dfrac{a}{s(s+a)}$

답 ④

2. 복소 추이 정리

시간함수 $f(t)$ 와 자연지수 $e^{\pm at}$ 가 곱인 경우 라플라스 변환

$$\mathcal{L}\left[e^{\pm at}f(t)\right] = F(s)|_{s\,=\,s\,\mp\,a대입} = F(s\mp a)$$

예제문제 복소추이정리

8 $f(t) = te^{-3t}$ 일 때 라플라스 변환은?

① $\dfrac{1}{(s+3)^2}$

② $\dfrac{1}{(s-3)^2}$

③ $\dfrac{1}{(s-3)}$

④ $\dfrac{1}{(s+3)}$

해설

복소추이정리 $\mathcal{L}[f(t)e^{\mp at}] = F(s)|_{s\,=\,s\,\pm\,a대입} = F(s\pm a)$ 이므로

$\mathcal{L}[te^{-3t}] = \dfrac{1}{s^2}\bigg|_{s\,=\,s\,+\,3대입} = \dfrac{1}{(s+3)^2}$

답 ①

3. 복소 미분 정리

시간함수 $f(t)$ 와 n 차 램프함수 t^n 이 곱인 경우 라플라스 변환

$$\mathcal{L}\left[t^n f(t)\right] = (-1)^n \dfrac{d^n}{ds^n}F(s)$$

예) $f(t) = t\sin\omega t \Rightarrow F(s) = \dfrac{2\omega s}{(s^2+\omega^2)^2}$

$f(t) = t\cos\omega t \Rightarrow F(s) = \dfrac{s^2-\omega^2}{(s^2+\omega^2)^2}$

■ 시간추이정리

$$\mathcal{L}\left[f(t-a)\right] = F(s)e^{-as}$$

4. 시간 추이 정리

시간이 지연(늦어짐)된 경우 라플라스 변환

$$\mathcal{L}\left[f(t-a)\right] = F(s)e^{-as}$$

예제문제 시간추이정리

9 그림과 같은 ramp 함수의 라플라스 변환은?

① $e^2 \dfrac{1}{s^2}$

② $e^{-s} \dfrac{1}{s^2}$

③ $e^{2s} \dfrac{1}{s^2}$

④ $e^{-2s} \dfrac{1}{s^2}$

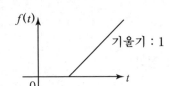

해설

시간추이정리 $\mathcal{L}\left[f(t-a)\right] = F(s)e^{-as}$ 에 의해서 라플라스 변환하면

$f(t) = 1(t-1)$이므로 $F(s) = 1 \times \dfrac{1}{s^2} \times e^{-1s} = \dfrac{e^{-s}}{s^2}$

답 ②

■ 실미분정리

$\mathcal{L}\left[\dfrac{d^n}{dt^n} f(t)\right]$

$= s^n F(s) - s^{n-1}f(0) - s^{n-2}f'(0) - \cdots$

$= s^n F(s)$

5. 실미분 정리

시간함수 $f(t)$가 미분되어 있는 경우 라플라스 변환

$$\mathcal{L}\left[\dfrac{d^n}{dt^n} f(t)\right] = s^n F(s) - s^{n-1}f(0) - s^{n-2}f'(0) - \cdots = s^n F(s)$$

예제문제 실미분정리

10 $f(t) = \dfrac{d}{dt} \cos \omega t$를 라플라스 변환하면?

① $\dfrac{\omega^2}{s^2 + \omega^2}$

② $\dfrac{-s^2}{s^2 + \omega^2}$

③ $\dfrac{s}{s^2 + \omega^2}$

④ $\dfrac{-\omega^2}{s^2 + \omega^2}$

해설

실미분 정리를 이용하여 라플라스 변환하면

$\mathcal{L}\left[\dfrac{d}{dt} f(t)\right] = sF(s) - f(0)$

$\therefore \mathcal{L}\left[\dfrac{d}{dt} \cos \omega t\right] = s \cdot \dfrac{s}{s^2 + \omega^2} - \cos 0° = \dfrac{s^2}{s^2 + \omega^2} - 1 = \dfrac{-\omega^2}{s^2 + \omega^2}$

답 ④

■ 실적분정리

$$\mathcal{L}\left[\int f(t)\,dt\right] = \dfrac{1}{s} F(s)$$

6. 실적분 정리 (초기값 : $f(0) = 0$)

시간함수 $f(t)$ 가 적분되어 있는 경우 라플라스 변환

$$\mathcal{L}\left[\int f(t)\,dt\right] = \frac{1}{s}F(s)$$

7. 초기값 정리

$$f(0) = \lim_{t \to 0} f(t) = \lim_{s \to \infty} s\,F(s)$$

[편법]

$sF(s) \Rightarrow$ ① 분모의 차수가 높다 : 0

② 분자의 차수가 높다 : ∞

③ 분모와 분차의 차수가 같다 : 최고차항의 계수를 나눈다.

8. 최종값(정상값) 정리

$$f(\infty) = \lim_{t \to \infty} f(t) = \lim_{s \to 0} s F(s)$$

■ 초기값정리
$$f(0) = \lim_{t \to 0} f(t) = \lim_{s \to \infty} s\,F(s)$$

■ 최종값정리
$$f(\infty) = \lim_{t \to \infty} f(t) = \lim_{s \to 0} sF(s)$$

예제문제 초기값 정리

11 다음과 같은 $I(s)$ 의 초기값 $i(0^+)$ 가 바르게 구해진 것은?

$$I(s) = \frac{2(s+1)}{s^2 + 2s + 5}$$

① $\dfrac{2}{5}$　　　　② $\dfrac{1}{5}$

③ 2　　　　④ -2

해설

초기값 정리 $\lim\limits_{t \to 0} f(t) = \lim\limits_{s \to \infty} s \cdot F(s)$ 에 의해서

$$\lim_{t \to 0} i(t) = \lim_{s \to \infty} s \cdot I(s) = \lim_{s \to \infty} s \cdot \frac{2(s+1)}{s^2 + 2s + 5} = 2$$

답 ③

최종값 정리

12 $F(s) = \dfrac{30s + 40}{2s^3 + 2s^2 + 5s}$ 일 때, $t = \infty$ 일 때의 값은?

① 0   ② 6

③ 8   ④ 15

해설

최종값 정리 $\lim\limits_{t \to \infty} i(t) = \lim\limits_{S \to 0} sI(s)$ 에 의해서

$\lim\limits_{t \to \infty} f(t) = \lim\limits_{s \to 0} sF(s) = \lim\limits_{s \to 0} s \cdot \dfrac{30s + 40}{2s^3 + 2s^2 + 5s} = \dfrac{40}{5} = 8$

답 ③

③ 라플라스 역변환

복소함수 $F(s)$ 를 시간함수 $f(t)$ 로 변환시킨다.

$\mathcal{L}^{-1}[F(s)] = f(t)$

1. 역라플라스변환 기본식

(1) $F(s) = 1 \implies f(t) = \delta(t)$

(2) $F(s) = \dfrac{1}{s} \implies f(t) = u(t) = 1$

(3) $F(s) = \dfrac{1}{s \pm a} \implies f(t) = e^{\mp at}$

(4) $F(s) = \dfrac{1}{s^2} \implies f(t) = t$

(5) $F(s) = \dfrac{n!}{s^{n+1}} \implies f(t) = t^n$

(6) $F(s) = \dfrac{\omega}{s^2 + \omega^2} \implies f(t) = \sin \omega t$

(7) $F(s) = \dfrac{s}{s^2 + \omega^2} \implies f(t) = \cos \omega t$

■ 역라플라스 변환의 기본식

$F(s)$	$f(t)$
1	$\delta(t)$
$\dfrac{1}{s}$	$u(t) = 1$
$\dfrac{1}{s^2}$	t
$\dfrac{n!}{s^{n+1}}$	t^n
$\dfrac{1}{s \pm a}$	$e^{\mp at}$
$\dfrac{\omega}{s^2 + \omega^2}$	$\sin \omega t$
$\dfrac{s}{s^2 + \omega^2}$	$\cos \omega t$

역라플라스 변환

13 $\dfrac{1}{s+3}$ 을 역라플라스 변환하면?

① e^{3t} ② e^{-3t}

③ $e^{\frac{1}{3}}$ ④ $e^{-\frac{1}{3}}$

해설

$f(t) = e^{-at} \leftrightarrow F(s) = \dfrac{1}{s+a}$ 이므로 $a = 3$ 이므로 $f(t) = e^{-3t}$

답 ②

예제문제 역라플라스 변환

14 $F(s) = \dfrac{e^{-bs}}{s+a}$ 의 역라플라스 변환은?

① $e^{-a(t-b)}$　　　　　② $e^{-a(t+b)}$

③ $e^{a(t-b)}$　　　　　④ $e^{a(t+b)}$

해설

$F(s) = \dfrac{e^{-bs}}{s+a} = \dfrac{1}{s+a}e^{-bs}$ 이므로 시간추이를 이용한 역라플라스 변환하면

$f(t) = e^{-a(t-b)}$

답 ①

2. 기본모양이 아닌 경우

(1) 인수분해가 되는 경우

부분분수 전개를 이용

$F(s) = \dfrac{2}{s^2 + 4s + 3}$ 의 역 라플라스 변환은

더해서 4가 나오고 곱해서 3이 나오는 수는 1과 3이 있으므로

$s^2 + 4s + 3$ 을 인수분해하면 $(s+1)(s+3)$ 이 된다.

그러므로

$F(s) = \dfrac{2}{s^2 + 4s + 3} = \dfrac{2}{(s+1)(s+3)} = \dfrac{A}{s+1} + \dfrac{B}{s+3}$ 가 되므

로 계수 A, B를 구하면 다음과 같다.

$A = F(s)(s+1)|_{s=-1} = 1$, $B = F(s)(s+3)|_{s=-3} = -1$

그러므로 $F(s) = \dfrac{1}{s+1} - \dfrac{1}{s+3}$ 이므로 이를 역라플라스하면

$f(t) = e^{-t} - e^{-3t}$ 가 된다.

(2) 인수분해가 안 되는 경우

완전제곱 꼴을 이용(즉, 복소추이를 이용한 문제)

$F(s) = \dfrac{1}{s^2 + 6s + 10}$ 의 역라플라스 변환은

분모의 값이 인수분해가 안 되는 경우 이므로 완전제곱 꼴로 고치면

$s^2 + 6s + 10 = s^2 + 6s + 9 + 1 = (s+3)^2 + 1$ 이 되므로

$F(s) = \dfrac{1}{s^2 + 6s + 10} = \dfrac{1}{(s+3)^2 + 1^2}$ 이 되어

이를 역라플라스 변환하면

$f(t) = \sin t \cdot e^{-3t}$ 가 된다.

■ 인수분해공식

$s^2 + (a+b)s + ab = (s+a)(s+b)$

$s^2 - a^2 = (s+a)(s-a)$

■ 완전제곱공식

$s^2 + 2s + 1 = (s+1)^2$

$s^2 + 4s + 4 = (s+2)^2$

$s^2 + 6s + 9 = (s+3)^2$

$s^2 + 8s + 16 = (s+4)^2$

출제예상문제

01 함수 $f(t)$ 의 라플라스 변환은 어떤 식으로 정의되는가?

① $\int_{-\infty}^{\infty} f(t)e^{st}\ dt$　② $\int_{-\infty}^{\infty} f(t)e^{-st}\ dt$

③ $\int_{0}^{\infty} f(t)e^{-st}\ dt$　④ $\int_{0}^{\infty} f(t)e^{st}\ dt$

해설

$$\mathcal{L}\left[f(t)\right] = F(s) = \int_{0}^{\infty} f(t)\,e^{-st}\,dt$$

02 그림과 같은 단위 임펄스 $\delta(t)$의 라플라스 변환은?

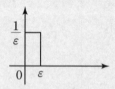

① 1　　② $\dfrac{1}{s}$

③ $\dfrac{1}{s^2}$　　④ $e^{-\delta}$

해설

$$f(t) = \delta(t)\ \Rightarrow\ F(s) = \mathcal{L}\left[\delta(t)\right] = 1$$

03 단위 계단 함수 $u(t)$의 라플라스 변환은?

① e^{-ts}　　② $\dfrac{1}{s}e^{-ts}$

③ $\dfrac{1}{e^{-st}}$　　④ $\dfrac{1}{s}$

해설

$$f(t) = u(t) = 1 \Rightarrow F(s) = \mathcal{L}\left[u(t)\right] = \frac{1}{s}$$

04 단위 램프 함수 $\rho(t) = tu(t)$ 의 라플라스 변환은?

① $\dfrac{1}{s^2}$　　② $\dfrac{1}{s}$

③ $\dfrac{1}{s^3}$　　④ $\dfrac{1}{s^4}$

해설

$$\rho(t) = t\,u(t) = t \times 1 = t\ \text{이므로}\ \rho(s) = \frac{1}{s^2}$$

05 $\cos\omega t$ 의 라플라스 변환은?

① $\dfrac{s}{s^2 - \omega^2}$　　② $\dfrac{s}{s^2 + \omega^2}$

③ $\dfrac{\omega}{s^2 - \omega^2}$　　④ $\dfrac{\omega}{s^2 + \omega^2}$

해설

$$\mathcal{L}\left[\sin\omega t\right] = \frac{\omega}{s^2 + \omega^2},\ \ \mathcal{L}\left[\cos\omega t\right] = \frac{s}{s^2 + \omega^2}$$

06 $\cosh\omega t$ 를 라플라스 변환하면?

① $\dfrac{\omega^2}{s^2 - \omega^2}$　　② $\dfrac{s}{s^2 - \omega^2}$

③ $\dfrac{s}{s^2 + \omega^2}$　　④ $\dfrac{\omega}{s^2 + \omega^2}$

해설

$$\mathcal{L}\left[\sinh\omega t\right] = \frac{\omega}{s^2 - \omega^2},\ \ \mathcal{L}\left[\cosh\omega t\right] = \frac{s}{s^2 - \omega^2}$$

정답　　01 ③　　02 ①　　03 ④　　04 ①　　05 ②　　06 ②

07 $f(t) = \sin t + 2\cos t$ 를 라플라스 변환하면?

① $\dfrac{2s}{s^2+1}$

② $\dfrac{2s+1}{(s+1)^2}$

③ $\dfrac{2s+1}{s^2+1}$

④ $\dfrac{2s}{(s+1)^2}$

해설

선형의 정리

$\mathcal{L}[af_1(t) \pm bf_2(t)] = aF_1(s) \pm bF_2(s)$ 에 의해서

$\mathcal{L}[\sin\omega t] = \dfrac{\omega}{s^2+\omega^2}$, $\mathcal{L}[\cos\omega t] = \dfrac{s}{s^2+\omega^2}$ 이므로

$F(s) = \mathcal{L}[f(t)] = \mathcal{L}[\sin t] + \mathcal{L}[2\cos t]$

$\qquad = \dfrac{1}{s^2+1^2} + 2\cdot\dfrac{s}{s^2+1^2} = \dfrac{2s+1}{s^2+1}$

08 $f(t) = \sin t \cos t$ 를 라플라스 변환하면?

① $\dfrac{1}{s^2+4}$

② $\dfrac{1}{s^2+2}$

③ $\dfrac{1}{(s+2)^2}$

④ $\dfrac{1}{(s+4)^2}$

해설 삼각 함수의 곱의 공식에 의해서

$\sin t \cos t = \dfrac{1}{2}[\sin(t+t) + \sin(t-t)]$

$\qquad\qquad = \dfrac{1}{2}[\sin 2t + \sin 0°] = \dfrac{1}{2}\sin 2t$

$F(s) = \mathcal{L}[\sin t \cos t] = \mathcal{L}\left[\dfrac{1}{2}\sin 2t\right]$

$\qquad = \dfrac{1}{2}\cdot\dfrac{2}{s^2+2^2} = \dfrac{1}{s^2+4}$

09 $\sin(\omega t + \theta)$의 라플라스 변환은?

① $\dfrac{\omega\sin\theta}{s^2+\omega^2}$

② $\dfrac{\omega\cos\theta}{s^2+\omega^2}$

③ $\dfrac{\cos\theta + \sin\theta}{s^2+\omega^2}$

④ $\dfrac{\omega\cos\theta + s\sin\theta}{s^2+\omega^2}$

해설 삼각함수 가법정리에 의해서

$f(t) = \sin(\omega t + \theta) = \sin\omega t\cos\theta + \cos\omega t\sin\theta$ 이므로

$\mathcal{L}[f(t)] = \mathcal{L}[\sin\omega t\cos\theta] + \mathcal{L}[\cos\omega t\sin\theta]$

$\qquad = \cos\theta\dfrac{\omega}{s^2+\omega^2} + \sin\theta\dfrac{s}{s^2+\omega^2}$

$\qquad = \dfrac{\omega\cos\theta + s\sin\theta}{s^2+\omega^2}$

[참고] 삼각함수 가법정리

$\sin(\alpha\pm\beta) = \sin\alpha\cos\beta \pm \cos\alpha\sin\beta$ (사코 ± 코사)

$\cos(\alpha\pm\beta) = \cos\alpha\cos\beta \mp \sin\alpha\sin\beta$ (코코 ∓ 사사)

10 $f(t) = te^{-at}$ 일 때 라플라스 변환하면 $F(s)$의 값은?

① $\dfrac{2}{(s+a)^2}$

② $\dfrac{1}{s(s+a)}$

③ $\dfrac{1}{(s+a)^2}$

④ $\dfrac{1}{s+a}$

해설

복소추이 정리 $\mathcal{L}[f(t)e^{\mp at}] = F(s)|_{s=s\pm a}$ 대입 이므로

$\mathcal{L}[te^{-at}] = \dfrac{1}{s^2}\Big|_{s=s+a\,대입} = \dfrac{1}{(s+a)^2}$

11 $\mathcal{L}[t^2 e^{at}]$는 얼마인가?

① $\dfrac{1}{(s-a)^2}$

② $\dfrac{2}{(s-a)^2}$

③ $\dfrac{1}{(s-a)^3}$

④ $\dfrac{2}{(s-a)^3}$

해설

복소추이 정리 $\mathcal{L}[f(t)e^{\mp at}] = F(s)|_{s=s\pm a}$ 대입 이므로

$\mathcal{L}[t^2 e^{at}] = \dfrac{2!}{s^{2+1}}\Big|_{s=s-a\,대입} = \dfrac{2}{(s-a)^3}$

12 $e^{-at}\cos\omega t$ 의 라플라스 변환은?

① $\dfrac{s+a}{(s+a)^2+\omega^2}$

② $\dfrac{\omega}{(s+a)^2+\omega^2}$

③ $\dfrac{\omega}{(s^2+a^2)^2}$

④ $\dfrac{s+a}{(s^2+a^2)^2}$

해설

복소추이 정리 $\mathcal{L}[f(t)e^{\mp at}] = F(s)|_{s=s\pm a}$ 대입 이므로

$\mathcal{L}[e^{-at}\cos\omega t] = \dfrac{s}{s^2+\omega^2}\Big|_{s=s+a\,대입} = \dfrac{s+a}{(s+a)^2+\omega^2}$

정답 07 ③ 08 ① 09 ④ 10 ③ 11 ④ 12 ①

13 $f(t) = \sin\omega t$ 로 주어졌을 때 $\mathcal{L}[e^{-at}\sin\omega t]$ 를 구하면?

① $\dfrac{\omega}{(s+a)^2+\omega^2}$ ② $\dfrac{s+a}{(s+a)^2+\omega^2}$

③ $\dfrac{s^2-\omega^2}{(s^2+\omega^2)^2}$ ④ $\dfrac{s^2+\omega^2}{(s^2-\omega^2)^2}$

해설

복소추이 정리 $\mathcal{L}[f(t)e^{\mp at}] = F(s)|_{s=s\pm a \text{대입}}$ 이므로

$\mathcal{L}[e^{-at}\sin\omega t] = \left.\dfrac{\omega}{s^2+\omega^2}\right|_{s=s+a\text{대입}} = \dfrac{\omega}{(s+a)^2+\omega^2}$

14 그림과 같은 단위 계단함수는?

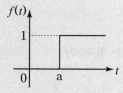

① u(t)   ② u(t-a)

③ u(a-t)   ④ -u(t-a)

해설

단위계단함수에서 시간이 a 만큼 지연된 파형이므로
$f(t) = u(t-a)$

15 그림과 같이 높이가 1인 펄스의 라플라스 변환은?

① $\dfrac{1}{s}(e^{-as}+e^{-bs})$

② $\dfrac{1}{s}(e^{-as}-e^{-bs})$

③ $\dfrac{1}{a-b}\left(\dfrac{e^{-as}+e^{-bs}}{s}\right)$

④ $\dfrac{1}{a-b}\left(\dfrac{e^{-as}-e^{-bs}}{s}\right)$

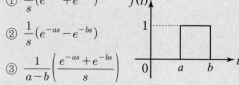

해설

아래 그림에 의해서 시간함수
$f(t) = u(t-a) - u(t-b)$가 되므로

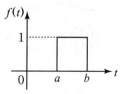

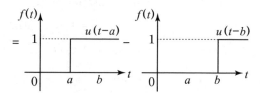

시간추이정리 $\mathcal{L}[f(t-a)] = F(s)e^{-as}$ 에 의해서 라플라스 변환하면

$F(s) = \dfrac{1}{s}e^{-as} - \dfrac{1}{s}e^{-bs} = \dfrac{1}{s}(e^{-as}-e^{-bs})$ 가 된다.

16 그림과 같은 파형의 라플라스 변환은?

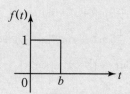

① $\dfrac{1}{b}\left(\dfrac{1-e^{-bs}}{s}\right)$ ② $\dfrac{1}{b}\left(\dfrac{1+e^{-bs}}{s}\right)$

③ $\dfrac{1}{s}(1-e^{-bs})$ ④ $\dfrac{1}{s}(1+e^{-bs})$

해설

아래 그림에 의해서 시간함수 $f(t) = u(t) - u(t-b)$가 되므로

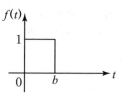

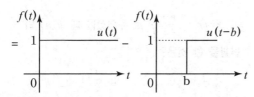

시간추이정리 $\pounds\,[f(t-a)\,]=F(s)e^{-as}$ 에 의해서
라플라스 변환하면

$$F(s)=\frac{1}{s}-\frac{1}{s}\,e^{-bs}=\frac{1}{s}\,(1-e^{-bs})$$가 된다.

17 그림과 같은 게이트 함수의 라플라스 변환을
구하면?

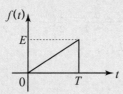

① $\dfrac{E}{Ts^2}[1-(Ts+1)e^{-TS}]$

② $\dfrac{E}{Ts^2}[1+(Ts+1)e^{-TS}]$

③ $\dfrac{E}{Ts^2}(Ts+1)e^{-TS}$

④ $\dfrac{E}{Ts^2}(Ts-1)e^{-TS}$

해설

시간추이정리 $\pounds\,[f(t-a)\,]=F(s)e^{-as}$ 에 의해서
라플라스 변환하면

$$f(t)=\frac{E}{T}\,t\,u(t)-\frac{E}{T}(t-T)\,u(t-T)-Eu(t-T)$$

$$F(s)=\pounds\,[f(t)]=\frac{E}{T}\cdot\frac{1}{s^2}-\frac{E}{T}\frac{1}{s^2}\,e^{-Ts}-E\frac{1}{s}\,e^{-Ts}$$

$$=\frac{E}{Ts^2}\,(1-e^{-Ts}-Tse^{-Ts})$$

$$=\frac{E}{Ts^2}\,[1-(Ts+1)e^{-Ts}]$$

18 $t\sin\omega t$ 의 라플라스 변환은?

① $\dfrac{\omega}{(s^2+\omega^2)^2}$

② $\dfrac{\omega s}{(s^2+\omega^2)^2}$

③ $\dfrac{\omega^2}{(s^2+\omega^2)^2}$

④ $\dfrac{2\omega s}{(s^2+\omega^2)^2}$

해설

복소미분정리 $\pounds\,[t^n\,f(t)]=(-1)^n\dfrac{d^n F(s)}{ds^n}$ 이므로

$$F(s)=(-1)\frac{d}{ds}\,\{\pounds\,(\sin\omega t)\}=(-1)\,\frac{d}{ds}\,\frac{\omega}{s^2+\omega^2}$$

$$=\frac{2\omega s}{(s^2+\omega^2)^2}$$

19 $\pounds\,[f(t)]=F(s)$ 일 때의 $\displaystyle\lim_{t\to\infty}f(t)$ 는?

① $\displaystyle\lim_{s\to 0}F(s)$

② $\displaystyle\lim_{s\to 0}sF(s)$

③ $\displaystyle\lim_{s\to\infty}F(s)$

④ $\displaystyle\lim_{s\to\infty}sF(s)$

해설

최종값 정리 $\displaystyle\lim_{t\to\infty}f(t)=\lim_{S\to 0}sF(s)$

20 다음과 같은 2개의 전류의 초기값
$i_1(0_+),\,i_2(0_+)$가 옳게 구해진 것은?

$$I_1(s)=\frac{12(s+8)}{4s\,(s+6)},\ I_2(s)=\frac{12}{s\,(s+6)}$$

① 3, 0

② 4, 0

③ 4, 2

④ 3, 4

해설

초기값 정리 $\displaystyle\lim_{t\to 0}f(t)=\lim_{s\to\infty}s\cdot F(s)$ 에 의해서

$$\lim_{t\to 0}i_1(t)=\lim_{s\to\infty}s\cdot I_1(s)=\lim_{s\to\infty}s\cdot\frac{12(s+8)}{4s(s+6)}=3$$

$$\lim_{t\to 0}i_2(t)=\lim_{s\to\infty}s\cdot I_2(s)=\lim_{s\to\infty}s\cdot\frac{12}{s(s+6)}=0$$

21 주어진 회로에서 어느 가지 전류 $i(t)$를 라플라스 변환하였더니 $I(s) = \dfrac{2s+5}{s(s+1)(s+2)}$ 로 주어졌다. $t = \infty$ 에서 전류 $i(\infty)$를 구하면?

① 2.5   ② 0
③ 5   ④ ∞

해설

최종값 정리 $\displaystyle\lim_{t \to \infty} i(t) = \lim_{S \to 0} sI(s)$ 에 의해서

$$\lim_{t \to \infty} i(t) = \lim_{s \to 0} sI(s)$$
$$= \lim_{s \to 0} s \cdot \frac{2s+5}{s(s+1)(s+2)}$$
$$= \frac{5}{2} = 2.5$$

22 어떤 제어계의 출력이 $C(s) = \dfrac{5}{s(s^2+s+2)}$ 로 주어질 때 출력의 시간 함수 $c(t)$의 정상값은?

① 5   ② 2
③ $\dfrac{2}{5}$ ④ $\dfrac{5}{2}$

해설

최종값 정리 $\displaystyle\lim_{t \to \infty} i(t) = \lim_{S \to 0} sI(s)$ 에 의해서

$$\lim_{t \to \infty} c(t) = \lim_{s \to 0} s \, C(s) = \lim_{s \to 0} \frac{5}{s^2+s+2} = \frac{5}{2}$$

23 $f(t) = \mathcal{L}^{-1} \dfrac{1}{s(s+1)}$ 은?

① $1 + e^{-t}$ ② $1 - e^{-t}$
③ $\dfrac{1}{1 - e^{-t}}$ ④ $\dfrac{1}{1 + e^{-t}}$

해설

$$F(s) = \frac{1}{s(s+1)} = \frac{A}{s} + \frac{B}{s+1}$$
$$A = \lim_{s \to 0} s \cdot F(s) = \left[\frac{1}{s+1} \right]_{s=0} = 1$$
$$B = \lim_{s \to 0} (s+1) \, F(s) = \left[\frac{1}{s} \right]_{s=-1} = -1$$
$$F(s) = \frac{1}{s} - \frac{1}{s+1}$$
$$\therefore \ f(t) = 1 - e^{-t}$$

24 $F(s) = \dfrac{s+1}{s^2+2s}$ 로 주어졌을 때 $F(s)$ 의 역변환을 한 것은?

① $\dfrac{1}{2}(1 + e^t)$ ② $\dfrac{1}{2}(1 - e^{-t})$
③ $\dfrac{1}{2}(1 + e^{-2t})$ ④ $\dfrac{1}{2}(1 - e^{-2t})$

해설

$$F(s) = \frac{s+1}{s^2+2s} = \frac{s+1}{s(s+2)} = \frac{A}{s} + \frac{B}{s+2}$$
$$A = \lim_{s \to 0} s \cdot F(s) = \left[\frac{s+1}{s+2} \right]_{s=0} = \frac{1}{2}$$
$$B = \lim_{s \to 0} (s+2) \, F(s) = \left[\frac{s+1}{s} \right]_{s=-2} = \frac{1}{2}$$
$$F(s) = \frac{\frac{1}{2}}{s} + \frac{\frac{1}{2}}{s+2} = \frac{1}{2}\left(\frac{1}{s} + \frac{1}{s+2} \right)$$
$$\therefore \ f(t) = \frac{1}{2}(1 + e^{-2t})$$

25 $F(s) = \dfrac{5s+3}{s(s+1)}$ 의 라플라스 역변환은?

① $2 + 3e^{-t}$ ② $3 + 2e^{-t}$
③ $3 - 2e^{-t}$ ④ $2 - 3e^{-t}$

해설

$$F(s) = \frac{5s+3}{s(s+1)} = \frac{A}{s} + \frac{B}{s+1}$$
$$A = \lim_{s \to 0} s \cdot F(s) = \left[\frac{5s+3}{s+1} \right]_{s=0} = 3$$
$$B = \lim_{s \to -1} (s+1) \, F(s) = \left[\frac{5s+3}{s} \right]_{s=-1} = 2$$
$$F(s) = \frac{3}{s} + \frac{2}{s+1} = 3\frac{1}{s} + 2\frac{1}{s+1}$$
$$\therefore \ f(t) = 3 + 2e^{-t}$$

정 답   21 ①   22 ④   23 ②   24 ③   25 ②

26 $F(s) = \dfrac{s}{(s+1)(s+2)}$ 일 때 $f(t)$ 를 구하면?

① $1 - 2e^{-2t} + e^{-t}$ 　② $e^{-2t} - 2e^{-t}$

③ $2e^{-2t} + e^{-t}$ 　④ $2e^{-2t} - e^{-t}$

해설

$$F(s) = \frac{s}{(s+1)(s+2)} = \frac{A}{(s+1)} + \frac{B}{(s+2)}$$

$$A = F(s)(s+1)|_{s=-1} = \left[\frac{s}{s+2}\right]_{s=-1} = -1$$

$$B = F(s)(s+2)|_{s=-2} = \left[\frac{s}{s+1}\right]_{s=-2} = 2$$

$$F(s) = -\frac{1}{s+1} + \frac{2}{s+2} = -\frac{1}{s+1} + 2\frac{1}{s+2}$$

$$\therefore \ f(t) = -e^{-t} + 2e^{-2t}$$

27 $F(s) = \dfrac{2s+3}{s^2+3s+2}$ 의 시간 함수는?

① $e^{-t} - e^{-2t}$ 　② $e^{-t} + e^{-2t}$

③ $e^{-t} + 2e^{-2t}$ 　④ $e^{-t} - 2e^{-2t}$

해설

$$F(s) = \frac{2s+3}{s^2+3s+2} = \frac{2s+3}{(s+1)(s+2)}$$

$$= \frac{A}{s+1} + \frac{B}{s+2}$$

$$A = F(s)(s+1)|_{s=-1} = \frac{2s+3}{s+2}\bigg|_{s=-1} = 1$$

$$B = F(s)(s+2)|_{s=-2} = \frac{2s+3}{s+1}\bigg|_{s=-2} = 1$$

$$\therefore \ f(t) = e^{-t} + e^{-2t}$$

28 $F(s) = \dfrac{s+2}{(s+1)^2}$ 의 시간 함수 $f(t)$ 는?

① $e^{-t} + te^{-t}$ 　② $e^{-t} - te^{-t}$

③ $e^{-t} + (e^{-t})^2$ 　④ $e^{-t} - (e^{-t})^2$

해설

$$F(s) = \frac{s+2}{(s+1)^2} = \frac{s+1+1}{(s+1)^2} = \frac{1}{s+1} + \frac{1}{(s+1)^2}$$

$$\therefore \ f(t) = e^{-t} + te^{-t}$$

29 어떤 회로의 전류에 대한 라플라스 변환이 다음과 같을 때 전류의 시간 함수는?

$$I(s) = \frac{1}{s^2 + 2s + 2}$$

① $5e^{-t}$ 　② $2\sin t\, u(t)$

③ $e^{-t}\sin t\, u(t)$ 　④ $e^{-t}\cos t\, u(t)$

해설

$$F(s) = \frac{1}{s^2 + 2s + 2} = \frac{1}{(s+1)^2 + 1}$$

$$\therefore \ f(t) = e^{-t}\sin t\, u(t)$$

30 $F(s) = \dfrac{2(s+1)}{s^2+2s+5}$ 의 시간 함수 $f(t)$ 는?

① $2e^{-t}\cos 2t$ 　② $2e^{t}\cos 2t$

③ $2e^{-t}\sin 2t$ 　④ $2e^{t}\sin 2t$

해설

$$F(s) = \frac{2(s+1)}{s^2 + s + 5} = 2\frac{s+1}{(s+1)^2 + 2^2} \text{ 이므로}$$

$$\therefore \ f(t) = 2e^{-t}\cos 2t$$

31 $\mathcal{L}^{-1}\left[\dfrac{1}{s^2+2s+5}\right]$ 의 값은?

① $e^{-t}\sin 2t$ 　② $\dfrac{1}{2}e^{-t}\sin t$

③ $\dfrac{1}{2}e^{-t}\sin 2t$ 　④ $e^{-t}\sin t$

해설

$$\mathcal{L}^{-1}\left[\frac{1}{s^2+2s+5}\right] = \mathcal{L}^{-1}\left[\frac{1}{(s+1)^2 + 2^2}\right] = \frac{1}{2}e^{-t}\sin 2t$$

정답　　26 ④　27 ②　28 ①　29 ③　30 ①　31 ③

32 $f(t) = \mathcal{L}^{-1}\left[\dfrac{1}{s^2+6s+10}\right]$ 의 값은 얼마인가?

① $e^{-3t}\sin t$ ② $e^{-3t}\cos t$

③ $e^{-t}\sin 5t$ ④ $e^{-t}\sin 5\omega t$

해설

$$F(s) = \frac{1}{s^2+6s+10} = \frac{1}{(s+3)^2+1}$$
$$\therefore\ f(t) = e^{-3t}\sin t$$

33 $\dfrac{dx}{dt}+3x=5$ 의 라플라스 변환은?

(단, $x(0_+)=0$ 이다.)

① $\dfrac{5}{s+3}$ ② $\dfrac{3}{s(s+5)}$

③ $\dfrac{3s}{s+5}$ ④ $\dfrac{5}{s(s+3)}$

해설

$\dfrac{dx(t)}{dt} + 3x(t) = 5$ 를 라플라스 변환하면

$sX(s) + 3X(s) = \dfrac{5}{s}$ 이므로

$$X(s) = \frac{5}{(s+3)\cdot s}$$

34 $\dfrac{di(t)}{dt}+4i(t)+4\displaystyle\int i(t)dt=50u(t)$ 를 라플라스 변환하여 풀면 전류는?

(단, $t=0$ 에서 $i(0)=0$, $\displaystyle\int_{-\infty}^{0} i(t)dt=0$ 이다.)

① $50e^{2t}(1+t)$ ② $e^t(1+5t)$

③ $\dfrac{1}{4}(3-e^t)$ ④ $50te^{-2t}$

해설

$\dfrac{di(t)}{dt} + 4i(t) + 4\displaystyle\int i(t)dt = 50u(t)$ 를 라플라스

변환하면 $sI(s) + 4I(s) + \dfrac{4}{s}I(s) = \dfrac{50}{s}$

$\therefore\ I(s)\left(s + 4 + \dfrac{4}{s}\right) = \dfrac{50}{s}$

$$I(s) = \frac{\dfrac{50}{s}}{s+4+\dfrac{4}{s}} = \frac{50}{s^2+4s+4} = \frac{50}{(s+2)^2}$$

$$= 50\frac{1}{(s+2)^2}$$

이를 역라플라스 변환하면

$\therefore\ i(t) = \mathcal{L}^{-1}[I(s)] = 50te^{-2t}$

전달함수

Chapter 14

전달함수

① 전달함수

전달 함수는 "모든 초기치를 0으로 했을 때 입력 신호의 라플라스 변환에 대한 출력 신호의 라플라스 변환과의 비"로 정의한다.

$$\xrightarrow{\substack{\text{입력 } r(t) \\ R(s)}}\ \boxed{\text{전달함수 } G(s)}\ \xrightarrow{\substack{\text{출력 } c(t) \\ C(s)}}$$

전달함수 $G(s)$

$$G(s) = \frac{\mathcal{L}\,[c(t)]}{\mathcal{L}\,[r(t)]} = \frac{C(s)}{R(s)}$$

예제문제 전달함수

1 전달함수의 성질 중 옳지 않은 것은?

① 어떤 계의 전달함수는 그 계에 대한 임펄스응답의 라플라스 변환과 같다.

② 전달함수 $P(s)$인 계의 입력이 임펄스함수(δ 함수)이고 모든 초기값이 0 이면 그 계의 출력변환은 $P(s)$와 같다.

③ 계의 전달함수는 계의 미분방정식을 라플라스 변환하고 초기값에 의하여 생긴 항을 무시하면 $P(s) = \mathcal{L}^{-1}\left[\dfrac{Y^2}{X^2}\right]$와 같이 얻어진다.

④ 계의 전달함수의 분모를 0으로 놓으면 이것이 곧 특성방정식이 된다.

해설
계의 전달함수는 계의 미분방정식을 라플라스 변환하고 초기값에 의하여 생긴 항을 무시하면 $P(s) = \dfrac{Y(s)}{X(s)}$ 와 같이 얻어진다.

답 ③

■ 직렬연결시 전달함수

$G(s) = \dfrac{V_o(s)}{V_i(s)} = \dfrac{\text{출력 임피던스}}{\text{입력 임피던스}}$

단, R, L, C 에 대한 임피던스
$R[\Omega] \Rightarrow Z(s) = R[\Omega]$
$L[\mathrm{H}] \Rightarrow Z(s) = j\omega L = sL[\Omega]$
$C[\mathrm{F}] \Rightarrow Z(s) = \dfrac{1}{j\omega C} = \dfrac{1}{sC}[\Omega]$

❷ 소자(R, L, C)에 따른 전달함수

1. 직렬연결시 전달함수

입력전압 라플라스에 대한 출력전압 라플라스와의 비. 즉, 전압비를 구한다.

$$G(s) = \frac{V_o(s)}{V_i(s)} = \frac{\text{출력 임피던스}}{\text{입력 임피던스}} \qquad \text{(직렬연결시 전류가 일정하므로)}$$

단, R, L, C 에 대한 임피던스
$$R[\Omega] \Rightarrow Z(s) = R[\Omega]$$
$$L[\mathrm{H}] \Rightarrow Z(s) = j\omega L = sL[\Omega]$$
$$C[\mathrm{F}] \Rightarrow Z(s) = \frac{1}{j\omega C} = \frac{1}{sC}[\Omega]$$

ex) 그림에서 전기 회로의 전달 함수는?

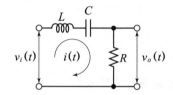

sol) 입, 출력 전압방정식은
$$v_i(t) = Ri(t) + \frac{1}{C}\int i(t)\,dt + L\frac{di(t)}{dt}\,[\mathrm{V}],$$
$$v_0(t) = Ri(t)\,[\mathrm{V}]$$
라플라스 변환시키면
$$V_i(s) = \left(R + \frac{1}{Cs} + Ls\right)I(s),\ \ V_0(s) = RI(s) \text{이므로 전달함수는}$$
$$G(s) = \frac{V_0(s)}{V_i(s)} = \frac{RI(s)}{\left(R + \dfrac{1}{Cs} + Ls\right)I(s)} = \frac{RCs}{LCs^2 + RCs + 1}$$

• 별해
$$G(s) = \frac{V_o(s)}{V_i(s)} = \frac{\text{출력 임피던스}}{\text{입력 임피던스}} = \frac{R}{Ls + \dfrac{1}{Cs} + R} = \frac{RCs}{LCs^2 + RCs + 1}$$

예제문제 전달함수

2 $R-C$ 저역 필터 회로의 전달 함수 $G(j\omega)$ 는 $\omega=0$ 에서 얼마인가?

① 0
② 0.5
③ 1
④ 0.707

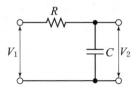

해설

$$G(s) = \frac{V_2(s)}{V_1(s)} = \frac{출력\ 임피던스}{입력\ 임피던스} = \frac{\dfrac{1}{sC}}{R + \dfrac{1}{sC}} = \frac{1}{sRC+1}$$

$G(j\omega) = \dfrac{1}{j\omega RC + 1}$ 에서 $\omega = 0$ 이므로 $|G(j\omega)| = 1$

답 ③

예제문제 전달함수

3 그림과 같은 회로의 전달 함수는?
단, $T_1 = R_2 C$, $T_2 = (R_1 + R_2)C$ 이다.

① $\dfrac{T_1}{T_2 S + 1}$

② $\dfrac{T_2 S}{T_1 S + 1}$

③ $\dfrac{T_1 S + 1}{T_2 S + 1}$

④ $\dfrac{T_1(T_1 S + 1)}{T_2(T_2 S + 1)}$

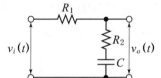

해설

$$G(s) = \frac{V_o(s)}{V_i(s)} = \frac{출력\ 임피던스}{입력\ 임피던스} = \frac{R_2 + \dfrac{1}{Cs}}{R_1 + R_2 + \dfrac{1}{Cs}}$$

$$= \frac{R_2 Cs + 1}{(R_1 + R_2)Cs + 1}$$

$T_1 = R_2 C$, $T_2 = (R_1 + R_2)C$ 이므로

$$G(s) = \frac{R_2 Cs + 1}{(R_1 + R_2)Cs + 1} = \frac{T_1 s + 1}{T_2 s + 1}$$

답 ③

■ 병렬연결시 전달함수

$G(s) = \dfrac{V_o(s)}{I(s)} = \dfrac{1}{합성어드미턴스}$

단, R, L, C 에 대한 어드미턴스

$R[\Omega] \Rightarrow Y(s) = \dfrac{1}{R}\,[\mho]$

$L[\mathrm{H}] \Rightarrow Y(s) = \dfrac{1}{sL}\,[\mho]$

$C[\mathrm{F}] \Rightarrow Y(s) = sC\,[\mho]$

2. 병렬연결시 전달함수

전류에 대한 출력전압 라플라스와의 비(즉, 임피던스를 구한다.)

$$G(s) = \frac{V_o(s)}{I(s)} = Z(s) = \frac{1}{Y(s)} = \frac{1}{합성\ 어드미턴스}$$

단, R, L, C 에 대한 어드미턴스

$$R[\Omega] \Rightarrow Y(s) = \frac{1}{R}\,[\mho]$$

$$L[\mathrm{H}] \Rightarrow Y(s) = \frac{1}{sL}\,[\mho]$$

$$C[\mathrm{F}] \Rightarrow Y(s) = sC\,[\mho]$$

ex) 그림과 같은 회로에서 전달 함수 $\dfrac{V_0(s)}{I(s)}$ 를 구하여라.

단, 초기조건은 모두 0으로 한다.

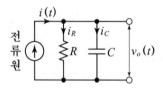

sol) 전류 방정식은 $i(t) = i_R + i_C = \dfrac{v_o(t)}{R} + C\dfrac{dv_o(t)}{dt}\,[\mathrm{A}]$

라플라스 변환시키면

$$I(s) = \frac{1}{R}V_o(s) + Cs\,V_o(s) = \left(\frac{1}{R} + Cs\right)V_o(s)\text{이므로}$$

전달함수 $G(s) = \dfrac{V_o(s)}{I(s)} = \dfrac{1}{\dfrac{1}{R} + Cs} = \dfrac{R}{1 + RCs}$

• 별해

$$G(s) = \frac{V_o(s)}{I(s)} = \frac{1}{합성\ 어드미턴스} = \frac{1}{\dfrac{1}{R} + Cs} = \frac{R}{1 + RCs}$$

전달함수

4 그림과 같은 회로의 전달 함수 $\dfrac{V_o(s)}{I(s)}$ 는?

① $\dfrac{1}{s(C_1 + C_2)}$

② $\dfrac{C_1 C_2}{C_1 + C_2}$

③ $\dfrac{C_1}{s(C_1 + C_2)}$

④ $\dfrac{C_2}{s(C_1 + C_2)}$

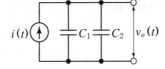

해설

병렬연결시 전달함수

$$G(s) = \frac{E_0(s)}{I(s)} = \frac{1}{\text{합성 어드미턴스}} = \frac{1}{C_1 s + C_2 s} = \frac{1}{s(C_1 + C_2)}$$

답 ①

❸ 제어요소의 전달함수

1. 비례요소

전달 함수 $\boxed{G(s) = \dfrac{Y(s)}{X(s)} = K}$ (K 를 이득 정수라 한다.)

2. 미분 요소

전달 함수 $\boxed{G(s) = \dfrac{Y(s)}{X(s)} = Ks}$

3. 적분 요소

전달 함수 $\boxed{G(s) = \dfrac{Y(s)}{X(s)} = \dfrac{K}{s}}$

4. 1차 지연 요소

전달 함수 $\boxed{G(s) = \dfrac{Y(s)}{X(s)} = \dfrac{K}{Ts + 1}}$

■ 제어요소의 전달함수

1. 비례요소
   $G(s) = K$
2. 미분 요소
   $G(s) = Ks$
3. 적분 요소
   $G(s) = \dfrac{K}{s}$
4. 1차 지연 요소
   $G(s) = \dfrac{K}{Ts + 1}$
5. 2차 지연 요소
   $G(s) = \dfrac{K\omega_n^2}{s^2 + 2\delta\omega_n s + \omega_n^2}$
6. 부동작 시간 요소
   $G(s) = Ke^{-LS}$

5. 2차 지연 요소

전달 함수 $\boxed{G(s) = \dfrac{Y(s)}{X(s)} = \dfrac{K\omega_n^2}{s^2 + 2\delta\omega_n s + \omega_n^2}}$

여기서, δ은 감쇠 계수 또는 제동비, ω_n은 고유 주파수

6. 부동작 시간 요소

전달 함수는 $\boxed{G(s) = \dfrac{Y(s)}{X(s)} = Ke^{-LS}}$ (단, L : 부동작 시간)

예제문제 전달함수

5 그림과 같은 요소는 제어계의 어떤 요소인가?

① 적분요소
② 미분요소
③ 1차 지연요소
④ 1차 지연 미분요소

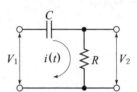

해설

$V_1(s) = \left(R + \dfrac{1}{Cs}\right)I(s)$, $V_2(s) = RI(s)$ 에서

전달함수

$G(s) = \dfrac{V_2(s)}{V_1(s)} = \dfrac{R}{R + \dfrac{1}{Cs}} = \dfrac{RCs}{RCs + 1} = \dfrac{Ts}{Ts + 1} = Ts \times \dfrac{1}{Ts + 1}$ 이므로

1차지연$\left(\dfrac{1}{Ts + 1}\right)$ 및 미분요소(Ts)가 된다.

답 ④

---

④ 미분방정식에 의한 전달함수

실미분정리를 이용하여 전달함수를 구한다.

$2\dfrac{d^2 y(t)}{dt^2} + 3\dfrac{d y(t)}{dt} + 5 y(t) = 3\dfrac{d x(t)}{dt} + x(t)$

실미분정리를 이용하여 라플라스 변환시키면

$2s^2 Y(s) + 3s Y(s) + 5 Y(s) = 3s X(s) + X(s)$

$Y(s)(2s^2 + 3s + 5) = X(s)(3s + 1)$ 이므로

전달함수는 $G(s) = \dfrac{Y(s)}{X(s)} = \dfrac{3s + 1}{2s^2 + 3s + 5}$ 이 된다.

예제문제 미분방정식에 의한 전달함수

6 입력신호 $x(t)$ 와 출력신호 $y(t)$ 의 관계가 다음과 같을 때 전달함수는? $\left(단, \ \dfrac{d^2}{dt^2}y(t) + 5\dfrac{d}{dt}y(t) + 6y(t) = x(t) \right)$

① $\dfrac{1}{(s+2)(s+3)}$

② $\dfrac{s+1}{(s+2)(s+3)}$

③ $\dfrac{s+4}{(s+2)(s+3)}$

④ $\dfrac{s}{(s+2)(s+3)}$

해설

미분방정식의 양변을 라플라스 변환하면

$s^2 Y(s) + 5s Y(s) + 6 Y(s) = X(s)$

$(s^2 + 5s + 6) Y(s) = X(s)$

$\therefore \ G(s) = \dfrac{Y(s)}{X(s)} = \dfrac{1}{s^2 + 5s + 6} = \dfrac{1}{(s+2)(s+3)}$

답 ①

예제문제 미분방정식에 의한 전달함수

7 $\dfrac{B(s)}{A(s)} = \dfrac{2}{2s + 3}$ 의 전달함수를 미분방정식으로 표시하면?

① $3\dfrac{d}{dt}b(t) + 2b(t) = 2a(t)$

② $\dfrac{d}{dt}b(t) + b(t) = a(t)$

③ $2\dfrac{d}{dt}b(t) + 3b(t) = 2a(t)$

④ $3\dfrac{d}{dt}b(t) + b(t) = a(t)$

해설

$\dfrac{B(s)}{A(s)} = \dfrac{2}{2s + 3}$ 에서

$2s B(s) + 3B(s) = 2A(s)$

$2\dfrac{d}{dt}b(t) + 3b(t) = 2a(t)$

답 ③

SECTION 14

출제예상문제

01 다음 사항 중 옳게 표현된 것은?

① 비례 요소의 전달 함수는 $\dfrac{1}{Ts}$ 이다.

② 미분 요소의 전달 함수는 K이다.

③ 적분 요소의 전달 함수는 Ts 이다.

④ 1차 지연 요소의 전달 함수는 $\dfrac{K}{Ts+1}$이다.

해설

비례 요소 : K, 미분 요소 : Ts, 적분 요소 : $\dfrac{1}{Ts}$,

1차 지연 요소 : $\dfrac{K}{Ts+1}$

02 부동작 시간 (dead time) 요소의 전달 함수는?

① K ② $\dfrac{K}{s}$

③ Ke^{-Ls} ④ Ks

해설

부동작 시간요소의 전달함수 $G(s) = Ke^{-Ls} = \dfrac{K}{e^{Ls}}$

03 그림과 같은 회로의 전달 함수는?

(단, $\dfrac{L}{R} = T$: 시정수이다.)

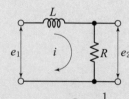

① $\dfrac{1}{Ts^2+1}$ ② $\dfrac{1}{Ts+1}$

③ Ts^2+1 ④ $Ts+1$

해설

입, 출력 전압방정식은

$e_1(t) = Ri(t) + L\dfrac{di(t)}{dt}$, $e_2(t) = Ri(t)$

라플라스 변환시키면

$E_1(s) = (R+Ls)I(s)$, $E_2(s) = RI(s)$ 이므로

전달함수는

$G(s) = \dfrac{E_2(s)}{E_1(s)} = \dfrac{RI(s)}{(R+Ls)I(s)}$

$= \dfrac{R}{R+Ls} = \left.\dfrac{1}{\dfrac{L}{R}s+1}\right|_{T=\frac{L}{R}} = \dfrac{1}{Ts+1}$

[별해]

$G(s) = \dfrac{E_2(s)}{E_1(s)} = \dfrac{\text{출력 임피던스}}{\text{입력 임피던스}}$

$= \dfrac{R}{sL+R} = \dfrac{1}{s\cdot\dfrac{L}{R}+1} = \dfrac{1}{Ts+1}$

04 그림과 같은 회로의 전달 함수는?

(단, $T=RC$ 이다.)

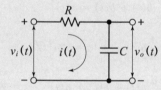

① $\dfrac{1}{Ts^2+1}$ ② $\dfrac{1}{Ts+1}$

③ Ts^2+1 ④ $Ts+1$

해설

입, 출력 전압 방정식은

$v_i(t) = Ri(t) + \dfrac{1}{C}\int i(t)\,dt$, $v_0(t) = \dfrac{1}{C}\int i(t)\,dt$

라플라스 변환시키면

$V_i(s) = \left(R+\dfrac{1}{Cs}\right)I(s)$, $V_0(s) = \dfrac{1}{Cs}I(s)$ 이므로

전달함수는

$G(s) = \dfrac{V_0(s)}{V_i(s)} = \dfrac{\dfrac{1}{Cs}I(s)}{\left(R+\dfrac{1}{Cs}\right)I(s)}$

$= \left.\dfrac{1}{RCs+1}\right|_{T=RC} = \dfrac{1}{Ts+1}$

정답   01 ④   02 ③   03 ②   04 ②

[별해]

$$G(s) = \frac{V_0(s)}{V_i(s)} = \frac{출력\ 임피던스}{입력\ 임피던스}$$

$$= \frac{\dfrac{1}{Cs}}{R + \dfrac{1}{Cs}} = \frac{1}{RCs + 1} = \frac{1}{Ts + 1}$$

05 그림과 같은 전기회로의 입력을 V_1, 출력을 V_2 라고 할 때 전달함수는? 단, $s = j\omega$ 이다.

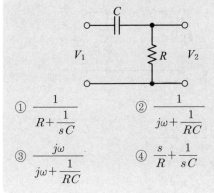

① $\dfrac{1}{R + \dfrac{1}{sC}}$ ② $\dfrac{1}{j\omega + \dfrac{1}{RC}}$

③ $\dfrac{j\omega}{j\omega + \dfrac{1}{RC}}$ ④ $\dfrac{s}{R} + \dfrac{1}{sC}$

해설

$$G(s) = \frac{V_2(s)}{V_1(s)} = \frac{출력\ 임피던스}{입력\ 임피던스}$$

$$= \frac{R}{R + \dfrac{1}{Cs}} = \frac{RCs}{RCs + 1}$$

$$= \frac{s}{s + \dfrac{1}{RC}} = \frac{j\omega}{j\omega + \dfrac{1}{RC}}$$

06 그림과 같은 회로망의 전달 함수 $H(s) = \dfrac{V_2(s)}{V_1(s)}$ 를 구하면?

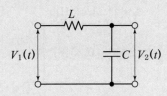

① $\dfrac{LC}{1 + LCs}$ ② $\dfrac{LC}{1 + LCs^2}$

③ $\dfrac{1}{1 + LCs}$ ④ $\dfrac{1}{1 + LCs^2}$

해설

$$H(s) = \frac{V_2(s)}{V_1(s)} = \frac{출력\ 임피던스}{입력\ 임피넌스}$$

$$= \frac{\dfrac{1}{Cs}}{Ls + \dfrac{1}{Cs}} = \frac{1}{1 + LCs^2}$$

07 그림과 같은 회로의 전달 함수 $\dfrac{V_0(s)}{V_i(s)}$ 는?

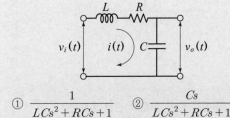

① $\dfrac{1}{LCs^2 + RCs + 1}$ ② $\dfrac{Cs}{LCs^2 + RCs + 1}$

③ $\dfrac{Ls}{LCs^2 + RCs + 1}$ ④ $\dfrac{LCs^2}{LCs^2RCs + 1}$

해설

$$G(s) = \frac{V_0(s)}{V_i(s)} = \frac{출력\ 임피던스}{입력\ 임피던스}$$

$$= \frac{\dfrac{1}{Cs}}{R + Ls + \dfrac{1}{Cs}} = \frac{1}{LCs^2 + RCs + 1}$$

08 그림과 같은 회로의 전압비 전달 함수 $H(j\omega) = \dfrac{V_c(j\omega)}{V(j\omega)}$ 는?

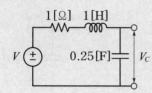

① $\dfrac{2}{(j\omega)^2 + j\omega + 2}$

② $\dfrac{2}{(j\omega)^2 + j\omega + 4}$

③ $\dfrac{4}{(j\omega)^2 + j\omega + 4}$

④ $\dfrac{1}{(j\omega)^2 + j\omega + 1}$

해설

$$G(j\omega) = \frac{V_c(j\omega)}{V(j\omega)} \frac{출력\ 임피던스}{입력\ 임피던스} = \frac{\dfrac{1}{Cs}}{R + Ls + \dfrac{1}{Cs}}$$

$$= \frac{1}{LCs^2 + RCs + 1}$$

$$= \frac{1}{LC(j\omega)^2 + RC(j\omega) + 1}$$

$R = 1[\Omega]$, $L = 1[\text{H}]$, $C = 0.25[\text{F}]$ 를 대입하면

$$\therefore\ G(j\omega) = \frac{1}{0.25(j\omega)^2 + 0.25(j\omega) + 1}$$

$$= \frac{4}{(j\omega)^2 + j\omega + 4}$$

09 그림에서 전기 회로의 전달 함수는?

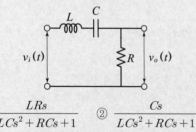

① $\dfrac{LRs}{LCs^2 + RCs + 1}$

② $\dfrac{Cs}{LCs^2 + RCs + 1}$

③ $\dfrac{RCs}{LCs^2 + RCs + 1}$

④ $\dfrac{LRCs}{LCs^2 + RCs + 1}$

해설

$$G(s) = \frac{V_2(s)}{V_1(s)} = \frac{출력\ 임피던스}{입력\ 임피던스}$$

$$= \frac{R}{Ls + \dfrac{1}{Cs} + R} = \frac{RCs}{LCS^2 + RCs + 1}$$

10 다음 지상 네트워크의 전달함수는?

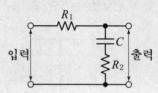

① $\dfrac{s(R_1 + R_2)C + 1}{s\,CR_1 + 1}$

② $\dfrac{s\,CR_2 + 1}{s(R_1 + R_2)C + 1}$

③ $\dfrac{R_1 + s\,C}{R_1 + R_2 + s\,C}$

④ $\dfrac{1}{1/R_1 + 1/R_2 + s\,C}$

해설

입력전압 라플라스 $E_i(s) = \left(R_1 + R_2 + \dfrac{1}{Cs}\right)I(s)$

출력전압 라플라스 $E_o(s) = \left(R_2 + \dfrac{1}{Cs}\right)I(s)$

$$\therefore\ G(s) = \frac{E_o(s)}{E_i(s)} = \frac{R_2 + \dfrac{1}{Cs}}{R_1 + R_2 + \dfrac{1}{Cs}}$$

$$= \frac{R_2Cs + 1}{(R_1 + R_2)Cs + 1}$$

[별해] 직렬 연결시 전달함수

$$G(s) = \frac{출력\ 임피던스}{입력\ 임피던스} = \frac{R_2 + \dfrac{1}{C_2s}}{R_1 + R_2 + \dfrac{1}{C_2s}}$$

$$= \frac{R_2C_2s + 1}{(R_1 + R_2)C_2s + 1}$$

정답 08 ③ 09 ③ 10 ②

11 그림과 같은 회로에서 전압비 전달 함수는?

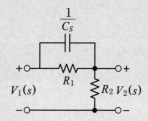

$V_1(s)$ R_1 R_2 $V_2(s)$

① $\dfrac{R_1}{R_1 Cs + 1}$

② $\dfrac{s+1}{s+(R_1+R_2)+R_1 R_2 C}$

③ $\dfrac{R_1 R_2 s + RCs}{R_1 Cs + R_1 R_2 s^2 + C}$

④ $\dfrac{R_2 + R_1 R_2 Cs}{R_2 + R_1 R_2 Cs + R_1}$

해설

R_1 과 C의 합성 임피던스 등가 회로는 그림과 같다.

$$Z = \frac{R_1 \times \dfrac{1}{Cs}}{R_1 + \dfrac{1}{Cs}} = \frac{R_1}{1+R_1 Cs} \text{ 이므로}$$

$V_1(s)$ $\dfrac{R_1}{1+CsR_1}$ R_2 $V_2(s)$

$$G(s) = \frac{V_2(s)}{V_1(s)} = \frac{\text{출력 임피던스}}{\text{입력 임피던스}}$$

$$= \frac{R_2}{\dfrac{R_1}{1+CsR_1} + R_2} = \frac{R_2 + R_1 R_2 Cs}{R_1 + R_2 + R_1 R_2 Cs}$$

12 그림과 같은 회로의 전달 함수는 어느 것인가?

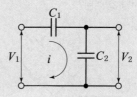

V_1 i C_1 C_2 V_2

① $C_1 + C_2$

② $\dfrac{C_2}{C_1}$

③ $\dfrac{C_1}{C_1 + C_2}$

④ $\dfrac{C_2}{C_1 + C_2}$

해설

$$G(s) = \frac{V_2(s)}{V_1(s)} = \frac{\text{출력 임피던스}}{\text{입력 임피던스}}$$

$$= \frac{\dfrac{1}{C_2 s}}{\dfrac{1}{C_1 s} + \dfrac{1}{C_2 s}} = \frac{C_1}{C_1 + C_2}$$

13 그림과 같은 회로에서 전달함수 $\dfrac{V_0(s)}{I(s)}$ 를 구하여라. (단, 초기조건은 모두 0으로 한다.)

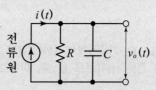

전류원 $i(t)$ R C $v_o(t)$

① $\dfrac{1}{RCs+1}$

② $\dfrac{R}{RCs+1}$

③ $\dfrac{C}{RCs+1}$

④ $\dfrac{RCs}{RCs+1}$

해설

병렬 연결시 전달함수

$$G(s) = \frac{V_0(s)}{I(s)} = \frac{1}{\text{합성 어드미턴스}}$$

$$= \frac{1}{\dfrac{1}{R} + Cs} = \frac{R}{1+RCs}$$

14 그림에서 e_i 를 입력 전압, e_o 를 출력 전압이라 할 때 전달 함수는?

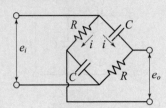

① $\dfrac{RCs-1}{RCs+1}$　② $\dfrac{1}{RCs+1}$

③ $\dfrac{RCs+1}{RCs-1}$　④ $\dfrac{1}{RCs-1}$

해설

$$e_i(t) = Ri(t) + \frac{1}{C}\int i(t)\,dt ,$$

$$e_o(t) = Ri(t) - \frac{1}{C}\int i(t)\,dt$$

초기값을 0으로 하고 라플라스 변환하면

$$E_i(s) = \frac{1}{Cs}I(s) + RI(s) = \left(R + \frac{1}{Cs}\right)I(s)$$

$$E_o(s) = RI(s) - \frac{1}{Cs}I(s) = \left(R - \frac{1}{Cs}\right)I(s)$$

$$\therefore\ G(s) = \frac{E_o(s)}{E_i(s)} = \frac{R - \dfrac{1}{Cs}}{R + \dfrac{1}{Cs}} = \frac{CRs - 1}{CRs + 1}$$

15 $R-L-C$ 회로망에서 입력전압을 $e_i(t)[V]$, 출력량을 전류 $i(t)[A]$로 할 때, 이 요소의 전달 함수는?

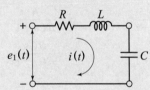

① $\dfrac{Rs}{LCs^2+RCs+1}$　② $\dfrac{RLs}{LCs^2+RCs+1}$

③ $\dfrac{Ls}{LCs^2+RCs+1}$　④ $\dfrac{Cs}{LCs^2+RCs+1}$

해설

전압에 대한 전류의 전달함수는

$$G(s) = \frac{I(s)}{V(s)} = Y(s) = \frac{1}{Z(s)}$$

$$= \frac{1}{R + Ls + \dfrac{1}{Cs}} = \frac{Cs}{LCs^2 + RCs + 1}$$

16 다음 회로에서 입력을 $v(t)$, 출력을 $i(t)$로 했을 때의 입출력 전달 함수는? (단, 스위치 S는 $t=0$ 순간에 회로에 전압이 공급된다고 한다.)

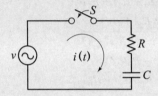

① $\dfrac{I(s)}{V(s)} = \dfrac{s}{R\left(s + \dfrac{1}{RC}\right)}$

② $\dfrac{I(s)}{V(s)} = \dfrac{1}{RC\left(s + \dfrac{1}{RC}\right)}$

③ $\dfrac{I(s)}{V(s)} = \dfrac{s}{RCs + 1}$

④ $\dfrac{I(s)}{V(s)} = \dfrac{RCs}{RCs + 1}$

해설

전압에 대한 전류의 전달함수는

$$G(s) = \frac{I(s)}{V(s)} = Y(s) = \frac{1}{Z(s)}$$

$$= \frac{1}{R + \dfrac{1}{Cs}} = \frac{Cs}{RCs + 1}$$

$$= \frac{s}{Rs + \dfrac{1}{C}} = \frac{s}{R\left(s + \dfrac{1}{RC}\right)}$$

17 그림과 같은 회로에서 인가 전압에 의한 전류 i를 입력, V_0를 출력이라 할 때 전달 함수는? (단, 초기조건은 모두 0이다.)

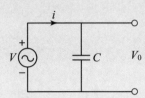

① $\dfrac{1}{Cs}$

② Cs

③ $\dfrac{1}{1+Cs}$

④ $1+Cs$

해설

출력 전압 방정식 $v_0(t) = \dfrac{1}{C}\displaystyle\int i(t)\,dt$ 이므로

라플라스 변환하여 풀면 $V_0(s) = \dfrac{1}{Cs}I(s)$ 이므로

전달함수 $\therefore G(s) = \dfrac{V_0(s)}{I(s)} = \dfrac{1}{Cs}$

18 어떤 계를 표시하는 미분 방정식이

$\dfrac{d^2 y(t)}{dt^2} + 3\dfrac{dy(t)}{dt} + 2y(t) = \dfrac{dx(t)}{dt} + x(t)$ 라고

한다. $x(t)$ 는 입력, $y(t)$ 는 출력이라고 한다면 이 계의 전달 함수는 어떻게 표시되는가?

① $\dfrac{s^2+3s+2}{s+1}$

② $\dfrac{2s+1}{s^2+s+1}$

③ $\dfrac{s+1}{s^2+3s+2}$

④ $\dfrac{s^2+s+1}{2s+1}$

해설

양변을 라플라스 변환하면
$s^2\,Y(s) + 3s\,Y(s) + 2\,Y(s) = sX(s) + X(s)$
$(s^2+3s+2)\,Y(s) = (s+1)\,X(s)$
$\therefore \;\; G(s) = \dfrac{Y(s)}{X(s)} = \dfrac{s+1}{s^2+3s+2}$

19 $\dfrac{V_0(s)}{V_i(s)} = \dfrac{1}{s^2+3s+1}$ 의 전달 함수를 미분 방정식으로 표시하면?

① $\dfrac{d^2}{dt^2}v_o(t) + 3\dfrac{d}{dt}v_o(t) + v_o(t) = v_i(t)$

② $\dfrac{d^2}{dt^2}v_i(t) + 3\dfrac{d}{dt}v_i(t) + v_i(t) = v_o(t)$

③ $\dfrac{d^2}{dt^2}v_i(t) + 3\dfrac{d}{dt}v_i(t) + \displaystyle\int v_i(t)dt = v_o(t)$

④ $\dfrac{d^2}{dt^2}v_o(t) + 3\dfrac{d}{dt}v_o(t) + \displaystyle\int v_o(t)dt = v_i(t)$

해설

$\dfrac{V_0(s)}{V_i(s)} = \dfrac{1}{s^2+3s+1}$ 에서

$V_i(s) = s^2\,V_o(s) + 3s\,V_o(s) +\; V_o(s)$

$v_i(t) = \dfrac{d^2}{dt^2}v_o(t) + 3\dfrac{d}{dt}v_o(t) + v_o(t)$

20 그림과 같은 회로는?

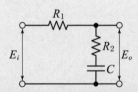

① 미분 회로

② 적분 회로

③ 가산 회로

④ 미분, 적분 회로

해설

C 의 위치

입력 측	출력 측
미분회로	**적분회로**
진상보상회로	지상보상회로
입력전압이 출력전압의 위상보다 뒤진다	입력전압이 출력전압의 위상보다 앞선다

정답   17 ①   18 ③   19 ①   20 ②

21 다음과 같은 회로에서 출력전압 V_2의 위상은 입력전압 V_1보다 어떠한가?

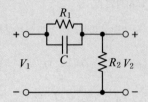

① 같다.   ② 앞선다.
③ 뒤진다.   ④ 전압과 관계없다.

해설

C의 위치

입 력 측	출 력 측
미분회로	적분회로
진상보상회로	지상보상회로
입력전압이 출력전압의 위상보다 뒤진다	입력전압이 출력전압의 위상보다 앞선다

과도현상

Chapter 15

과도현상

① 과도현상의 성질

(1) 저항(R)만의 회로에서는 과도현상이 일어나지 않는다.

(2) L 및 C 의 성질

　① L : 초개말단

　② C : 초단말개

(3) 시정수가 클수록 과도현상은 오래 지속된다.

(4) 일반해 $i(t)$ = 정상해 $i_s(t=\infty)$ + 과도해 $i_t(E=0)$

예제문제 과도현상의 성질

1 전기 회로에서 일어나는 과도현상은 그 회로의 시정수와 관계가 있다. 이 사이의 관계를 옳게 표현한 것은?

① 회로의 시정수가 클수록 과도현상은 오랫동안 지속된다.

② 시정수는 과도현상의 지속 시간에는 상관되지 않는다.

③ 시정수의 역이 클수록 과도현상은 천천히 사라진다.

④ 시정수가 클수록 과도현상은 빨리 사라진다.

답 ①

② $R-L$ 직렬의 직류회로

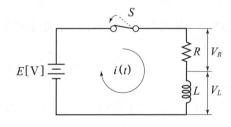

스위치를 on 하는 순간 R과 L에 걸리는 기전력은

$E = Ri(t) + L\dfrac{d}{dt}i(t)$ 가 되고 이를 라플라스 변환하면

$$\dfrac{E}{s} = RI(s) + Ls\,I(s), \ \ I(s) = \dfrac{E}{s(Ls+R)} = \dfrac{\dfrac{E}{L}}{s\left(s+\dfrac{R}{L}\right)}$$

이를 부분 분수 전개법에 의하여 $i(t)$를 구하면 다음과 같다.

$$I(s) = \cfrac{\cfrac{E}{L}}{s\left(s + \cfrac{R}{L}\right)} = \cfrac{A}{s} + \cfrac{B}{s + \cfrac{R}{L}} \text{에서}$$

$$A = I(s)s \Big|_{s=0} = \frac{E}{R}, \quad B = I(s)\left(s + \frac{R}{L}\right)\Big|_{s=-\frac{R}{L}} = -\frac{E}{R} \text{가}$$
된다.

그러므로 이를 대입하면 $I(s) = \cfrac{E}{R}\cdot\cfrac{1}{s} - \cfrac{E}{R}\cdot\cfrac{1}{s + \cfrac{R}{L}}$ 가 된다.

이를 역 라플라스 시키면 $i(t) = \cfrac{E}{R}\left(1 - e^{-\frac{R}{L}t}\right)$[A] 가 된다.

|정리| $R-L$ 직렬의 직류회로

(1) 스위치 on시 흐르는 전류 $i(t) = \cfrac{E}{R}\left(1 - e^{-\frac{R}{L}t}\right)$ [A]

(2) 특성근 $p = -\cfrac{R}{L}$

(3) 시정수 τ[sec] : 특성근 절댓값의 역수 $\tau = \cfrac{1}{|p|} = \cfrac{L}{R}$ [sec]

(4) 초기전류($t = 0$) : $i(0) = 0$ [A]

(5) 최종전류 = 정상전류 ($t = \infty$) : $i(\infty) = i_s = \cfrac{E}{R}$ [A]

(6) 시정수에서의 전류값 ($t = \tau$) : $i(\tau) = 0.632\cfrac{E}{R} = 0.632 i_s$ [A]

(7) R에 걸리는 전압 : $V_R = Ri(t) = E(1 - e^{-\frac{R}{L}t})$ [V]

(8) L에 걸리는 전압 : $V_L = L\cfrac{d}{dt}i(t) = Ee^{-\frac{R}{L}t}$ [V]

(9) 스위치 S를 개방시 전류 : $i(t) = \cfrac{E}{R}e^{-\frac{R}{L}t}$ [A]

■ $R-L$ 직렬의 직류회로
$i(t) = \cfrac{E}{R}\left(1 - e^{-\frac{R}{L}t}\right)$ [A]

$\tau = \cfrac{L}{R}$ [sec]

$i(\tau) = 0.632\cfrac{E}{R}$ [A]

$V_R = E(1 - e^{-\frac{R}{L}t})$ [V]

$V_L = Ee^{-\frac{R}{L}t}$ [V]

예제문제 R - L 직렬회로에서 전류

2 다음의 회로에서 S를 닫은 후 $t = 1$[sec] 일 때 회로에 흐르는 전류는 약 몇 [A]인가?

① 2.16[A]
② 3.16[A]
③ 4.16[A]
④ 5.16[A]

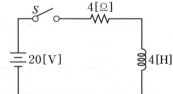

해설
R-L직렬회로에서 스위치 on시 전류 $i(t) = \cfrac{E}{R}(1 - e^{-\frac{R}{L}t})$[A]이므로
$i(t) = \cfrac{20}{4}\left(1 - e^{-\frac{4}{4}\times 1}\right) = 3.16$[A]

답 ②

예제문제 R - L 직렬회로에서 시정수

3 그림과 같은 회로에서 스위치 S를 닫았을 때 시정수의 값[s]은?
(단, $L = 10[\text{mH}]$, $R = 10[\Omega]$이다.)

① 10^3
② 10^{-3}
③ 10^2
④ 10^{-2}

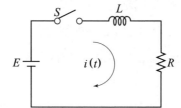

해설

시정수 $\tau = \dfrac{L}{R} = \dfrac{10 \times 10^{-3}}{10} = 10^{-3} [\text{sec}]$

답 ②

❸ $R - C$ 직렬의 직류회로

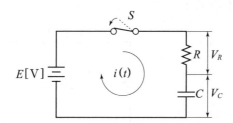

스위치를 on 하는 순간 R과 C에 걸리는 기전력은

$E = Ri(t) + \dfrac{1}{C} \displaystyle\int i(t) \, dt$가 되고 이를 라플라스 변환하면

$\dfrac{E}{s} = RI(s) + \dfrac{1}{Cs}I(s)$가 되고 이를 전류에 대하여 정리 하면

$I(s) = \dfrac{E}{s\left(R + \dfrac{1}{Cs}\right)} = \dfrac{\dfrac{E}{R}}{s + \dfrac{1}{RC}}$ 가 된다.

이를 역라플라스시키면 $i(t) = \dfrac{E}{R} e^{-\frac{1}{RC}t} [\text{A}]$가 된다.

■ $R-C$ 직렬의 직류회로

$i(t) = \dfrac{E}{R} e^{-\frac{1}{RC}t}$ [A]

$\tau = RC$ [sec]

$i(\tau) = 0.368 \dfrac{E}{R}$ [A]

$V_R = E e^{-\frac{1}{RC}t}$ [V]

$V_C = E(1 - e^{-\frac{1}{RC}t})$[V]

$q(t) = CE(1 - e^{-\frac{1}{RC}t})$ [C]

|정리| $R-C$ 직렬의 직류회로

(1) 스위치 on시 흐르는 전류 $i(t) = \dfrac{E}{R} e^{-\frac{1}{RC}t}$ [A]

(2) 특성근 $p = -\dfrac{1}{RC}$

(3) 시정수 τ [sec] : 특성근 절댓값의 역수 $\tau = \dfrac{1}{|p|} = RC$ [sec]

(4) 초기전류($t = 0$) : $i(0) = \dfrac{E}{R}$ [A]

(5) 최종전류 = 정상전류 ($t = \infty$) : $i(\infty) = i_s = 0$[A]

(6) 시정수에서의 전류값 ($t = \tau$) : $i(\tau) = 0.368 \dfrac{E}{R}$ [A]

(7) R에 걸리는 전압 : $V_R = Ri(t) = E e^{-\frac{1}{RC}t}$[V]

(8) C에 걸리는 전압 : $V_C = \dfrac{1}{C}\displaystyle\int_0^t i(t)\,dt = E(1 - e^{-\frac{1}{RC}t})$[V]

(9) 콘덴서에 충전된 전하량 : $q(t) = CV_C = CE(1 - e^{-\frac{1}{RC}t})$ [C]

예제문제 R – C 직렬회로의 과도현상

4 그림의 회로에서 콘덴서의 초기 전압을 0[V]로 할 때 회로에 흐르는 전류 $i(t)$[A]는?

① $5(1 - e^{-t})$

② $1 - e^{-t}$

③ $5e^{-t}$

④ e^{-t}

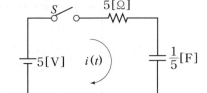

해설

R–C 직렬회로에서 스위치를 닫았을 때 흐르는 전류

$$i(t) = \dfrac{E}{R} e^{-\frac{1}{RC}t} = \dfrac{5}{5} e^{-\frac{1}{5 \times \frac{1}{5}}t} = e^{-t}\,[\text{A}]$$

답 ④

❹ $L-C$ 직렬의 직류회로

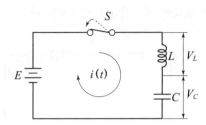

스위치를 on 하는 순간 L과 C에 걸리는 기전력은

$E = L\dfrac{d}{dt}i(t) + \dfrac{1}{C}\displaystyle\int i(t)\ dt$ 가 되고 이를 라플라스 변환하면

$\dfrac{E}{s} = Ls\,I(s) + \dfrac{1}{Cs}I(s)$ 가 되고 이를 전류에 대하여 정리 하면

$I(s) = \dfrac{E}{s\left(Ls + \dfrac{1}{Cs}\right)} = \dfrac{\dfrac{E}{L}}{s^2 + \dfrac{1}{LC}} = \dfrac{\dfrac{1}{\sqrt{LC}}\sqrt{\dfrac{C}{L}}\,E}{s^2 + \left(\dfrac{1}{\sqrt{LC}}\right)^2}$ 가 된다.

이를 역 라플라스 시키면 $i(t) = \dfrac{E}{\sqrt{\dfrac{L}{C}}}\sin\dfrac{1}{\sqrt{LC}}t\,[\mathrm{A}]$ 가 된다.

┃정리┃ $L-C$ 직렬의 직류회로

(1) 전류 : $i(t) = \dfrac{E}{\sqrt{\dfrac{L}{C}}}\sin\dfrac{1}{\sqrt{LC}}t\,[\mathrm{A}]$

(2) 고유 각주파수 $w = \dfrac{1}{\sqrt{LC}}$ [rad/sec]

(3) 불변진동전류가 흐른다.

(4) L, C 의 단자전압

① $V_L = L\dfrac{di(t)}{dt} = E\cos\dfrac{1}{\sqrt{LC}}t\,[\mathrm{V}]$

② $V_C = \dfrac{1}{C}\displaystyle\int_0^t i(t)dt = E\left(1 - \cos\dfrac{1}{\sqrt{LC}}t\right)[\mathrm{V}]$

(5) L, C 의 최대 단자전압

① $V_{L최대} = E\,[\mathrm{V}]$

② $V_{C최대} = 2E\,[\mathrm{V}]$

■ $L-C$ 직렬의 직류회로

$i(t) = \dfrac{E}{\sqrt{\dfrac{L}{C}}}\sin\dfrac{1}{\sqrt{LC}}t\,[\mathrm{A}]$

불변진동전류
$V_{C최대} = 2E\,[\mathrm{V}]$

■ $R-L-C$ 직렬의 직류회로

$R > 2\sqrt{\dfrac{L}{C}}$: 비진동상태

$R < 2\sqrt{\dfrac{L}{C}}$: 진동상태

$R = 2\sqrt{\dfrac{L}{C}}$: 임계진동

⑤ $R-L-C$ 직렬의 직류회로

$R-L-C$ 직렬 회로에 직류전압을 인가하는 경우

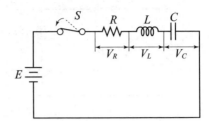

(1) $R > 2\sqrt{\dfrac{L}{C}}$: 비진동상태

(2) $R < 2\sqrt{\dfrac{L}{C}}$: 진동상태

(3) $R = 2\sqrt{\dfrac{L}{C}}$: 임계진동

예제문제 R -L- C 직렬회로의 과도현상

5 $R-L-C$ 직렬 회로에서 $R = 100\,[\Omega]$, $L = 0.1\times10^{-3}[\text{H}]$, $C = 0.1\times10^{-6}[\text{F}]$ 일 때 이 회로는?

① 진동적이다.
② 비진동이다.
③ 정현파 진동이다.
④ 진동일 수도 있고 비진동일 수도 있다.

해설
진동 여부의 판별식에서

$2\sqrt{\dfrac{L}{C}} = 2\sqrt{\dfrac{0.1\times10^{-3}}{0.1\times10^{-6}}} = 20\sqrt{10}$ 이므로

$R > 2\sqrt{\dfrac{L}{C}}$ 의 관계를 가지므로 비진동적이다.

답 ②

SECTION
15
출제예상문제

01 그림에서 스위치 S 를 닫을 때의 전류 $i(t)$ [A] 는 얼마인가?

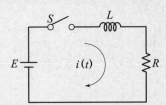

① $\dfrac{E}{R}e^{-\frac{R}{L}t}$

② $\dfrac{E}{R}(1-e^{-\frac{R}{L}t})$

③ $\dfrac{E}{R}e^{-\frac{L}{R}t}$

④ $\dfrac{E}{R}(1-e^{-\frac{L}{R}t})$

02 그림에서 $t=0$ 일 때 S 를 닫았다. 전류 $i(t)$ [A]를 구하면?

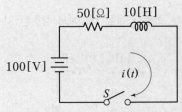

① $2(1+e^{-5t})$

② $2(1-e^{5t})$

③ $2(1-e^{-5t})$

④ $2(1+e^{5t})$

해설
R-L직렬연결에서 스위치 인가시 전류
$$i(t)=\frac{E}{R}(1-e^{-\frac{R}{L}t})=\frac{100}{50}\left(1-e^{-\frac{50}{10}t}\right)$$
$$=2(1-e^{-5t})[\mathrm{A}]$$

03 $R-L$ 직렬 회로에 V인 직류 전압원을 갑자기 연결하였을 때 $t=0$인 순간 이 회로에 흐르는 회로 전류에 대하여 바르게 표현된 것은?

① 이 회로에는 전류가 흐르지 않는다.

② 이 회로에는 V/R 크기의 전류가 흐른다.

③ 이 회로에는 무한대의 전류가 흐른다.

④ 이 회로에는 $V/(R+j\omega L)$의 전류가 흐른다.

해설
$R-L$ 직렬 회로의 전류 $i(t)=\dfrac{E}{R}(1-e^{-\frac{R}{L}t})$에서 $t=0$ 인 경우 $i(t)=0$ 이다.

04 $Ri(t)+L\dfrac{di(t)}{dt}=E$ 의 계통 방정식에서 정상 전류는?

① 0

② $\dfrac{E}{RL}$

③ $\dfrac{E}{R}$

④ E

해설
R-L직렬연결에서 정상전류 $i_s=\dfrac{E}{R}[\mathrm{A}]$

05 그림과 같은 회로에서 스위치 S를 닫았을 때 시정수의 값[s]은? (단, $L=10\,[\mathrm{mH}]$, $R=20\,[\Omega]$ 이다.)

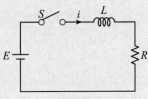

① 2000

② 5×10^{-4}

③ 200

④ 5×10^{-3}

해설

$R-L$ 직렬 회로의 시정수는

$$\tau = \frac{L}{R} = \frac{10 \times 10^{-3}}{20} = 5 \times 10^{-4} \,[s]$$

06 그림과 같은 회로에서 정상 전류값 $i_s[\mathrm{A}]$는? 단, $t=0$ 에서 스위치S 를 닫았다.

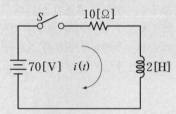

① 0
② 7
③ 35
④ -35

해설

R–L지렬연결에서 정상전류 $i_s = \dfrac{E}{R} - \dfrac{70}{10} - 7[\mathrm{\Lambda}]$

07 어떤 회로의 전류가 $i(t) = 20 - 20e^{-200t}[\mathrm{A}]$ 로 주어졌다. 정상값은 몇 [A] 인가?

① 5
② 12.6
③ 15.6
④ 20

해설

정상값은 $t = \infty$ 에서의 값이므로

$$i(t) = 20 - 20e^{-200t} = 20 - \frac{20}{e^{200t}} \bigg|_{t=\infty} = 20[\mathrm{A}]$$

08 저항 R 와 인덕턴스 L 의 직렬 회로에서 시정수는?

① RL
② $\dfrac{L}{R}$
③ $\dfrac{R}{L}$
④ $\dfrac{L}{Z}$

해설

R–L직렬연결에서 시정수 $\tau = \dfrac{L}{R}$ [sec]

09 전기 회로에서 일어나는 과도 현상은 그 회로의 시정수와 관계가 있다. 이 사이의 관계를 옳게 표현한 것은?

① 회로의 시정수가 클수록 과도 현상은 오랫동안 지속된다.
② 시정수는 과도 현상의 지속 시간에는 상관되지 않는다.
③ 시정수의 역이 클수록 과도 현상은 천천히 사라진다.
④ 시정수가 클수록 과도 현상은 빨리 사라진다.

10 회로 방정식의 특성근과 회로의 시정수에 대하여 옳게 서술된 것은?

① 특성근과 시정수는 같다.
② 특성근의 역과 회로의 시정수는 같다.
③ 특성근의 절댓값의 역과 회로의 시정수는 같다.
④ 특성근과 회로의 시정수는 서로 상관되지 않는다.

11 그림과 같은 회로에 대한 서술에서 잘못된 것은?

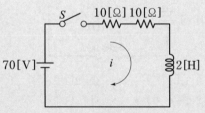

① 이 회로의 시정수는 0.1초이다.
② 이 회로의 특성근은 -10이다.
③ 이 회로의 특성근은 $+10$이다.
④ 정상 전류값은 3.5[A]이다.

해설

R–L 직렬연결에서 특성근

$$p = -\frac{R}{L} = -\frac{10+10}{2} = -10$$

정답   06 ②   07 ④   08 ②   09 ①   10 ③   11 ③

12 그림과 같은 $R-L$ 회로에서 스위치 S를 열때 흐르는 전류 i[A]는 어느 것인가?

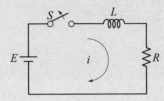

① $\dfrac{E}{R}\varepsilon^{\frac{R}{L}t}$
② $\dfrac{E}{R}\left(1-\varepsilon^{\frac{R}{L}t}\right)$
③ $\dfrac{E}{R}\varepsilon^{-\frac{R}{L}t}$
④ $\dfrac{E}{R}\left(1-\varepsilon^{-\frac{R}{L}t}\right)$

해설
R-L직렬연결에서 스위치 열 때 전류

$$i(t)=\frac{E}{R}e^{-\frac{R}{L}t}\,[\mathrm{A}]$$

13 $R-L$ 직렬 회로에서 스위치S 를 닫아 직류 전압 E[V]를 회로 양단에 급히 가한 후 $\dfrac{L}{R}$[s]후 의 전류 I[A]값은?

① $0.632\dfrac{E}{R}$
② $0.5\dfrac{E}{R}$
③ $0.368\dfrac{E}{R}$
④ $\dfrac{E}{R}$

해설
스위치 on시 전류

$$i=\frac{E}{R}\left(1-e^{-\frac{R}{L}t}\right)\Big|_{t=\frac{L}{R}}=\frac{E}{R}(1-e^{-1})=0.632\frac{E}{R}\,[\mathrm{A}]$$

14 $R=100[\Omega]$, $L=1[\mathrm{H}]$의 직렬회로에 직류전압 $E=100[\mathrm{V}]$를 가했을 때, $t=0.01[\mathrm{s}]$ 후의 전류 $i(t)$[A]는 약 얼마인가?

① 0.362[A]
② 0.632[A]
③ 3.62[A]
④ 6.32[A]

해설
R-L직렬회로에서 스위치 on시 흐르는 전류 $i(t)$ 는

$$i(t)=\frac{E}{R}(1-e^{-\frac{R}{L}t})\,[\mathrm{A}]\ \text{이므로}$$

$$i(t)=\frac{E}{R}\left(1-e^{-\frac{R}{L}t}\right)=\frac{100}{100}\left(1-e^{-\frac{100}{1}\times0.01}\right)=0.632[\mathrm{A}]$$

15 $R-L$ 직렬 회로에서 그의 양단에 직류 전압 E 를 연결 후 스위치 S를 개방하면 $\dfrac{L}{R}$[s]후의 전류값[A]은?

① $\dfrac{E}{R}$
② $0.5\dfrac{E}{R}$
③ $0.368\dfrac{E}{R}$
④ $0.632\dfrac{E}{R}$

해설
스위치 개방시 전류

$$i=\frac{E}{R}e^{-\frac{R}{L}t}\Big|_{t=\frac{L}{R}}=\frac{E}{R}e^{-1}=0.368\frac{E}{R}\,[\mathrm{A}]$$

16 그림과 같은 회로에서 $t=0$ 에서 스위치를 갑자기 닫은 후 전류$i(t)$ 가 0 에서 정상 전류의 $63.2[\%]$ 에 달하는 시간[s]을 구하면?

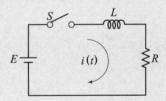

① LR
② $\dfrac{1}{LR}$
③ $\dfrac{L}{R}$
④ $\dfrac{R}{L}$

해설
정상 전류의 $63.2[\%]$에 도달하는 전류는 시정수에서의 전류이므로 R-L직렬 연결시 시정수 $\tau=\dfrac{L}{R}\,[\sec]$ 이다.

17 $R-L$ 직렬 회로에서 시정수의 값이 클수록 과도 현상의 소멸되는 시간은 어떻게 되는가?

① 짧아진다.
② 길어진다.
③ 과도기가 없어진다.
④ 관계없다.

해설

시정수가 크면 과도현상이 오래도록 지속된다.
시정수가 작을수록 과도현상은 짧아진다.

18 그림과 같은 회로에서 스위치 S를 닫았을 때 L에 가해지는 전압을 구하면?

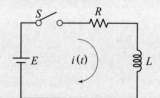

① $\dfrac{E}{R}e^{-\frac{R}{L}t}$

② $\dfrac{E}{R}e^{\frac{L}{R}t}$

③ $Ee^{-\frac{R}{L}t}$

④ $Ee^{\frac{L}{R}t}$

해설

R에 걸리는 전압

$$v_R = Ri(t) = R \times \frac{E}{R}\left(1-e^{-\frac{R}{L}t}\right) = E\left(1-e^{-\frac{R}{L}t}\right)\,[\text{V}]$$

L에 걸리는 전압

$$v_L = L\frac{di}{dt} = L\frac{d}{dt}\,\frac{E}{R}\left(1-e^{-\frac{R}{L}t}\right) = Ee^{-\frac{R}{L}t}\,[\text{V}]$$

19 R_1, R_2 저항 및 인덕턴스 L의 직렬 회로가 있다. 이 회로의 시정수는?

① $-\dfrac{R_1+R_2}{L}$

② $\dfrac{R_1+R_2}{L}$

③ $\dfrac{-L}{R_1+R_2}$

④ $\dfrac{L}{R_1+R_2}$

해설

R_1, R_2가 직렬연결이므로 합성저항 $R = R_1 + R_2$이므로 $R-L$ 직렬 회로와 같다.

$$\therefore\ \tau = \frac{L}{R} = \frac{L}{R_1+R_2}\,[\text{sec}]$$

20 그림과 같은 회로에서 스위치 S를 $t=0$에서 닫았을 때 $(V_L)_{t=0}=60\,[\text{V}]$, $\left(\dfrac{di}{dt}\right)_{t=0}=30\,[\text{A/s}]$ 이다. L의 값은 몇[H]인가?

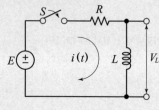

① 0.5
② 1.0
③ 1.25
④ 2.0

해설

$$V_L = L \cdot \frac{di}{dt}\,[\text{V}]\ \text{의 식에서}\ 60 = L \cdot 30\ \text{이므로}$$

$$\therefore\ L = 2\,[\text{H}]$$

21 코일의 권수 $N=1000$, 저항 $R=20\,[\Omega]$ 이다. 전류 $I=10\,[\text{A}]$ 를 흘릴 때 자속 $\phi=3\times10^{-2}\,[\text{Wb}]$ 이다. 이 회로의 시정수 $[s]$는?

① 0.15
② 3
③ 0.4
④ 4

해설

코일의 인덕턴스 L은

$$L = \frac{N\phi}{I} = \frac{1000\times3\times10^{-2}}{10} = 3\,[\text{H}]$$

$$\therefore\ \tau = \frac{L}{R} = \frac{3}{20} = 0.15\,[\text{s}]$$

22 그림의 회로에서 스위치 S를 닫을 때 콘덴서의 초기 전하를 무시하고 회로에 흐르는 전류를 구하면?

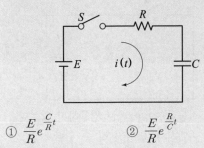

① $\dfrac{E}{R} e^{\frac{C}{R}t}$

② $\dfrac{E}{R} e^{\frac{R}{C}t}$

③ $\dfrac{E}{R} e^{-\frac{1}{CR}t}$

④ $\dfrac{E}{R} e^{\frac{1}{CR}t}$

해설

R–C 직렬회로에서 스위지를 닫았을 때 흐르는 전류

$i(t) = \dfrac{E}{R} e^{-\frac{1}{RC}t}$ [A]

23 $R-C$ 직렬 회로에 $t = 0$일 때 직류 전압 10[V]를 인가하면, $t = 0.1$ 초 때 전류 [mA]의 크기는? 단, $R = 1000[\Omega]$, $C = 50[\mu F]$ 이고, 처음부터 정전 용량의 전하는 없었다고 한다.

① 약 2.25

② 약 1.8

③ 약 1.35

④ 약 2.4

해설

$i(t) = \dfrac{E}{R} e^{-\frac{1}{RC}t}$ 에서 $t = 0.1$ 이므로

$i(t) = \dfrac{10}{1000} e^{-\frac{0.1}{1000 \times 50 \times 10^{-6}}} \times 10^3 = 10e^{-2} \fallingdotseq 1.35[\text{mA}]$

24 $R-C$ 직렬 회로의 시정수 $\tau[s]$ 는?

① RC

② $\dfrac{1}{RC}$

③ $\dfrac{C}{R}$

④ $\dfrac{R}{C}$

해설

R–C 직렬회로에서의 시정수 ∴ $\tau = RC[\text{s}]$

25 회로에서 정전용량 C는 초기전하가 없었다. 지금 $t = 0$ 에서 스위치 K를 닫았을 때 $t = 0^+$ 에서의 $i(t)$ 값은?

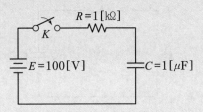

① 0.1[A]

② 0.2[A]

③ 0.4[A]

④ 1[A]

해설

R–C 직렬 회로에서 스위치 on 시 흐르는 전류는

$i(t) = \dfrac{E}{R} e^{-\frac{1}{RC}t}$ 에서 $t = 0$ 이므로

$i(0) = \dfrac{E}{R} = \dfrac{100}{1 \times 10^3} = 0.1[\text{A}]$

26 그림의 회로에서 스위치 S를 갑자기 닫은 후 회로에 흐르는 전류 $i(t)$ 의 시정수는? 단, C에 초기 전하는 없었다.

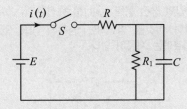

① $\dfrac{RR_1 C}{R + R_1}$

② $\dfrac{R + R_1}{RR_1 C}$

③ $(RR_1 + R_1) C$

④ $\dfrac{C}{RR_1 + R_1}$

27 그림과 같은 회로에 $t=0$에서 S닫을 때의 방전 과도전류 $i(t)$[A]는?

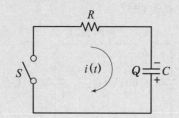

① $\dfrac{Q}{RC}e^{-\frac{t}{RC}}$

② $-\dfrac{Q}{RC}e^{\frac{t}{RC}}$

③ $\dfrac{Q}{RC}(1+e^{\frac{t}{RC}})$

④ $-\dfrac{Q}{RC}(1-e^{-\frac{t}{RC}})$

해설

R-C직렬회로에서 스위치를 닫았을 때 흐르는 전류

$i(t)=\dfrac{E}{R}e^{-\frac{1}{RC}t}=\dfrac{\frac{Q}{C}}{R}e^{-\frac{1}{RC}t}=\dfrac{Q}{RC}e^{-\frac{1}{RC}t}$ [A]

28 그림의 정전 용량 C[F]를 충전한 후 스위치 S를 닫아 이것을 방전하는 경우의 과도 전류는? 단, 회로에는 저항이 없다.

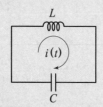

① 불변의 진동 전류
② 감쇠하는 전류
③ 감쇠하는 진동 전류
④ 일정값까지는 증가하여 그 후 감쇠하는 전류

29 그림과 같은 직류 $L-C$ 직렬회로에 대한 설명 중 옳은 것은?

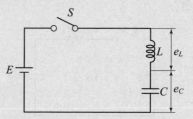

① e_L은 진동함수이나 e_c는 진동하지 않는다.
② e_L의 최대치가 2E까지 될 수 있다.
③ e_c는 최대치가 2E까지 될 수 있다.
④ C의 충전저하 q는 시간 t에 무관하다.

해설

L-C직렬회로의 스위치 on시 흐르는 전류는

$i(t)=\dfrac{E}{\sqrt{\dfrac{L}{C}}}\sin\dfrac{1}{\sqrt{LC}}t$ [A] 이므로

L 에 걸리는 전압 $V_L=L\dfrac{di(t)}{dt}=E\cos\dfrac{1}{\sqrt{LC}}t$ [V]

C 에 걸리는 전압

$V_c=\dfrac{1}{C}\displaystyle\int_0^t i(t)dt=E(1-\cos\dfrac{1}{\sqrt{LC}}t)$ [V]

L 에 걸리는 최대전압은 $\cos\dfrac{1}{\sqrt{LC}}t=1$ 일 때 이므로

$V_{L\max}=E$[V]

C 에 걸리는 최대전압은 $\cos\dfrac{1}{\sqrt{LC}}t=-1$ 일 때 이므로

$V_{C\max}=2E$[V]

30 $L-C$ 직렬회로에 직류 기전력 E를 $t=0$에서 갑자기 인가할 때 C에 걸리는 최대 전압은?

① E   ② 1.5E
③ 2E   ④ 2.5E

해설

L 및 C에 걸리는 최대전압
$V_{L\max}=E$[V], $V_{C\max}=2E$[V]

31 인덕턴스 $L = 50[\mathrm{mH}]$ 의 코일에 $I_0 = 200[\mathrm{A}]$ 의 직류를 흘려 급히 그림과 같이 용량 $C = 20[\mu\mathrm{F}]$ 의 콘덴서에 연결할 때 회로에 생기는 최대전압 $[\mathrm{kV}]$ 는?

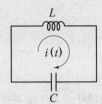

① 10
② $10\sqrt{2}$
③ 20
④ $20\sqrt{2}$

해설

코일에 축적에너지와 콘덴서에 축적되는 에너지는

같으므로 $W_L = W_C$, $\dfrac{1}{2}LI_o^2 = \dfrac{1}{2}CV^2$

$$V = \sqrt{\frac{LI_o^2}{C}} = \sqrt{\frac{50 \times 10^{-3} \times 200^2}{20 \times 10^{-6}}} \times 10^{-3} = 10[\mathrm{kV}]$$

32 $R-L-C$ 직렬 회로에서 진동 조건은 어느 것인가?

① $R < 2\sqrt{\dfrac{C}{L}}$
② $R < 2\sqrt{\dfrac{L}{C}}$

③ $R < 2\sqrt{LC}$
④ $R < \dfrac{1}{2\sqrt{LC}}$

해설

R-L-C 직렬회로의 진동조건

(1) 비진동 조건 : $R > 2\sqrt{\dfrac{L}{C}}$

(2) 진동 조건 : $R < 2\sqrt{\dfrac{L}{C}}$

(3) 임계 진동 조건 : $R = 2\sqrt{\dfrac{L}{C}}$

33 $R-L-C$ 직렬회로에 직류전압을 갑자기 인가할 때, 회로에 흐르는 전류가 비진동적이 될 조건은?

① $R^2 > \dfrac{1}{LC}$
② $R^2 = \dfrac{4L}{C}$

③ $R^2 > \dfrac{4L}{C}$
④ $R^2 < \dfrac{4L}{C}$

34 $R-L-C$ 직렬 회로에 $t = 0$ 에서 교류 전압 $v(t) = V_m \sin(\omega t + \theta)$ 를 가할 때 $R^2 - 4\dfrac{L}{C} > 0$ 이면 이 회로는?

① 진동적이다.
② 비진동적이다.
③ 임계적이다.
④ 비감쇠 진동이다.

35 $R-L-C$ 직렬 회로에 $t = 0$ 에서 교류 전압 $v(t) = V_m \sin(\omega t + \theta)$ 를 가할 때 $R^2 - 4\dfrac{L}{C} < 0$ 이면 이 회로는?

① 비진동적이다.
② 임계적이다.
③ 진동적이다.
④ 비감쇠 진동이다.

36 $R-L-C$ 직렬 회로에서 회로 저항값이 다음의 어느 값이어야 이 회로가 임계적으로 제동되는가?

① $\sqrt{\dfrac{L}{C}}$
② $2\sqrt{\dfrac{L}{C}}$

③ $\dfrac{1}{\sqrt{CL}}$
④ $2\sqrt{\dfrac{C}{L}}$

해설

임계적 제동 $R = 2\sqrt{\dfrac{L}{C}}$

정답
31 ① 32 ② 33 ③ 34 ② 35 ③ 36 ②

37 그림의 회로에서 $t = 0$ 일 때 스위치 S 를 닫았다. $i_1(0_+)$, $i_2(0_+)$의 값은? (단, $t < 0$ 에서 C 전압, L 전압은 0이다.)

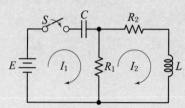

① $\dfrac{E}{R_1}$, 0

② 0, $\dfrac{E}{R_2}$

③ 0, 0

④ $-\dfrac{E}{R_1}$, 0

해설

$i_1(0)$, $i_2(0)$는 초기값이므로 L 및 C 의 성질에서 L은 초개말단, C은 초단말개 이므로 등가회로를 그리면 다음과 같다.

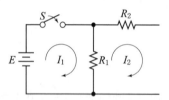

$i_1(0) = \dfrac{E}{R}$, $i_2(0) = 0$

38 그림과 같은 회로에 있어서 스위치 S 를 닫을 때 1, 1′ 단자에 발생하는 전압은?

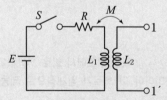

① $\dfrac{EM}{L_2} e^{-\frac{R}{L_1}t}$

② $\dfrac{EM}{L_1} e^{-\frac{R}{L_1}t}$

③ $\dfrac{EM}{L_2} (1 - e^{-\frac{R}{L_1}t})$

④ $\dfrac{EM}{L_1} (1 - e^{-\frac{R}{L_1}t})$

해설

스위치 닫았을 때 흐르는 전류 $i(t) = \dfrac{E}{R}(1 - e^{-\frac{R}{L_1}t})$

1, 1′ 에 걸리는 전압

$e = M\dfrac{d}{dt}i(t) = M\dfrac{d}{dt}\left(\dfrac{E}{R}(1 - e^{-\frac{R}{L_1}t})\right) = \dfrac{EM}{L_1}e^{-\frac{R}{L_1}t}\,[\text{V}]$

39 그림의 회로에서 $\dfrac{1}{8}$ [F] 의 콘덴서에 흐르는 전류는 일반적으로 $i(t) = A + Be^{-\alpha t}$ [A]로 표시된다. B의 값은? (단, E = 16[V]이다.)

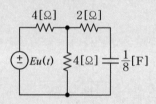

① 1

② 2

③ 3

④ 4

해설

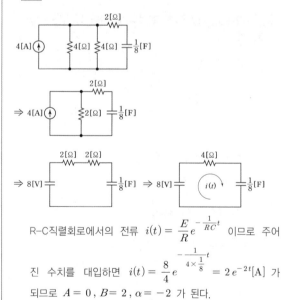

R–C직렬회로에서의 전류 $i(t) = \dfrac{E}{R}e^{-\frac{1}{RC}t}$ 이므로 주어

진 수치를 대입하면 $i(t) = \dfrac{8}{4}e^{-\frac{1}{4 \times \frac{1}{8}}t} = 2e^{-2t}[\text{A}]$ 가

되므로 $A = 0$, $B = 2$, $\alpha = -2$ 가 된다.

40 그림과 같은 회로에서 처음에 스위치 S가 닫힌 상태에서 회로에 정상전류가 흐르고 있었다. $t = 0$ 에서 스위치 S를 연다면 회로의 전류는?

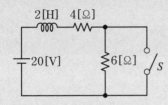

① $2 + 3e^{-5t}$

② $2 + 3e^{-2t}$

③ $4 + 2e^{-2t}$

④ $4 + 2e^{-5t}$

해설

스위치 off시 전압방정식 $2\dfrac{di}{dt} + (4 + 6)\,i = 20$ 에서

(1) 정상전류 $i_s = \dfrac{E}{R} = \dfrac{20}{4 + 6} = 2\,[\mathrm{A}]$

(2) 과도전류

$i_t = A\,e^{pt} = A\,e^{-\frac{R}{L}t} = A\,e^{-\frac{4 + 6}{2}t} = A\,e^{-5t}[\mathrm{A}]$

그러므로 일반해 $i(t) = i_s + i_t = 2 + A\,e^{-5t}[\mathrm{A}]$가 된다.

(3) 상수 A는 $t = 0$ 에서 $i(0) = 2 + A = \dfrac{20}{4}$이므로

$A = 5 - 2 = 3$ 가 된다.

$\therefore\ i(t) = 2 + 3e^{-5t}\,[\mathrm{A}]$

memo

Engineer Electricity
ustrial Engineer Electricity

과년도 기출문제

Chapter 16

2019~2023

19 과년도기출문제(2019. 3. 3 시행)

01 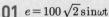 $e = 100\sqrt{2}\sin\omega t$
$+ 75\sqrt{2}\sin3\omega t + 20\sqrt{2}\sin5\omega t\,[\mathrm{V}]$인 전압을 RL 직렬회로에 가할 때 제3고조파 전류의 실효값은 몇 [A]인가? (단, $R = 4[\Omega]$, $\omega L = 1[\Omega]$이다.)

① 15
② $15\sqrt{2}$
③ 20
④ $20\sqrt{2}$

해설
3고조파 임피던스
$Z_3 = R + j3\omega L = 4 + j1\times 3 = 4 + j3 = 5[\Omega]$
3고조파 전류 $I_3 = \dfrac{V_3}{Z_3} = \dfrac{75}{5} = 15[\mathrm{A}]$

02 전원과 부하가 △ 결선된 3상 평형회로가 있다. 전원전압이 200[V], 부하 1상의 임피던스가 $6 + j8[\Omega]$일 때 선전류[A]는?

① 20
② $20\sqrt{3}$
③ $\dfrac{20}{\sqrt{3}}$
④ $\dfrac{\sqrt{3}}{20}$

해설
△결선, $V_l = 200[\mathrm{V}]$, $Z = 6 + j8[\Omega]$인 경우 상전류
$I_p = \dfrac{V_P}{Z} = \dfrac{V_l}{Z} = \dfrac{200}{\sqrt{6^2 + 8^2}} = 20[\mathrm{A}]$이므로
선전류 $I_l = \sqrt{3}\,I_p = 20\sqrt{3}\,[\mathrm{A}]$가 된다.

03 분포정수 선로에서 무왜형 조건이 성립하면 어떻게 되는가?

① 감쇠량이 최소로 된다.
② 전파속도가 최대로 된다.
③ 감쇠량은 주파수에 비례한다.
④ 위상정수가 주파수에 관계없이 일정하다.

04 회로에서 $V = 10[\mathrm{V}]$, $R = 10[\Omega]$, $L = 1[\mathrm{H}]$, $C = 10[\mu\mathrm{F}]$ 그리고 $V_C(0) = 0$일 때 스위치 K를 닫은 직후 전류의 변화율 $\dfrac{di}{dt}(0^+)$의 값[A/sec]은?

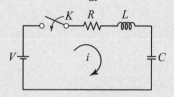

① 0
② 1
③ 5
④ 10

해설
스위치 K를 닫은 직후 초기상태에서 L은 개방상태이므로 L의 단자전압 e_L은 10[V]가 된다.
$e_L = L\dfrac{di}{dt}$에서 $\dfrac{di}{dt} = \dfrac{e_L}{L} = \dfrac{10}{1} = 10[\mathrm{A/sec}]$

05 $F(s) = \dfrac{2s + 15}{s^3 + s^2 + 3s}$ 일 때 $f(t)$의 최종값은?

① 2
② 3
③ 5
④ 15

해설
최종값 정리 $\displaystyle\lim_{t\to\infty} f(t) = \lim_{S\to 0} sF(s)$에 의해서
$\displaystyle\lim_{s\to 0} s\,F(s) = \lim_{s\to o}\dfrac{2s + 15}{s^2 + s + 3} = \dfrac{15}{3} = 5$

06 대칭 5상 교류 성형결선에서 선간전압과 상전압 간의 위상차는 몇 도인가?

① $27°$
② $36°$
③ $54°$
④ $72°$

해설
$\theta = \dfrac{\pi}{2}\left(1 - \dfrac{2}{n}\right) = \dfrac{\pi}{2}\left(1 - \dfrac{2}{5}\right) = 54°$

정답   01 ①   02 ②   03 ①   04 ④   05 ③   06 ③

07 정현파 교류 $V = V_m \sin \omega t$의 전압을 반파정류 하였을 때의 실효값은 몇 [V]인가?

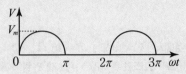

① $\dfrac{V_m}{\sqrt{2}}$

② $\dfrac{V_m}{2}$

③ $\dfrac{V_m}{2\sqrt{2}}$

④ $\sqrt{2}\,V_m$

해설

반파정류파의 평균값 $V_a = \dfrac{V_m}{\pi}$

반파정류파의 실효값 $V = \dfrac{V_m}{2}$

08 회로망 출력단자 $a-b$에서 바라본 등가 임피던스는? (단, $V_1 = 6[\mathrm{V}]$, $V_2 = 3[\mathrm{V}]$, $I_1 = 10[\mathrm{A}]$, $R_1 = 15[\Omega]$, $R_2 = 10[\Omega]$, $L = 2[\mathrm{H}]$, $j\omega = s$ 이다.)

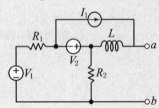

① $s + 15$

② $2s + 6$

③ $\dfrac{3}{s+2}$

④ $\dfrac{1}{s+3}$

해설

$$Z_{ab} = Ls + \frac{R_1 R_2}{R_1 + R_2} = 2s + \frac{15 \times 10}{15 + 10} = 2s + 6$$

09 대칭 상 전압이 a상 V_a, b상 $V_b = a^2 V_a$, c상 $V_c = a V_a$일 때 a상을 기준으로 한 대칭분 전압 중 정상분 $V_1[\mathrm{V}]$은 어떻게 표시되는가?

① $\dfrac{1}{3} V_a$

② V_a

③ $a V_a$

④ $a^2 V_a$

해설

a상 기준 대칭분 전압 $V_o = 0$, $V_1 = V_a$, $V_2 = 0$

10 다음과 같은 비정현파 기전력 및 전류에 의한 평균전력을 구하면 몇 [W]인가?

$$
\begin{aligned}
e &= 100\sin \omega t - 50\sin(3\omega t + 30°) \\
&\quad + 20\sin(5\omega t + 45°)[\mathrm{V}] \\
I &= 20\sin \omega t + 10\sin(3\omega t - 30°) \\
&\quad + 5\sin(5\omega t - 45°)[\mathrm{A}]
\end{aligned}
$$

① 825

② 875

③ 925

④ 1175

해설

$$
\begin{aligned}
P &= V_1 I_1 \cos \theta_1 + V_3 I_3 \cos \theta_3 + V_5 I_5 \cos \theta_1 \\
&= \frac{1}{2}(100 \times 20 \cos 0° - 50 \times 10 \cos 60° + 20 \times 5 \cos 90°) \\
&= 875[\mathrm{W}] \text{ 가 된다.}
\end{aligned}
$$

19

과년도기출문제(2019. 4. 27 시행)

01 길이에 따라 비례하는 저항 값을 가진 어떤 전열선에 $E_0[\text{V}]$의 전압을 인가하면 $P_0[\text{W}]$의 전력이 소비된다. 이 전열선을 잘라 원래 길이의 $\frac{2}{3}$로 만들고 $E[\text{V}]$의 전압을 가한다면 소비전력 $P[\text{W}]$는?

① $P = \dfrac{P_0}{2}(\dfrac{E}{E_0})^2$

② $P = \dfrac{3P_0}{2}(\dfrac{E}{E_0})^2$

③ $P = \dfrac{2P_0}{3}(\dfrac{E}{E_0})^2$

④ $P = \dfrac{\sqrt{3}\,P_0}{2}(\dfrac{E}{E_0})^2$

해설

저항은 길이에 비례하므로 전열선의 길이를 $\frac{2}{3}$로 만들면 저항도 $\frac{2}{3}$가 되며, $P = \dfrac{V^2}{R}$ 식을 이용해 비례식을 이용하면 다음과 같다.

$$P_o : \frac{E_0^2}{R} = P : \frac{E^2}{\frac{2}{3}R} \quad \text{식에서} \quad \frac{P}{R}E_o^2 = \frac{3P_o}{2R}E^2$$

$$\therefore\ P = \frac{3P_o}{2}\left(\frac{E^2}{E_o^2}\right) = \frac{3P_o}{2}\left(\frac{E}{E_o}\right)^2$$

02 회로에서 4단자 정수 A, B, C, D의 값은?

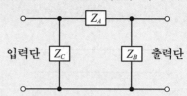

입력단 Z_C Z_B 출력단

① $A = 1 + \dfrac{Z_A}{Z_B}$, $B = Z_A$, $C = \dfrac{1}{Z_A}$, $D = 1 + \dfrac{Z_B}{Z_A}$

② $A = 1 + \dfrac{Z_A}{Z_B}$, $B = Z_A$, $C = \dfrac{1}{Z_B}$, $D = 1 + \dfrac{Z_A}{Z_B}$

③ $A = 1 + \dfrac{Z_A}{Z_B}$, $B = Z_A$, $C = \dfrac{Z_A + Z_B + Z_C}{Z_B Z_C}$,

    $D = \dfrac{1}{Z_B Z_C}$

④ $A = 1 + \dfrac{Z_A}{Z_B}$, $B = Z_A$, $C = \dfrac{Z_A + Z_B + Z_C}{Z_B Z_C}$,

    $D = 1 + \dfrac{Z_A}{Z_C}$

해설

$$\begin{bmatrix} A & B \\ C & D \end{bmatrix} = \begin{bmatrix} 1 + \dfrac{Z_A}{Z_B} & Z_A \\ \dfrac{Z_A + Z_B + Z_C}{Z_B Z_C} & 1 + \dfrac{Z_A}{Z_C} \end{bmatrix}$$

03 어떤 콘덴서를 300[V]로 충전하는데 9[J]의 에너지가 필요하였다. 이 콘덴서의 정전용량은 몇 $[\mu\text{F}]$인가?

① 100

② 200

③ 300

④ 400

해설

$W = \dfrac{1}{2}CV^2$의 식에서

$$C = \frac{2W}{V^2} = \frac{2 \times 9}{300^2} = 200 \times 10^{-6}\ [\text{F}] = 200\,[\mu\text{F}]$$

정답   01 ②   02 ④   03 ②

04 그림과 같은 순 저항회로에서 대칭 3상 전압을 가할 때 각 선에 흐르는 전류가 같으려면 R의 값은 몇 [Ω]인가?

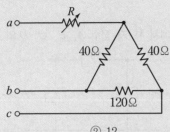

① 8
② 12
③ 16
④ 20

해설

△결선된 부분을 Y결선으로 등가변환하면

$R_a = R + \dfrac{40 \times 40}{40 + 40 + 120} = R + 8$

$R_b = R_c = \dfrac{40 \times 120}{40 + 40 + 120} = 24$ 이므로

평형이 되려면 $R = 24 - 8 = 16$이 된다.

05 그림과 같은 RC 저역통과 필터회로에 단위 임펄스를 입력으로 가했을 때 응답 $h(t)$는?

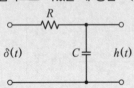

① $h(t) = RCe^{-\frac{t}{RC}}$

② $h(t) = \dfrac{1}{RC}e^{-\frac{t}{RC}}$

③ $h(t) = \dfrac{R}{1 + j\omega RC}$

④ $h(t) = \dfrac{1}{RC}e^{-\frac{C}{R}t}$

06 전류 $I = 30\sin\omega t + 40\sin(3\omega t + 45°)$[A]의 실효값[A]은?

① 25
② $25\sqrt{2}$
③ 50
④ $50\sqrt{2}$

해설

$$I = \sqrt{I_1^2 + I_3^2} = \sqrt{\left(\dfrac{30}{\sqrt{2}}\right)^2 + \left(\dfrac{40}{\sqrt{2}}\right)^2} = 25\sqrt{2}\,[\text{A}]$$

07 평형 3상 3선식 회로에서 부하는 Y결선이고, 선간전압이 $173.2\angle 0°$[V]일 때 선전류는 $20\angle -120°$[A]이었다면, Y결선된 부하 한상의 임피던스는 약 몇 [Ω]인가?

① $5\angle 60°$
② $5\angle 90°$
③ $5\sqrt{3}\angle 60°$
④ $5\sqrt{3}\angle 90°$

해설

Y결선에서 $V_l = \sqrt{3}\,V_p\angle 30°$[V], $I_l = I_P$[A] 이므로

$$Z = \dfrac{V_p}{I_p} = \dfrac{\dfrac{V_l}{\sqrt{3}}\angle -30}{I_l} = \dfrac{\dfrac{173.2}{\sqrt{3}}\angle -30}{20\angle -120} = 5\angle 90$$

08 2전력계법으로 평형 3상 전력을 측정하였더니 한 쪽의 지시가 500[W], 다른 한 쪽의 지시가 1500[W]이었다. 피상전력은 약 몇 [VA]인가?

① 2000
② 2310
③ 2646
④ 2771

해설

$$P_a = 2\sqrt{P_1^2 + P_2^2 - P_1 P_2}$$
$$= 2\sqrt{500^2 + 1500^2 - 500 \times 1500} = 2645.75\,[\text{W}]$$

09 1[km]당 인덕턴스 25[mH], 정전용량 0.005[μF] 의 선로가 있다. 무손실 선로라고 가정한 경우 진행파 의 위상(전파) 속도는 약 몇 [km/s]인가?

① 8.95×10^4　　　② 9.95×10^4

③ 89.5×10^4　　　④ 99.5×10^4

해설

$$v = \lambda f = \frac{2\pi f}{\beta} = \frac{w}{\beta} = \frac{1}{\sqrt{LC}}$$

$$v = \frac{1}{\sqrt{25 \times 10^{-3} \times 0.005 \times 10^{-6}}} = 8.95 \times 10^4$$

10 $f(t) = e^{j\omega t}$ 의 라플라스 변환은?

① $\dfrac{1}{s - j\omega}$　　　② $\dfrac{1}{s + j\omega}$

③ $\dfrac{1}{s^2 + \omega^2}$　　　④ $\dfrac{\omega}{s^2 + \omega^2}$

해설

$f(t) = e^{\pm at}$, $F(s) = \dfrac{1}{s \mp a}$ 이므로

$f(t) = e^{j\omega t} \rightarrow F(s) = \dfrac{1}{s - j\omega}$

정답　　09 ①　　10 ①

19

과년도기출문제 (2019. 8. 4 시행)

01 3상 불평형 전압 V_a, V_b, V_c가 주어진다면, 정상분 전압은? (단, $a = e^{j2\pi/3} = 1\angle 120°$이다.)

① $V_a + a^2 V_b + a V_c$

② $V_a + a V_b + a^2 V_c$

③ $\frac{1}{3}\left(V_a + a^2 V_b + a V_c \right)$

④ $\frac{1}{3}\left(V_a + a V_b + a^2 V_c \right)$

해설

영상 전압 $V_0 = \frac{1}{3}\left(V_a + V_b + V_c \right)$

정상 전압 $V_1 = \frac{1}{3}\left(V_a + a V_b + a^2 V_c \right)$

역상 전압 $V_2 = \frac{1}{3}\left(V_a + a^2 V_b + a V_c \right)$

02 송전선로가 무손실 선로일 때, $L = 96[\text{mH}]$이고 $C = 0.6[\mu\text{F}]$이면 특성임피던스$[\Omega]$는?

① 100　　　② 200

③ 400　　　④ 600

해설

$$Z_0 = \sqrt{\frac{L}{C}} = \sqrt{\frac{96 \times 10^{-3}}{0.6 \times 10^{-6}}} = 400\,[\Omega]$$

03 비정현파 전류가 $i(t) = 56\sin\omega t + 20\sin 2\omega t + 30\sin(3\omega t + 30°) + 40\sin(4\omega t + 60°)$로 표현될 때, 왜형률은 약 얼마인가?

① 1.0　　　② 0.96

③ 0.55　　　④ 0.11

해설

$$왜형률 = \frac{\sqrt{I_2^2 + I_3^2 + I_4^2}}{I_1} = \frac{\sqrt{20^2 + 30^2 + 40^2}}{56} = 0.96$$

04 커페시터와 인덕터에서 물리적으로 급격히 변화할 수 없는 것은?

① 커페시터와 인덕터에서 모두 전압

② 커페시터와 인덕터에서 모두 전류

③ 커페시터에서 전류, 인덕터에서 전압

④ 커페시터에서 전압, 인덕터에서 전류

해설

코일의 단자전압 $v_L = L\dfrac{di}{dt}\,[\text{V}]$의 식에서 전류 i가 급격히 $(t = 0$인 순간$)$ 변화하면 v_L이 ∞가 되어야 하며, 콘덴서에 흐르는 전류 $i_c = C\dfrac{dv}{dt}\,[\text{A}]$이므로 전압 v가 급격히$(t = 0$인 순간$)$ 변화하면 i_c가 ∞가 되어야 하므로 물리적으로 커패서터에서는 전압, 인덕터에서는 전류가 급격히 변화할 수 없다.

05 RL 직렬회로에서 $R = 20[\Omega]$, $L = 40[\text{mH}]$일 때, 이 회로의 시정수$[\text{sec}]$는?

① 2×10^3　　　② 2×10^{-3}

③ $\frac{1}{2} \times 10^3$　　　④ $\frac{1}{2} \times 10^{-3}$

해설

$R - L$ 직렬 회로의 시정수는

$$\tau = \frac{L}{R} = \frac{40 \times 10^{-3}}{20} = 2 \times 10^{-3}[\text{s}]$$

06 2전력계법을 이용한 평형 3상회로의 전력이 각각 500[W] 및 300[W]로 측정되었을 때, 부하의 역률은 약 몇 [%]인가?

① 70.7　　　② 87.7

③ 89.2　　　④ 91.8

정답　01 ④　02 ③　03 ②　04 ④　05 ②　06 ④

해설

2전력계법에서

$$\cos\theta = \frac{P}{P_a} = \frac{P_1 + P_2}{2\sqrt{P_1^2 + P_2^2 - P_1 P_2}}$$

$$= \frac{500 + 300}{2\sqrt{500^2 + 300^2 - 500 \times 300}} \times 100 = 91.8\,[\%]$$

07 대칭 6상 성형(star)결선에서 선간전압 크기와 상전압 크기의 관계로 옳은 것은? (단, V_l : 선간 전압 크기, V_p : 상전압 크기)

① $V_l = V_p$ ② $V_l = \sqrt{3}\,V_p$

③ $V_l = \dfrac{1}{\sqrt{3}}\,V_p$ ④ $V_l = \dfrac{2}{\sqrt{3}}\,V_p$

해설

대칭 6상

$$V_l = 2\,V_p \sin\frac{\pi}{n} = 2 \times V_p \times \sin\frac{\pi}{6} = V_p$$

08 4단자 회로망에서 4단자 정수가 A, B, C, D일 때, 영상 임피던스 $\dfrac{Z_{01}}{Z_{02}}$은?

① $\dfrac{D}{A}$ ② $\dfrac{B}{C}$

③ $\dfrac{C}{B}$ ④ $\dfrac{A}{D}$

해설

$$Z_{01} \cdot Z_{02} = \frac{B}{C}, \quad \frac{Z_{01}}{Z_{02}} = \frac{A}{D}$$

09 $f(t) = \delta(t - T)$의 라플라스변환 $F(s)$는?

① e^{Ts} ② e^{-Ts}

③ $\dfrac{1}{s}e^{Ts}$ ④ $\dfrac{1}{s}e^{-Ts}$

해설

시간추이정리 $\mathcal{L}\left[f(t - T)\right] = F(s)e^{-Ts}$

10 인덕턴스가 0.1[H]인 코일에 실효값 100[V], 60[Hz], 위상 30도인 전압을 가했을 때 흐르는 전류의 실효값 크기는 약 몇 [A]인가?

① 43.7 ② 37.7

③ 5.46 ④ 2.65

해설

$$I = \frac{V}{\omega L} = \frac{100}{2\pi \times 60 \times 0.1} = 2.65\,[A]$$

정답 07 ① 08 ④ 09 ② 10 ④

20 과년도기출문제(2020. 6. 6 시행)

01 3상전류가 $I_a = 10 + j3$[A], $I_b = -5 - j2$[A], $I_b = -3 + j4$[A]일 때 정상분 전류의 크기는 약 몇 [A]인가?

① 5
② 6.4
③ 10.5
④ 13.34

해설

정상분 전류 $I_1 = \dfrac{1}{3}(I_a + aI_b + a^2 I_c)$

$I_1 = \dfrac{1}{3}\left\{ 10 + j3 + \left(-\dfrac{1}{2} + j\dfrac{\sqrt{3}}{2} \right)(-5 - j2) \right.$
$\left. + \left(-\dfrac{1}{2} - j\dfrac{\sqrt{3}}{2} \right)(-3 + j4) \right\} = 6.4$

02 그림의 회로에서 영상 임피던스 Z_{01}이 6[Ω] 일 때, 저항 R의 값은 몇 [Ω]인가?

① 2
② 4
③ 6
④ 9

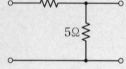

해설

영상 임피던스 $Z_{01} = \sqrt{\dfrac{AB}{CD}}$

$\begin{bmatrix} A & B \\ C & D \end{bmatrix} = \begin{bmatrix} 1 + \dfrac{R}{5} & R \\ \dfrac{1}{5} & 1 \end{bmatrix}$

$\therefore Z_{01} = \sqrt{\dfrac{\left(1 + \dfrac{R}{5} \right) R}{\dfrac{1}{5} \times 1}} = \sqrt{R^2 + 5R} = 6$이 된다.

따라서 $R^2 + 5R - 36 = 0$이므로
인수분해하면 $(R - 4)(R + 9) = 0$ 이 되어
$R = 4$ 또는 -9[Ω]가 됨을 알 수 있다.
하지만 저항은 -값이 될 수 없으므로 정답은 4가 된다.

03 Y결선의 평형 3상 회로에서 선간전압 V_{ab}와 상전압 V_{an}의 관계로 옳은 것은? (단, $V_{bn} = V_{an}e^{-j(2\pi/3)}$, $V_{cn} = V_{bn}e^{-j(2\pi/3)}$)

① $V_{ab} = \dfrac{1}{\sqrt{3}} e^{j(\pi/6)} V_{an}$

② $V_{ab} = \sqrt{3}\, e^{j(\pi/6)} V_{an}$

③ $V_{ab} = \dfrac{1}{\sqrt{3}} e^{-j(\pi/6)} V_{an}$

④ $V_{ab} = \sqrt{3}\, e^{-j(\pi/6)} V_{an}$

해설

Y결선에서 선간전압은 상전압보다 $\sqrt{3}$ 배 크며 위상은 $30° \left(\dfrac{\pi}{6} \right)$ 앞선다.

04 선로의 단위 길이 당 인덕턴스, 저항, 정전용 량, 누설 컨덕턴스를 각각 L, R, C, G라 하면 전파정수는?

① $\dfrac{\sqrt{(R + jwL)}}{(G + jwC)}$

② $\sqrt{(R + jwL)(G + jwC)}$

③ $\sqrt{\dfrac{(R + jwC)}{(G + jwL)}}$

④ $\sqrt{\dfrac{(G + jwC)}{(R + jwL)}}$

해설

전파정수 $\gamma = \sqrt{ZY} = \sqrt{(R + j\omega L)(G + j\omega C)}$

정답 01 ② 02 ② 03 ② 04 ②

05 회로에서 $0.5[\Omega]$ 양단 전압 V은 약 몇 [V] 인가?

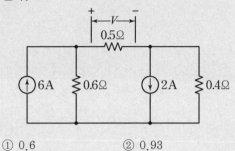

① 0.6
② 0.93
③ 1.47
④ 1.5

해설

전원의 등가변환을 이용하여 6[A]와 2[A]의 전류원을 전압원으로 변환하면 다음과 같은 회로가 된다.

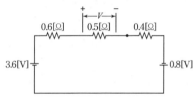

위 회로에서 전류를 계산하면
$$I= \frac{3.6+0.8}{0.6+0.5+0.4} = \frac{44}{15}\,[A]\ 가\ 된다.$$
$$\therefore\ V= \frac{44}{15} \times 0.5 = \frac{22}{15} \fallingdotseq 1.47\,[V]$$

06 RLC 직렬회로의 파라미터가 $R^2 = \frac{4L}{C}$ 의 관계를 가진다면, 이 회로에 직류 전압을 인가하는 경우 과도 응답특성은?

① 무제동
② 과제동
③ 부족제동
④ 임계제동

해설

$R= 2\sqrt{\dfrac{L}{C}}$ 또는 $R^2 = \dfrac{4L}{C}$: 임계진동(임계제동)

$R > 2\sqrt{\dfrac{L}{C}}$ 또는 $R^2 > \dfrac{4L}{C}$: 비진동 (과제동)

$R < 2\sqrt{\dfrac{L}{C}}$ 또는 $R^2 < \dfrac{4L}{C}$: 진동(부족제동)

07 $v(t) = 3+5\sqrt{2}\ \sin wt + 10\sqrt{2}\ \sin\left(3wt - \dfrac{\pi}{3}\right)$[V]의 실효값 크기는 약 몇 [V]인가?

① 9.6
② 10.6
③ 11.6
④ 12.6

해설

비정현파의 실효값은 각 파의 실효값 제곱의 제곱근으로 구한다.
$$I= \sqrt{I_0^2 + I_1^2 + I_3^2} = \sqrt{3^2 + 5^2 + 10^2} = 11.6\,[V]$$

08 그림과 같이 결선된 회로의 단자 (a, b, c)에 선간전압이 V[V]인 평형 3상 전압을 인가할 때 상전류 I[A]의 크기는?

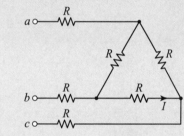

① $\dfrac{V}{4R}$
② $\dfrac{3V}{4R}$
③ $\dfrac{\sqrt{3}\,V}{4R}$
④ $\dfrac{V}{4\sqrt{3}\,R}$

해설

먼저 △결선부분을 Y결선으로 변환하면 한상의 저항은 $\dfrac{R}{3}$ 이 된다. 따라서 선로의 저항R과 합성하면 한상의 임피던스 $Z= R+ \dfrac{R}{3} = \dfrac{4R}{3}$

Y결선의 선전류를 구하면
$$I_l = I_p = \frac{V_p}{Z} = \frac{\dfrac{V}{\sqrt{3}}}{\dfrac{4R}{3}} = \frac{\sqrt{3}\,V}{4R}$$

△결선의 상전류 $I_p = \dfrac{I_l}{\sqrt{3}} = \dfrac{\dfrac{\sqrt{3}\,V}{4R}}{\sqrt{3}} = \dfrac{V}{4R}$ 가 된다.

09 $8+j6[\Omega]$인 임피던스에 $13+j20[V]$의 전압을 인가할 때 복소전력은 약 몇 $[VA]$인가?

① $12.7+j34.1$ ② $12.7+j55.5$

③ $45.5+j34.1$ ④ $45.5+j55.5$

해설

전류 $I = \dfrac{V}{Z} = \dfrac{13+j20}{8+j6} = 2.24+j0.82\,[A]$

$\therefore\ P_a = VI^* = (13+j20)(2.24-j0.82) = 45.5+j34.1$

20 과년도기출문제(2020. 8. 22 시행)

01 회로에서 20[Ω]의 저항이 소비하는 전력은 몇 [W]인가?

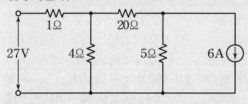

① 14
② 27
③ 40
④ 80

해설

테브난의 정리를 이용하여 등가회로로 나타내면

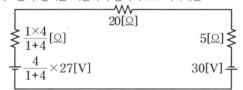

$$I = \frac{0.8 \times 27 + 30}{0.8 + 20 + 5} = 2\,[\text{A}]$$

$$\therefore \; P = I^2 R = 2^2 \times 20 = 80\,[\text{W}]$$

02 단위 길이 당 인덕턴스가 $L[\text{H/m}]$이고, 단위 길이 당 정전용량이 $C[\text{F/m}]$인 무손실 선로에서의 진행파 속도[m/s]는?

① $\sqrt{LC}$
② $\dfrac{1}{\sqrt{LC}}$
③ $\sqrt{\dfrac{C}{L}}$
④ $\sqrt{\dfrac{L}{C}}$

해설

무손실 선로에서의 전파속도

$$v = \frac{w}{\beta} = \frac{2\pi f}{\beta} = \frac{1}{\sqrt{LC}} = \lambda f\,[\text{m/sec}]$$

03 RC 직렬회로에서 직류전압 $V[\text{V}]$가 인가되었을 때, 전류 $i(t)$에 대한 전압 방정식(KVL)이 $V = Ri(t) + \dfrac{1}{c}\displaystyle\int i(t)dt\,[\text{V}]$이다. 전류 $i(t)$의 라플라스 변환인 $I(s)$는? (단, C에는 초기 전하가 없다.)

① $I(s) = \dfrac{V}{R}\dfrac{1}{s - \dfrac{1}{RC}}$

② $I(s) = \dfrac{C}{R}\dfrac{1}{s + \dfrac{1}{RC}}$

③ $I(s) = \dfrac{V}{R}\dfrac{1}{s + \dfrac{1}{RC}}$

④ $I(s) = \dfrac{R}{C}\dfrac{1}{s - \dfrac{1}{RC}}$

해설

전압 방정식을 라플라스 변환하면

$$\frac{V}{s} = RI(s) + \frac{1}{Cs}I(s) = \left(R + \frac{1}{Cs}\right)I(s)\,\text{가 되어}$$

$$I(s) = \frac{V}{s\left(R + \dfrac{1}{Cs}\right)} = \frac{V}{R\left(s + \dfrac{1}{RC}\right)} = \frac{V}{R}\frac{1}{s + \dfrac{1}{RC}}$$

가 된다.

정답 01 ④   02 ②   03 ③

04

선간 전압이 V_{ab}[V]인 3상 평형 전원에 대칭 부하 $R[\Omega]$이 그림과 같이 접속되어 있을 때, a, b 두 상 간에 접속된 전력계의 지시 값이 W[W] 라면 C상 전류의 크기[A]는?

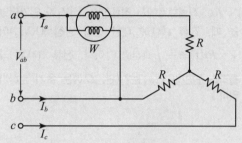

① $\dfrac{W}{3 V_{ab}}$ ② $\dfrac{2 W}{3 V_{ab}}$

③ $\dfrac{2 W}{\sqrt{3} V_{ab}}$ ④ $\dfrac{\sqrt{3} W}{V_{ab}}$

해설

1전력계법에 의해 3상 전력 $P= 2 W= \sqrt{3}\ VI\cos\theta$이므로 전류 $I= \dfrac{2 W}{\sqrt{3}\ V\cos\theta}$가 된다.

여기서 선간전압 $V= V_{ab}$이고 부하는 R만의 회로이므로 역률 $\cos\theta= 1$

따라서 $I= \dfrac{2 W}{\sqrt{3}\ V_{ab}}$가 됨을 알 수 있다.

05

선간전압이 100[V]이고, 역률이 0.6인 평형 3상 부하에서 무효전력이 $Q= 10$[kVar]일 때, 선전류의 크기는 약 몇 [A]인가?

① 57.7 ② 72.2

③ 96.2 ④ 125

해설

역률이 0.6이므로 무효율 $\sin\theta= 0.8$
무효전력 $Q= \sqrt{3}\ VI\sin\theta$의 식에서

전류 $I= \dfrac{Q}{\sqrt{3}\ V\sin\theta} = \dfrac{10\times 10^3}{\sqrt{3}\times 100\times 0.8} = 72.2$ [A]

06

어떤 회로의 유효전력이 300[W], 무효전력이 400[Var]이다. 이 회로의 복소전력의 크기[VA]는?

① 350 ② 500

③ 600 ④ 700

해설

$$P_a = \sqrt{P^2 + Q^2} = \sqrt{300^2 + 400^2} = 500\,[\mathrm{VA}]$$

07

불평형 3상 전류가 $I_a = 15 + j2$[A], $I_b = -20 - j14$[A], $I_c = -3 + j10$[A]일 때, 역상분 전류 I_2[A]는?

① $1.91 + j6.24$ ② $15.74 - j3.57$

③ $-2.67 - j0.67$ ④ $-8 - j2$

해설

역상분 전류

$$\begin{aligned} I_2 &= \frac{1}{3}(I_a + a^2 I_b + a I_c) \\ &= \frac{1}{3}\left\{ 15 + j2 + \left(-\frac{1}{2} - j\frac{\sqrt{3}}{2}\right)(-20 - j14) \right. \\ &\quad \left. + \left(-\frac{1}{2} + j\frac{\sqrt{3}}{2}\right)(-3 + j10) \right\} \end{aligned}$$

08

$t = 0$에서 스위치(S)를 닫았을 때 $t = 0^+$에서의 $i(t)$는 몇 [A]인가? (단, 커패시터에 초기 전하는 없다.)

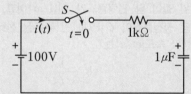

① 0.1 ② 0.2

③ 0.4 ④ 1.0

해설

R−C 직렬 회로에서 스위치 on 시 흐르는 전류는

$i(t) = \dfrac{E}{R} e^{-\frac{1}{RC}t}$ 에서 $t = 0$ 이므로

$i(0) = \dfrac{E}{R} = \dfrac{100}{1\times 10^3} = 0.1\,[\mathrm{A}]$

09 그림과 같은 T형 4단자 회로망에서 4단자 정수 A와 C는? (단, $Z_1 = \dfrac{1}{Y_1}$, $Z_2 = \dfrac{1}{Y_2}$, $Z_3 = \dfrac{1}{Y_3}$)

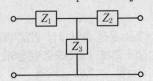

① $A = 1 + \dfrac{Y_3}{Y_1}$, $C = Y_2$

② $A = 1 + \dfrac{Y_3}{Y_1}$, $C = \dfrac{1}{Y_3}$

③ $A = 1 + \dfrac{Y_3}{Y_1}$, $C = Y_3$

④ $A = 1 + \dfrac{Y_1}{Y_3}$, $C = \left(1 + \dfrac{Y_1}{Y_3}\right)\dfrac{1}{Y_3} + \dfrac{1}{Y_2}$

해설

$$A = 1 + \dfrac{Z_1}{Z_3} = 1 + \dfrac{\dfrac{1}{Y_1}}{\dfrac{1}{Y_3}} = 1 + \dfrac{Y_3}{Y_1}, \quad C = \dfrac{1}{Z_3} = Y_3$$

10 $R = 4[\Omega]$, $\omega L = 3[\Omega]$의 직렬회로에 $e = 100\sqrt{2}\sin\omega t + 50\sqrt{2}\sin 3\omega t$를 인가할 때 이 회로의 소비전력은 약 몇 [W]인가?

① 1000
② 1414
③ 1560
④ 1703

해설

$$I_1 = \dfrac{V_1}{Z_1} = \dfrac{V_1}{\sqrt{R^2 + (\omega L)^2}} = \dfrac{100}{\sqrt{4^2 + 3^2}} = 20[\mathrm{A}]$$

$$I_3 = \dfrac{V_3}{Z_3} = \dfrac{V_3}{\sqrt{R^2 + (3\omega L)^2}} = \dfrac{50}{\sqrt{4^2 + 9^2}} = 5.07[\mathrm{A}]$$

$$I = \sqrt{I_1^2 + I_3^2} = \sqrt{20^2 + 5.07^2} = 20.63[\mathrm{A}]$$

$$\therefore P = I^2 R = 20.63^2 \times 4 = 1703[\mathrm{W}]$$

11 다음 회로에서 입력 전압 $v_1(t)$에 대한 출력 전압 $v_2(t)$의 전달함수 $G(s)$는?

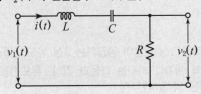

① $\dfrac{RCs}{LCs^2 + RCs + 1}$

② $\dfrac{RCs}{LCs^2 - RCs - 1}$

③ $\dfrac{Cs}{LCs^2 + RCs + 1}$

④ $\dfrac{Cs}{LCs^2 - RCs - 1}$

해설

$$G(s) = \dfrac{V_2(s)}{V_1(s)} = \dfrac{\text{출력 임피던스}}{\text{입력 임피던스}}$$

$$= \dfrac{R}{Ls + \dfrac{1}{Cs} + R} = \dfrac{RCs}{LCS^2 + RCs + 1}$$

20 과년도기출문제 (2020. 9. 26 시행)

01 대칭 3상 전압이 공급되는 3상 유도 전동기에서 각 계기의 지시는 다음과 같다. 유도전동기의 역률은 약 얼마인가?

> 전력계(W_1) : 2.84[kW],
> 전력계(W_2) : 6.00[kW]
> 전압계(V) : 200[V],
> 전류계(A) : 30[A]

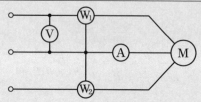

① 0.70 ② 0.75
③ 0.80 ④ 0.85

해설

역률

$$\cos\theta = \frac{P}{P_a} = \frac{W_1 + W_2}{\sqrt{3}\,VI} = \frac{2840 + 6000}{\sqrt{3} \times 200 \times 30} = 0.85$$

([참고] 2전력계법을 이용하면 $P = W_1 + W_2$)

02 불평형 3상 전류 $I_a = 25 + j4$[A], $I_b = -18 - j16$[A], $I_c = 7 + j15$[A]일 때 영상전류 I_0[A]는?

① $2.67 + j$ ② $2.67 + j2$
③ $4.67 + j$ ④ $4.67 + j2$

해설

영상분 전류

$$I_0 = \frac{1}{3}(I_a + I_b + I_c)$$

$$= \frac{1}{3}(25 + j4 - 18 - j16 + 7 + j15)$$

$$= \frac{1}{3}(14 + j3) = 4.67 + j$$

03 Δ결선으로 운전 중인 3상 변압기에서 하나의 변압기 고장에 의해 V결선으로 운전하는 경우, V결선으로 공급할 수 있는 전력은 고장 전 Δ결선으로 공급할 수 있는 전력에 비해 약 몇 [%]인가?

① 86.6 ② 75.0
③ 66.7 ④ 57.7

해설

V결선 출력비(고장비)

$$= \frac{P_V}{P_\Delta} = \frac{\text{고장후 출력}}{\text{고장전 출력}} = \frac{\sqrt{3}\,P_{a1}}{3\,P_{a1}} = 0.577 = 57.7[\%]$$

04 분포정수회로에서 직렬 임피던스를 Z, 병렬 어드미턴스를 Y라 할 때, 선로의 특성임피던스 Z_c는?

① ZY ② $\sqrt{ZY}$
③ $\sqrt{\dfrac{Y}{Z}}$ ④ $\sqrt{\dfrac{Z}{Y}}$

해설

특성 임피던스

$$Z_0 = \sqrt{\frac{Z}{Y}} = \sqrt{\frac{R + j\omega L}{G + j\omega C}} = \sqrt{\frac{L}{C}}\ [\Omega]$$

정답 　01 ④　02 ③　03 ④　04 ④

05 4단자 정수 A, B, C, D 중에서 전압이득의 차원을 가진 정수는?

① A ② B
③ C ④ D

해설

4단자 정수 기본식 $\begin{pmatrix} V_1 = AV_2 + BI_2 \\ I_1 = CV_2 + DI_2 \end{pmatrix}$ 의 식에서

$A = \left. \dfrac{V_1}{V_2} \right|_{I_2=0}$: 전압이득(전압비)

$C = \left. \dfrac{I_1}{V_2} \right|_{I_2=0}$: 어드미턴스(병렬)

$B = \left. \dfrac{V_1}{I_2} \right|_{V_2=0}$: 임피던스(직렬)

$D = \left. \dfrac{I_1}{I_2} \right|_{V_2=0}$: 전류이득(전류비)

06 그림과 같은 회로의 구동점 임피던스[Ω]는?

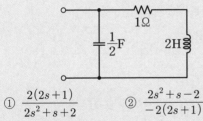

① $\dfrac{2(2s+1)}{2s^2+s+2}$ ② $\dfrac{2s^2+s-2}{-2(2s+1)}$

③ $\dfrac{-2(2s+1)}{2s^2+s-2}$ ④ $\dfrac{2s^2+s+3}{2(2s+1)}$

해설

$Z(s) = \dfrac{\dfrac{2}{s} \cdot (1+2s)}{\dfrac{2}{s} + 2s + 1} = \dfrac{2 \cdot (2s+1)}{2s^2 + s + 2}$ [Ω]

07 회로의 단자 a와 b 사이에 나타나는 전압 V_{ab}는 몇 [V]인가?

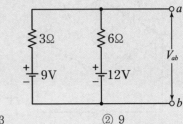

① 3   ② 9
③ 10   ④ 12

해설

밀만의 정리를 이용하여 풀면

$V_{ab} = \dfrac{\dfrac{V_1}{R_1} + \dfrac{V_2}{R_2}}{\dfrac{1}{R_1} + \dfrac{1}{R_2}} = \dfrac{\dfrac{9}{3} + \dfrac{12}{6}}{\dfrac{1}{3} + \dfrac{1}{6}} = 10\text{[V]}$ 가 된다.

08 RL 직렬회로에 순시치 전압 $v(t) = 20 + 100\sin\omega t + 40\sin(3\omega t + 60°) + 40\sin 5\omega t$[V]를 가할 때 제 5고조파 전류의 실효값 크기는 약 몇 [A]인가? (단, $R = 4[\Omega]$, $\omega L = 1[\Omega]$이다.)

① 4.4   ② 5.66
③ 6.25   ④ 8.0

해설

5고조파 전류를 구하기 위해 5고조파에 대한 임피던스를 먼저 계산하면

$Z_5 = R + j5\omega L = 4 + j5 \times 1 = 4 + j5 = \sqrt{4^2 + 5^2}$
$= \sqrt{41}$ [Ω]가 된다.

$\therefore$ 5고조파 전류 $I_5 = \dfrac{V_5}{Z_5} = \dfrac{\dfrac{40}{\sqrt{2}}}{\sqrt{41}} = 4.4\text{[A]}$

09 그림의 교류 브리지 회로가 평형이 되는 조건은?

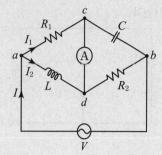

① $L = \dfrac{R_1 R_2}{C}$ ② $L = \dfrac{C}{R_1 R_2}$

③ $L = R_1 R_2 C$ ④ $L = \dfrac{R_2}{R_1} C$

해설

$Z_1 = R_1 \,[\Omega]$, $Z_2 = \dfrac{1}{j\omega C}\,[\Omega]$, $Z_3 = R_2\,[\Omega]$,

$Z_4 = j\omega L\,[\Omega]$이므로

브릿지 회로 평형조건 $Z_1 Z_3 = Z_2 Z_4$에 의해

$R_1 R_2 = \dfrac{1}{j\omega C}\,j\omega L$ 의 식에서

$R_1 R_2 = \dfrac{L}{C}$ 이므로 $L = R_1 R_2 C$가 된다.

10 $f(t) = t^n$의 라플라스 변환 식은?

① $\dfrac{n}{s^n}$ ② $\dfrac{n+1}{s^{n+1}}$

③ $\dfrac{n!}{s^{n+1}}$ ④ $\dfrac{n+1}{s^{n!}}$

해설

$F(s) = \mathcal{L}\,[t^n] = \dfrac{n!}{s^{n+1}}$

21 과년도기출문제 (2021. 3. 7 시행)

전기기사과년도

01 $F(s)=\dfrac{2s^2+s-3}{s\,(s^2+4s+3)}$ 의 라플라스 역변환은?

① $1-e^{-t}+2e^{-3t}$
② $1-e^{-t}-2e^{-3t}$
③ $-1-e^{-t}-2e^{-3t}$
④ $-1+e^{-t}+2e^{-3t}$

해설

분모를 인수분해하여 부분분수 전개식을 이용하면

$F(s)=\dfrac{2s^2+s-3}{s\,(s^2+4s+3)}=\dfrac{2s^2+s-3}{s\,(s+1)(s+3)}$

$=\dfrac{A}{s}+\dfrac{B}{s+1}+\dfrac{C}{s+3}$

$A=F(s)\,s|_{s=0}=\left.\dfrac{2s^2+s-3}{(s+1)(s+3)}\right|_{s=0}=-1$

$B=F(s)(s+1)|_{s=-1}=\left.\dfrac{2s^2+s-3}{s\,(s+3)}\right|_{s=-1}=1$

$B=F(s)(s+3)|_{s=-3}=\left.\dfrac{2s^2+s-3}{s\,(s+1)}\right|_{s=-3}=2$

$F(s)=-\dfrac{1}{s}+\dfrac{1}{s+1}+\dfrac{2}{s+3}$ 이 된다.

∴ 역변환하면 $f(t)=-1+e^{-t}+2e^{-3t}$

02 전압 및 전류가 다음과 같을 때 유효전력(W) 및 역률(%)은 각각 약 얼마인가?

$v(t)=100\sin\omega t-50\sin(3\omega t+30°)$
$\qquad+20\sin(5\omega t+45°)(V)$
$I(t)=20\sin(\omega t+30°)+10\sin(3\omega t-30°)$
$\qquad+5\cos5\omega t(A)$

① 825W, 48.6%
② 776.4W, 59.7%
③ 1,120W, 77.4%
④ 1,850W, 89.6%

해설

유효전력 $P=V_1I_1\cos\theta_1+V_3I_3\cos\theta_3+V_5I_5\cos\theta_5$

$=\dfrac{1}{2}(V_{m1}I_{m1}\cos\theta_1+V_{m3}I_{m3}\cos\theta_3+V_{m5}I_{m5}\cos\theta_5)$

$=\dfrac{1}{2}(100\times20\times\cos30-50\times10\times\cos60+20\times5\times\cos45)$

$=776.4\,[W]$

피상전력 $P_a=VI$

$=\sqrt{\left(\dfrac{100}{\sqrt2}\right)^2+\left(\dfrac{50}{\sqrt2}\right)^2+\left(\dfrac{20}{\sqrt2}\right)^2}$
$\quad\times\sqrt{\left(\dfrac{20}{\sqrt2}\right)^2+\left(\dfrac{10}{\sqrt2}\right)^2+\left(\dfrac{5}{\sqrt2}\right)^2}$

$=1300\,[VA]$

∴ 역률 $\cos\theta=\dfrac{P}{P_a}=\dfrac{776.4}{1300}\times100=59.7\,[\%]$

03 회로에서 t=0초일 때 닫혀 있는 스위치 S를 열었다. 이때 $\dfrac{dv(0^+)}{dt}$ 의 값은? (단, C의 초기 전압은 0V이다.)

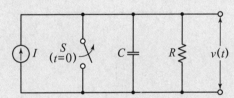

① $\dfrac{1}{RI}$ ② $\dfrac{C}{I}$
③ RI ④ $\dfrac{I}{C}$

해설

C에 흐르는 전류 $i(t)=C\dfrac{du(t)}{dt}$ 식에서 $t=0$ 일 때,

$i(0)=C\dfrac{du(0)}{dt}=I$가 되므로

$\dfrac{du(0)}{dt}=\dfrac{I}{C}$

정답 01 ④ 02 ② 03 ④

2021년 3월 7일 시행 **19**

04 △결선된 대칭 3상 부하가 0.5Ω인 저항만의 선로를 통해 평형 3상 전압원에 연결되어 있다. 이 부하의 소비전력이 1,800W이고 역률이 0.8 (지상)일 때, 선로에서 발생하는 손실이 50W이면 부하의 단자전압 (V)의 크기는?

① 627   ② 525
③ 326   ④ 225

해설

손실 $P_\ell = 3I_\ell^2 \cdot R$ 에서 $I_\ell = \sqrt{\dfrac{P_\ell}{3R}} = \sqrt{\dfrac{50}{3 \times 0.5}} = 5.77[\text{A}]$

$P = \sqrt{3}\, V_l I_l \cos\theta$ 식에서

$V_\ell = \dfrac{P}{\sqrt{3} \cdot I_\ell \cdot \cos\theta} = \dfrac{1800}{\sqrt{3} \times 5.77 \times 0.8} = 225[\text{V}]$

05 그림과 같이 △회로를 Y 회로로 등가 변환하였을 때 임피던스 Za(Ω)는?

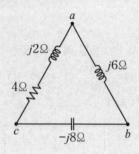

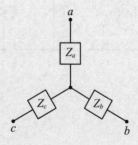

① 12   ② $-3+j6$
③ $4-j8$ ④ $6+j8$

해설

$\Delta \rightarrow$ Y 등가변환

$Z_a = \dfrac{Z_{ca} \cdot Z_{ab}}{Z_{ab} \cdot Z_{bc} \cdot Z_{ca}} = \dfrac{j6(4+j2)}{j6 - j8 + 4 + j2} = -3 + j6$

06 그림과 같은 H형 4단자 회로망에서 4단자 정수(전송파라미터) A는? (단, V_1은 입력전압이고, V_2는 출력전압이고, A는 출력 개방 시 회로망의 전압 이득 $\left(\dfrac{V_1}{V_2}\right)$이다.)

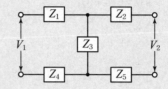

① $\dfrac{Z_1 + Z_2 + Z_3}{Z_3}$ ② $\dfrac{Z_1 + Z_3 + Z_4}{Z_3}$

③ $\dfrac{Z_2 + Z_3 + Z_5}{Z_3}$ ④ $\dfrac{Z_3 + Z_4 + Z_5}{Z_3}$

해설

$A = 1 + \dfrac{Z_1 + Z_4}{Z_3} = \dfrac{Z_1 + Z_3 + Z_4}{Z_3}$

07 특성 임피던스가 400Ω인 회로 말단에 1,200Ω의 부하가 연결되어 있다. 전원 측에 20kV의 전압을 인가할 때 반사파의 크기 (kV)는? (단, 선로에서의 전압감쇠는 없는 것으로 간주한다.)

① 3.3   ② 5
③ 10   ④ 33

해설

반사파 $= \dfrac{Z_2 - Z_1}{Z_2 + Z_1} \times e = \dfrac{1200 - 400}{1200 + 400} \times 20 = 10[\text{kV}]$

08 회로에서 전압 $V_{ab}(\text{V})$는?

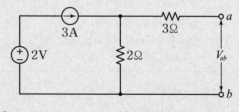

① 2   ② 3
③ 6   ④ 9

해설

V_{ab}는 2[Ω]에 걸리는 전압과 같으므로 2[Ω]에 흐르는 전류를 먼저 구하면 전압원, 전류원 직렬이므로 전류원에 의한 전류만 흐르게 된다.

∴ $V_{ab} = 3[A] \times 2[\Omega] = 6[V]$

09 △결선된 평형 3상 부하로 흐르는 선전류가 Ia, Ib, Ic일 때, 이 부하로 흐르는 영상분 전류 $I_0[A]$는?

① 3Ia   ② Ia

③ $\frac{1}{3}$Ia   ④ 0

해설

평형 3상 이므로 영상분 $I_0 = 0$이 된다.

10 저항 R=15Ω과 인덕턴스 L=3mH를 병렬로 접속한 회로의 서셉턴스의 크기는 약 몇 ℧인가? (단, ω=2π×10⁵)

① 3.2×10-2   ② 8.6×10-3

③ 5.3×10-4   ④ 4.9×10-5

해설

$$B_L = \frac{1}{X_L} = \frac{1}{wL} = \frac{1}{2\pi \times 10^5 \times 3 \times 10^{-3}} = 5.3 \times 10^{-4}$$

정답   09 ④   10 ③

21

과년도기출문제(2021. 5. 15 시행)

01 그림 (a)와 같은 회로에 대한 구동점 임피던스의 극점과 영점이 각각 그림 (b)에 나타낸 것과 같고 $Z(0)=1$일 때, 이 회로에서 R(Ω), L(H), C(F)의 값은?

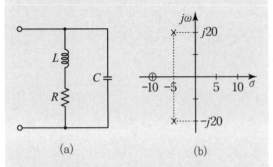

(a)　　　　　(b)

① R=1.0Ω, L=0.1H, C=0.0235F
② R=1.0Ω, L=0.2H, C=1.0F
③ R=2.0Ω, L=0.1H, C=0.0235F
④ R=2.0Ω, L=0.2H, C=1.0F

02 회로에서 저항 1Ω에 흐르는 전류 I(A)는?

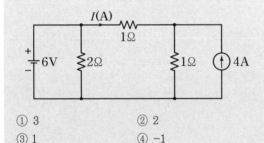

① 3
② 2
③ 1
④ -1

해설

중첩의 정리를 이용하여 계산

• 전류원 개방시 전류 $I_1=6\times\dfrac{1}{2}=3[A]$

전압원 단락시 전류 $I_2=4\times\dfrac{1}{2}=2[A]$

$I=I_1-I_2=3-2=1[A]$

03 파형이 톱니파인 경우 파형률은 약 얼마인가?

① 1.155
② 1.732
③ 1.414
④ 0.577

해설

$$\text{파형률}=\frac{\text{실효값}}{\text{평균값}}=\frac{\dfrac{\text{최대값}}{\sqrt{3}}}{\dfrac{\text{최대값}}{2}}=\frac{2}{\sqrt{3}}=1.155$$

04 무한장 무손실 전송선로의 임의의 위치에서 전압이 100V이었다. 이 선로의 인덕턴스가 7.5μH/m이고, 커패시턴스가 0.012μF/m일 때 이 위치에서 전류 (A)는?

① 2
② 4
③ 6
④ 8

해설

$$I=\frac{V}{Z_0}=\frac{V}{\sqrt{\dfrac{L}{C}}}=\frac{100}{\sqrt{\dfrac{7.5\times10^{-6}}{0.012\times10^{-6}}}}=4[A]$$

05 전압 $v(t)=14.14\sin\omega t+7.07\sin\left(3\omega t+\dfrac{\pi}{6}\right)$ (V)의 실효값은 약 몇 V인가?

① 3.87
② 11.2
③ 15.8
④ 21.2

해설

$$V=\sqrt{\left(\frac{14.14}{\sqrt{2}}\right)^2+\left(\frac{7.07}{\sqrt{2}}\right)^2}=11.2[V]$$

06 그림과 같은 평형 3상회로에서 전원 전압이 $V_{ab}=200(V)$이고 부하 한상의 임피던스가 $Z=4+j3(\Omega)$인 경우 전원과 부하사이 선전류 I_a는 약 몇 A인가?

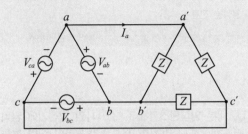

① $40\sqrt{3}\angle 36.87°$ ② $40\sqrt{3}\angle -36.87°$
③ $40\sqrt{3}\angle 66.87°$ ④ $40\sqrt{3}\angle -66.87°$

해설

임피던스 $Z=\sqrt{4^2+3^2}\angle\tan^{-1}\dfrac{3}{4}=5\angle 36.87$

상전류 $I_p=\dfrac{V_p}{Z}=\dfrac{200}{5\angle 36.87}=40\angle -36.87$

선전류 $I_\ell=\sqrt{3}\,I_p\angle -30=40\sqrt{3}\angle -66.87$

07 정상상태에서 $t=0$초인 순간에 스위치 S를 열었다. 이때 흐르는 전류 $i(t)$는?

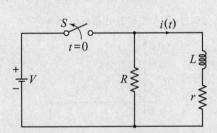

① $\dfrac{V}{R}e^{-\frac{R+r}{L}t}$ ② $\dfrac{V}{r}e^{-\frac{R+r}{L}t}$

③ $\dfrac{V}{R}e^{-\frac{L}{R+r}t}$ ④ $\dfrac{V}{r}e^{-\frac{L}{R+r}t}$

해설

S열 때 전류 $i(t)=A\cdot e^{pt}$

특성근 $p=-\dfrac{R_0}{L}=-\dfrac{R+r}{L}$

초기값 $i(0)=\dfrac{V}{r}=A$ 이므로 $i(t)=\dfrac{V}{r}\cdot e^{-\frac{R+r}{L}t}$

08 선간전압이 150V, 선전류가 $10\sqrt{3}$ A, 역률이 80%인 평형 3상 유도성 부하로 공급되는 무효전력(var)은?

① 3600 ② 3000
③ 2700 ④ 1800

해설

$\cos\theta=0.8$ 이므로 $\sin\theta=0.6$
$P_r=\sqrt{3}\,V_\ell I_\ell\sin\theta=\sqrt{3}\times150\times10\sqrt{3}\times0.6=2700[\text{Var}]$

09 그림과 같은 함수의 라플라스 변환은?

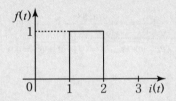

① $\dfrac{1}{s}(e^s-e^{2s})$ ② $\dfrac{1}{s}(e^{-s}-e^{-2s})$

③ $\dfrac{1}{s}(e^{-2s}-e^{-s})$ ④ $\dfrac{1}{s}(e^{-s}+e^{-2s})$

해설

시간 추이 정리를 이용

$f(t)=u(t-1)-u(t-2)\xrightarrow{\mathcal{L}}F(s)=\dfrac{1}{s}e^{-s}-\dfrac{1}{s}e^{-2s}$

$=\dfrac{1}{s}(e^{-s}-e^{-2s})$

10 상의 순서가 $a-b-c$인 불평형 3상 전류가 $I_a=15+j2(A)$, $I_b=-20-j14(A)$, $I_c=-3+j10(A)$일 때 영상분 전류 I_0는 약 몇 A인가?

① $2.67+j0.38$ ② $2.02+j6.98$
③ $15.5-j3.56$ ④ $-2.67-j0.67$

해설

$I_0=\dfrac{1}{3}(I_a+I_b+I_c)$

$=\dfrac{1}{3}(15+j2-20-j14-3+j10)=-2.67-j0.67$

21 과년도기출문제(2021. 8. 15 시행)

01 평형 3상 부하에 선간전압의 크기가 200[V]인 평형 3상 전압을 인가했을 때 흐르는 선전류의 크기가 8.6[A]이고 무효전력이 1298[var]이었다. 이 때 이 부하의 역률은 약 얼마인가?

① 0.6   ② 0.7
③ 0.8   ④ 0.9

해설

무효전력 $P_r = \sqrt{3}\ VI\sin\theta$ 에서

$$\sin\theta = \frac{P_r}{\sqrt{3}\ VI} = \frac{1298}{\sqrt{3}\times 200\times 8.6} = 0.436$$

역률 $\cos\theta = \sqrt{1-\sin^2\theta} = \sqrt{1-1.436^2} = 0.9$

02 단위 길이당 인덕턴스 및 커패시턴스가 각각 L 및 C일 때 전송선로의 특성 임피던스는? (단, 전송선로는 무손실 선로이다.)

① $\sqrt{\dfrac{L}{C}}$ ② $\sqrt{\dfrac{C}{L}}$

③ $\dfrac{L}{C}$ ④ $\dfrac{C}{L}$

해설

무손실 선로이므로 $R = G = 0$이다.

특성 임피던스 $Z_0 = \sqrt{\dfrac{Z}{Y}} = \sqrt{\dfrac{R+j\omega L}{G+j\omega C}} = \sqrt{\dfrac{L}{C}}$

03 각상의 전류가 $i_a(t) = 90\sin\omega t[\text{A}]$, $i_b(t) = 90\sin(\omega t-90°)[\text{A}]$, $i_c(t) = 90\sin(\omega t+90°)[\text{A}]$일 때 영상분 전류[A]의 순시치는?

① $30\cos\omega t$ ② $30\sin\omega t$
③ $90\sin\omega t$ ④ $90\cos\omega t$

해설

영상분 전류

$$i_0 = \frac{1}{3}(i_a + i_b + i_c) = \frac{1}{3}\ i_a = \frac{90}{3}\sin\omega t = 30\sin\omega t$$

04 내부 임피던스가 $0.3+j2[\Omega]$인 발전기에 임피던스가 $1.1+j3[\Omega]$인 선로를 연결하여 어떤 부하에 전력을 공급하고 있다. 이 부하의 임피던스가 몇 $[\Omega]$일 때 발전기로부터 부하로 전달되는 전력이 최대가 되는가?

① $1.4 - j5$ ② $1.4 + j5$
③ 1.4 ④ $j5$

해설

부하측에서 바라본 전원의 임피던스
$Z_g = 0.3+j2+1.1+j3 = 1.4+j5$
최대전력 전달조건에 의해 부하의 임피던스
$Z_L = Z_g^* = 1.4 - j5$ 가 된다.

05 그림과 같은 파형의 라플라스 변환은?

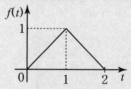

① $\dfrac{1}{s^2}(1-2e^s)$ ② $\dfrac{1}{s^2}(1-2e^{-s})$

③ $\dfrac{1}{s^2}(1-2e^s+e^{2s})$ ④ $\dfrac{1}{s^2}(1-2e^{-s}+e^{-2s})$

정답   01 ④   02 ①   03 ②   04 ①   05 ④

06 어떤 회로에서 $t=0$초에 스위치를 닫은 후 $i=2t+3t^2$[A]의 전류가 흘렀다. 30초까지 스위치를 통과한 총 전기량 [Ah]은?

① 4.25 ② 6.75
③ 7.75 ④ 8.25

해설

$$q = \int i\,dt = \int_0^{30}(2t+3t^2)\,dt = [t^2+t^3]_0^{30}$$
$$= 27900\,[\text{C}=\text{A sec}] = \frac{27900}{3600} = 7.75\,[\text{Ah}]$$

07 전압 $v(t)$를 RL직렬회로에 인가했을 때 제3고조파 전류의 실효값 [A]의 크기는? (단, R = 8[Ω], wL = 2[Ω], $v(t) = 100\sqrt{2}\sin\omega t + 200\sqrt{2}\sin 3\omega t + 50\sqrt{2}\sin 5\omega t$ [V]이다.)

① 10 ② 14
③ 20 ④ 28

해설

3고조파 전류 $I_3 = \dfrac{V_3}{Z_3}$

$$V_3 = \frac{200\sqrt{2}}{\sqrt{2}} = 200\,[\text{V}]$$
$$Z_3 = R+j3\omega L = 8+j6 = 10\,[\Omega]$$
$$I_3 = \frac{200}{10} = 20\,[\text{A}]$$

08 회로에서 $t=0$ 초에 전압 $v_1(t)=e^{-4t}$[V]를 인가하였을 때 $v_2(t)$는 몇 [V]인가? (단, $R=2[\Omega]$, $L=1$[H]이다.)

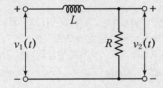

① $e^{-2t}-e^{-4t}$ ② $2e^{-2t}-2e^{-4t}$
③ $-2e^{-2t}+2e^{-4t}$ ④ $-2e^{-2t}-2e^{-4t}$

해설

전달함수 $G(s) = \dfrac{V_2(s)}{V_1(s)} = \dfrac{R}{Ls+R} = \dfrac{2}{s+2}$

$$V_1(s) = \mathcal{L}\,[v_1(t)] = \mathcal{L}\,[e^{-4t}] = \frac{1}{s+4}$$
$$V_2(s) = \frac{2}{s+2}V_1(s) = \frac{2}{s+2}\times\frac{1}{s+4} = \frac{2}{(s+2)(s+4)}$$
$$= \frac{A}{s+2}+\frac{B}{s+4}$$
$$A = V_2(s)(s+2)\big|_{s=-2} = 1$$
$$B = V_2(s)(s+4)\big|_{s=-4} = -1$$
$$V_2(s) = \frac{1}{s+2}-\frac{1}{s+4} \xrightarrow{\mathcal{L}} v_2(t) = e^{-2t}-e^{-4t}$$

09 동일한 저항 R[Ω] 6개를 그림과 같이 결선하고 대칭 3상 전압 V[V]를 가하였을 때 전류 I[A]의 크기는?

① $\dfrac{V}{R}$ ② $\dfrac{V}{2R}$
③ $\dfrac{V}{4R}$ ④ $\dfrac{V}{5R}$

해설

△결선된 부분을 Y결선으로 등가변환한 후 한상의 합성저항을 구하면

$$R_0 = R+\frac{R}{3} = \frac{4R}{3}\ \text{이다.}$$

선전류 $I_l = \dfrac{V}{\sqrt{3}\,R_0} = \dfrac{V}{\sqrt{3}\times\dfrac{4R}{3}} = \dfrac{\sqrt{3}\,V}{4R}$

구하고자 하는 전류는 상전류이므로
$$I_p = \frac{I_l}{\sqrt{3}} = \frac{1}{\sqrt{3}}\times\frac{\sqrt{3}\,V}{4R} = \frac{V}{4R}$$

10 어떤 선형 회로망의 4단자 정수가 $A=8$, $B=j2$, $D=1.625+j$일 때, 이 회로망의 4단자 정수 C는?

① $24-j14$ ② $8-j11.5$
③ $4-j6$ ④ $3-j4$

해설

4단자 정수의 성질에서 $AD-BC=1$이므로
$$C = \frac{AD-1}{B} = \frac{8(1.625+j)-1}{j2} = 4-j6$$

22 과년도기출문제(2022. 3. 5 시행)

01 $F(z) = \dfrac{(1-e^{-aT})z}{(z-1)(z-e^{-aT})}$ 의 역 z 변환은?

① $1-e^{-at}$
② $1+e^{-at}$
③ $t \cdot e^{-at}$
④ $t \cdot e^{at}$

[해설]

$F(z)$ 를 $G(z)$ 로 변환하여 부분분수 전개를 이용하면

$G(z) = \dfrac{F(z)}{z} = \dfrac{(1-e^{-aT})}{(z-1)(z-e^{-aT})}$

$\quad\quad = \dfrac{A}{(z-1)} + \dfrac{B}{(z-e^{-aT})}$

$A = G(z)(z-1)|_{z=1대입} = 1$

$B = G(z)(z-e^{-aT})|_{z=e^{-aT}대입} = -1$ 이므로

$G(z) = \dfrac{F(z)}{z} = \dfrac{1}{(z-1)} - \dfrac{1}{(z-e^{-aT})}$

$F(z) = \dfrac{z}{z-1} - \dfrac{z}{z-e^{-aT}}$ 이므로

역 z 변환하면 $f(t) = 1-e^{-at}$ 가 된다.

02 다음의 특성 방정식 중 안정한 제어시스템은?

① $s^3 + 3s^2 + 4s + 5 = 0$
② $s^4 + 3s^3 - s^2 + s + 10 = 0$
③ $s^5 + s^3 + 2s^2 + 4s + 3 = 0$
④ $s^4 - 2s^3 - 3s^2 + 4s + 5 = 0$

[해설]

안정필요조건은 모든차수가 있고 부호변화가 없어야 되므로 ③번은 s^4 이 없고 ②, ④번은 부호변화가 있으므로 불안정하다.

03 그림의 신호흐름선도에서 전달함수 $\dfrac{C(s)}{R(s)}$ 는?

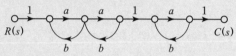

① $\dfrac{a^3}{(1-ab)^3}$
② $\dfrac{a^3}{1-3ab+a^2b^2}$
③ $\dfrac{a^3}{1-3ab}$
④ $\dfrac{a^3}{1-3ab+2a^2b^2}$

[해설]

신호흐름선도의 전달함수를 구하면

$G_1 = 1 \times a \times a \times 1 \times a \times 1 = a^3$, $\Delta_1 = 1$

$L_{11} = ab + ab + ab = 3ab$

$L_{12} = (ab) \times (ab) + (ab) \times (ab) = 2a^2b^2$

$\therefore G = \dfrac{C}{R} = \dfrac{G_1 \Delta_1}{\Delta} = \dfrac{G_1 \Delta_1}{1-(L_{11}-L_{12})}$

$\quad\quad = \dfrac{a^3 \times 1}{1-(3ab-2a^2b^2)} = \dfrac{a^3}{1-3ab+2a^2b^2}$

04 그림과 같은 블록선도의 제어시스템에 단위계단 함수가 입력되었을 때 정상상태 오차가 0.01이 되는 a의 값은?

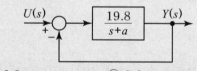

① 0.2
② 0.6
③ 0.8
④ 1.0

[해설]

기준입력이 단위계단함수 $r(t) = u(t)$ 인 경우의 정상편차는 정상위치편차 e_{ssp} 를 말하므로

주어진 블록선도에서 개루프 전달함수를 구하면

$G(s) = \dfrac{19.8}{s+a}$ 이므로

위치편차상수 $k_p = \lim\limits_{s \to 0} G(s) = \dfrac{19.8}{a}$ 가 되므로

정답 01 ① 02 ① 03 ④ 04 ①

정상위치편차

$$e_{ssp} = \frac{1}{1+\lim\limits_{s=0} G(s)} = \frac{1}{1+k_p} = \frac{1}{1+\dfrac{19.8}{a}} = 0.01 \, \text{에서}$$

$a = 0.2$ 가 된다.

05 그림과 같은 보드선도의 이득선도를 갖는 제어 시스템의 전달함수는?

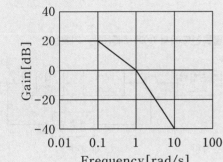

① $G(s) = \dfrac{10}{(s+1)(s+10)}$

② $G(s) = \dfrac{10}{(s+1)(10s+1)}$

③ $G(s) = \dfrac{20}{(s+1)(s+10)}$

④ $G(s) = \dfrac{20}{(s+1)(10s+1)}$

해설

2차계의 전달함수

$$G(s) = \frac{K}{(T_1 s + 1)(T_2 s + 1)} = \frac{K}{(j\omega T_1 + 1)(j\omega T_2 + 1)} \, \text{에서}$$

보드선도에서 실수부와 허수부가 같아지는 절점주파수를 구하면

$$\omega_1 = \frac{1}{T_1} = 0.1, \quad T_1 = 10$$

$$\omega_2 = \frac{1}{T_2} = 1, \quad T_2 = 1 \text{이고}$$

비례이득 $g = 20\log_{10} K = 20\,[\text{dB}]$ 에서

$K = 10$이 되므로 주어진 수치를 대입하면

$$G(s) = \frac{10}{(10s+1)(s+1)} \, \text{이 된다.}$$

06 그림과 같은 블록선도의 전달함수 $\dfrac{C(s)}{R(s)}$ 는?

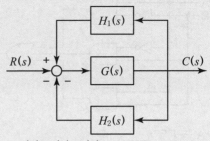

① $\dfrac{G(s)H_1(s)H_2(s)}{1+G(s)H_1(s)H_2(s)}$

② $\dfrac{G(s)}{1+G(s)H_1(s)H_2(s)}$

③ $\dfrac{G(s)}{1-G(s)(H_1(s)+H_2(s))}$

④ $\dfrac{G(s)}{1+G(s)(H_1(s)+H_2(s))}$

해설

블록선도에서 전향경로이득과 루프이득을 구하면
전향경로이득 : $G(s)$
첫 번째 루프이득 : $G(s) \times H_1(s)$
두 번째 루프이득 : $G(s) \times H_2(s)$이므로
전달함수는

$$G(s) = \frac{C(s)}{R(s)} = \frac{\sum \text{전향 경로 이득}}{1 - \sum \text{루프 이득}}$$

$$= \frac{G(s)}{1 + G(s)H_1(s) + G(s)H_2(s)}$$

$$= \frac{G(s)}{1 + G(s)(H_1(s) + H_2(s))} \, \text{가 된다.}$$

정답   05 ②   06 ④

07 그림과 같은 논리회로와 등가인 것은?

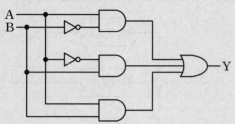

① A B ─ Y (AND)

② A B ─ Y (OR)

③ A B ─ Y (NAND)

④ A B ─ Y (NOR)

해설

무접점 논리회로에서 출력을 구하여
드모르강 정리를 이용하여 풀면

$$Y = A \cdot \overline{B} + \overline{A} \cdot B + A \cdot B$$
$$= A \cdot \overline{B} + B \cdot (\overline{A} + A)$$
$$= A \cdot \overline{B} + B = (A + B) \cdot (\overline{B} + B)$$
$$= A + B$$

이므로 OR회로와 같다.

08 다음의 개루프 전달함수에 대한 근궤적의 점근선이 실수축과 만나는 교차점은?

$$G(s)H(s) = \frac{K(s+3)}{s^2(s+1)(s+3)(s+4)}$$

① $\dfrac{5}{3}$

② $-\dfrac{5}{3}$

③ $\dfrac{5}{4}$

④ $-\dfrac{5}{4}$

해설

개루프 전달함수에서 극점과 영점을 구하며
① $G(s)H(s)$ 의 극점 : 분모가 0인 s
$s = 0$: 2개, $s = -1$: 1개, $s = -3$: 1개
$s = -4$: 1개이므로
극점의 수 $P = 5$ 개

② $G(s)H(s)$ 의 영점 : 분자가 0인 s
$s = -3$ 이므로 영점의 수 $Z = 1$ 개
점근선이 실수축과 만나는 교차점

$$\sigma = \frac{\sum G(s)H(s) \text{ 의 극점} - \sum G(s)H(s) \text{의 영점}}{p - z}$$
$$= \frac{0 + 0 + (-1) + (-3) + (-4) - (-3)}{5 - 1}$$
$$= -\frac{5}{4} \text{가 된다.}$$

09 블록선도에서 ⓐ에 해당하는 기호는?

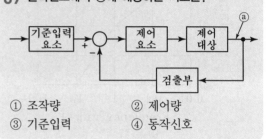

① 조작량

② 제어량

③ 기준입력

④ 동작신호

해설

피드백제어계의 블록선도에서

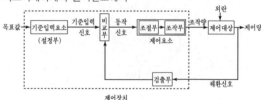

ⓐ는 제어대상에서 나가는 양이므로 제어량이 된다.

10 다음의 미분방정식과 같이 표현되는 제어시스템이 있다. 이 제어시스템을 상태방정식 $\dot{x} = Ax + Bu$ 로 나타내었을 때 시스템 행렬 A는?

$$\frac{d^3 C(t)}{dt^3} + 5\frac{d^2 C(t)}{dt^2} + \frac{dC(t)}{dt} + 2C(t) = r(t)$$

① $\begin{vmatrix} 0 & 1 & 0 \\ 0 & 0 & 1 \\ -2 & -1 & -5 \end{vmatrix}$

② $\begin{vmatrix} 1 & 0 & 0 \\ 0 & 1 & 0 \\ -2 & -1 & -5 \end{vmatrix}$

③ $\begin{vmatrix} 0 & 1 & 0 \\ 0 & 0 & 1 \\ 2 & 1 & 5 \end{vmatrix}$

④ $\begin{vmatrix} 1 & 0 & 0 \\ 0 & 1 & 0 \\ 2 & 1 & 5 \end{vmatrix}$

정답   07 ②   08 ④   09 ②   10 ①

해설

상태방정식에서 상태변수를 구하면

$$x_1 = c(t), \quad x_2 = \dot{x}_1 = \frac{dc(t)}{dt}$$

$$x_3 = \dot{x}_2 = \frac{d^2 c(t)}{dt^2}, \quad \dot{x}_3 = \frac{d^3 c(t)}{dt^2}$$

$\dot{x}_3 + 5x_3 + x_2 + 2x_1 = r(t)$ 이므로

상태 방정식 $\dot{x} = Ax + Bu$ 라 하면

$$\dot{x}_1 = x_2$$

$$\dot{x}_2 = x_3$$

$$\dot{x}_3 = -2x_1 - x_2 - 5x_3 + r(t)$$

$$\begin{bmatrix} \dot{x}_1 \\ \dot{x}_2 \\ \dot{x}_3 \end{bmatrix} = \begin{bmatrix} 0 & 1 & 0 \\ 0 & 0 & 1 \\ -2 & -1 & -5 \end{bmatrix} \begin{bmatrix} x_1 \\ x_2 \\ x_3 \end{bmatrix} + \begin{bmatrix} 0 \\ 0 \\ 1 \end{bmatrix} r(t)$$

$$\therefore \ A = \begin{bmatrix} 0 & 1 & 0 \\ 0 & 0 & 1 \\ -2 & -1 & -5 \end{bmatrix}$$

11 $f_e(t)$ 가 우함수이고 $f_o(t)$ 가 기함수일 때 주기함수 $f(t) = f_e(t) + f_o(t)$ 에 대한 다음 식 중 틀린 것은?

① $f_e(t) = f_e(-t)$

② $f_o(t) = -f_o(-t)$

③ $f_o(t) = \frac{1}{2}[f(t) - f(-t)]$

④ $f_e(t) = \frac{1}{2}[f(t) - f(-t)]$

해설

비정현파 대칭조건

우함수(여현대칭) $f_e(t) = f_e(-t)$

기함수(정현대칭) $f_o(t) = -f_o(-t)$

주기함수 $f(t) = f_e(t) + f_o(t)$ 일 경우

$$\frac{1}{2}[f(t) - f(-t)] = \frac{1}{2}[f_e(t) + f_o(t) - (f_e(-t) + f_o(-t))]$$

$$= \frac{1}{2}[f_e(t) + f_o(t) - f_e(-t) - f_o(-t)]$$

$$= \frac{1}{2}[f_e(t) + f_o(t) - f_e(t) + f_o(t)]$$

$$= \frac{1}{2}[f_o(t) + f_o(t)] = f_o(t)$$

12 3상 평형회로에 Y 결선의 부하가 연결되어 있고, 부하에서의 선간전압이 $V_{ab} = 100\sqrt{3} \angle 0°$[V] 일 때 선전류가 $I_a = 20 \angle -60°$[A]이었다. 이 부하의 한 상의 임피던스[Ω]는? (단, 3상 전압의 상순은 a−b−c이다.)

① $5 \angle 30°$

② $5\sqrt{3} \angle 30°$

③ $5 \angle 60°$

④ $5\sqrt{3} \angle 60°$

해설

Y결선에서 $V_l = \sqrt{3}\, V_p \angle 30°$[V] , $I_l = I_p$[A] 이므로

상전압 $V_p = \frac{100\sqrt{3}}{\sqrt{3}} \angle 0 - 30 = 100 \angle -30$

상전류 $I_p = I_l = 20 \angle -60$ 이 된다.

$$Z = \frac{V_p}{I_p} = \frac{100 \angle -30}{20 \angle -60} = 5 \angle 30$$

13 그림의 회로에서 120[V]와 30[V]의 전압원(능동소자)에서의 전력은 각각 몇 [W]인가? (단, 전압원(능동소자)에서 공급 또는 발생하는 전력은 양수(+)이고, 소비 또는 흡수하는 전력은 음수(−)이다.)

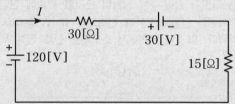

① 240 [W], 60 [W]

② 240 [W], −60 [W]

③ −240 [W], 60 [W]

④ −240 [W], −60 [W]

해설

먼저 전류를 구하면 $I = \dfrac{120 - 30}{30 + 15} = 2$[A] 가 된다.

120[V]전압원의 전력

$P_{120} = 120 \times 2 = 240$[W]

30[V]전압원의 전력

$P_{30} = 30 \times (-2) = -60$[W]

14 각 상의 전압이 다음과 같을 때 영상분 전압 [V]의 순시치는?
(단, 3상 전압의 상순은 $a-b-c$이다.)

$$v_a(t) = 40\sin wt\,[\text{V}]$$

$$v_b(t) = 40\sin\left(wt - \frac{\pi}{2}\right)[\text{V}]$$

$$v_c(t) = 40\sin\left(wt + \frac{\pi}{2}\right)[\text{V}]$$

① $40\sin wt$

② $\dfrac{40}{3}\sin wt$

③ $\dfrac{40}{3}\sin\left(wt - \dfrac{\pi}{2}\right)$

④ $\dfrac{40}{3}\sin\left(wt + \dfrac{\pi}{2}\right)$

해설

영상분 전압 $v_0 = \dfrac{1}{3}(v_a + v_b + v_c)$ 에서

v_b와 v_c는 크기는 같고 위상이 정반대이므로

$v_b + v_c = 0$ 이 되어 $v_0 = \dfrac{1}{3}v_a = \dfrac{40}{3}\sin\omega t$ 가 된다.

15 그림과 같이 3상 평형의 순저항 부하에 단상 전력계를 연결하였을 때 전력계가 $W\,[\text{W}]$를 지시 하였다. 이 3상 부하에서 소모하는 전체 전력[W] 은?

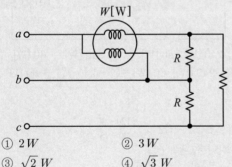

① $2W$

② $3W$

③ $\sqrt{2}\,W$

④ $\sqrt{3}\,W$

해설

1전력계법에서 3상 전력 $P = 2W$ 가 된다.

16 정전용량이 $C\,[\text{F}]$인 커패시터에 단위 임펄 스의 전류원이 연결되어 있다. 이 커패시터의 전압 $v_c(t)$는? (단, $u(t)$는 단위 계단함수이다.)

① $v_c(t) = C$

② $v_c(t) = Cu(t)$

③ $v_c(t) = \dfrac{1}{C}$

④ $v_c(t) = \dfrac{1}{C}u(t)$

해설

라플라스변환

정전용량 $C[F]$의 전압 $v_c(t) = \dfrac{1}{C}\displaystyle\int i(t)dt\,[\text{V}]$

라플라스변환시 $V_c(s) = \dfrac{1}{C}\dfrac{1}{s}I(s)$

조건의 전류원이 단위임펄스 $i(t) = \delta(t)$이므로

$I(s) = 1$를 대입시 $V_c(s) = \dfrac{1}{C}\dfrac{1}{s}$

$\therefore$ 역라플라스 변환시 $v_c(t) = \dfrac{1}{C}u(t)$

17 그림의 회로에서 $t = 0\,[\text{s}]$에 스위치(S)를 닫은 후 $t = 1\,[\text{s}]$일 때 이 회로에 흐르는 전류는 약 몇 [A]인가?

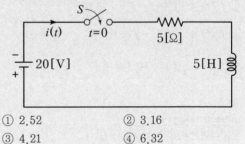

① 2.52

② 3.16

③ 4.21

④ 6.32

해설

스위치 on시 전류 $i(t) = \dfrac{E}{R}\left(1 - e^{-\frac{R}{L}t}\right)[\text{A}]$

$i(t) = \dfrac{20}{5}\left(1 - e^{-\frac{5}{5} \times 1}\right) = 2.52[\text{A}]$

18 순시치 전류 $i(t) = I_m \sin(wt + \theta_1)[\text{A}]$의 파고
율은 약 얼마인가?

① 0.577   ② 0.707
③ 1.414   ④ 1.732

해설

$$\text{파고율} = \frac{\text{최대값}}{\text{실효값}} = \frac{I_m}{\dfrac{I_m}{\sqrt{2}}} = \sqrt{2}$$

19 그림의 회로가 정저항 회로로 되기 위한 $L[\text{mH}]$
은? (단, $R = 10[\Omega]$, $C = 1000[\mu\text{F}]$이다.)

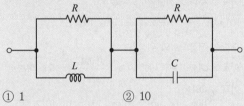

① 1   ② 10
③ 100   ④ 1000

해설

정저항 조건 $R^2 = \dfrac{L}{C}$에서

$$L = CR^2 = 1000 \times 10^{-6} \times 10^2 = 0.1[\text{H}] = 100[\text{mH}]$$

20 분포정수 회로에 있어서 선로의 단위 길이당
저항이 $100[\Omega/\text{m}]$, 인덕턴스가 $200[\text{mH/m}]$, 누설
컨덕턴스가 $0.5[\text{℧/m}]$일 때 일그러짐이 없는 조건
(무왜형 조건)을 만족하기 위한 단위 길이당 커패시
턴스는 몇 $[\mu\text{F/m}]$인가?

① 0.001   ② 0.1
③ 10   ④ 1000

해설

무왜형 조건 $LG = RC$에서

$$C = \frac{LG}{R} = \frac{200 \times 10^{-3} \times 0.5}{100}$$
$$= 10^{-3}[\text{F/m}]$$
$$= 1000[\mu\text{F/km}]$$

정답   18 ③   19 ③   20 ④

22 과년도기출문제(2022. 4. 24 시행)

01 다음 블록선도의 전달함수 $\left(\dfrac{C(s)}{R(s)}\right)$는?

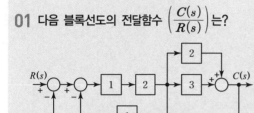

① $\dfrac{10}{9}$

② $\dfrac{10}{13}$

③ $\dfrac{12}{9}$

④ $\dfrac{12}{13}$

해설

블록선도의 전향경로이득과 루프이득을 구하면
첫 번째 전향경로이득 : $1 \times 2 \times 3 = 6$
두 번째 전향경로이득 : $1 \times 2 \times 2 = 4$
첫 번째 루프이득 : $1 \times 2 \times 1 = 2$
두 번째 루프이득 : $1 \times 2 \times 3 \times 1 = 6$
세 번째 루프이득 : $1 \times 2 \times 2 \times 1 = 4$ 이므로
블록선도의 전달함수는

$$G(s) = \frac{C(s)}{R(s)} = \frac{\Sigma \text{전향 경로 이득}}{\Sigma \text{루프 이득}}$$

$$= \frac{6+4}{1+2+6+4} = \frac{10}{13} \text{가 된다.}$$

02 전달함수가 $G(s) = \dfrac{1}{0.1s(0.01s+1)}$ 과 같은 제어시스템에서 $\omega = 0.1[\text{rad/s}]$일 때의 이득[dB]과 위상각[°]은 약 얼마인가?

① $40[\text{dB}]$, $-90°$

② $-40[\text{dB}]$, $90°$

③ $40[\text{dB}]$, $-180°$

④ $40[\text{dB}]$, $-180°$

해설

주파수 전달함수에 $\omega = 0.1[\text{rad/s}]$를 대입하면
$$G(j\omega) = \frac{1}{0.1j\omega(1+0.01j\omega)}\bigg|_{\omega = 0.1 \text{대입}} = \frac{1}{j0.01(1+j0.001)}$$
이므로 주파수 전달함수의 크기
$$|G(j\omega)| = \frac{1}{0.01\sqrt{1^2 + 0.001^2}} = 100 \text{이고}$$
주파수 전달함수의 위상각
$$\theta = \angle G(j\omega) = -\left(90° + \tan^{-1}\frac{0.001}{1}\right) = -90° \text{이므로}$$
이득 $g[\text{dB}]$은
$$g = 20\log_{10}|G(j\omega)| = 20\log_{10}100 = 40[\text{dB}] \text{가 된다.}$$

03 다음의 논리식과 등가인 것은?

$$Y = (A+B)(\overline{A}+B)$$

① $Y = A$

② $Y = B$

③ $Y = \overline{A}$

④ $Y = \overline{B}$

해설

논리식을 간소화하면
$$Y = (A+B)(\overline{A}+B) = A\overline{A} + AB + \overline{A}B + BB$$
$$= 0 + AB + \overline{A}B + B = B(A+\overline{A}+1) = B$$

정답   01 ②   02 ①   03 ②

04 다음의 개루프 전달함수에 대한 근궤적이 실수 축에서 이탈하게 되는 분리점은 약 얼마인가?

$$G(s)H(s) = \frac{K}{s(s+3)(s+8)}, \ K \geq 0$$

① -0.93 ② -5.74
③ -6.0 ④ -1.33

해설

개루프 전달함수에서 특성방정식은

$$1 + G(s)H(s) = 1 + \frac{K}{s(s+3)(s+8)}$$
$$= \frac{s(s+3)(s+8) + K}{s(s+3)(s+8)} = 0 \ 이므로$$

$s(s+3)(s+8) + K = 0$ 에서

$K = -s(s+3)(s+8) = -s^3 - 11s^2 - 24s$이므로

$\dfrac{dK}{ds} = 0$ 을 만족하는 방정식의 근의 값을 구하면

$$\frac{dK}{ds} = \frac{d}{ds}\left[-s^3 - 11s^2 - 24s\right]$$
$$= -(3s^2 + 22s + 24) = 0$$

$3s^2 + 22s + 24 = 0$

$$s = \frac{-22 \pm \sqrt{22^2 - 4\times3\times24}}{2\times3}$$
$$= \frac{-22 \pm \sqrt{196}}{6} = -1.33, \ -6$$

근궤적의 영역은 $0 \sim -3$ 사이와 $-8 \sim -\infty$사이에 존재하므로 이 범위에 속한 s 값은 -1.33이다.

05 $F(z) = \dfrac{(1-e^{-aT})z}{(z-1)(z-e^{-aT})}$ 의 역 z 변환은?

① $t \cdot e^{-at}$ ② $a^t \cdot e^{-at}$
③ $1 + e^{-at}$ ④ $1 - e^{-at}$

해설

$F(z)$를 $G(z)$로 변환하여 부분분수 전개를 이용하면

$$G(z) = \frac{F(z)}{z} = \frac{(1-e^{-aT})}{(z-1)(z-e^{-aT})}$$
$$= \frac{A}{(z-1)} + \frac{B}{(z-e^{-aT})}$$

$A = G(z)(z-1)\big|_{z=1}$대입 $= 1$

$B = G(z)(z-e^{-aT})\big|_{z=e^{-aT}}$대입 $= -1$ 이므로

$$G(z) = \frac{F(z)}{z} = \frac{1}{(z-1)} - \frac{1}{(z-e^{-aT})}$$

$$F(z) = \frac{z}{z-1} - \frac{z}{z-e^{-aT}} \ 이므로$$

역 z 변환하면 $f(t) = 1 - e^{-at}$가 된다.

06 기본 제어요소인 비례요소의 전달함수는? (단, K는 상수이다.)

① $G(s) = K$ ② $G(s) = Ks$
③ $G(s) = \dfrac{K}{s}$ ④ $G(s) = \dfrac{K}{s+K}$

해설

제어요소의 전달함수

비례 요소 : K, 미분 요소 : Ks

적분 요소 : $\dfrac{K}{s}$, 1차 지연 요소 : $\dfrac{K}{s+K}$

2차 지연요소 : $\dfrac{\omega_n^2}{s^2 + 2\delta\omega_n s + \omega_n^2}$

07 다음의 상태방정식으로 표현되는 시스템의 상태 천이행렬은?

$$\begin{bmatrix} \dfrac{d}{dt}x_1 \\ \dfrac{d}{dt}x_2 \end{bmatrix} = \begin{bmatrix} 0 & 1 \\ -3 & -4 \end{bmatrix} \begin{bmatrix} x_1 \\ x_2 \end{bmatrix}$$

① $\begin{bmatrix} 1.5e^{-t}-0.5e^{-3t} & -1.5e^{-t}+1.5e^{-3t} \\ 0.5e^{-t}-0.5e^{-3t} & -0.5e^{-t}+1.5e^{-3t} \end{bmatrix}$

② $\begin{bmatrix} 1.5e^{-t}-0.5e^{-3t} & 0.5e^{-t}-0.5e^{-3t} \\ -1.5e^{-t}+1.5e^{-3t} & -0.5e^{-t}+1.5e^{-3t} \end{bmatrix}$

③ $\begin{bmatrix} 1.5e^{-t}-0.5e^{-4t} & 0.5e^{-t}-0.5e^{-4t} \\ -1.5e^{-t}+1.5e^{-4t} & -0.5e^{-t}+1.5e^{-4t} \end{bmatrix}$

④ $\begin{bmatrix} 1.5e^{-t}-0.5e^{-4t} & -1.5e^{-t}+1.5e^{-4t} \\ 0.5e^{-t}-0.5e^{-4t} & -0.5e^{-t}+1.5e^{-4t} \end{bmatrix}$

정답   04 ④   05 ④   06 ①   07 ②

해설

상태천이행렬 $\phi(t) = \mathcal{L}^{-1}[(sI-A)^{-1}]$ 이므로

$$[sI-A] = \begin{bmatrix} s & 0 \\ 0 & s \end{bmatrix} - \begin{bmatrix} 0 & 1 \\ -3 & -4 \end{bmatrix} = \begin{bmatrix} s & -1 \\ 3 & s+4 \end{bmatrix}$$

$$[sI-A]^{-1} = \frac{1}{s(s+4)+3} \begin{bmatrix} s+4 & 1 \\ -3 & s \end{bmatrix}$$

$$= \frac{1}{(s+1)(s+3)} \begin{bmatrix} s+4 & 1 \\ -3 & s \end{bmatrix}$$

$$= \begin{bmatrix} \dfrac{s+4}{(s+1)(s+3)} & \dfrac{1}{(s+1)(s+3)} \\ \dfrac{-3}{(s+1)(s+3)} & \dfrac{s}{(s+1)(s+3)} \end{bmatrix}$$

각 행렬의 역라플라스 변환값은

$$F_1(s) = \frac{s+4}{(s+1)(s+3)} = \frac{1.5}{s+1} + \frac{-0.5}{s+3}$$
$$\Rightarrow f_1(t) = 1.5e^{-t} - 0.5e^{-3t}$$

$$F_2(s) = \frac{1}{(s+1)(s+3)} = \frac{0.5}{s+1} + \frac{-0.5}{s+3}$$
$$\Rightarrow f_2(t) = 0.5e^{-t} - 0.5e^{-3t}$$

$$F_3(s) = \frac{-3}{(s+1)(s+3)} = \frac{-1.5}{s+1} + \frac{1.5}{s+3}$$
$$\Rightarrow f_3(t) = -1.5e^{-t} + 1.5e^{-3t}$$

$$F_4(s) = \frac{s}{(s+1)(s+3)} = \frac{-0.5}{s+1} + \frac{1.5}{s+3}$$
$$\Rightarrow f_4(t) = -0.5e^{-t} + 1.5e^{-3t}$$ 이므로

상태천이행렬은
$$\phi(t) = \mathcal{L}^{-1}[(sI-A)^{-1}]$$
$$= \begin{bmatrix} 1.5e^{-t} - 0.5e^{-3t} & 0.5e^{-t} - 0.5e^{-3t} \\ -1.5e^{-t} + 1.5e^{-3t} & -0.5e^{-t} + 1.5e^{-3t} \end{bmatrix}$$

---

08 제어시스템의 전달함수가 $T(s) = \dfrac{1}{4s^2+s+1}$

과 같이 표현될 때 이 시스템의 고유주파수 ($\omega_n(\text{rad/s})$)와 감쇠율(ζ)은?

① $\omega_n = 0.25, \zeta = 1.0$ ② $\omega_n = 0.5, \zeta = 0.25$
③ $\omega_n = 0.5, \zeta = 0.5$ ④ $\omega_n = 1.0, \zeta = 0.5$

해설

제동비에 따른 제동조건 또는 진동조건은
전달함수

$$\frac{C(s)}{R(s)} = \frac{1}{4s^2+s+1} = \frac{\dfrac{1}{4}}{s^2 + \dfrac{1}{4}s + \dfrac{1}{4}}$$

$$= \frac{\omega_n^2}{s^2 + 2\zeta\omega_n s + \omega_n^2}$$

고유진동각주파수는
$$\omega_n^2 = \frac{1}{4}, \quad \omega_n = \frac{1}{2} = 0.5 \text{ 이고}$$
감쇠비(제동비)는
$$2\zeta\omega_n = \frac{1}{4}, \quad \zeta = \frac{1}{4} = 0.25 \text{가 되므로}$$
$\zeta = 0.25 < 1$ 이므로 부족제동 및 감쇠진동 한다.

---

09 그림의 신호흐름선도를 미분방정식으로 표현한 것으로 옳은 것은? (단, 모든 초기 값은 0이다.)

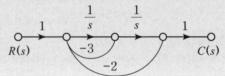

① $\dfrac{d^2c(t)}{dt^2} + 3\dfrac{dc(t)}{dt} + 2c(t) = r(t)$

② $\dfrac{d^2c(t)}{dt^2} + 2\dfrac{dc(t)}{dt} + 3c(t) = r(t)$

③ $\dfrac{d^2c(t)}{dt^2} - 3\dfrac{dc(t)}{dt} - 2c(t) = r(t)$

④ $\dfrac{d^2c(t)}{dt^2} - 2\dfrac{dc(t)}{dt} - 3c(t) = r(t)$

해설

신호흐름선도의 전향경로이득 및 루프이득을 구하면

전향경로이득 $= 1 \times \dfrac{1}{s} \times \dfrac{1}{s} \times 1 = \dfrac{1}{s^2}$

첫 번째 루프이득 $= \dfrac{1}{s} \times -3 = -\dfrac{3}{s}$

두 번째 루프이득 $= \dfrac{1}{s} \times \dfrac{1}{s} \times -2 = -\dfrac{2}{s^2}$

신호흐름선도의 전달함수는

$$G(s) = \frac{C(s)}{R(s)} = \frac{\sum \text{전향 경로 이득}}{\sum \text{루프 이득}}$$

$$= \frac{\dfrac{1}{s^2}}{1 - (-\dfrac{3}{s} - \dfrac{2}{s^2})} = \frac{1}{s^2+3s+2} \text{가 되므로}$$

$s^2 C(s) + 3s C(s) + 2 C(s) = R(s)$에서
역라플라스 변환하면 미분방정식은
$$\frac{d^2c(t)}{dt^2} + 3\frac{dc(t)}{dt} + 2c(t) = r(t) \text{가 된다.}$$

---

10 제어시스템의 특성방정식이 $s^4 + s^3 - 3s^2 - s + 2 = 0$와 같을 때, 이 특성방정식에서 s 평면의 오른쪽에 위치하는 근은 몇 개인가?

① 0　　　　　　② 1
③ 2　　　　　　④ 3

해설

특성방정식이 $s^4 + s^3 - 3s^2 - s + 2 = 0$에서
루드수열을 작성하면

s^4	1	-3	2
s^3	1	-1	0
s^2	$\dfrac{(-3)\times 1 - 1\times(-1)}{1}$ $= -2$	$\dfrac{2\times 1 - 1\times 0}{1} = 2$	0
s^1	$\dfrac{(-1)\times(-2) - 1\times 2}{-2}$ $= 0 \rightarrow -4$	$\dfrac{0\times(-1) - 1\times 0}{-1} = 0$ $\rightarrow 0$	0
s^0	$\dfrac{2\times(-4) - (-2)\times 0}{-4}$ $= 2$	0	0

루드수열에서 s^1의 열이 모두가 0이 되므로 보조방정식 $-2s^2 + 2$를 미분하면 $-4s$ 되고 s^1의 계수로 사용하면 제1열의 부호가 2번 변화가 있으므로 불안정하며 s 평면의 오른쪽에 갖는 근이 2개 존재한다.

11 회로에서 $6[\Omega]$에 흐르는 전류[A]는?

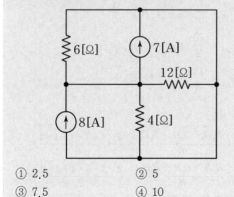

① 2.5　　　　　　② 5
③ 7.5　　　　　　④ 10

해설

중첩의 정리를 이용
7[A]전류원 개방시 $6[\Omega]$에 흐르는 전류

$$I_1 = \frac{\dfrac{12\times 4}{12+4}}{6 + \dfrac{12\times 4}{12+4}} \times 8 = \frac{8}{3}\,[\text{A}]$$

8[A]전류원 개방시 $6[\Omega]$에 흐르는 전류

$$I_2 = \frac{\dfrac{12\times 4}{12+4}}{6 + \dfrac{12\times 4}{12+4}} \times 7 = \frac{7}{3}\,[\text{A}]$$

$$\therefore I = I_1 + I_2 = \frac{8}{3} + \frac{7}{3} = 5\,[\text{A}]$$

12 RL 직렬회로에서 시정수가 $0.03[\text{s}]$, 저항이 $14.7[\Omega]$일 때 이 회로의 인덕턴스[mH]는?

① 441　　　　　　② 362
③ 17.6　　　　　　④ 2.53

해설

시정수 $\tau = \dfrac{L}{R}$ 의 식에서

$$L = \tau R = 0.03 \times 14.7 = 441 \times 10^{-3}\,[\text{H}]$$
$$= 441\,[\text{mH}]$$

13 상의 순서가 $a-b-c$인 불평형 3상 교류회로에서 각 상의 전류가 $I_a = 7.28 \angle 15.95°\,[\text{A}]$, $I_b = 12.81 \angle -128.66°\,[\text{A}]$, $I_c = 7.21 \angle 123.69°\,[\text{A}]$일때 역상분 전류는 약 몇 [A]인가?

① $8.95 \angle -1.14°$　　② $8.95 \angle 1.14°$
③ $2.51 \angle -96.55°$　　④ $2.51 \angle 96.55°$

해설

역상분 전류 $I_2 = \dfrac{1}{3}(I_a + a^2 I_b + a I_c)$ 이므로

$$I_2 = \frac{1}{3}(7.28 \angle 15.95 + 1 \angle -120 \times 12.81 \angle -128.66$$
$$+ 1 \angle 120 \times 7.21 \angle 123.69) = 2.51 \angle 96.55\,[\text{A}]$$

정답　　10 ③　　11 ②　　12 ①　　13 ④

14 그림과 같은 T형 4단자 회로의 임피던스 파라미터 Z_{22}는?

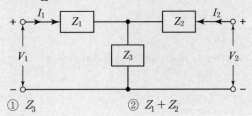

① Z_3
② $Z_1 + Z_2$
③ $Z_1 + Z_3$
④ $Z_2 + Z_3$

해설
$Z_{22} = Z_2 + Z_3$

16 분포정수로 표현된 선로의 단위 길이당 저항이 $0.5[\Omega/\mathrm{km}]$, 인덕턴스가 $1[\mu\mathrm{H/km}]$, 커패시턴스가 $6[\mu\mathrm{H/km}]$일 때 일그러짐이 없는 조건(무왜형 조건)을 만족하기 위한 단위 길이당 컨덕턴스 $[\mho/\mathrm{m}]$는?

① 1
② 2
③ 3
④ 4

해설
무왜형 조건 $LG = RC$에서
$G = \dfrac{RC}{L} = \dfrac{0.5 \times 6 \times 10^{-6}}{1 \times 10^{-6}} = 3$

15 그림과 같은 부하에 선간전압이 $V_{ab} = 100\angle 30°$ $[\mathrm{V}]$인 평형 3상 전압을 가했을 때 선전류 $I_a[\mathrm{A}]$는?

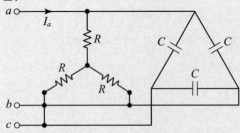

① $\dfrac{100}{\sqrt{3}}\left(\dfrac{1}{R} + j3wC\right)$
② $100\left(\dfrac{1}{R} + j\sqrt{3}\,wC\right)$
③ $\dfrac{100}{\sqrt{3}}\left(\dfrac{1}{R} + jwC\right)$
④ $100\left(\dfrac{1}{R} + jwC\right)$

해설
$\triangle$결선된 C를 Y결선으로 등가변환하면 $R-C$병렬회로가 되며 C에 대한 어드미턴스는 3배가 된다.
따라서 한 상에 대한 합성 어드미턴스를 구하면
$Y = \dfrac{1}{R} + j3\omega C$ 가 된다.

Y결선이므로 $I_l = I_p = \dfrac{V_p}{Z} = Y V_p$ 의 식을 이용하여
$I_l = \dfrac{100}{\sqrt{3}}\left(\dfrac{1}{R} + j3\omega C\right)$가 된다.

17 그림 (a)의 Y결선 회로를 그림 (b)의 $\triangle$결선 회로로 등가 변환했을 때 R_{ab}, R_{bc}, R_{ca}는 각각 몇 $[\Omega]$인가? (단, $R_a = 2[\Omega]$, $R_b = 3[\Omega]$, $R_c = 4[\Omega]$)

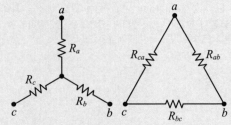

① $R_{ab} = \dfrac{6}{9}, R_{bc} = \dfrac{12}{9}, R_{ca} = \dfrac{8}{9}$

② $R_{ab} = \dfrac{1}{3}, R_{bc} = 1, R_{ca} = \dfrac{1}{2}$

③ $R_{ab} = \dfrac{13}{2}, R_{bc} = 13, R_{ca} = \dfrac{26}{3}$

④ $R_{ab} = \dfrac{11}{3}, R_{bc} = 11, R_{ca} = \dfrac{11}{2}$

해설
$R_{ab} = \dfrac{R_a R_b + R_b R_c + R_c R_a}{R_c} = \dfrac{2\times3 + 3\times4 + 4\times2}{4} = \dfrac{13}{2}$

$R_{bc} = \dfrac{R_a R_b + R_b R_c + R_c R_a}{R_a} = \dfrac{2\times3 + 3\times4 + 4\times2}{2} = 13$

$R_{ca} = \dfrac{R_a R_b + R_b R_c + R_c R_a}{R_b} = \dfrac{2\times3 + 3\times4 + 4\times2}{3} = \dfrac{26}{3}$

18 다음과 같은 비정현파 교류 전압 $v(t)$와 전류 $i(t)$에 의한 평균전력은 약 몇 [W]인가?

$$v(t) = 200\sin100\pi t + 80\sin\left(300\pi t - \frac{\pi}{2}\right)[\text{V}]$$

$$i(t) = \frac{1}{5}\sin\left(100\pi t - \frac{\pi}{3}\right)$$

$$+ \frac{1}{10}\sin\left(300\pi t - \frac{\pi}{4}\right)[\text{A}]$$

① 6.414   ② 8.586

③ 12.828   ④ 24.212

해설

$$P = \frac{1}{2}\left(200 \times \frac{1}{5} \times \cos 60° + 80 \times \frac{1}{10} \times \cos 45°\right)$$
$$= 12.828\,[\text{W}]$$

19 회로에서 $I_1 = 2e^{-f\frac{\pi}{6}}[\text{A}]$, $I_2 = 5e^{f\frac{\pi}{6}}[\text{A}]$, $I_3 = 5.0[\text{A}]$, $Z_3 = 1.0[\Omega]$일 때 부하(Z_1, Z_2, Z_3) 전체에 대한 복소 전력은 약 몇 [VA]인가?

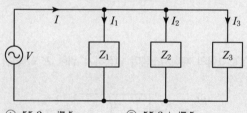

① $55.3 - j7.5$ ② $55.3 + j7.5$

③ $45 - j26$ ④ $45 + j26$

해설

$V = I_3 Z_3 = 5 \times 1 = 5\,[\text{V}]$

$I = I_1 + I_2 + I_3 = 2\angle-30 + 5\angle30 + 5$
  $= 11.06 + j1.5\,[\text{A}]$

복소전력 $P_a = VI^* = 5(11.06 - j1.5) = 55.3 - jj7.5$

20 $f(t) = \mathcal{L}^{-1}\left[\dfrac{s^2 + 3s + 2}{s^2 + 2s + 5}\right]$는?

① $\delta(t) + e^{-t}(\cos 2t - \sin 2t)$

② $\delta(t) + e^{-t}(\cos 2t + 2\sin 2t)$

③ $\delta(t) + e^{-t}(\cos 2t - 2\sin 2t)$

④ $\delta(t) + e^{-t}(\cos 2t + \sin 2t)$

해설

$$\frac{s^2 + 3s + 2}{s^2 + 2s + 5} = \frac{s^2 + 2s + 5 + s - 3}{s^2 + 2s + 5} = 1 + \frac{s - 3}{s^2 + 2s + 5}$$
$$= 1 + \frac{s + 1 - 4}{(s+1)^2 + 4} = 1 + \frac{s+1}{(s+1)^2 + 2^2} - 2\frac{2}{(s+1)^2 + 2^2}$$

위 식을 역변환하면

$$f(t) = \delta(t) + e^{-t}\cos 2t - 2e^{-t}\sin 2t$$
$$= \delta(t) + e^{-t}(\cos 2t - 2\sin 2t)$$

정답   18 ③   19 ①   20 ③

CBT시험 복원문제   전기기사과년도

22 과년도기출문제(2022. 7. 2 시행)

※ 본 기출문제는 수험자의 기억을 바탕으로 하여 복원한 문제이므로 실제 문제와 다를 수 있음을 미리 알려드립니다.

01 다음 회로망에서 입력전압을 $V_1(t)$, 출력전압을 $V_2(t)$라 할 때, $\dfrac{V_2(s)}{V_1(s)}$에 대한 고유주파수 ω_n과 제동비 ζ의 값은? (단, $R=100[\Omega]$, $L=2[H]$, $C=200[\mu F]$이고, 모든 초기전하는 0이다.)

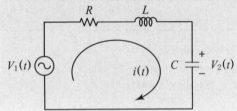

① $\omega_n = 50$, $\zeta = 0.5$ ② $\omega_n = 50$, $\zeta = 0.7$
③ $\omega_n = 250$, $\zeta = 0.5$ ④ $\omega_n = 250$, $\zeta = 0.7$

해설

$R-L-C$ 직렬연결시 전달함수는

$$G(s) = \frac{V_o(s)}{V_i(s)} = \frac{\text{출력 임피던스}}{\text{입력 임피던스}} \text{이므로}$$

입력임피던스 $Z_i = R + Ls + \dfrac{1}{Cs}[\Omega]$

출력임피던스 $Z_0 = \dfrac{1}{Cs}[\Omega]$를 대입하면

$$G(s) = \frac{\dfrac{1}{Cs}}{R + Ls + \dfrac{1}{Cs}} = \frac{1}{LCs^2 + RCs + 1}$$

$$= \frac{\dfrac{1}{LC}}{s^2 + \dfrac{R}{L}s + \dfrac{1}{LC}} \text{가 되므로}$$

주어진 수치대입하면

$\dfrac{R}{L} = \dfrac{100}{2} = 50$, $\dfrac{1}{LC} = \dfrac{1}{2 \times 200 \times 10^{-6}} = 2500$ 이므로

$$G(s) = \frac{2500}{s^2 + 50s + 2500} = \frac{\omega_n^2}{s^2 + 2\zeta\omega_n s + \omega_n^2} \text{가 된다.}$$

고유주파수는 $\omega_n^2 = 2500$, $\omega = 50$
제동비는 $2\zeta\omega_n = 50$, $\zeta = 0.5$

02 다음 함수의 역라플라스 변환 $f(t)$는 어떻게 되는가?

$$F(s) = \frac{2s+3}{(s^2+3s+2)}$$

① $e^{-t} + e^{-2t}$ ② $e^{-t} - e^{-2t}$
③ $e^t - 2e^{-2t}$ ④ $e^{-t} + 2e^{-2t}$

해설

라플라스 변환을 부분분수 전개하면

$$F(s) = \frac{2s+3}{s^2+3s+2} = \frac{2s+3}{(s+1)(s+2)}$$

$$= \frac{A}{s+1} + \frac{B}{s+2} \text{에서}$$

$$A = F(s)(s+1)|_{s=-1} = \frac{2s+3}{s+2}\bigg|_{s=-1} = 1$$

$$B = F(s)(s+2)|_{s=-2} = \frac{2s+3}{s+1}\bigg|_{s=-2} = 1$$

이므로 수치를 대입하면

$$F(s) = \frac{1}{s+1} + \frac{1}{s+2} \text{가 되어 역라플라스 하면}$$

$$\therefore f(t) = e^{-t} + e^{-2t}$$

03 그림의 제어시스템이 안정하기 위한 K의 범위는?

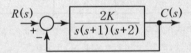

① $0 < K < 3$ ② $0 < K < 4$
③ $0 < K < 5$ ④ $0 < K < 6$

해설

블록선도에서 특성방정식
$1 + G(s)H(s) = 0$를 구하면

$$1 + \frac{2K}{s(s+1)(s+2)} = \frac{s(s+1)(s+2)+2K}{s(s+1)(s+2)} = 0 \text{에서}$$

특성방정식 $= s(s+1)(s+2) + 2K$
$\quad\quad\quad\quad\quad = s^3 + 3s^2 + 2s + 2K = 0$ 이므로

루드 수열을 이용하여 풀면 다음과 같다.

s^3	1	2	0
s^2	3	$2K$	0
s^1	$\dfrac{2\times3-1\times2K}{3}$ $=\dfrac{6-2K}{3}=A$	$\dfrac{0\times3-1\times0}{3}=0$	0
s^0	$\dfrac{2K\times A-3\times0}{A}=2K$	0	0

루드 수열의 제1열의 부호변화가 없어야 안정하므로

$A=\dfrac{6-2K}{3}>0$, $6-2K>0$, $K<3$

$2K>0$, $K>0$ 이므로

동시 존재하는 구간은

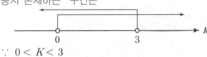

$\therefore 0<K<3$

04 그림과 같은 신호흐름 선도의 전달함수는?

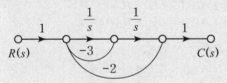

① $\dfrac{d^2c(t)}{dt^2}+3\dfrac{dc(t)}{dt}+2c(t)=r(t)$

② $\dfrac{d^2c(t)}{dt^2}+2\dfrac{dc(t)}{dt}+3c(t)=r(t)$

③ $\dfrac{d^2c(t)}{dt^2}-3\dfrac{dc(t)}{dt}-2c(t)=r(t)$

④ $\dfrac{d^2c(t)}{dt^2}-2\dfrac{dc(t)}{dt}-3c(t)=r(t)$

해설

신호흐름선도의 전향경로이득 및 루프이득은

전향경로이득 $1\times\dfrac{1}{s}\times\dfrac{1}{s}\times1=\dfrac{1}{s^2}$

첫 번째 루프이득 $\dfrac{1}{s}\times-3=-\dfrac{3}{s}$

두 번째 루프이득 $\dfrac{1}{s}\times\dfrac{1}{s}\times-2=-\dfrac{2}{s^2}$ 이므로

신호흐름선도의 전달함수

$G(s)=\dfrac{C(s)}{R(s)}=\dfrac{\Sigma전향 경로 이득}{\Sigma루프 이득}$

$=\dfrac{\dfrac{1}{s^2}}{1-(-\dfrac{3}{s}-\dfrac{2}{s^2})}=\dfrac{\dfrac{1}{s^2}}{1+\dfrac{3}{s}+\dfrac{2}{s^2}}$

$=\dfrac{1}{s^2+3s+2}$ 가 된다.

$s^2C(s)+3sC(s)+2C(s)=R(s)$에서

역 라플라스 변환하여 미분방정식을 구하면

$\dfrac{d^2c(t)}{dt^2}+3\dfrac{dc(t)}{dt}+2c(t)=r(t)$

05 그림과 같은 보드선도의 이득선도를 갖는 제어 시스템의 전달함수는?

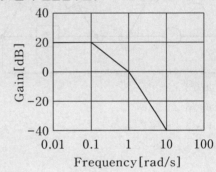

① $G(s)=\dfrac{10}{(s+1)(s+10)}$

② $G(s)=\dfrac{10}{(s+1)(10s+1)}$

③ $G(s)=\dfrac{20}{(s+1)(s+10)}$

④ $G(s)=\dfrac{20}{(s+1)(10s+1)}$

해설

2차계의 전달함수

$G(s)=\dfrac{K}{(T_1s+1)(T_2s+1)}=\dfrac{K}{(j\omega T_1+1)(j\omega T_2+1)}$

에서 보드선도에서 실수부와 허수부가 같아지는
절점주파수를 구하면

$\omega_1=\dfrac{1}{T_1}=0.1$, $T_1=10$

$\omega_2=\dfrac{1}{T_2}=1$, $T_2=1$이고

비례이득 $g = 20\log_{10} K = 20\,[\text{dB}]$에서
$K = 10$이 되므로 주어진 수치를 대입하면
$G(s) = \dfrac{10}{(10s+1)(s+1)}$ 이 된다.

06 그림과 같은 평형 3상회로에서 전원 전압이 $V_{ab} = 200\,[\text{V}]$이고 부하 한상의 임피던스가 $Z = 4+j3\,[\Omega]$인 경우 전원과 부하사이 선전류 I_a는 약 몇 $[\text{A}]$인가?

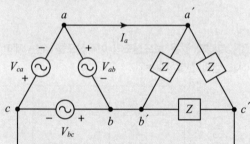

① $40\sqrt{3}\,\angle\,36.87°$

② $40\sqrt{3}\,\angle\,-36.87°$

③ $40\sqrt{3}\,\angle\,66.87°$

④ $40\sqrt{3}\,\angle\,-66.87°$

해설

부하의 상전류 $I_p = \dfrac{V_p}{Z} = \dfrac{200}{4+j3} = 40\,\angle\,-36.87$

선전류 $I_1 = \sqrt{3}\,I_p\,\angle\,-30$ 이므로

$I_a = 40\sqrt{3}\,\angle\,-36.87-30 = -66.87$ 가 된다.

07 블록선도의 전달함수가 $\dfrac{C(s)}{R(s)} = 10$과 같이 되기 위한 조건은?

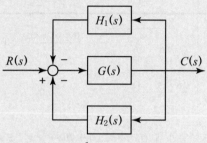

① $G(s) = \dfrac{1}{1-H_1(s)-H_2(s)}$

② $G(s) = \dfrac{10}{1-H_1(s)-H_2(s)}$

③ $G(s) = \dfrac{1}{1-10H_1(s)-10H_2(s)}$

④ $G(s) = \dfrac{10}{1-10H_1(s)-10H_2(s)}$

해설

블록선도에서 전향경로이득 및 루프이득을 구하면
전향경로이득 $G(s)$
첫 번째 루프이득 $G(s) \times H_2(s)$
두 번째 루프이득 $G(s) \times H_1(s)$ 이므로

전체 전달함수 $\text{G} = \dfrac{\text{C(s)}}{\text{R(s)}}$ 는

$G(s) = \dfrac{C(s)}{R(s)} = \dfrac{\sum \text{전향 경로 이득}}{\sum \text{루프 이득}}$

$\qquad = \dfrac{G(s)}{1+G(s)H_1(s)+G(s)H_2(s)} = 10$가 되므로

여기서 $G(s)$로 정리하면

$G(s) = \dfrac{10}{1-10H_1(s)-10H_2(s)}$ 가 된다.

08 다음의 상태방정식으로 표현되는 시스템의 상태 천이행렬은?

$$\begin{bmatrix} \dfrac{d}{dt}x_1 \\ \dfrac{d}{dt}x_2 \end{bmatrix} = \begin{bmatrix} 0 & 1 \\ -3 & -4 \end{bmatrix} \begin{bmatrix} x_1 \\ x_2 \end{bmatrix}$$

① $\begin{bmatrix} 1.5e^{-t}-0.5e^{-3t} & -1.5e^{-t}+1.5e^{-3t} \\ 0.5e^{-t}-0.5e^{-3t} & -0.5e^{-t}+1.5e^{-3t} \end{bmatrix}$

② $\begin{bmatrix} 1.5e^{-t}-0.5e^{-3t} & 0.5e^{-t}-0.5e^{-3t} \\ -1.5e^{-t}+1.5e^{-3t} & -0.5e^{-t}+1.5e^{-3t} \end{bmatrix}$

③ $\begin{bmatrix} 1.5e^{-t}-0.5e^{-4t} & 0.5e^{-t}-0.5e^{-4t} \\ -1.5e^{-t}+1.5e^{-4t} & -0.5e^{-t}+1.5e^{-4t} \end{bmatrix}$

④ $\begin{bmatrix} 1.5e^{-t}-0.5e^{-4t} & -1.5e^{-t}+1.5e^{-4t} \\ 0.5e^{-t}-0.5e^{-4t} & -0.5e^{-t}+1.5e^{-4t} \end{bmatrix}$

해설

상태천이행렬 $\phi(t) = \mathcal{L}^{-1}[(sI-A)^{-1}]$ 이므로

$[sI-A] = \begin{bmatrix} s & 0 \\ 0 & s \end{bmatrix} - \begin{bmatrix} 0 & 1 \\ -3 & -4 \end{bmatrix} = \begin{bmatrix} s & -1 \\ 3 & s+4 \end{bmatrix}$

$[sI-A]^{-1} = \dfrac{1}{s(s+4)+3} \begin{bmatrix} s+4 & 1 \\ -3 & s \end{bmatrix}$

$= \dfrac{1}{(s+1)(s+3)} \begin{bmatrix} s+4 & 1 \\ -3 & s \end{bmatrix}$

$= \begin{bmatrix} \dfrac{s+4}{(s+1)(s+3)} & \dfrac{1}{(s+1)(s+3)} \\ \dfrac{-3}{(s+1)(s+3)} & \dfrac{s}{(s+1)(s+3)} \end{bmatrix}$

각 행렬의 역라플라스 변환값은

$F_1(s) = \dfrac{s+4}{(s+1)(s+3)} = \dfrac{1.5}{s+1} + \dfrac{-0.5}{s+3}$
$\Rightarrow f_1(t) = 1.5e^{-t} - 0.5e^{-3t}$

$F_2(s) = \dfrac{1}{(s+1)(s+3)} = \dfrac{0.5}{s+1} + \dfrac{-0.5}{s+3}$
$\Rightarrow f_2(t) = 0.5e^{-t} - 0.5e^{-3t}$

$F_3(s) = \dfrac{-3}{(s+1)(s+3)} = \dfrac{-1.5}{s+1} + \dfrac{1.5}{s+3}$
$\Rightarrow f_3(t) = -1.5e^{-t} + 1.5e^{-3t}$

$F_4(s) = \dfrac{s}{(s+1)(s+3)} = \dfrac{-0.5}{s+1} + \dfrac{1.5}{s+3}$
$\Rightarrow f_4(t) = -0.5e^{-t} + 1.5e^{-3t}$ 이므로

상태천이행렬은
$\phi(t) = \mathcal{L}^{-1}[(sI-A)^{-1}]$
$= \begin{bmatrix} 1.5e^{-t}-0.5e^{-3t} & 0.5e^{-t}-0.5e^{-3t} \\ -1.5e^{-t}+1.5e^{-3t} & -0.5e^{-t}+1.5e^{-3t} \end{bmatrix}$

09 $\overline{A}BC + \overline{A}B\overline{C} + A\overline{B}\overline{C} + AB\overline{C} + \overline{A}\overline{B}C + \overline{A}\overline{B}\overline{C}$ 의 논리식을 간략화 하면?

① $A + AC$ 　　② $A + C$

③ $\overline{A} + A\overline{B}$ 　　④ $\overline{A} + A\overline{C}$

해설

주어진 논리식을 간소화하면
$\overline{A}BC + \overline{A}B\overline{C} + A\overline{B}\overline{C} + AB\overline{C} + \overline{A}\overline{B}C + \overline{A}\overline{B}\overline{C}$
$= \overline{A}B(C+\overline{C}) + A\overline{C}(\overline{B}+B) + \overline{A}\,\overline{B}(C+\overline{C})$
$= \overline{A}B \cdot 1 + A\overline{C} \cdot 1 + \overline{A}\,\overline{B} \cdot 1$
$= \overline{A}B + A\overline{C} + \overline{A}\,\overline{B}$
$= \overline{A}(B+\overline{B}) + A\overline{C}$
$= \overline{A} \cdot 1 + A\overline{C}$
$= \overline{A} + A\overline{C}$

10 $8+j6[\Omega]$인 임피던스에 $13+j20[V]$의 전압을 인가할 때 복소전력은 약 몇 $[VA]$인가?

① $127+j34.1$

② $12.7+j55.5$

③ $45.5+j34.1$

④ $45.5+j55.5$

해설

전류 $I = \dfrac{V}{Z} = \dfrac{13+j20}{8+j6} = 2.24+j0.82$

복소전력 $P_a = VI^* = (13+j20)(2.24-j0.82)$
$= 45.5 + j34.1$

11 코일에 최대값이 $E_m = 200[V]$, 주파수가 50 $[Hz]$인 정현파 전압을 가했더니 전류의 최대값 $I_m = 10[A]$이 되었다. 인덕턴스 L은 약 몇$[mH]$인가? (단, 코일의 내부저항은 $5[\Omega]$이다.)

① 62 　　② 52

③ 42 　　④ 32

해설

임피던스 $Z = \dfrac{E_m}{I_m} = \dfrac{200}{10} = 20\,[\Omega]$

$Z = \sqrt{R^2 + X_L^2}$ 의 식에서 $20 = \sqrt{5^2 + X_L^2}$ 이 되어

$X_L = 19.36\,[\Omega]$ 이 됨을 알 수 있다.

$X_L = \omega L = 19.36$ 이므로

$L = \dfrac{19.36}{2\pi \times 50} \times 10^3 = 61.6\,[\text{mH}]$

---

12 그림에서 $10[\Omega]$의 저항에 흐르는 전류는 몇 [A] 인가?

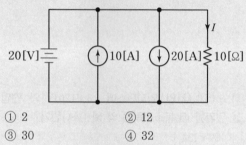

① 2
② 12
③ 30
④ 32

해설

전압원과 전류원이 병렬접속시 전류원에 의한 전류는 부하에 흐르지 않는다.

그러므로 전압원에 의한 전류만 계산하면

$I = \dfrac{20}{10} = 2\,[\text{A}]$ 가 된다.

---

13 비정현파 전류 $i(t) = 56\sin\omega t + 25\sin 2\omega t + 30\sin(3\omega t + 30^\circ) + 40\sin(4\omega t + 60^\circ)$ 로 주어질 때 왜형율(歪形率)은 어느 것으로 표시되는가?

① 약 1.414
② 약 1
③ 약 0.8
④ 약 0.5

해설

왜형률 $= \dfrac{\sqrt{25^2 + 30^2 + 40^2}}{56} = 0.998$

---

14 3차인 이산치 시스템의 특성 방정식의 근이 -0.3, -0.2, $+0.5$로 주어져 있다. 이 시스템의 안정도는?

① 이 시스템은 안정한 시스템이다.
② 이 시스템은 불안정한 시스템이다.
③ 이 시스템은 임계 안정한 시스템이다.
④ 위 정보로서는 이 시스템의 안정도를 알 수 없다.

해설

이산치 시스템의 안정판별은 z-평면을 이용하므로 특성 방정식의 근이 반경이 $|z| = 1$ 인 단위원 내부에 존재하므로 제어계의 특성이 안정한 시스템이 된다.

---

15 그림과 같은 RLC 회로에서 입력전압 $ei(t)$, 출력 전류가 $i(t)$인 경우 이 회로의 전달함수 $\dfrac{I(s)}{Ei(s)}$ 는? (단, 모든 초기 조건은 0이다.)

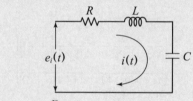

① $\dfrac{Rs}{LCs^2 + RCs + 1}$

② $\dfrac{1}{LCs^2 + RCs + 1}$

③ $\dfrac{Cs}{LCs^2 + RCs + 1}$

④ $\dfrac{1}{LCs^2 + RCs + 1}$

해설

전달함수 $G(s) = \dfrac{I(s)}{E_i(s)} = Y(s) = \dfrac{1}{Z(s)}$ 가 된다.

$G(s) = \dfrac{1}{R + Ls + \dfrac{1}{Cs}} = \dfrac{Cs}{LCs^2 + RCs + 1}$

---

16 그림과 같은 4단자 회로망에서 하이브리드 파라미터 H₁₁은?

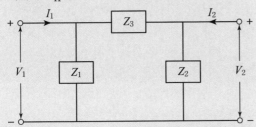

① $\dfrac{Z_1}{Z_1 + Z_3}$ ② $\dfrac{Z_1}{Z_1 + Z_2}$

③ $\dfrac{Z_1 Z_3}{Z_1 + Z_3}$ ④ $\dfrac{Z_1 Z_2}{Z_1 + Z_2}$

해설

하이브리드 파라미터

$\begin{bmatrix} V_1 \\ I_2 \end{bmatrix} = \begin{bmatrix} H_{11} & H_{12} \\ H_{21} & H_{22} \end{bmatrix} \begin{bmatrix} I_1 \\ V_2 \end{bmatrix}$ 에서

$V_1 = H_{11} I_1 + H_{12} V_2$ 가 된다.

이때 $H_{11} = \left.\dfrac{V_1}{I_1}\right|_{V_2 = 0}$ 이므로

$H_{11} = \dfrac{Z_1 Z_3}{Z_1 + Z_3}$

17 $G(s)H(s) = \dfrac{K(s+1)}{s(s+2)(s+3)}$ 에서 근궤적의 수는?

① 1   ② 2

③ 3   ④ 4

해설

근궤적의 수(N)는 극점의 수(p)와 영점의 수(z) 중에서 큰 것을 선택 또는 다항식의 최고차항의 차수와 같으므로 $z = 1$개, $p = 3$개 이므로 $z < p$ 이고 $N = p = 3$개가 된다.

18 그림과 같은 회로에서 스위치 S를 닫았을 때, 과도분을 포함하지 않기 위한 $R[\Omega]$은?

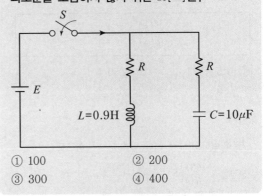

① 100   ② 200
③ 300   ④ 400

해설

과도분을 포함하지 않으려면 정저항 회로가 되어야 하므로 정저항 조건에 의해 $R = \sqrt{\dfrac{L}{C}} = \sqrt{\dfrac{0.9}{10 \times 10^{-6}}} = 300$

19 저항$R[\Omega]$, 콘덴서$C[F]$의 병렬회로에서 전원 주파수가 변할 때 임피던스 궤적은?

① 제1상한 내의 반직선이 된다.
② 제1상한 내의 반원이 된다.
③ 제4상한 내의 반원이 된다.
④ 제4상한 내의 반직선이 된다.

해설

$R - C$ 병렬회로에서 주파수가 변할 때 어드미턴스 궤적이 1상한내의 직선이므로 임피던스 궤적은 4상한의 반원이 된다.

20 다음과 같은 시스템에 단위계단입력 신호가 가해졌을 때 지연시간에 가장 가까운 값(sec)는?

$$\frac{C(s)}{R(s)} = \frac{1}{s+1}$$

① 0.5 ② 0.7
③ 0.9 ④ 1.2

해설

기준입력이 $r(t) = u(t)$, $R(s) = \dfrac{1}{s}$ 이므로

전달함수 $\dfrac{C(s)}{R(s)} = \dfrac{1}{s+1}$ 에서

응답(출력)를 구하면

$C(s) = \dfrac{1}{s+1} R(s) = \dfrac{1}{s+1} \cdot \dfrac{1}{s} = \dfrac{1}{s(s+1)}$ 가 되므로

부분분수 전개를 이용하면

$C(s) = \dfrac{1}{s(s+1)} = \dfrac{A}{s} + \dfrac{B}{s+1}$

$A = \lim\limits_{s \to 0} s \cdot C(s) = \left[\dfrac{1}{s+1} \right]_{s=0} = 1$

$B = \lim\limits_{s \to 0} (s+1) C(s) = \left[\dfrac{1}{s} \right]_{s=-1} = -1$ 이므로

$C(s) = \dfrac{1}{s} - \dfrac{1}{s+1}$ 가 되어

이를 역라플라스변환하면

$\therefore \ c(t) = 1 - e^{-t}$ 가 된다.

지연시간은 응답이 목표값의 50%에 도달시간 이므로
$c(t) = 1 - e^{-t} = 0.5$
$e^{-t} = 0.5$, $-t = \log_e 0.5$
$t = -\log_e 0.5 = 0.7 \, [\text{sec}]$

CBT시험 복원문제

전기기사과년도

23

과년도기출문제(2023. 3. 1 시행)

※ 본 기출문제는 수험자의 기억을 바탕으로 하여 복원한 문제이므로 실제 문제와 다를 수 있음을 미리 알려드립니다.

01 $v(t) = 3 + 5\sqrt{2}\sin\omega t + 10\sqrt{2}\sin$
$(3\omega t - \dfrac{\pi}{3})$[V] 실효값의 크기는?

① 9.6[V]   ② 10.6[V]

③ 11.6[V]   ④ 12.6[V]

해설

비정현파 교류의 실효값은 각 파의 실효값 제곱의 합의 제
곱근으로 구한다.

$$V = \sqrt{V_o^2 + V_1^2 + V_3^2} = \sqrt{3^2 + 5^2 + 10^2} = 11.6[V]$$

02 그림에서 a-b단자의 전압이 10[V], a-b에서
본 능동 회로망 N의 임피던스가 4[Ω]일 때 단자
a-b 간에 1[Ω]의 저항을 접속하면 a-b간에 흐
르는 전류[A]는?

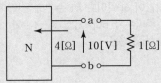

① 0.5[A]   ② 1[A]

③ 1.5[A]   ④ 2[A]

해설

테브난의 정리에 의해서 등가임피던스 $Z_T = 4[\Omega]$, 등가전
압 $V_T = 10[V]$이므로
테브난의 등가회로를 이용하면

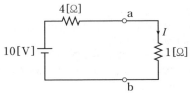

따라서 a-b간에 흐르는 전류 $I = \dfrac{10}{4+1} = 2[A]$

03 그림과 같은 회로에서 $t=0$일 때 스위치 K를
닫을 때 과도 전류 $i(t)$는 어떻게 표시되는가?

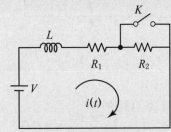

① $i(t) = \dfrac{V}{R_1}\left(1 - \dfrac{R_2}{R_1 + R_2}e^{-\frac{R_1}{L}t}\right)$

② $i(t) = \dfrac{V}{R_1 + R_2}\left(1 - \dfrac{R_2}{R_1}e^{-\frac{(R_1 + R_2)}{L}t}\right)$

③ $i(t) = \dfrac{V}{R_1}\left(1 - \dfrac{R_2}{R_1}e^{-\frac{R_2}{L}t}\right)$

④ $i(t) = \dfrac{R_1 V}{R_2 + R_1}\left(1 - \dfrac{R_1}{R_2 + R_1}e^{-\frac{(R_1 + R_2)}{L}t}\right)$

해설

스위치 off시 전압방정식

$$L\dfrac{di(t)}{dt} + (R_1 + R_2)\,i(t) = V 에서$$

1) 스위치 K를 on시 정상전류 $i_s = i(\infty) = \dfrac{V}{R_1}$ [A]

2) 스위치 K를 on시 과도전류 $i_t = A\,e^{-\frac{R_1}{L}t}$ [A]

   $i(t) = i_s + i_t = \dfrac{V}{R_1} + A\,e^{-\frac{R_1}{L}t}$ [A]가 된다.

3) 상수 A는 $t = 0$에서 $i(0) = \dfrac{V}{R_1} + A = \dfrac{V}{R_1 + R_2}$ [A]

   이므로 $A = \dfrac{V}{R_1 + R_2} - \dfrac{V}{R_1} = -\dfrac{R_2 V}{R_1(R_1 + R_2)}$ 가 된다.

   $\therefore\; i(t) = \dfrac{V}{R_1} - \dfrac{R_2 V}{R_1(R_1 + R_2)}\,e^{-\frac{R_1}{L}t}$

     $= \dfrac{V}{R_1}\left(1 - \dfrac{R_2}{R_1 + R_2}e^{-\frac{R_1}{L}t}\right)$ [A]

04 그림에서 저항 20[Ω]에 흐르는 전류는 몇 [A]인가?

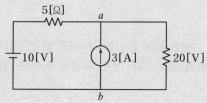

① 0.4
② 1
③ 3
④ 3.4

해설

중첩의 정리를 이용하여 풀면

전류원 3[A] 개방시 $I_1 = \dfrac{10}{5+20} = 0.4\,[\text{A}]$

전압원 10[V] 단락시 $I_2 = \dfrac{5}{5+20} \times 3 = 0.6\,[\text{A}]$이므로

전체전류는 $I = I_1 + I_2 = 0.4 + 0.6 = 1\,[\text{A}]$

05 그림과 같은 3상 Y결선 불평형 회로가 있다. 전원은 3상 평형전압 E_1, E_2, E_3이고 부하는 Y_1, Y_2, Y_3일 때 전원의 중성점과 부하의 중성점간의 전위차를 나타내는 식은?

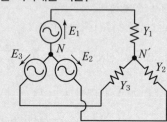

① $\dfrac{E_1 Y_1 + E_2 Y_2 + E_3 Y_3}{Y_1 + Y_2 + Y_3}$

② $\dfrac{E_1 Y_1 + E_2 Y_2 + E_3 Y_3}{Y_1 Y_2 Y_3}$

③ $\dfrac{E_1 Y_1 - E_2 Y_2 - E_3 Y_3}{Y_1 + Y_2 + Y_3}$

④ $\dfrac{E_1 Y_1 - E_2 Y_2 - E_3 Y_3}{Y_1 Y_2 Y_3}$

해설

밀만의 정리를 이용

$$V_{NN'} = \frac{\dfrac{E_1}{Z_1} + \dfrac{E_2}{Z_2} + \dfrac{E_3}{Z_3}}{\dfrac{1}{Z_1} + \dfrac{1}{Z_2} + \dfrac{1}{Z_3}} = \frac{E_1 Y_1 + E_2 Y_2 + E_3 Y_3}{Y_1 + Y_2 + Y_3}\,[V]$$

06 대칭 6상 성형결선 전원의 상전압의 크기가 100[V]일 때 이 전원의 선간접압의 크기[V]는?

① 200
② $100\sqrt{3}$
③ $100\sqrt{2}$
④ 100

해설

대칭 n상 교류회로

선간전압은 $V_l = 2 \sin \dfrac{\pi}{n}\, V_p = 2\sin \dfrac{\pi}{6} \times 100 = 100\,[\text{V}]$

07 최대값이 10[V]인 정현파 전압이 있다. $t=0$에서의 순시값이 5[V]이고 이 순간에 전압이 증가하고 있다. 주파수가 60[Hz]일 때, $t=2$[ms]에서의 전압의 순시값[V]은?

① $10\sin 30°$
② $10\sin 43.2°$
③ $10\sin 73.2°$
④ $10\sin 103.2°$

해설

정현파의 순시값 $v(t) = V_m \sin\sin(\omega t + \theta)$의 식에서
최대값 $V_m = 10\,[\text{V}]$, 주파수 $f = 60\,[\text{Hz}]$이므로
$v(t) = 10\sin(2\pi \times 60 t + \theta) = 10\sin(120\pi t + \theta)$
이때 $t = 0$에서 순시전압 $v(t) = 5\,[\text{V}]$이므로
$v(0) = 10\sin\theta = 5$이므로
$\sin\theta = 0.5$가 되어야 한다.
$\therefore \theta = \sin^{-1} 0.5 = 30°$, $150°$이며
$t = 0$에서 순시치 전압이 증가하는 경우라면 $30°$가 되어
$v(t) = 10\sin(120\pi t + 30°)\,[\text{V}]$
여기서, $2t = 2\text{ms}$에서의 전압을 구하면
$120\pi t + 30° = 120 \times 180° \times 2 \times 10^{-3} + 30° = 73.2°$이므로
$v(t) = 10\sin 73.2°\,[\text{V}]$가 된다.

08 대칭 5상 기전력의 선간전압과 상간전압의 위상 차는 얼마인가?

① 27°　　　　　② 36°

③ 54°　　　　　④ 72°

해설

대칭 n상 교류회로의 위상차 $\dfrac{\pi}{2}\left(1-\dfrac{2}{n}\right)$[rad]이므로

$$\therefore\ \theta=\dfrac{\pi}{2}\left(1-\dfrac{2}{5}\right)=54°$$

09 평형 3상 Δ결선 부하의 각 상의 임피던스가 $Z=8+j6[\Omega]$인 회로에 대칭 3상 전원 전압 100[V]를 가할 때 무효율과 무효전력[Var]은?

① 무효율 : 0.6, 무효전력 : 1800

② 무효율 : 0.6, 무효전력 : 2400

③ 무효율 : 0.8, 무효전력 : 1800

④ 무효율 : 0.8, 무효전력 : 2400

해설

무효율 $\sin\theta=\dfrac{X}{Z}=\dfrac{6}{\sqrt{8^2+6^2}}=\dfrac{6}{10}=0.6$

상전류 $I_P=\dfrac{V_P}{Z}=\dfrac{100}{10}=10\,[\mathrm{A}]$

무효전력 $P=3I_P^2 X=3\times10^2\times6=1800\,[\mathrm{Var}]$

10 그림과 같은 정현파의 평균값[V]은?

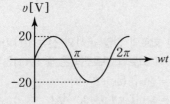

① 10[V]　　　　② 12.73[V]

③ 14.14[V]　　　④ 20[V]

해설

정현파의 평균값 $V_a=\dfrac{2}{\pi}V_m=\dfrac{2}{\pi}\times20=12.73[\mathrm{V}]$ 이므로

CBT시험 복원문제   전기기사과년도

23 과년도기출문제(2023. 5. 13 시행)

※ 본 기출문제는 수험자의 기억을 바탕으로 하여 복원한 문제이므로 실제 문제와 다를 수 있음을 미리 알려드립니다.

01 RL 직렬회로에 순시치 전압 $v(t) = 20 + 100\sin\omega t + 40\sin(3\omega t + 60°) + 40\sin 5\omega t$[V]를 가할 때 제 5고조파 전류의 실효값 크기는 약 몇 [A]인가? (단, $R = 4[\Omega]$, $wL = 1[\Omega]$이다.)

① 6.25
② 4.4
③ 6.86
④ 9.7

해설

$R - L$ 직렬회로에서 $R = 4[\Omega]$, $wL = 1[\Omega]$일 때
5고조파 임피던스 $Z_5 = R + j5wL = 4 + j5 \times 1 = 4 + j5$
$= \sqrt{4^2 + 5^2} = \sqrt{41}[\Omega]$

5고조파 전류 $I_5 = \dfrac{V_5}{Z_5} = \dfrac{\dfrac{40}{\sqrt{2}}}{\sqrt{41}} = 4.4$ [A]

02 그림과 같은 3상 Y결선 불평형 회로가 있다. 전원은 3상 평형전압 E_1, E_2, E_3이고, 부하는 Y_1, Y_2, Y_3일 때, 전원의 중성점과 부하의 중성점간의 전위차를 나타내는 식은?

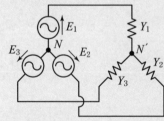

① $\dfrac{E_1 Y_1 - E_2 Y_2 - E_3 Y_3}{Y_1 + Y_2 + Y_3}$

② $\dfrac{E_1 Y_1 - E_2 Y_2 - E_3 Y_3}{Y_1 - Y_2 - Y_3}$

③ $\dfrac{E_1 Y_1 + E_2 Y_2 + E_3 Y_3}{Y_1 + Y_2 + Y_3}$

④ $\dfrac{E_1 Y_1 + E_2 Y_2 + E_3 Y_3}{Y_1 - Y_2 - Y_3}$

해설

$$V_{NN'} = \dfrac{\dfrac{E_1}{Z_1} + \dfrac{E_2}{Z_2} + \dfrac{E_3}{Z_3}}{\dfrac{1}{Z_1} + \dfrac{1}{Z_2} + \dfrac{1}{Z_3}} = \dfrac{E_1 Y_1 + E_2 Y_2 + E_3 Y_3}{Y_1 + Y_2 + Y_3} [\text{V}]$$

03 회로에서 노드 a와 b사이에 나타나는 전압[V]의 크기는?

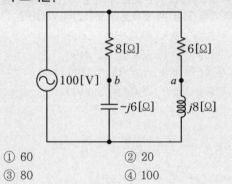

① 60
② 20
③ 80
④ 100

해설

a와 b사이의 전위차

$V_{ab} = V_a - V_b = \dfrac{j8}{6 + j8} \times 100 - \dfrac{-j6}{8 - j6} \times 100$

$= 28 + j96 = \sqrt{28^2 + 96^2} = 100[\text{V}]$

04 어떤 회로의 전압 $v(t)$와 전류 $i(t)$가 다음과 같을 때 이 회로의 무효전력은 몇 [Var]인가?

$v(t) = 50\sin(\omega t + \theta)$ [V]
$i(t) = 4\sin(\omega t + \theta - 30°)$[A]

① $100\sqrt{3}$
② 50
③ $50\sqrt{3}$
④ 100

해설

$P_r = VI\sin\theta = \dfrac{1}{2} V_m I_m \sin\theta = \dfrac{1}{2} \times 50 \times 4\sin 30° = 50 [\text{Var}]$

정답   01 ②   02 ③   03 ④   04 ②

05 $F(s) = \dfrac{3s+8}{s^2+9}$ 의 라플라스 역변환은?

① $3\sin 3t - \dfrac{8}{3}\cos 3t$ ② $3\cos 3t - \dfrac{8}{3}\sin 3t$

③ $3\sin 3t + \dfrac{8}{3}\cos 3t$ ④ $3\cos 3t + \dfrac{8}{3}\sin 3t$

해설

$$F(s) = \frac{3s+8}{s^2+9} = \frac{3s}{s^2+3^2} + \frac{8}{s^2+3^2}$$
$$= 3\frac{s}{s^2+3^2} + \frac{8}{3}\frac{3}{s^2+3^2}$$ 이므로
역 라플라스 변환하면
$$f(t) = 3\cos 3t + \frac{8}{3}\sin 3t$$ 가 된다.

06 △결선된 대칭 3상 부하가 0.5[Ω]인 저항만의 선로를 통해 평형 3상 전압원에 연결되어 있다. 이 부하의 소비전력이 1800[W]이고 역률이 0.8(지상)일 때, 선로에서 발생하는 손실이 50[W]이면 부하의 단자전압[V]의 크기는?

① 525   ② 225
③ 326   ④ 627

해설

선로저항 0.5[Ω]에 의한 선로 손실이 50[W]일 때
선로 손실 $P_l = 3I^2 R$의 식에서
$$I = \sqrt{\frac{P_l}{3R}} = \sqrt{\frac{50}{3 \times 0.5}} = 5.77 [A]$$ 가 된다.
부하의 소비전력이 1800[W]이므로 $P = \sqrt{3}\,VI\cos\theta$의 식에서 부하 단자전압은
$$V = \frac{P}{\sqrt{3}\,I\cos\theta} = \frac{1800}{\sqrt{3} \times 5.77 \times 0.8} = 225[V]$$

07 1[km]당 인덕턴스 0.25[mH], 정전용량 0.005 [μF]의 선로가 있다. 무손실 선로라고 가정한 경우 진행파의 위상(전파) 속도는 약 몇 [km/s]인가?

① 89.5×10^4 ② 8.95×10^3
③ 89.5×10^5 ④ 8.95×10^4

해설

전파속도는 $v = \dfrac{1}{\sqrt{LC}} = \dfrac{1}{\sqrt{0.25 \times 10^{-3} \times 0.005 \times 10^{-6}}}$
$= 89.5 \times 10^4 [\text{km/sec}]$

08 다음 회로의 구동점 임피던스[Ω]는?

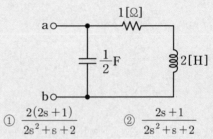

① $\dfrac{2(2s+1)}{2s^2+s+2}$ ② $\dfrac{2s+1}{2s^2+s+2}$

③ $\dfrac{2(2s-1)}{2s^2+s+2}$ ④ $\dfrac{2s^2+s+2}{2(2s+1)}$

해설

구동점 임피던스
$$Z(s) = \frac{\dfrac{2}{s} \cdot (1+2s)}{\dfrac{2}{s} + 1 + 2s} = \frac{2(2s+1)}{2s^2+s+2}$$

09 그림과 같이 3상 평형의 순저항 부하에 단상 전력계를 연결하였을 때 전력계가 $W[\text{W}]$를 지시하였다. 이 3상 부하에서 소모하는 전체 전력[W]는?

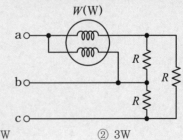

① 2W   ② 3W
③ $\sqrt{2}\,W$ ④ $\sqrt{3}\,W$

해설

$P = 2W [\text{W}]$

10 어떤 회로에 $e(t)=E_m \sin \omega t$[V]를 가했을 때, $i(t)=I_m(\sin\omega t-\frac{1}{\sqrt{3}}\sin 3\omega t)$[A]가 흘렀다고 한다. 이 회로의 역률은?

① 0.5　　② 0.75

③ 0.87　　④ 0.92

해설

유효전력

$$P=V_1 I_1 \cos\theta_1=\frac{E_m}{\sqrt{2}}\frac{I_m}{\sqrt{2}}\cos 0°=\frac{E_m I_m}{2}\text{ [W]}$$

피상전력 $P_a=VI=\frac{E_m}{\sqrt{2}}\cdot\sqrt{\left(\frac{I_m}{\sqrt{2}}\right)^2+\left(\frac{I_m}{\sqrt{3}\sqrt{2}}\right)^2}$

$$=\frac{E_m I_m}{\sqrt{3}}\text{[VA]}$$

역률 $\cos\theta=\frac{P}{P_a}=\frac{\frac{E_m I_m}{2}}{\frac{E_m I_m}{\sqrt{3}}}=\frac{\sqrt{3}}{2}=0.866$

정답　10 ③

※ 본 기출문제는 수험자의 기억을 바탕으로 하여 복원한 문제이므로 실제 문제와 다를 수 있음을 미리 알려드립니다.

01 임피던스 $Z = 15 + j4[\Omega]$의 회로에 $i = 10(2+j)$를 흘리는데 필요한 전압 V를 구하시오.

① $10(26+j23)$
② $10(34+j23)$
③ $10(30+j4)$
④ $10(15+j8)$

해설

전압 $V = IZ = 10(2+j) \times (15+j4) = 10(26+j23)\,[\text{V}]$

02 4단자망의 파라미터 정수에 관한 서술중 잘못된 것은?

① A, B, C, D 파라미터 중 A 및 D는 차원(dimension)이 없다.
② h파라미터 중 h_{12} 및 h_{21}은 차원이 없다.
③ A, B, C, D 파라미터 중 B는 어드미턴스 C는 임피던스차원을 갖는다.
④ h파라미터 중 h11은 임피던스 h22는 어드미턴스의 차원을 갖는다.

해설

4단자 정수	h파라미터
$V_1 = AV_2 + BI_2$ $I_1 = CV_2 + DI_2$	$V_1 = H_{11}I_1 + H_{12}V_2$ $I_2 = H_{21}I_1 + H_{22}V_2$
$A = \dfrac{V_1}{V_2}\bigg|_{I_2=0}$: 전압비	$H_{11} = \dfrac{V_1}{I_1}\bigg|_{V_2=0}$: 임피던스
$B = \dfrac{V_1}{I_2}\bigg|_{V_2=0}$: 임피던스	$H_{12} = \dfrac{V_1}{V_2}\bigg|_{I_1=0}$: 전압비
$C = \dfrac{I_1}{V_2}\bigg|_{I_2=0}$: 어드미턴스	$H_{21} = \dfrac{I_2}{I_1}\bigg|_{V_2=0}$: 전류비
$D = \dfrac{I_1}{I_2}\bigg|_{V_2=0}$: 전류비	$H_{22} = \dfrac{I_2}{V_2}\bigg|_{I_1=0}$: 어드미턴스

03 다음과 같은 회로에서 a, b 양단의 전압은 몇 [V]인가?

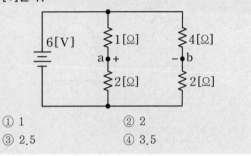

① 1
② 2
③ 2.5
④ 3.5

해설

전압분배법칙을 이용하여
$$V_{ab} = V_a - V_b = \frac{2}{1+2} \times 6 - \frac{2}{4+2} \times 6 = 2[\text{V}]$$

04 권수가 2,000회이고, 저항이 12[Ω]인 솔레노이드에 전류 10[A]를 흘릴 때 자속이 6×10^{-2}[Wb]가 발생하였다. 이 회로의 시정수는 몇 [sec]인가?

① 0.001
② 0.01
③ 0.1
④ 1

해설

$LI = N\phi$ 식에서
$$L = \frac{N\phi}{I} = \frac{2000 \times 6 \times 10^{-2}}{10} = 12[\text{H}]$$
$\therefore$ 시정수 $\tau = \dfrac{L}{R} = \dfrac{12}{12} = 1[\text{sec}]$

정답   01 ①   02 ③   03 ②   04 ④

05 그림과 같은 3상 Y결선 불평형 회로가 있다. 전원은 3상 평형전압 E_1, E_2, E_3이고 부하는 Y_1, Y_2, Y_3일 때 전원의 중성점과 부하의 중성점간의 전위차를 나타내는 식은?

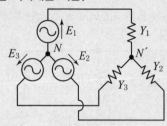

① $\dfrac{E_1 Y_1 + E_2 Y_2 + E_3 Y_3}{Y_1 + Y_2 + Y_3}$

② $\dfrac{E_1 Y_1 + E_2 Y_2 + E_3 Y_3}{Y_1 Y_2 Y_3}$

③ $\dfrac{E_1 Y_1 - E_2 Y_2 - E_3 Y_3}{Y_1 + Y_2 + Y_3}$

④ $\dfrac{E_1 Y_1 - E_2 Y_2 - E_3 Y_3}{Y_1 Y_2 Y_3}$

해설

$$V_{NN'} = \dfrac{\dfrac{E_1}{Z_1} + \dfrac{E_2}{Z_2} + \dfrac{E_3}{Z_3}}{\dfrac{1}{Z_1} + \dfrac{1}{Z_2} + \dfrac{1}{Z_3}} = \dfrac{E_1 Y_1 + E_2 Y_2 + E_3 Y_3}{Y_1 + Y_2 + Y_3} [\text{V}]$$

06 3상 평형회로에서 전압계 V, 전류계 A, 전력계 W를 그림과 같이 접속했을 때, 전압계의 지시가 100[V], 전류계의 지시가 30[A], 전력계의 지시 1.5[kW]이었다. 이 회로에서 선간전압(Vab)과 선전류(I_a) 간의 위상차는 몇 도(°)인가? (단, 3상 전압의 상순은 a−b−c이다.)

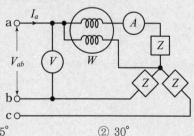

① 15° ② 30°

③ 45° ④ 60°

해설

전압계의 지시값이 선간전압, 전류계의 지시값은 선전류를 나타내므로
Y결선에서 상전압과 상전류는 다음과 같다.

상전압 $V_n = \dfrac{V_{ab}}{\sqrt{3}} = \dfrac{100}{\sqrt{3}} [\text{V}]$

상전류 $I_a = I_l = 30[\text{A}]$

한상 전력 $P = 1.5[\text{kW}] = 1500[\text{W}]$ 이므로

$P_1 = V_p I_p \cos\theta$ 식에서 $1500 = \dfrac{100}{\sqrt{3}} \times 30 \cos\theta [\text{W}]$ 를 계산

하면 역률 $\cos\theta = \dfrac{\sqrt{3}}{2}$이 되어 상전압과 상전류의 위상차

$\theta = \cos^{-1}\dfrac{\sqrt{3}}{2} = 30°$이 됨을 알 수 있다.

3상 Y결선시 상전류와 선전류의 위상은 같고 선간전압은 상전압보다 위상이 30° 앞서므로 결국 선간전압과 선전류의 위상차는 60°가 된다.

07 다음과 같은 왜형파의 실효값은?

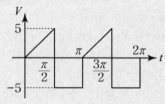

① $5\sqrt{2}$ ② $\dfrac{10}{\sqrt{6}}$

③ 15 ④ 35

해설

삼각파의 실효값 $V = \dfrac{V_m}{\sqrt{3}} [\text{A}]$ 이므로 삼각반파의 실효값

$V_1 = \dfrac{V_m}{\sqrt{3} \times \sqrt{2}} = \dfrac{V_m}{\sqrt{6}} [\text{A}]$

구형반파의 실효값 $V_2 = \dfrac{V_m}{\sqrt{2}} [\text{A}]$

전체 실효값 $V = \sqrt{V_1^2 + V_2^2} = \sqrt{\left(\dfrac{V_m}{\sqrt{6}}\right)^2 + \left(\dfrac{V_m}{\sqrt{2}}\right)^2}$

$= V_m \sqrt{\dfrac{1}{6} + \dfrac{1}{2}} = V_m \sqrt{\dfrac{4}{6}} = \dfrac{2V_m}{\sqrt{6}} = \dfrac{2 \times 5}{\sqrt{6}} = \dfrac{10}{\sqrt{6}} [\text{A}]$

08 그림과 같이 $r=1[\Omega]$인 저항을 무한히 연결할 때 a-b에서의 합성저항은?

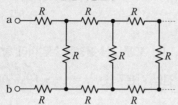

① $1+\sqrt{3}$
② $\sqrt{3}$
③ $1+\sqrt{2}$
④ ∞

해설

$R_{ab}=2R+\dfrac{R\cdot R_{cd}}{R+R_{cd}}$ 이며 $R_{ab}=R_{cd}$이므로

$RR_{ab}+R_{ab}^2-2R^2-2RR_{ab}=RR_{ab}$

여기서 $R=1[\Omega]$를 대입하면

$R_{ab}+R_{ab}^2-2-2R_{ab}=R_{ab}$

$R_{ab}^2-2R_{ab}-2=0$에서 근의 공식에 대입하면

$R_{ab}=\dfrac{-(-2)\pm\sqrt{(-2)^2-4\times1\times(-2)}}{2\times1}$

　　$=1\pm\sqrt{3}$ 이고

여기서 저항값은 $(-)$값을 가질 수 없으므로 $R_{ab}=1+\sqrt{3}$이 된다.

09 단위 길이당 인덕턴스 및 커패시턴스가 각각 L 및 C일 때 전송선로의 특성임피던스는? (단, 무손실 선로임)

① $\sqrt{\dfrac{L}{C}}$
② $\sqrt{\dfrac{C}{L}}$
③ $\dfrac{L}{C}$
④ $\dfrac{C}{L}$

해설

특성임피던스 $Z_0=\sqrt{\dfrac{Z}{Y}}=\sqrt{\dfrac{L}{C}}\,[\Omega]$

10 $F(s)=\dfrac{s+1}{s^2+2s}$ 의 역라플라스 변환은?

① $\dfrac{1}{2}(1-e^{-t})$
② $\dfrac{1}{2}(1-e^{-2t})$
③ $\dfrac{1}{2}(1+e^{-t})$
④ $\dfrac{1}{2}(1+e^{-2t})$

해설

부분분수 전개식을 이용하면

$F(s)=\dfrac{s+1}{s^2+2s}=\dfrac{s+1}{s(s+2)}=\dfrac{A}{s}+\dfrac{B}{s+2}$

$A=\lim_{s\to0}s\cdot F(s)=\left[\dfrac{s+1}{s+2}\right]_{s=0}=\dfrac{1}{2}$

$B=\lim_{s\to0}(s+2)F(s)=\left[\dfrac{s+1}{s}\right]_{s=-2}=\dfrac{1}{2}$

$F(s)=\dfrac{\frac{1}{2}}{s}+\dfrac{\frac{1}{2}}{s+2}=\dfrac{1}{2}\left(\dfrac{1}{s}+\dfrac{1}{s+2}\right)$가 된다.

$\therefore$ 역 라플라스 변환하면 $f(t)=\dfrac{1}{2}(1+e^{-2t})$

정답　　08 ①　　09 ①　　10 ④

19

과년도기출문제(2019. 3. 3 시행)

01 비정현파의 성분을 가장 옳게 나타낸 것은?

① 직류분 +고조파
② 교류분 +고조파
③ 교류분 +기본파 +고조파
④ 직류분 +기본파 +고조파

해설

비정현파 교류는 직류분, 기본파, 고조파 성분의 합으로 구성되어 있다.

02 다음과 같은 전류의 초기값 $i(0^+)$를 구하면?

$$I(s) = \frac{12(s+8)}{4s(s+6)}$$

① 1　　　　　　② 2
③ 3　　　　　　④ 4

해설

초기값 정리 $\lim_{t \to 0} f(t) = \lim_{s \to \infty} sF(s)$에 의해

$$\lim_{s \to \infty} s \cdot I(s) = \lim_{s \to \infty} s \cdot \frac{12(s+8)}{4s(s+6)} = 3$$

03 대칭 n상 환상결선에서 선전류와 환상전류 사이의 위상차는 어떻게 되는가?

① $2\left(1 - \frac{2}{n}\right)$　　　　② $\frac{n}{2}\left(1 - \frac{\pi}{2}\right)$
③ $\frac{\pi}{2}\left(1 - \frac{n}{2}\right)$　　　　④ $\frac{\pi}{2}\left(1 - \frac{2}{n}\right)$

해설

대칭 n상에서 상전류는 선전류보다 위상이
$\frac{\pi}{2}\left(1 - \frac{2}{n}\right)$[rad]만큼 앞선다.

04 V_a, V_b, V_c를 3상 불평형 전압이라 하면 정상(正相) 전압[V]은? (단, $a = -\frac{1}{2} + j\frac{\sqrt{3}}{2}$이다.)

① $3(V_a + V_b + V_c)$　　② $\frac{1}{3}(V_a + V_b + V_c)$
③ $\frac{1}{3}(V_a + a^2 V_b + a V_c)$　④ $\frac{1}{3}(V_a + a V_b + a^2 V_c)$

해설

영상전압 $V_0 = \frac{1}{3}(V_a + V_b + V_c)$

정상전압 $V_1 = \frac{1}{3}(V_a + a V_b + a^2 V_c)$

역상전압 $V_2 = \frac{1}{3}(V_a + a^2 V_b + a V_c)$

05 그림에서 4단자 회로 정수 A, B, C, D 중 출력 단자 3, 4가 개방되었을 때의 $\frac{V_1}{V_2}$인 A의 값은?

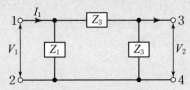

① $1 + \frac{Z_2}{Z_1}$　　　　② $1 + \frac{Z_3}{Z_2}$
③ $1 + \frac{Z_2}{Z_3}$　　　　④ $\frac{Z_1 + Z_2 + Z_3}{Z_1 Z_3}$

해설

π형 회로의 4단자 정수

$$\begin{bmatrix} A & B \\ C & D \end{bmatrix} = \begin{bmatrix} 1 + \dfrac{Z_3}{Z_2} & Z_3 \\ \dfrac{Z_1 + Z_2 + Z_3}{Z_1 Z_2} & 1 + \dfrac{Z_3}{Z_1} \end{bmatrix}$$

정답　01 ④　02 ③　03 ④　04 ④　05 ②

06 $R=1[\mathrm{k}\Omega]$, $C=1[\mu\mathrm{F}]$가 직렬접속된 회로에 스텝(구형파)전압 $10[\mathrm{V}]$를 인가하는 순간에 커패시터 C에 걸리는 최대전압$[\mathrm{V}]$은?

① 0
② 3.72
③ 6.32
④ 10

07 저항 $R=6[\Omega]$과 유도리액턴스 $XL=8[\Omega]$이 직렬로 접속된 회로에서 $v=200\sqrt{2}\sin\omega t[\mathrm{V}]$인 전압을 인가하였다. 이 회로의 소비되는 전력$[\mathrm{kW}]$은?

① 1.2
② 2.2
③ 2.4
④ 3.2

해설
$R=6$, $X_L=8$, $V=200$이므로
$$P=\frac{V^2R}{R^2+X_L^2}=\frac{200^2\times6}{6^2+8^2}=2400[\mathrm{W}]=2.4[\mathrm{kW}]$$

08 어느 소자에 전압 $e=125\sin377t[\mathrm{V}]$를 가했을 때 전류 $i=50\cos377t[\mathrm{A}]$가 흘렀다. 이 회로의 소자는 어떤 종류인가?

① 순저항
② 용량 리액턴스
③ 유도 리액턴스
④ 저항과 유도 리액턴스

해설
$e=125\sin377t[\mathrm{V}]$
$i=50\cos377t=50\sin(377t+90°)[\mathrm{A}]$이므로
전류가 전압보다 90°위상이 앞서므로 용량성이다.

09 기전력 $3[\mathrm{V}]$, 내부저항 $0.5[\Omega]$의 전지 9개가 있다. 이것을 3개씩 직렬로 하여 3조 병렬 접속한 것에 부하저항 $1.5[\Omega]$을 접속하면 부하전류$[\mathrm{A}]$는?

① 2.5
② 3.5
③ 4.5
④ 5.5

해설
전지가 직렬로 3개, 병렬로 3조 접속되면
내부저항은 $\frac{3}{3}\times0.5=0.5[\Omega]$, 기전력은 $3\times3=9[\mathrm{V}]$가 된다.
따라서 부하전류를 계산하면
$$I=\frac{E}{r+R}=\frac{9}{0.5+1.5}=4.5[\mathrm{A}]$$

10 $\dfrac{E_o(s)}{E_i(s)}=\dfrac{1}{s^2+3s+1}$의 전달함수를 미분방정식으로 표시하면? (단, $\mathcal{L}^{-1}[E_o(s)]=e_o(t)$, $\mathcal{L}^{-1}[E_i(s)]=e_i(t)$이다)

① $\dfrac{d^2}{dt^2}e_i(t)+3\dfrac{d}{dt}e_i(t)+e_i(t)=e_o(t)$
② $\dfrac{d^2}{dt^2}e_o(t)+3\dfrac{d}{dt}e_o(t)+e_o(t)=e_i(t)$
③ $\dfrac{d^2}{dt^2}e_i(t)+3\dfrac{d}{dt}e_i(t)+\int e_i(t)dt=e_o(t)$
④ $\dfrac{d^2}{dt^2}e_o(t)+3\dfrac{d}{dt}e_o(t)+\int e_o(t)dt=e_i(t)$

해설
$\dfrac{E_o(s)}{E_i(s)}=\dfrac{1}{s^2+3s+1}$에서
$s^2E_o(s)+3sE_o(s)+E_o(s)=E_i(s)$
$\dfrac{d^2}{dt^2}e_o(t)+3\dfrac{d}{dt}e_o(t)+e_o(t)=e_i(t)$

정답 06 ① 07 ③ 08 ② 09 ③ 10 ②

11 정격전압에서 1[kW]의 전력을 소비하는 저항에 정격의 80[%]의 전압을 가할 때의 전력[W]은?

① 340   ② 540

③ 640   ④ 740

해설

$P = \dfrac{V^2}{R}$ 식에서 $P \propto V^2$ 이므로

전압이 80[%], 즉 0.8배가 되면 $P = 0.8^2 = 0.64$배가 되어 640[W]가 된다.

12 $e = 200\sqrt{2}\sin\omega t$
$+ 150\sqrt{2}\sin 3\omega t + 100\sqrt{2}\sin 5\omega t$[V]인
전압을 $R-L$ 직렬회로에 가할 때에 제3고조파 전류의 실효값은 몇 [A]인가?
(단, $R = 8[\Omega]$, $\omega L = 2[\Omega]$이다.)

① 5   ② 8

③ 10   ④ 15

해설

제3고조파 임피던스
$Z_3 = R + j3\omega L = 8 + j3 \times 2 = 8 + j6 = 10[\Omega]$

제 3고조파 전압의 실효값 $V_3 = \dfrac{150\sqrt{2}}{\sqrt{2}} = 150[\text{V}]$

$\therefore I_3 = \dfrac{V_3}{Z_3} = \dfrac{150}{10} = 15[\text{A}]$

13 대칭 3상 Y결선에서 선간전압이 $200\sqrt{3}$ 이고 각 상의 임피던스가 $30 + j40[\Omega]$의 평형부하일 때 선전류[A]는?

① 2   ② $2\sqrt{3}$

③ 4   ④ $4\sqrt{3}$

해설

Y결선에서 선간전압이 $200\sqrt{3}$ 이면 상전압은 200, 각 상의 임피던스 $30 + j40 = 50$일 때

상전류 $I_p = \dfrac{V_p}{Z} = \dfrac{200}{50} = 4[\text{A}]$가 된다.

$\therefore$ 선전류 $I_l = I_p = 4[\text{A}]$

14 3상 회로에 △ 결선된 평형 순저항 부하를 사용하는 경우 선간전압 220[V], 상전류가 7.33[A]라면 1상의 부하저항은 약 몇 [Ω]인가?

① 80   ② 60

③ 45   ④ 30

해설

$R = \dfrac{V_p}{I_p} = \dfrac{220}{7.33} = 30[\text{A}]$

(△결선이므로 선간전압과 상전압은 같다.)

15 두 대의 전력계를 사용하여 3상 평형 부하의 역률을 측정하려고 한다. 전력계의 지시가 각각 P_1[W], P_2[W]할 때 이 회로의 역률은?

① $\dfrac{\sqrt{P_1 + P_2}}{P_1 + P_2}$ ② $\dfrac{P_1 + P_2}{P_1^2 + P_2^2 - 2P_1 P_2}$

③ $\dfrac{2(P_1 + P_2)}{\sqrt{P_1^2 + P_2^2 - P_1 P_2}}$ ④ $\dfrac{P_1 + P_2}{2\sqrt{P_1^2 + P_2^2 - P_1 P_2}}$

해설

2전력계법
유효전력 $P = P_1 + P_2$
무효전력 $P_r = \sqrt{3}(P_1 - P_2)$
피상전력 $P_a = \dfrac{P_1 + P_2}{2\sqrt{P_1^2 + P_2^2 - P_1 P_2}}$
역률 $\cos\theta = \dfrac{P}{P_a} = \dfrac{P_1 + P_2}{2\sqrt{P_1^2 + P_2^2 - P_1 P_2}}$

16 $t = 0$에서 스위치 S를 닫았을 때 정상 전류값 [A]은?

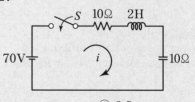

① 1   ② 2.5

③ 3.5   ④ 7

해설
$$I = \frac{E}{R} = \frac{70}{10+10} = 3.5[A]$$

17 L형 4단자 회로망에서 4단자 정수가 $B = \frac{5}{3}$, $C = 1$이고, 영상임피던스 $Z_{01} = \frac{20}{3}[\Omega]$일 때 영상임피던스 $Z_{02}[\Omega]$의 값은?

① 4
② $\frac{1}{4}$
③ $\frac{100}{9}$
④ $\frac{9}{100}$

해설

$Z_{01} \cdot Z_{02} = \dfrac{B}{C}$의 식에서

$$Z_{02} = \frac{\dfrac{5}{3}}{\dfrac{20}{3} \times 1} = \frac{1}{4}$$

18 다음과 같은 회로에서 a, b 양단의 전압은 몇 [V]인가?

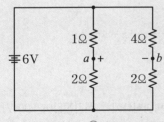

① 1
② 2
③ 2.5
④ 3.5

해설

전압 분배 법칙에 의해
$$V_{ab} = \frac{2 \times 6}{1+2} - \frac{2 \times 6}{4+2} = 2[V]$$

19 저항 $R_1[\Omega]$, $R_2[\Omega]$ 및 인덕턴스 L[H]이 직렬로 연결되어 있는 회로의 시정수(s)는?

① $\dfrac{R_1 + R_2}{L}$
② $\dfrac{L}{R_1 + R_2}$
③ $-\dfrac{R_1 + R_2}{L}$
④ $-\dfrac{L}{R_1 + R_2}$

해설

$R-L$ 직렬회로의 시정수
$$\tau = \frac{L}{R} = \frac{L}{R_1 + R_2}$$

20 $F(s) = \dfrac{s}{s^2 + \pi^2} \cdot e^{-2s}$ 함수를 시간추이정리에 의해서 역변환하면?

① $\sin \pi(t+a) \cdot u(t+a)$
② $\sin \pi(t-2) \cdot u(t-2)$
③ $\cos \pi(t+a) \cdot u(t+a)$
④ $\cos \pi(t-2) \cdot u(t-2)$

해설

시간추이정리
$$\mathcal{L}[f(t-a)] = F(s) \cdot e^{-as}$$

19 과년도기출문제 (2019. 4. 27 시행)

01 $f(t)=e^{-t}+3t^2+3\cos 2t+5$ 의 라플라스 변환식은?

① $\dfrac{1}{s+1}+\dfrac{6}{s^2}+\dfrac{3s}{s^2+5}+\dfrac{5}{s}$

② $\dfrac{1}{s+1}+\dfrac{6}{s^3}+\dfrac{3s}{s^2+4}+\dfrac{5}{s}$

③ $\dfrac{1}{s+1}+\dfrac{5}{s^2}+\dfrac{3s}{s^2+5}+\dfrac{4}{s}$

④ $\dfrac{1}{s+1}+\dfrac{5}{s^3}+\dfrac{2s}{s^2+4}+\dfrac{4}{s}$

해설

$f(t)=e^{-t}+3t^2+3\cos 2t+5$

$\xrightarrow{\mathcal{L}} F(s)=\dfrac{1}{s+1}+\dfrac{3\times 2}{s^2+1}+\dfrac{3\times s}{s^2+2^2}+\dfrac{5}{s}$

02 그림의 회로에서 전류 I는 약 몇 [A]인가? (단, 저항의 단위는 [Ω]이다.)

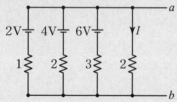

① 1.125 　　　 ② 1.29

③ 6 　　　 ④ 7

해설

밀만의 정리에 의해 a, b 사이의 전압

$V_{ab}=\dfrac{\dfrac{2}{1}+\dfrac{4}{2}+\dfrac{6}{3}}{\dfrac{1}{1}+\dfrac{1}{2}+\dfrac{1}{3}+\dfrac{1}{2}}=\dfrac{18}{7}\,[\mathrm{V}]$

$I=\dfrac{\dfrac{18}{7}}{2}=1.29\,[\mathrm{A}]$

03 구형파의 파형률(㉠)과 파고율(㉡)은?

① ㉠ 1, ㉡ 0 　　　 ② ㉠ 1.11, ㉡ 1.414

③ ㉠ 1, ㉡ 1 　　　 ④ ㉠ 1.57, ㉡ 2

해설

파형률 $=\dfrac{\text{실효값}}{\text{평균값}}$, 파고율 $=\dfrac{\text{최댓값}}{\text{실효값}}$

구형파는 최댓값, 실효값, 평균값이 모두 같으므로 파형률과 파고율은 모두 1이 된다.

04 $a-b$ 단자의 전압이 $50\angle 0°[\mathrm{V}]$, $a-b$ 단자에서 본 능동 회로망[N]의 임피던스가 $Z=6+j8[\Omega]$일 때, $a-b$ 단자에 임피던스 $Z'=2-j2[\Omega]$를 접속하면 이 임피던스에 흐르는 전류[A]는?

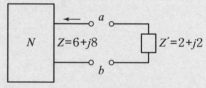

① $3-j4$ 　　　 ② $3+j4$

③ $4-j3$ 　　　 ④ $4+j3$

해설

$I=\dfrac{50}{6+j8+2-j2}=4-j3$

05 3상 평형회로에서 선간전압이 200[V]이고 각 상의 임피던스가 $24+j7[\Omega]$인 Y결선 3상 부하의 유효전력은 약 몇 [W]인가?

① 192 　　　 ② 512

③ 1536 　　　 ④ 4608

해설

상전류 $I_p=\dfrac{V_p}{Z}=\dfrac{\dfrac{200}{\sqrt{3}}}{\sqrt{24^2+7^2}}=4.62\,[\mathrm{A}]$

$P=3I_p^2R=3\times 4.62^2\times 24=1536\,[\mathrm{W}]$

정답　　01 ②　　02 ②　　03 ③　　04 ③　　05 ③

06 $Z(s) = \dfrac{2s+3}{s}$ 로 표시되는 2단자 회로망은?

①
$$\overset{2[\Omega]}{-\!\!\!\bigwedge\!\!\!\bigwedge\!\!\!-} \quad \overset{\frac{1}{3}[\mathrm{F}]}{-\!\!\vert\!\vert\!-}$$

②
$$\overset{2[\mathrm{H}]}{-\!\!\!\text{⦚⦚⦚}\!\!\!-} \quad \overset{3[\Omega]}{-\!\!\!\bigwedge\!\!\!\bigwedge\!\!\!-}$$

③
$$\overset{2[\Omega]}{-\!\!\!\bigwedge\!\!\!\bigwedge\!\!\!-} \quad \overset{3[\mathrm{H}]}{-\!\!\!\text{⦚⦚⦚}\!\!\!-}$$

④
$$\overset{3[\mathrm{F}]}{-\!\!\vert\!\vert\!-} \quad \overset{2[\Omega]}{-\!\!\!\bigwedge\!\!\!\bigwedge\!\!\!-}$$

해설

$$Z(s) = \frac{2s+3}{s} = 2 + \frac{3}{s} = 2 + \frac{1}{\frac{1}{3}s} = R + \frac{1}{Cs}$$

07 $F(s) = \dfrac{2}{(s+1)(s+3)}$ 의 역라플라스 변환은?

① $e^{-t} - e^{-3t}$ ② $e^{-t} - e^{3t}$

③ $e^{t} - e^{3t}$ ④ $e^{t} - e^{-3t}$

해설

$$F(s) = \frac{2}{(s+1)(s+3)} = \frac{A}{(s+1)} + \frac{B}{(s+3)}$$

$$A = F(s)(s+1)|_{s=-1} = \left[\frac{2}{s+3}\right]_{s=-1} = 1$$

$$B = F(s)(s+3)|_{s=-3} = \left[\frac{2}{s+1}\right]_{s=-3} = -1$$

$$F(s) = \frac{1}{s+1} + \frac{-1}{s+3} = \frac{1}{s+1} - \frac{1}{s+3}$$

$$\therefore f(t) = e^{-t} - e^{-3t}$$

08 그림과 같은 회로의 영상 임피던스 Z_{01}, $Z_{02}[\Omega]$는 각각 얼마인가?

① 9, 5

② 6, $\dfrac{10}{3}$

③ 4, 5

④ 4, $\dfrac{20}{9}$

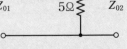

해설
4단자 정수

$A = 1 + \dfrac{4}{5} = \dfrac{9}{5}$, $B = 4$, $C = \dfrac{1}{5}$, $D = 1$이므로

$$Z_{01} = \sqrt{\frac{A\,B}{C\,D}} = \sqrt{\frac{\frac{9}{5} \times 4}{\frac{1}{5} \times 1}} = 6$$

$$Z_{02} = \sqrt{\frac{B\,D}{A\,C}} = \sqrt{\frac{4 \times 1}{\frac{9}{5} \times \frac{1}{5}}} = \frac{10}{3}$$

09 $e_1 = 6\sqrt{1}\,\sin\omega t\,[\mathrm{V}]$,

$e_2 = 4\sqrt{2}\,\sin(\omega t - 60°)\,[\mathrm{V}]$일 때, $e_1 - e_2$의 실효 값[V]은?

① 4 ② $2\sqrt{2}$

③ $2\sqrt{7}$ ④ $2\sqrt{13}$

해설

$$e_1 - e_2 = 6\angle 0 - 4\angle -60 = 4 + j2\sqrt{3}$$
$$= \sqrt{4^2 + (2\sqrt{3})^2} = 2\sqrt{7}$$

10 기본파의 60[%]인 제3고조파와 80[%]인 제5 고조파를 포함하는 전압의 왜형률은?

① 0.3 ② 1

③ 5 ④ 10

해설

$V_3 = 0.6V_1$, $V_5 = 0.8V_1$일 때 전압의

$$\text{왜형률} = \frac{\sqrt{V_3^2 + V_5^2}}{V_1} = \frac{\sqrt{(0.6V_1)^2 + (0.8V_1)^2}}{V_1} = 1$$

11 인덕턴스가 각각 5[H], 3[H]인 두 코일을 모두 dot 방향으로 전류가 흐르게 직렬로 연결하고 인덕턴스를 측정 하였더니 15[H]이었다. 두 코일 간의 상호 인덕턴스[H]는?

① 3.5
② 4.5
③ 7
④ 9

해설

$L_0 = L_1 + L_2 + 2M$ 식에서

$M = \dfrac{1}{2}(L_0 - L_1 - L_2) = \dfrac{1}{2}(15 - 5 - 3) = 3.5$

12 1상의 직렬 임피던스가 $R = 6[\Omega]$, $X_L = 8[\Omega]$인 Δ결선의 평형부하가 있다. 여기에 선간전압 100[V]인 대칭 3상 교류전압을 가하면 선전류는 몇 [A]인가?

① $3\sqrt{3}$
② $\dfrac{10\sqrt{3}}{3}$
③ 10
④ $10\sqrt{3}$

해설

$I_p = \dfrac{V_P}{Z} = \dfrac{V_l}{Z} = \dfrac{100}{\sqrt{6^2 + 8^2}} = 10[\text{A}]$이므로

선전류 $I_l = \sqrt{3}\, I_p = 10\sqrt{3}\,[\text{A}]$가 된다.

13 RL 직렬회로에서 시정수의 값이 클수록 과도현상은 어떻게 되는가?

① 없어진다.
② 짧아진다.
③ 길어진다.
④ 변화가 없다.

해설

시정수가 크면 과도현상이 오래도록 지속되며 시정수가 작을수록 과도현상은 짧아진다.

14 대칭 6상 전원이 있다. 환상결선으로 각 전원이 150[A]의 전류를 흘린다고 하면 선전류는 몇 [A]인가?

① 50
② 75
③ $\dfrac{150}{\sqrt{3}}$
④ 150

해설

선전류는 $I_l = 2I_P \sin\dfrac{\pi}{n} = 2 \times 150 \times \sin\dfrac{\pi}{6} = 150\,[\text{A}]$

15 RLC 직렬회로에서 $R = 100[\Omega]$, $L = 5[\text{mH}]$, $C = 2[\mu\text{F}]$일 때 이 회로는?

① 과제동이다.
② 무제동이다.
③ 임계제동이다.
④ 부족제동이다.

해설

진동 여부의 판별식에서

$2\sqrt{\dfrac{L}{C}} = 2\sqrt{\dfrac{5 \times 10^{-3}}{2 \times 10^{-6}}} = 100$ 이므로

$R = 2\sqrt{\dfrac{L}{C}}$ 의 관계를 가지므로 임계제동이다.

16 $i = 20\sqrt{2}\sin\left(377t - \dfrac{\pi}{6}\right)$의 주파수는 약 몇 [Hz]인가?

① 50
② 60
③ 70
④ 80

해설

$\omega = 2\pi f$ 식에서 $\omega = 377$이므로

$f = \dfrac{\omega}{2\pi} = \dfrac{377}{2\pi} = 60\,[\text{Hz}]$

정답   11 ①   12 ④   13 ③   14 ④   15 ③   16 ②

17 그림과 같은 회로의 전압 전달함수 $G(s)$는?

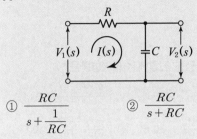

① $\dfrac{RC}{s+\dfrac{1}{RC}}$ ② $\dfrac{RC}{s+RC}$

③ $\dfrac{RC}{RCs+1}$ ④ $\dfrac{1}{RCs+1}$

해설

$G(s) = \dfrac{V_2(s)}{V_1(s)} = \dfrac{\text{출력 임피던스}}{\text{입력 임피던스}}$

$= \dfrac{\dfrac{1}{Cs}}{R+\dfrac{1}{Cs}} = \dfrac{1}{RCs+1}$

18 평형 3상 부하에 전력을 공급할 때 선전류가 20[A]이고 부하의 소비전력이 4[kW]이다. 이 부하의 등가 Y 회로에 대한 각 상의 저항은 약 몇 [Ω]인가?

① 3.3   ② 5.7
③ 7.2   ④ 10

해설

Y결선이므로 $I_l = I_p = 20[\text{A}]$가 된다.

3상 전력 $P = 3I_p^2 R$ 식에서

$R = \dfrac{P}{3I_p^2} = \dfrac{4 \times 10^3}{3 \times 20^2} = \dfrac{10}{3} = 3.33[\text{A}]$

19 $f(t) = e^{at}$의 라플라스 변환은?

① $\dfrac{1}{s-a}$ ② $\dfrac{1}{s+a}$

③ $\dfrac{1}{s^2-a^2}$ ④ $\dfrac{1}{s^2+a^2}$

해설

$f(t) = e^{\pm at}$, $F(s) = \dfrac{1}{s \mp a}$

20 그림과 같은 평형 3상 Y 결선에서 각 상이 8[Ω]의 저항과 6[Ω]의 리액턴스가 직렬로 연결된 부하에 선간전압 $100\sqrt{3}$[V]가 공급되었다. 이때 선전류는 몇 [A]인가?

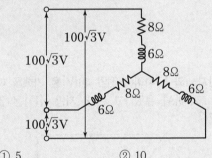

① 5   ② 10
③ 15   ④ 20

해설

$I_l = I_p = \dfrac{V_P}{Z} = \dfrac{\dfrac{V_l}{\sqrt{3}}}{Z} = \dfrac{\dfrac{100\sqrt{3}}{\sqrt{3}}}{\sqrt{8^2+6^2}} \fallingdotseq 10[\text{A}]$

01 전달함수 출력(응답)식 $C(s) = G(s)R(s)$ 에서 입력함수 $R(s)$를 단위 임펄스 $\delta(t)$로 인가할 때 이 계의 출력은?

① $C(s) = G(s)\delta(s)$

② $C(s) = \dfrac{G(s)}{\delta(s)}$

③ $C(s) = \dfrac{G(s)}{s}$

④ $C(s) = G(s)$

해설

입력함수 $R(s) = \mathcal{L}[\delta(t)] = 1$이므로
$C(s) = G(s)R(s) = G(s)$가 된다.

02 단자 a와 b 사이에 전압 30[V]를 가했을 때 전류 I가 3[A] 흘렀다고 한다. 저항 $r[\Omega]$은 얼마인가?

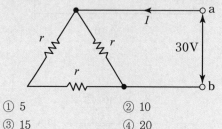

① 5
② 10
③ 15
④ 20

해설

합성저항 $R_o = \dfrac{2r \times r}{2r + r} = \dfrac{2}{3}r$

$\qquad R_o = \dfrac{V}{I} = \dfrac{30}{3} = 10$

위 두 식에서 $\dfrac{2}{3}r = 10$이므로

$\therefore r = \dfrac{3}{2} \times 10 = 15[\Omega]$

03 3상 불평형 전압에서 불평형률은?

① $\dfrac{\text{영상전압}}{\text{정상전압}} \times 100\%$ ② $\dfrac{\text{역상전압}}{\text{정상전압}} \times 100\%$

③ $\dfrac{\text{정상전압}}{\text{역상전압}} \times 100\%$ ④ $\dfrac{\text{정상전압}}{\text{영상전압}} \times 100\%$

해설

불평형률 $= \dfrac{\text{역상전압}}{\text{정상전압}} \times 100\,[\%]$

04 전압과 전류가 각각
$v = 141.4\sin\left(377t + \dfrac{\pi}{3}\right)[\mathrm{V}]$,
$i = \sqrt{8}\sin\left(377t + \dfrac{\pi}{6}\right)[\mathrm{A}]$인 회로의 소비(유효)전력은 약 몇 [W]인가?

① 100
② 173
③ 200
④ 344

해설

$P = VI\cos\theta = \dfrac{141.4}{\sqrt{2}} \times \dfrac{\sqrt{8}}{\sqrt{2}}\cos\dfrac{\pi}{6} = 173\,[\mathrm{W}]$

05 다음과 같은 4단자 회로에서 영상 임피던스 $[\Omega]$는?

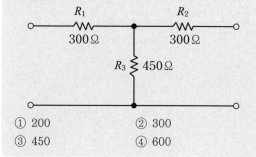

① 200
② 300
③ 450
④ 600

해설

$Z_{01} = \sqrt{\dfrac{AB}{CD}}$ 에서 대칭 T형 회로에서는 $A = D$이므로

$Z_{01} = \sqrt{\dfrac{B}{C}}$ 이고 회로에서

$B = \dfrac{300 \times 450 + 300 \times 300 + 300 \times 450}{450} = 800,\ C = \dfrac{1}{450}$

$\therefore\ Z_{01} = \sqrt{\dfrac{800}{\dfrac{1}{450}}} = 600\,[\Omega]$

---

06 저항 $1[\Omega]$과 인덕턴스 $1[\mathrm{H}]$를 직렬로 연결한 후 $60[\mathrm{Hz}]$, $100[\mathrm{V}]$의 전압을 인가할 때 흐르는 전류의 위상은 전압의 위상보다 어떻게 되는가?

① 뒤지지만 $90°$ 이하이다.

② $90°$ 늦다.

③ 앞서지만 $90°$ 이하이다.

④ $90°$ 빠르다.

해설

$R-L$ 직렬회로이므로 유도성회로가 되어 전류의 위상은 전압의 위상보다 뒤지지만 $90°$ 이하가 된다.

---

07 어떤 정현파 교류전압의 실효값이 $314[\mathrm{V}]$일 때 평균값은 약 몇 $[\mathrm{V}]$인가?

① 142   ② 283

③ 365   ④ 382

해설

정현파에서 평균값

$V_a = \dfrac{2V_m}{\pi} = \dfrac{2\sqrt{2}\,V}{\pi} = \dfrac{2\sqrt{2}\times 314}{\pi} = 283[\mathrm{V}]$

---

08 평형 3상 저항 부하가 3상 4선식 회로에 접속되어 있을 때 단상 전력계를 그림과 같이 접속하였더니 그 지시 값이 $W[\mathrm{W}]$이었다. 이 부하의 3상 전력 $[\mathrm{W}]$은?

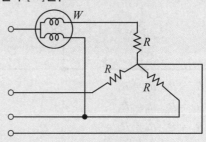

① $\sqrt{2}\,[\mathrm{W}]$ ② $2[\mathrm{W}]$

③ $\sqrt{3}\,[\mathrm{W}]$ ④ $3[\mathrm{W}]$

---

09 그림과 같은 RC 직렬회로에 $t=0$에서 스위치 S를 닫아 지류 전압 $100[\mathrm{V}]$를 회로의 양단에 인가하면 시간 t에서의 충전전하는? (단, $R=10[\Omega]$, $C=0.1[\mathrm{F}]$이다.)

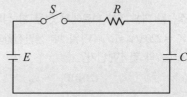

① $10(1-e^{-t})$ ② $-10(1-e^{t})$

③ $10e^{-t}$ ④ $-10r^{-t}$

해설

$R-C$ 직렬회로에서 충전전하 $q(t) = CE(1 - e^{-\frac{1}{RC}t})\,[\mathrm{C}]$ 이므로

$q(t) = 0.1 \times 100(1 - e^{-\frac{1}{10\times0.1}t}) = 10(1-e^{-t})$

---

10 다음 두 회로의 4단자 정수 A, B, C, D가 동일한 조건은?

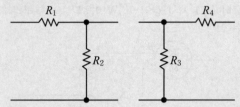

① $R_1 = R_2$, $R_3 = R_4$
② $R_1 = R_3$, $R_2 = R_4$
③ $R_1 = R_4$, $R_2 = R_3 = 0$
④ $R_2 = R_3$, $R_1 = R_4 = 0$

해설

왼쪽 회로의 4단자 정수 $\begin{bmatrix} A & B \\ C & D \end{bmatrix} = \begin{bmatrix} 1 + \dfrac{R_1}{R_2} & R_1 \\ \dfrac{1}{R_2} & 1 \end{bmatrix}$

오른쪽 회로의 4단자 정수 $\begin{bmatrix} A & B \\ C & D \end{bmatrix} = \begin{bmatrix} 1 & R_4 \\ \dfrac{1}{R_3} & 1 + \dfrac{R_4}{R_3} \end{bmatrix}$

따라서 $R_2 = R_3$, $R_1 = R_4 = 0$이 된다.

11 Y 결선된 대칭 3상 회로에서 전원 한 상의 전압이 $V_a = 220\sqrt{2}\sin\omega t[\text{V}]$일 때 선간전압의 실효값 크기는 약 몇 [V]인가?

① 220
② 310
③ 380
④ 540

해설

상전압의 실효값이 220[V]이므로
Y결선에서 선간전압 $V_l = \sqrt{3}\,V_p = \sqrt{3} \times 220 = 380[\text{V}]$

12 $a + a^2$의 값은? (단, $a = e^{j2\pi/3} = 1\angle 120°$ 이다.)

① 0
② -1
③ 1
④ a^3

해설

$a^2 + a + 1 = 0$이므로 $a^2 + a = -1$

13 평형 3상 Y결선 회로의 선간전압이 V_l, 상전압이 V_p, 선전류가 I_l, 상전류가 I_p일 때 다음의 수식 중 틀린 것은? (단, P는 3상 부하전력을 의미한다.)

① $V_l = \sqrt{3}\,V_p$
② $I_l = I_p$
③ $P = \sqrt{3}\,V_l I_l \cos\theta$
④ $P = \sqrt{3}\,V_p I_p \cos\theta$

해설

평형 3상 Y결선
$V_l = \sqrt{3}\,V_p$, $I_l = I_p$
$P = 3V_P I_P \cos\theta = \sqrt{3}\,V_l I_l \cos\theta\,[\text{W}]$

14 전압이 $v = 10\sin 10t + 20\sin 20t[\text{V}]$ 이고 전류가 $i = 20\sin 10t + 10\sin 20t[\text{A}]$ 이면, 소비(유효)전력[W]은?

① 400
② 283
③ 200
④ 141

해설

유효전력
$P = V_1 I_1 \cos\theta_1 + V_2 I_2 \cos\theta_2$
$\quad = \dfrac{1}{2}(10 \times 20\cos 0° + 20 \times 10\cos 0°) = 200\,[\text{W}]$

15 코일의 권수 $N = 1000$ 회이고, 코일의 저항 $R = 10[\Omega]$이다. 전류 $I = 10[\text{A}]$를 흘릴 때 코일의 권수 1회에 대한 자속이 $\phi = 3 \times 10^{-2}[\text{Wb}]$ 이라면 이 회로의 시정수[s]는?

① 0.3
② 0.4
③ 3.0
④ 4.0

해설

코일의 인덕턴스 L은
$L = \dfrac{N\phi}{I} = \dfrac{1000 \times 3 \times 10^{-2}}{10} = 3[\text{H}]$
$\therefore \tau = \dfrac{L}{R} = \dfrac{3}{10} = 0.33[\text{s}]$

정답   10 ④   11 ③   12 ②   13 ④   14 ③   15 ①

16 $\mathcal{L}[f(t)] = F(s) = \dfrac{5s+8}{5s^2+4s}$ 일 때, $f(t)$의 최종

값 $f(\infty)$는?

① 1　　　　　② 2

③ 3　　　　　④ 4

해설

최종값 정리 $\displaystyle\lim_{t \to \infty} f(t) = \lim_{S \to 0} sF(s)$에 의해서

$f(\infty) = \displaystyle\lim_{s \to 0} s \cdot \dfrac{5s+8}{5s^2+4s} = \dfrac{5s+8}{5s+4} = \dfrac{8}{4} = 2$

17 평형 3상 부하의 결선을 Y에서 Δ로 하면 소

비전력은 몇 배가 되는가?

① 1.5　　　　② 1.73

③ 3　　　　　④ 3.46

해설

Y 결선에서 △결선으로의 변환 시
임피던스 : 3배, 선전류 : 3배, 소비전력 : 3배

18 정현파 교류 $i = 10\sqrt{2}\sin\left(\omega t + \dfrac{\pi}{3}\right)$를 복소수

의 극좌표 형식인 페이저(phasor)로 나타내면?

① $10\sqrt{2} \angle \dfrac{\pi}{3}$　　　② $10\sqrt{2} \angle -\dfrac{\pi}{3}$

③ $10 \angle \dfrac{\pi}{3}$　　　　④ $10\sqrt{2} \angle -\dfrac{\pi}{3}$

해설

$I = \dfrac{10\sqrt{2}}{\sqrt{2}} \angle \dfrac{\pi}{3} = 10 \angle \dfrac{\pi}{3}$

19 $V_1(s)$을 입력, $V_2(s)$를 출력이라 할 때, 다음

회로의 전달함수는? (단, $C_1 = 1[\mathrm{F}]$, $L_1 = 1[\mathrm{H}]$)

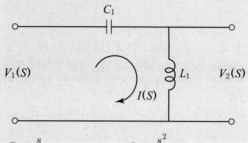

① $\dfrac{s}{s+1}$　　　　② $\dfrac{s^2}{s^2+1}$

③ $\dfrac{1}{s+1}$　　　　④ $1 + \dfrac{1}{s}$

해설

$G(s) = \dfrac{L_1 s}{\dfrac{1}{C_1 s} + L_1 s} = \dfrac{L_1 C_1 s}{L_1 C_1 s^2 + 1} = \dfrac{s^2}{s^2 + 1}$

20 $\dfrac{dx(t)}{dt} + 3x(t) = 5$의 라플라스 변환은?

(단, $x(0) = 0$, $X(s) = \mathcal{L}[x(t)]$.)

① $X(s) = \dfrac{5}{s+3}$　　② $X(s) = \dfrac{5}{s(s+5)}$

③ $X(s) = \dfrac{3}{s+5}$　　④ $X(s) = \dfrac{5}{s(s+3)}$

해설

$\dfrac{dx(t)}{dt} + 3x(t) = 5$ 를 라플라스 변환하면

$sX(s) + 3X(s) = \dfrac{5}{s}$ 이므로

$X(s) = \dfrac{5}{s(s+3)}$

20 과년도기출문제(2020. 6. 13 시행)

01 $Z = 5\sqrt{3} + j5[\Omega]$인 3개의 임피던스를 Y 결선하여 선간전압 250[V]의 평형 3상 전원에 연결하였다. 이때 소비되는 유효전력은 약 몇 [W]인가?

① 3125　　　　　② 5413
③ 6252　　　　　④ 7120

해설

임피던스 $Z = \sqrt{(5\sqrt{3})^2 + 5^2} = 10[\Omega]$

상전류 $I_p = \dfrac{V_p}{Z} = \dfrac{250/\sqrt{3}}{10} = \dfrac{250}{10\sqrt{3}}$ [A]

∴ 유효전력

$P = 3I_p^2 R = 3 \times \left(\dfrac{250}{10\sqrt{3}}\right)^2 \times 5\sqrt{3} = 5413$ [W]

02 그림과 같은 회로에서 스위치 S를 $t=0$에서 닫았을 때 $v_L(t)|_{t=0} = 100[V]$, $\dfrac{di(t)}{dt}\bigg|_{t=0} = 400$ [A/s]이다. $L(\text{H})$의 값은?

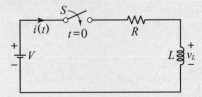

① 0.75　　　　　② 0.5
③ 0.25　　　　　④ 0.1

해설

$V_L = L\dfrac{di}{dt}$ 의 식에서

$100 = L \times 400$ 이므로

∴ $L = \dfrac{100}{400} = 0.25$

03 $r_1[\Omega]$인 저항에 $r[\Omega]$인 가변저항이 연결된 그림과 같은 회로에서 전류 I를 최소로 하기 위한 저항 $r_2[\Omega]$는? (단, $r[\Omega]$은 가변저항의 최대 크기이다.)

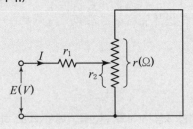

① $\dfrac{r_1}{2}$　　　　　② $\dfrac{r}{2}$
③ r_1　　　　　④ r

해설

합성저항 $R = r_1 + \dfrac{(r - r_2)r_2}{r - r_2 + r_2} = r_1 + \dfrac{rr_2 - r_2^2}{r}$ 이 된다.

전류 I가 최소가 되기 위해서는 합성저항 R이 최대가 되야 하므로

$\dfrac{d}{dr_2}R = 0$이 되어야 한다.

04 다음과 같은 회로에서 V_a, V_b, V_c[V]를 평형 3상 전압이라 할 때 전압 V_0[V]은?

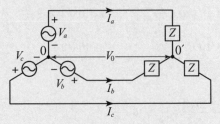

① 0　　　　　② $\dfrac{V_1}{3}$
③ $\dfrac{2}{3}V_1$　　　　　④ V_1

해설

평형 3상일 경우 중성점의 전위는 0이므로 $V_0 = 0$[V]가 된다.

05 9[Ω]과 3[Ω]인 저항 6개를 그림과 같이 연결하였을 때, a와 b 사이의 합성저항[Ω]은?

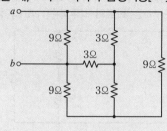

① 9
② 4
③ 3
④ 2

해설

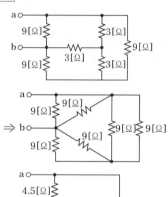

Y 결선된 3[Ω] 저항을 △결선으로 변환하면 합성저항은 3배 증가되어 9[Ω]으로 바뀐다.

$$R_{AB} = \frac{4.5 \times (4.5 + 4.5)}{4.5 + (4.5 + 4.5)} = 3[\Omega]$$

06 그림과 같은 회로의 전달함수는? (단, 초기조건은 0이다.)

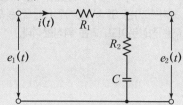

① $\dfrac{R_2 + Cs}{R_1 + R_2 + Cs}$
② $\dfrac{R_1 + R_2 + Cs}{R_1 + Cs}$

③ $\dfrac{R_2 Cs + 1}{R_2 Cs + R_1 Cs + 1}$
④ $\dfrac{R_1 Cs + R_2 Cs + 1}{R_2 Cs + 1}$

해설

$$G(s) = \frac{R_2 + \dfrac{1}{Cs}}{R_1 + R_2 + \dfrac{1}{Cs}} = \frac{R_2 Cs + 1}{R_1 Cs + R_2 Cs + 1}$$

07 그림과 같은 회로에서 5[Ω]에 흐르는 전류 I는 몇 [A]인가?

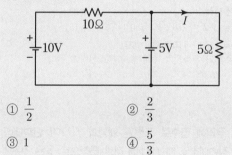

① $\dfrac{1}{2}$
② $\dfrac{2}{3}$

③ 1
④ $\dfrac{5}{3}$

해설

중첩의 정리를 이용하여
5[V] 전압원 단락시 전류 $I_1 = 0$
10[V] 전압원 단락시 전류 $I_2 = \dfrac{5}{5} = 1[A]$가 되므로
5[Ω]에 흐르는 전류 $I = I_1 + I_2 = 1[A]$가 된다.

정답   05 ③   06 ③   07 ③

08

전류의 대칭분이 $I_0 = -2 + j4$[A], $I_1 = 6 - j5$[A], $I_2 = 8 + j10$[A]일 때 3상전류 중 a상 전류(I_a)의 크기 ($|I_a|$)는 몇 [A]인가? (단, I_0는 영상분이고, I_1은 정상분이고, I_2는 역상분이다.)

① 9
② 12
③ 15
④ 19

해설

$$I_a = I_0 + I_1 + I_2 = -2 + j4 + 6 - j5 + 8 + j10 = 12 + j9$$
$$= \sqrt{12^2 + 9^2} = 15$$

09

$V = 50\sqrt{3} - j50$[V], $I = 15\sqrt{3} + j15$[A]일 때 유효전력 P[W]와 무효전력 Q[Var]는 각각 얼마인가?

① $P = 3000$, $Q = -1500$
② $P = 1500$, $Q = -1500\sqrt{3}$
③ $P = 750$, $Q = -750\sqrt{3}$
④ $P = 2250$, $Q = -1500\sqrt{3}$

해설

복소전력
$$P_a = V I^* = (50\sqrt{3} - j50)(15\sqrt{3} - j15)$$
$$= 1500 - j1500\sqrt{3} \text{ 이므로}$$
실수부가 유효전력, 허수부가 무효전력이 된다.

10

푸리에 급수로 표현된 왜평과 $f(t)$가 반파대칭 및 정현대칭일 때 $f(t)$에 대한 특징으로 옳은 것은?

$$f(t) = a_0 + \sum_{n=1}^{\infty} a_n \cos nwt + \sum_{n=1}^{\infty} b_n \sin nwt$$

① a_n의 우수항만 존재한다.
② a_n의 기수항만 존재한다.
③ b_n의 우수항만 존재한다.
④ b_n의 기수항만 존재한다.

해설

반파 및 정현대칭일 경우 홀수차의 $\sin$항만 존재한다.

11

그림과 같은 회로에서 L_2에 흐르는 전류 I_2[A]가 단자전압 V[V]보다 위상 90° 뒤지기 위한 조건은? (단, ω는 회로의 각주파수[rad/s]이다.)

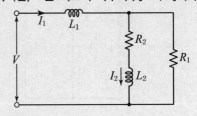

① $\dfrac{R_2}{R_1} = \dfrac{L_2}{L_1}$
② $R_1 R_2 = L_1 L_2$
③ $R_1 R_2 = w L_1 L_2$
④ $R_1 R_2 = w^2 L_1 L_2$

해설

I_2가 V보다 위상아 90° 뒤지기 위한 조건은
$R_1 R_2 - \omega^2 L_1 L_2 = 0$이 되어야 한다.
$\therefore R_1 R_2 = \omega^2 L_1 L_2$

12

RC 직렬회로의 과도현상에 대한 설명으로 옳은 것은?

① $(R \times C)$의 값이 클수록 과도 전류는 빨리 사라진다.
② $(R \times C)$의 값이 클수록 전류는 천천히 사라진다.
③ 과도 전류는 $(R \times C)$의 값에 관계가 없다.
④ $\dfrac{1}{R \times C}$의 값이 클수록 과도 전류는 천천히 사라진다.

해설

RC 직렬회로의 시정수 $\tau = RC$ 이며 시정수가 클수록 과도현상은 길어지며 천천히 사라진다.

13 용량이 50[kVA]인 단상 변압기 3대를 △결선하여 3상으로 운전하는 중 1대의 변압기에 고장이 발생하였다. 나머지 2대의 변압기를 이용하여 3상 V 결선으로 운전하는 경우 최대 출력은 몇 [kVA]인가?

① $30\sqrt{3}$ ② $50\sqrt{3}$

③ $100\sqrt{3}$ ④ $200\sqrt{3}$

해설

V결선 최대출력 $P_V = \sqrt{3}\,P_{a1}$ 이므로 $50\sqrt{3}$ 이 된다.

14 각 상의 전류가 $i_a = 30\sin wt[\text{A}]$, $i_b = 30\sin(wt-90°)[\text{A}]$, $i_c = 30\sin(wt+90°)[\text{A}]$일 때, 영상분 전류[A]의 순시치는?

① $10\sin wt$ ② $10\sin\dfrac{wt}{3}$

③ $30\sin wt$ ④ $\dfrac{30}{\sqrt{3}}\sin(wt+45°)$

해설

영상분 전류 $i_0 = \dfrac{1}{3}(i_a + i_b + i_c)$가 된다.

여기서 i_b, i_c가 크기는 같고 위상이 $180°$차가 되므로 $i_b + i_c = 0$이 되므로

$i_0 = \dfrac{1}{3}i_a = \dfrac{1}{3}\times 30\sin\omega t = 10\sin\omega t$가 된다.

15 $f(t) = \sin t + 2\cos t$를 라플라스 변환하면?

① $\dfrac{2s}{s^2+1}$ ② $\dfrac{2s+1}{(s+1)^2}$

③ $\dfrac{2s+1}{s^2+1}$ ④ $\dfrac{2s}{(s+1)^2}$

해설

선형의 정리를 이용

$\mathcal{L}[\sin t + 2\cos t] = \dfrac{1}{s^2+1} + \dfrac{2s}{s^2+1} = \dfrac{2s+1}{s^2+1}$

16 어떤 회로에서 흐르는 전류가 $i(t) = 7 + 14.1\sin wt[\text{A}]$인 경우 실효값은 약 몇 [A]인가?

① 11.2 ② 12.2

③ 13.2 ④ 14.2

해설

비정현파의 실효값 $I = \sqrt{7^2 + \left(\dfrac{14.1}{\sqrt{2}}\right)^2} = 12.2\,[\text{A}]$

17 어떤 전지에 연결된 외부 회로의 저항은 5[Ω]이고 전류는 8[A]가 흐른다. 외부 회로에 5[Ω] 대신 15[Ω]의 저항을 접속하면 전류는 4[A]로 떨어진다. 이 전지의 내부 기전력은 몇 [V]인가?

① 15 ② 20

③ 50 ④ 80

해설

전지의 내부저항 r을 고려하여 계산한다.
첫 번째 조건에 의해 기전력 $E = 8(r+5) = 8r + 40$
두 번째 조건에 의해 기전력 $E = 4(r+15) = 4r + 60$이 된다.
기전력은 같아야 하므로 $8r + 40 = 4r + 60$이 성립되며 $r = 5\,[\Omega]$임을 알 수 있다.
∴ $E = 8\times 5 + 40 = 80\,[\text{V}]$

18 파형률과 파고율이 모두 1인 파형은?

① 고조파 ② 삼각파

③ 구형파 ④ 사인파

해설

구형파는 최대값, 실효값, 평균값이 모두 같으므로 파형률과 파고율이 모두 1이 된다.

정답   13 ②   14 ①   15 ③   16 ②   17 ④   18 ③

19 회로의 4단자 정수로 틀린 것은?

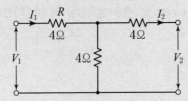

① $A = 2$ ② $B = 12$

③ $C = \dfrac{1}{4}$ ④ $D = 6$

해설

T형 회로의 4단자정수

$$\begin{bmatrix} A & B \\ C & D \end{bmatrix} = \begin{bmatrix} 1+\dfrac{4}{4} & 4+4+\dfrac{4\times 4}{4} \\ \dfrac{1}{4} & 1+\dfrac{4}{4} \end{bmatrix} = \begin{bmatrix} 2 & 12 \\ \dfrac{1}{4} & 2 \end{bmatrix}$$

20 그림과 같은 4단자 회로망에서 출력 측을 개방하니 $V_1 = 12[\text{V}]$, $I_1 = 2[\text{A}]$, $V_2 = 4[\text{V}]$이고, 출력 측을 단락하니 $V_1 = 16[\text{V}]$, $I_1 = 4[\text{A}]$, $I_2 = 2[\text{A}]$이었다. 4단자 정수 A, B, C, D는 얼마인가?

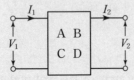

① $A = 2$, $B = 3$, $C = 8$, $D = 0.5$
② $A = 0.5$, $B = 2$, $C = 3$, $D = 8$
③ $A = 8$, $B = 0.5$, $C = 2$, $D = 3$
④ $A = 3$, $B = 8$, $C = 0.5$, $D = 2$

해설

$$A = \dfrac{V_1}{V_2}\bigg|_{I_2=0} = \dfrac{12}{4} = 3$$

$$B = \dfrac{V_1}{I_2}\bigg|_{V_2=0} = \dfrac{16}{2} = 8$$

$$C = \dfrac{I_1}{V_2}\bigg|_{I_2=0} = \dfrac{2}{4} = 0.5$$

$$D = \dfrac{I_1}{I_2}\bigg|_{V_2=0} = \dfrac{4}{2} = 2$$

정답 19 ④ 20 ④

06 $e_i(t) = Ri(t) + L\dfrac{di(t)}{dt} + \dfrac{1}{c}\displaystyle\int i(t)dt$ 에서 모든 초기 값을 0으로 하고 라플라스 변환했을 때 $I(s)$는? (단, $I(s)$, $E_i(s)$는 각각 $i(t)$, $e_i(t)$를 라플라스 변환한 것이다.)

① $\dfrac{Cs}{LCs^2 + RCs + 1}E_i(s)$

② $\dfrac{1}{R + Ls + \dfrac{1}{C}s}E_i(s)$

③ $\dfrac{1}{s^2 + \dfrac{L}{R}s + \dfrac{1}{LC}}E_i(s)$

④ $\left(R + Ls + \dfrac{1}{Cs}\right)E_i(s)$

해설

전압방정식을 라플라스 변환하면

$E_i(s) = RI(s) + LsI(s) + \dfrac{1}{Cs}I(s)$

$I(s) = \dfrac{1}{R + Ls + \dfrac{1}{Cs}}E_i(s) = \dfrac{Cs}{LCs^2 + RCs + 1}E_i(s)$

02 기본파의 30[%]인 제3고조파와 기본파의 20[%]인 제5고조파를 포함하는 전압의 왜형률은 약 얼마인가?

① 0.21　　② 0.31

③ 0.36　　④ 0.42

해설

$V_3 = 0.3V_1$, $V_5 = 0.2V_1$일 때 전압의 왜형률

$\dfrac{\sqrt{V_3^2 + V_5^2}}{V_1} = \dfrac{\sqrt{(0.3V_1)^2 + (0.2V_1)^2}}{V_1} = 0.36$

03 3상 회로의 대칭분 전압이 $V_0 = -8 + j3[V]$, $V_1 = 6 - j8[V]$, $V_2 = 8 + j12[V]$일 때, a상의 전압[V]은? (단, V_0는 영상분, V_1은 정상분, V_2는 역상분 전압이다.)

① $5 - j6$　　② $5 + j6$

③ $6 - j7$　　④ $6 + j7$

해설

불평형(비대칭) 3상의 전압
a상의 전압 $V_a = V_o + V_1 + V_2$
b상의 전압 $V_b = V_o + a^2 V_1 + a V_2$
c상의 전압 $V_c = V_o + a V_1 + a^2 V_2$ 이므로
$V_a = -8 + j3 + 6 - j8 + 8 + j12 = 6 + j7$가 된다.

04 어느 회로에 $V = 120 + j90[V]$의 전압을 인가하면 $I = 3 + j4[A]$의 전류가 흐른다. 이 회로의 역률은?

① 0.92　　② 0.94

③ 0.96　　④ 0.98

해설

복소전력
$P_a = V^* I = (120 - j90)(3 + j4) = 720 + j210 = 750[VA]$
역률 $\cos\theta = \dfrac{P}{P_a} = \dfrac{720}{750} = 0.96$

05 2단자 회로망에 단상 100[V]의 전압을 가하면 30[A]의 전류가 흐르고 1.8[kW]의 전력이 소비된다. 이 회로망과 병렬로 커패시터를 접속하여 합성 역률을 100[%]로 하기 위한 용량성 리액턴스는 약 몇 [Ω]인가?

① 2.1　　② 4.2

③ 6.3　　④ 8.4

해설

피상전력 $P_a = VI = 100 \times 30 = 3000 [\text{VA}]$

무효전력

$P_r = \sqrt{P_a^2 - P^2} = \sqrt{3000^2 - 1800^2} = 2400 [\text{Var}]$

따라서 역률을 100[%]로 하기 위해서는 커패시터에 의한 $Q = 2400$ 이 되어야 한다.

$Q = \dfrac{V^2}{X_C}$ 에서 $X_C = \dfrac{V^2}{Q} = \dfrac{100^2}{2400} = 4.2 [\Omega]$

---

06 22[kVA]의 부하가 0.8의 역률로 운전될 때 이 부하의 무효전력[kVar]은?

① 11.5   ② 12.3

③ 13.2   ④ 14.5

해설

역률이 0.8이므로 무효율은 0.6

$P_r = P_a \sin\theta = 22 \times 0.6 = 13.2 [\text{KVar}]$

---

07 어드미턴스 Y[℧]로 표현된 4단자 회로망에서 4단자 정수 행렬 T는?

(단, $\begin{bmatrix} V_1 \\ I_1 \end{bmatrix} = T \begin{bmatrix} V_2 \\ I_2 \end{bmatrix}$, $T = \begin{bmatrix} A & B \\ C & D \end{bmatrix}$)

$$
\begin{array}{ccc}
I_1 & & I_2 \\
\circ\!\!\!\!\to & \bullet & \to\!\!\!\!\circ \\
V_1 & \boxed{Y} & V_2 \\
\circ & \bullet & \circ
\end{array}
$$

① $\begin{bmatrix} 1 & 0 \\ Y & 1 \end{bmatrix}$ ② $\begin{bmatrix} 1 & Y \\ 0 & 1 \end{bmatrix}$

③ $\begin{bmatrix} 1 & 0 \\ \dfrac{1}{Y} & 1 \end{bmatrix}$ ④ $\begin{bmatrix} Y & 1 \\ 1 & 0 \end{bmatrix}$

해설

$\begin{bmatrix} A & B \\ C & D \end{bmatrix} = \begin{bmatrix} 1 & 0 \\ Y & 1 \end{bmatrix}$

---

08 회로에서 10[Ω]의 저항에 흐르는 전류[A]는?

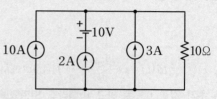

① 8   ② 10

③ 15   ④ 20

해설

중첩의 원리를 이용하여 전압원을 단락시켜 전류원에 의한 전류를 구하고 전류원을 개방시켜 전압원에 의한 전류를 구하여 합하면 저항에 흐르는 전류를 구할 수 있다.

전압원 단락시 전류 I_1, 전류원 개방시 전류 I_2 라 하면

$I_1 = 10 + 2 + 3 = 15[\text{A}]$, $I_2 = 0 [\text{A}]$

$\therefore I_1 + I_2 = 15 + 0 = 15 [\text{A}]$

---

09 10[Ω]의 저항 5개를 접속하여 얻을 수 있는 합성저항 중 가장 적은 값은 몇 [Ω]인가?

① 10   ② 5

③ 2   ④ 0.5

해설

합성저항이 가장 적은 값이 되려면 병렬접속이 되어야 하므로

$R_0 = \dfrac{R}{n} = \dfrac{10}{5} = 2 [\Omega]$

---

10 동일한 용량 2대의 단상 변압기를 V 결선하여 3상으로 운전하고 있다. 단상 변압기 2대의 용량에 대한 3상 V 결선시 변압기 용량의 비인 변압기 이용률은 약 몇 [%]인가?

① 57.7   ② 70.7

③ 80.1   ④ 86.6

해설

V결선 변압기 이용률 $\dfrac{\sqrt{3}}{2} = 0.866$

11 4단자 회로망에서의 영상 임피던스[Ω]는?

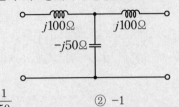

① $j\dfrac{1}{50}$

② -1

③ 1

④ 0

해설

T형 대칭회로이므로 $A=D$가 되어 $Z_0=\sqrt{\dfrac{B}{C}}$ 가 된다.

$B=j100+j100+\dfrac{j100\times j100}{-j50}=0$, $C=\dfrac{1}{-j50}$

$B=0$이므로 $Z_0=0$ 이 된다.

12 $i(t)=3\sqrt{2}\sin(377t-30°)[A]$의 평균값은 약 몇 [A]인가?

① 1.35

② 2.7

③ 4.35

④ 5.4

해설

$I_a=\dfrac{2}{\pi}I_m=\dfrac{2}{\pi}\times 3\sqrt{2}=2.7[A]$

13 $20[\Omega]$과 $30[\Omega]$의 병렬회로에서 $20[\Omega]$에 흐르는 전류가 $6[A]$이라면 전체 전류 $I[A]$는?

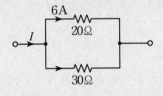

① 3

② 4

③ 9

④ 10

해설

전류분배 법칙 $I_1=\dfrac{R_2}{R_1+R_2}I$ 에서

전체전류 $I=\dfrac{R_1+R_2}{R_2}I_1=\dfrac{20+30}{30}\times 6=10[A]$

14 $F(s)=\dfrac{A}{\alpha+s}$ 의 라플라스 역변환은?

① αe^{At}

② $Ae^{\alpha t}$

③ αe^{-At}

④ $Ae^{-\alpha t}$

해설

$F(s)=\dfrac{A}{s+\alpha}$ 이므로 $f(t)=Ae^{-\alpha t}$ 가 된다.

15 RC 직렬회로의 과도현상에 대한 설명으로 옳은 것은?

① 과도상태 전류의 크기는 $(R\times C)$의 값과 무관하다.

② $(R\times C)$의 값이 클수록 과도상태 전류의 크기는 빨리 사라진다.

③ $(R\times C)$의 값이 클수록 과도상태 전류의 크기는 천천히 사라진다.

④ $\dfrac{1}{R\times C}$의 값이 클수록 과도상태 전류의 크기는 천천히 사라진다.

해설

RC직렬회로의 시정수 $\tau=RC$이므로 RC값이 클수록 과도현상이 오래 지속되어 천천히 사라진다.

16 불평형 Y결선의 부하 회로에 평형 3상 전압을 가할 경우 중성점의 전위 $V_{n'n}[V]$는? (단, Z_1, Z_2, Z_3는 각 상의 임피던스[Ω]이고, Y_1, Y_2, Y_3는 각 상의 임피던스에 대한 어드미턴스[℧]이다.)

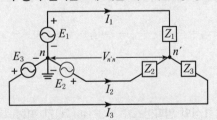

① $\dfrac{E_1+E_2+E_3}{Z_1+Z_2+Z_3}$

② $\dfrac{Z_1E_1+Z_2E_2+Z_3E_3}{Z_1+Z_2+Z_3}$

③ $\dfrac{E_1+E_2+E_3}{Y_1+Y_2+Y_3}$

④ $\dfrac{Y_1E_1+Y_2E_2+Y_3E_3}{Y_1+Y_2+Y_3}$

해설

밀만의 정리를 이용

$$V_n = \frac{\dfrac{E_1}{Z_1} + \dfrac{E_2}{Z_2} + \dfrac{E_3}{Z_3}}{\dfrac{1}{Z_1} + \dfrac{1}{Z_2} + \dfrac{1}{Z_3}} = \frac{Y_1 E_1 + Y_2 E_2 + Y_3 E_3}{Y_1 + Y_2 + Y_3}$$

---

17 RL 병렬회로에서 $t=0$일 때 스위치 S를 닫는 경우 $R\,[\Omega]$에 흐르는 전류 $i_R(t)[\mathrm{A}]$는?

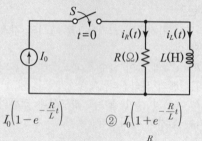

① $I_0\left(1 - e^{-\frac{R}{L}t}\right)$ ② $I_0\left(1 + e^{-\frac{R}{L}t}\right)$

③ I_0 ④ $I_0 e^{-\frac{R}{L}t}$

해설

R과 L에 걸리는 전압을 $e(t)$라고 하고 전류방정식을 세워보면 $I_0 = i_R(t) + i_L(t) = \dfrac{e(t)}{R} + \dfrac{1}{L}\int e(t)dt$

라플라스 변환하면

$$\frac{I_0}{s} = \frac{1}{R}E(s) + \frac{1}{Ls}E(s) = E(s)\left(\frac{1}{R} + \frac{1}{Ls}\right)$$

$$E(s) = \frac{I_0}{s\left(\dfrac{1}{R} + \dfrac{1}{Ls}\right)} = \frac{RI_0}{s + \dfrac{R}{L}}$$ 가 되며

다시 라플라스 역변환하면

$e(t) = RI_0\, e^{-\frac{R}{L}t}$ 가 됨을 알 수 있다.

$$\therefore\ i_R = \frac{e(t)}{R} = \frac{RI_0\, e^{-\frac{R}{L}t}}{R} = I_0\, e^{-\frac{R}{L}t} \text{ 가 된다.}$$

---

18 1상의 임피던스가 $14+j48[\Omega]$인 평형 $\triangle$부하에 선간전압이 $200[\mathrm{V}]$인 평형 3상 전압이 인가될 때 이 부하의 피상전력$[\mathrm{VA}]$은?

① 1200 ② 1384

③ 2400 ④ 4157

해설

$Z = 14 + j48 = \sqrt{14^2 + 48^2} = 50[\Omega]$,
$\triangle$결선, $V_l = 200[\mathrm{V}]$ 일 때

상전류 $I_P = \dfrac{V_P}{Z} = \dfrac{V_l}{Z} = \dfrac{200}{50} = 4\,[\mathrm{A}]$

피상전력 $P = 3I_P^2 Z = 3 \times 4^2 \times 50 = 2400\,[\mathrm{VA}]$

---

19 $i(t) = 100 + 50\sqrt{2}\sin\omega t + 20\sqrt{2}\sin\left(3\omega t + \dfrac{\pi}{6}\right)[\mathrm{A}]$로 표현되는 비정현파 전류의 실효값은 약 몇 $[\mathrm{A}]$인가?

① 20 ② 50

③ 114 ④ 150

해설

비정현파 실효값
$I = \sqrt{I_0^2 + I_1^2 + I_3^2} = \sqrt{100^2 + 50^2 + 20^2} = 114[\mathrm{A}]$

---

20 저항만으로 구성된 그림의 회로에 평형 3상 전압을 가했을 때 각 선에 흐르는 선전류가 모두 같게 되기 위한 $R\,[\Omega]$의 값은?

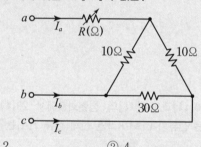

① 2 ② 4

③ 6 ④ 8

해설

각 선에 흐르는 전류가 같으려면 부하가 평형이 되어야 하므로 $\triangle$결선을 Y결선으로 등가변환하여 각 상의 저항을 구하면 다음과 같다.

$$R_a = \frac{10 \times 10}{10 + 10 + 30} = 2$$

$$R_b = \frac{10 \times 30}{10 + 10 + 30} = 6$$

$$R_c = \frac{10 \times 30}{10 + 10 + 30} = 6$$

따라서 평형이 되려면 a상도 $6[\Omega]$이 되어야 하므로 $R = 4[\Omega]$이 된다.

CBT시험 복원문제   전기산업기사과년도

20 과년도기출문제(2020. 9. 26 시행)

※ 본 기출문제는 수험자의 기억을 바탕으로 하여 복원한 문제이므로 실제 문제와 다를 수 있음을 미리 알려드립니다.

01 다음 회로에서 저항 R 에 흐르는 전류 I 는 몇 [A]인가?

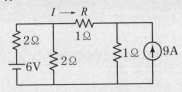

① 2[A]
② 1[A]
③ −2[A]
④ −1[A]

해설

중첩의 정리를 이용

9[A] 전류원 개방시 합성저항 $R_0 = 2 + \dfrac{2 \times 2}{2+2} = 3[\Omega]$

전체전류 $I = \dfrac{V}{R_0} = \dfrac{6}{3} = 2[A]$ 가 된다.

따라서 1[Ω]에 흐르는 전류는 전류 분배법칙에 의해

$I_1 = \dfrac{2}{2+2} \times 2 = 1[A]$

6[V] 전압원 단락시 9[A]의 전류원에 의해 1[Ω]에 흐르는 전류를 구하면 역시 전류 분배법칙에 의해

$I_2 = \dfrac{1}{\dfrac{2 \times 2}{2+2} + 1 + 1} \times 9 = 3[A]$

따라서 실제 1[Ω]에 흐르는 전류는 I_1과 I_2의 전류의 방향이 반대이므로

∴ $I = I_1 + I_2 = 1 - 3 = -2[A]$ 가 된다.

02 푸리에 급수에서 직류항은?

① 우함수이다.
② 기함수이다.
③ 우함수+기함수이다.
④ 우함수×기함수이다.

해설

여현대칭(우함수)에서 직류분이 존재하므로 직류항은 우함수이다.

03 그림과 같은 회로에서 5[Ω]에 흐르는 전류 I 는 몇 [A]인가?

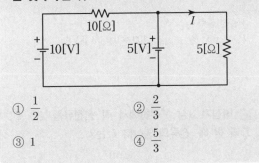

① $\dfrac{1}{2}$
② $\dfrac{2}{3}$
③ 1
④ $\dfrac{5}{3}$

해설

중첩의 정리를 이용 (전압원 단락, 전류원 개방)
5[V] 단락시 5[Ω]에 흐르는 전류 $I_1 = 0[A]$
(전류는 단락지점으로 모두 흐른다)

10[V] 단락시 5[Ω]에 흐르는 전류 $I_2 = \dfrac{5}{5} = 1[A]$이므로 전체 전류 $I = I_1 + I_2 = 0 + 1 = 1[A]$

04 푸리에 급수로 표현된 왜평파 $f(t)$가 반파대칭 및 정현대칭일 때 $f(t)$에 대한 특징으로 옳은 것은?

$$f(t) = a_0 + \sum_{n=1}^{\infty} a_n \cos nwt + \sum_{n=1}^{\infty} b_n \sin nwt$$

① a_n의 우수항만 존재한다.
② a_n의 기수항만 존재한다.
③ b_n의 우수항만 존재한다.
④ b_n의 기수항만 존재한다.

해설

정현, 반파대칭이므로 정현대칭에 의해 sin항의 계수 b_n만 존재하며 반파대칭에 의해 홀수(기수)항만 존재하여 b_n의 기수항만 존재한다.

정답   01 ③   02 ①   03 ③   04 ④

05 단상 변압기 3대 $(100[\text{kVA}]\times 3)$로 Δ결선하여 운전 중 1대 고장으로 V결선한 경우의 출력 $[\text{kVA}]$은?

① $100\,[\text{kVA}]$ ② $100\sqrt{3}\,[\text{kVA}]$

③ $245\,[\text{KVA}]$ ④ $300\,[\text{kVA}]$

해설

V결선 출력

$$P_V = \sqrt{3}\cdot P_{a1} = \sqrt{3}\times 100 = 100\sqrt{3}\,[\text{kVA}]$$

06 비접지 3상 Y부하에서 각 선전류를 I_a, I_b, I_c라 할 때, 전류의 영상분 I_0는?

① 1 ② 0

③ -1 ④ $\sqrt{3}$

해설

영상분 전류 $I_0 = \dfrac{1}{3}(I_a + I_b + I_c)$ 에서

비접지 3상 Y부하의 세전류의 합 $I_a + I_b + I_c = 0$이므로 영상분 $I_0 = 0$ 이 된다.

07 상순이 a, b, c인 불평형 3상 전류 I_a, I_b, I_c의 대칭분을 I_0, I_1, I_2라 하면 이때 역상분 전류 I_2는?

① $\dfrac{1}{3}(I_a + I_b + I_c)$

② $\dfrac{1}{3}(I_a + I_b\angle 120° + I_c\angle -120°)$

③ $\dfrac{1}{3}(I_a + I_b\angle -120° + I_c\angle 120°)$

④ $\dfrac{1}{3}(-I_a - I_b - I_c)$

해설

역상분 전류

$$I_2 = \frac{1}{3}(I_a + a^2 I_b + a I_c) = \frac{1}{3}(I_a + I_b\angle -120° + I_c\angle 120°)$$

[참고] $a = 1\angle 120° = -\dfrac{1}{2} + j\dfrac{\sqrt{3}}{2}$

$\quad\quad a^2 = 1\angle -120° = -\dfrac{1}{2} - j\dfrac{\sqrt{3}}{2}$

08 $R-L-C$ 직렬 회로에서 회로 저항값이 다음의 어느 값이어야 이 회로가 임계적으로 제동되는가?

① $\sqrt{\dfrac{L}{C}}$ ② $2\sqrt{\dfrac{L}{C}}$

③ $\dfrac{1}{\sqrt{CL}}$ ④ $2\sqrt{\dfrac{C}{L}}$

해설

$R-L-C$ 직렬회로의 진동(제동)조건

(1) 비진동(과제동) 조건

$$R > 2\sqrt{\dfrac{L}{C}},\quad R^2 - 4\dfrac{L}{C} > 0$$

(2) 진동(부족제동) 조건

$$R < 2\sqrt{\dfrac{L}{C}},\quad R^2 - 4\dfrac{L}{C} < 0$$

(3) 임계진동(임계제동) 조건

$$R = 2\sqrt{\dfrac{L}{C}},\quad R^2 - 4\dfrac{L}{C} = 0$$

09 그림과 같은 회로에서 스위치 S를 닫았을 때 시정수의 값$[\text{s}]$은? (단, $L = 10[\text{mH}]$, $R = 10[\Omega]$이다.)

① 10^3

② 10^{-3}

③ 10^2

④ 10^{-2}

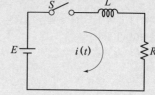

해설

RL 직렬회로의 시정수

$$\tau = \frac{L}{R} = \frac{10\times 10^{-3}}{10} = 10^{-3}\,[\text{sec}]$$

10 그림과 같은 회로의 전달 함수는?

(단, $\dfrac{L}{R} = T$: 시정수이다.)

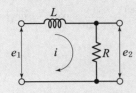

① $\dfrac{1}{Ts^2 + 1}$

② $\dfrac{1}{Ts + 1}$

③ $Ts^2 + 1$

④ $Ts + 1$

해설

$$G(s) = \frac{E_2(s)}{E_1(s)} = \frac{Z_o(s)}{Z_i(s)} = \frac{\text{출력 임피던스}}{\text{입력 임피던스}}$$

$$= \frac{R}{Ls + R} = \frac{1}{\dfrac{L}{R}s + 1} = \frac{1}{Ts + 1}$$

11 어떤 계의 임펄스응답(impulse response)이 정현파신호 $\sin t$ 일 때, 이 계의 전달함수를 구하면?

① $\dfrac{1}{s^2 + 1}$

② $\dfrac{1}{s^2 - 1}$

③ $\dfrac{1}{2s + 1}$

④ $\dfrac{1}{2s^2 - 1}$

해설

임펄스 응답시 기준입력

$r(t) = \delta(t) \xrightarrow{\mathcal{L}} R(s) = 1$이므로

응답(출력) $c(t) = \sin t \xrightarrow{\mathcal{L}} C(s) = \dfrac{1}{s^2 + 1}$

전달함수 $G(s) = \dfrac{C(s)}{R(s)} = \dfrac{\dfrac{1}{s^2 + 1}}{1} = \dfrac{1}{s^2 + 1}$

12 그림과 같은 T 형 회로에서 4단자 정수 중 D 의 값은?

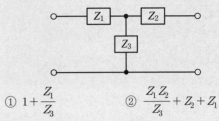

① $1 + \dfrac{Z_1}{Z_3}$

② $\dfrac{Z_1 Z_2}{Z_3} + Z_2 + Z_1$

③ $\dfrac{1}{Z_3}$

④ $1 + \dfrac{Z_2}{Z_3}$

해설

T형 회로의 4단자 정수

$$\begin{bmatrix} A & B \\ C & D \end{bmatrix} = \begin{bmatrix} 1 + \dfrac{Z_1}{Z_3} & Z_1 + Z_2 + \dfrac{Z_1 Z_2}{Z_3} \\ \dfrac{1}{Z_3} & 1 + \dfrac{Z_2}{Z_3} \end{bmatrix}$$

13 그림과 같은 브리지 회로가 평형되기 위한 $\dot{Z}_4$ 의 값은?

① $2 + j4$

② $-2 + j4$

③ $4 + j2$

④ $4 - j2$

해설

브릿지 평형 조건 $Z_1 Z_2 = Z_3 Z_4$ 에서

$$Z_4 = \frac{Z_1 Z_2}{Z_3} = \frac{(2 + j4)(2 - j3)}{3 + j2}$$

$$= \frac{52 - j26}{13} = 4 - j2$$

14 최대값이 V_m인 정현파의 실효값은 몇 [V]인가?

① $\dfrac{2V_m}{\pi}$

② $\sqrt{2}\,V_m$

③ $\dfrac{V_m}{\sqrt{2}}$

④ $\dfrac{V_m}{2}$

해설

정현파의 실효값 $V = \dfrac{V_m}{\sqrt{2}}$ [V]

정현파의 평균값 $V_a = \dfrac{2V_m}{\pi}$ [V]

15 인덕턴스 L인 유도기에 $i = \sqrt{2}\,I\sin\omega t$ [A]의 전류가 흐를 때 유도기에 축적되는 에너지[J]는?

① $\dfrac{1}{2}LI^2\sin^2\omega t$

② $\dfrac{1}{2}LI^2(1-\cos 2\omega t)$

③ $\dfrac{1}{2}LI^2\cos 2\omega t$

④ $\dfrac{1}{2}LI^2\sin 2\omega t$

해설

인덕턴스(코일) L에 축적되는 에너지는

$W = \dfrac{1}{2}Li^2 = \dfrac{1}{2}L(\sqrt{2}\,I\sin\omega t)^2$

$= LI^2\sin^2\omega t = LI^2\dfrac{1-\cos 2\omega t}{2} = \dfrac{1}{2}LI^2(1-\cos 2\omega t)$ [J]

16 그림은 평항 3상 회로에서 운전하고 있는 유도전동기의 결선도이다. 각 계기의 지시가

W_1	2.36[kW]	W_2	5.95[kw]
V	200[V]	A	30[A]

일 때 이 유도전동기의 역률은 약 몇 [%]인가?

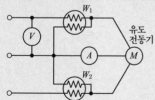

① 80

② 76

③ 70

④ 66

해설

역률

$\cos\theta = \dfrac{P}{P_a} = \dfrac{W_1+W_2}{\sqrt{3}\,VI}$

$= \dfrac{2360+5950}{\sqrt{3}\times 200\times 30}\times 100[\%] = 80[\%]$

17 그림과 같은 4단자 회로의 어드미턴스 파라미터 중 Y_{11} [℧]은?

① $-j\dfrac{1}{35}$

② $j\dfrac{2}{35}$

③ $-j\dfrac{1}{33}$

④ $j\dfrac{2}{33}$

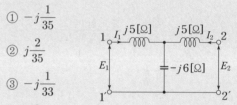

해설

T형 회로를 π형 회로로 등가변환하면 (Y-△ 등가변환 이용)

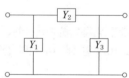

가 된다.

$Y_1 = \dfrac{j5}{j5\times(-j6)+(-j6)\times j5+j5\times j5} = j\dfrac{1}{7}$

$Y_2 = \dfrac{-j6}{j5\times(-j6)+(-j6)\times j5+j5\times j5} = -j\dfrac{6}{35}$

$\therefore\ Y_{11} = Y_1 + Y_2 = j\dfrac{1}{7} - j\dfrac{6}{35} = -j\dfrac{1}{35}$

정답 14 ③   15 ②   16 ①   17 ①

18 그림과 같은 회로에서 s를 열었을 때 전류계는 10[A]를 지시하였다. s를 닫을 때 전류계의 지시는 몇 [A]인가?

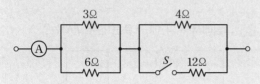

① 10   ② 12
③ 14   ④ 16

해설

S를 열었을 때 합성저항을 계산하면

$R_0 = \dfrac{3\times6}{3+6} + 4 = 6\,[\Omega]$

전압을 계산하면 $V = 10\times6 = 60\,[\mathrm{V}]$

S를 닫았을 때 합성저항을 계산하면

$R_0' = \dfrac{3\times6}{3+6} + \dfrac{4\times12}{4+12} = 5\,[\Omega]$ 이므로

전류 $I = \dfrac{V}{R_0'} = \dfrac{60}{5} = 12\,[\mathrm{A}]$

19 다음과 같은 회로의 공진시 조건으로 옳은 것은?

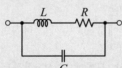

① $\omega = \sqrt{\dfrac{1}{L} - \dfrac{R^2}{L^2}}$ ② $\omega = \sqrt{\dfrac{1}{C} - \dfrac{R^2}{L^2}}$

③ $\omega = \sqrt{\dfrac{1}{LC} - \dfrac{R}{L}}$ ④ $\omega = \sqrt{\dfrac{1}{LC} - \dfrac{R^2}{L^2}}$

해설

합성 어드미턴스를 구하면

$Y = \dfrac{1}{R+j\omega L} + j\omega C$

$= \dfrac{R}{R^2+\omega^2 L^2} + j\left(\omega C - \dfrac{\omega L}{R^2+\omega^2 L^2}\right)$에서

허수부가 0일 때 공진이므로 공진시 조건은

$\omega C = \dfrac{\omega L}{R^2+\omega^2 L^2}$ 의 식에서 $R^2+\omega^2 L^2 = \dfrac{L}{C}$ 가 된다.

따라서 $\omega = \sqrt{\dfrac{1}{LC} - \dfrac{R^2}{L^2}}$ [rad/sec]

20 600[kVA], 역률 0.6(지상)인 부하 A와 800 [kVA], 역률 0.8(진상)인 부하 B를 연결시 전체 피상전력[kVA]는?

① 640   ② 1000
③ 0   ④ 1400

해설

- 부하A
  $P_{a1} = 600\times0.6 - j600\times0.8 = 360 - j480\,[\mathrm{kVA}]$
- 부하B
  $P_{a2} = 800\times0.8 + j800\times0.6 = 640 + j480\,[\mathrm{kVA}]$
- 전체 피상전력
  $P_a = P_{a1} + P_{a2} = 360 - j480 + 640 + j480 = 1000\,[\mathrm{kVA}]$

정답   18 ②   19 ④   20 ②

CBT시험 복원문제

전기산업기사과년도

과년도기출문제(2021. 3. 7 시행)

※ 본 기출문제는 수험자의 기억을 바탕으로 하여 복원한 문제이므로 실제 문제와 다를 수 있음을 미리 알려드립니다.

01 $V_1(S)$을 입력, $V_2(S)$를 출력이라 할 때, 회로의 전달함수는? (단, $C=1[\text{F}]$, $L=1[\text{H}]$)

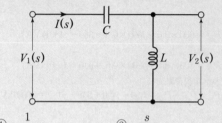

① $\dfrac{1}{s+1}$

② $\dfrac{s}{s+1}$

③ $\dfrac{s^2}{s^2+1}$

④ $s+\dfrac{1}{s}$

해설

전달함수

$$G(s)=\frac{V_2(s)}{V_1(s)}=\frac{Ls}{\dfrac{1}{Cs}+Ls}=\frac{LCs^2}{1+LCs^2}$$

여기에 $C=1[\text{F}]$, $L=1[\text{H}]$를 대입하면

$G(s)=\dfrac{s^2}{s^2+1}$ 이 된다.

02 단위계단 함수 $u(t)$의 라플라스 변환은?

① $\dfrac{1}{s}e^{-st}$

② 1

③ $\dfrac{1}{s^2}$

④ $\dfrac{1}{s}$

해설

$$\mathcal{L}\left[u(t)\right]=\frac{1}{s}$$

03 그림에서 $5[\Omega]$에 흐르는 전류 $I[\text{A}]$는?

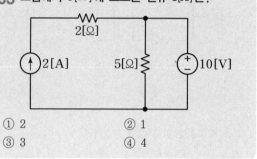

① 2

② 1

③ 3

④ 4

해설

중첩의 정리를 이용하여 풀면 전압원 단락시

$I_1=0$ (전류는 모두 단락측으로 흐르므로 $5[\Omega]$에는 전류가 흐르지 않는다.)

전류원 개방시 $I_2=\dfrac{10}{5}=2\,[\text{A}]$가 된다.

따라서 $I=I_1+I_2=0+2=2\,[\text{A}]$

04 대칭 다상 교류에 의한 회전 자계에 대한 설명으로 틀린 것은?

① 3상 교류에서 상 순서를 바꾸면 회전자계의 방향도 바뀐다.

② 대칭 3상 교류에 의한 회전자계는 타원형 회전자계이다.

③ 회전자계의 회전속도는 일정한 각속도이다.

④ 대칭 3상 교류에 의한 회전자계는 원형 회전자계이다.

해설

대칭 3상 : 원형 회전자계

비대칭 3상 : 타원형 회전자계

05 그림과 같은 브리지회로가 평형이 되기 위한 Z_4의 값은? (단, $Z_1 = 2 + j4$, $Z_2 = 2 - j3$, $Z_3 = 3 + j2$)

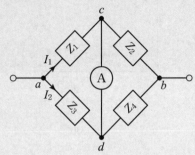

① $0.2 - j2.9$
② $4 + j2$
③ $0.2 + j2.9$
④ $4 - j2$

해설
브리지 평형조건에 의해 $Z_1 Z_4 = Z_2 Z_3$ 의 식에서
$$Z_4 = \frac{Z_2 Z_3}{Z_1} = \frac{(2-j3)(3+j2)}{2+j4} = 0.2 - j2.9$$

06 3상 선간전압 V를 가했을 때 선전류 I는 몇 [A]인가? (단, $r = 2[\Omega]$, $V = 200\sqrt{3}[V]$이다.)

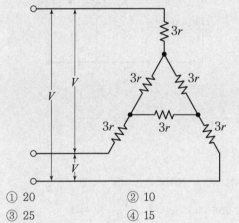

① 20
② 10
③ 25
④ 15

해설
가운데 △부분을 Y결선으로 등가변환하면 $r[\Omega]$씩 되어 한상에 대한 합성저항을 구하면 $R = 3r + r = 4r$이 된다.
Y결선시 선전류
$$I = \frac{V}{\sqrt{3}\,R} = \frac{V}{\sqrt{3}\times 4r} = \frac{200\sqrt{3}}{\sqrt{3}\times 4\times 2} = 25\,[A]$$

07 2단자 회로망의 구동점 임피던스 $Z(s)$는?

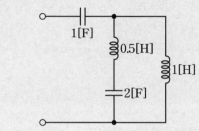

① $\dfrac{3s^2(s+1)}{s^3+1}$
② $\dfrac{s^3+1}{3s^2(s+1)}$
③ $\dfrac{s^4+4s^2+1}{s(3s^2+1)}$
④ $\dfrac{3s^2(s+1)}{s^4+2s^2+1}$

해설
$$Z(s) = \frac{(0.5s + \frac{1}{2s})\times s}{0.5s + \frac{1}{2s} + s} + \frac{1}{s} = \frac{s^4 + 4s^2 + 1}{s(3s^2+1)}$$

08 대칭좌표법에 대한 설명으로 틀린 것은?

① 대칭 3상 전압에서 영상분은 0이 된다.
② 대칭 3상 전압은 정상분만 존재한다.
③ 불평형 3상 회로 Y결선의 접지식 회로에서 영상분이 존재한다.
④ 불평형 3상 회로 Y결선의 비접지식 회로에서 영상분이 존재한다.

해설
불평형 3상 회로 비접지식 회로에서는 영상분이 존재하지 않는다.

09 2전력계법에서 측정한 유효전력이 $P_1 = 100[W]$, $P_2 = 200[W]$일 때 역률 [%]은?

① 70.7
② 86.6
③ 90.4
④ 50.2

해설

2전력계법에 의한 역률

$$\cos \theta = \frac{P_1 + P_2}{2\sqrt{P_1^2 + P_2^2 - P_1 P_2}}$$

$$= \frac{100 + 200}{2\sqrt{100^2 + 200^2 - 100 \times 200}} = 0.866$$

---

10 파고율이 2가 되는 파형은?

① 반파정현파
② 정현파
③ 사각파
④ 톱니파

해설

파고율 $= \dfrac{\text{최대값}}{\text{실효값}}$ 의 식에서 반파정현파의 경우

실효값 $= \dfrac{\text{최대값}}{2}$ 이므로 파고율이 2가 된다.

---

11 다음과 같은 파형 $v(t)$를 단위계단 함수로 표시하면 어떻게 되는가?

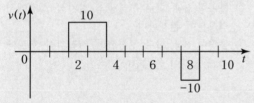

① $10u(t-2) + 10u(t-4) + 10u(t-8) + 10u(t-9)$
② $10u(t-2) - 10u(t-4) - 10u(t-8) - 10u(t-9)$
③ $10u(t-2) - 10u(t-4) - 10u(t-8) + 10u(t-9)$
④ $10u(t-2) - 10u(t-4) + 10u(t-8) - 10u(t-9)$

---

12 그림과 같은 회로망의 4단자 정수 $B[\Omega]$는?

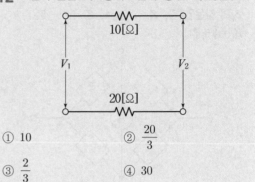

① 10
② $\dfrac{20}{3}$
③ $\dfrac{2}{3}$
④ 30

해설

4단자 정수 B는 임피던스를 의미하므로
$10 + 20 = 30[\Omega]$이 된다.

---

13 회로에서 $R[\Omega]$을 나타낸 것은?

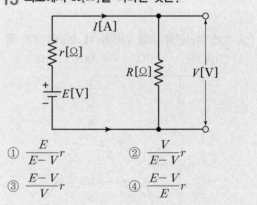

① $\dfrac{E}{E-V}r$
② $\dfrac{V}{E-V}r$
③ $\dfrac{E-V}{V}r$
④ $\dfrac{E-V}{E}r$

해설

저항 R에서 전류에 관한 식을 구하면 $\dfrac{E}{r+R} = \dfrac{V}{R}$ 가 되

어 R에 대해 정리하면 $\dfrac{V}{E-V}\,r$이 된다.

---

14 전류의 대칭분이 $I_0 = -2 + j4[A]$, $I_1 = 6 - j5[A]$, $I_2 = 8 + j10[A]$일 때 3상 전류 중 a상 전류(I_a)의 크기는 몇 [A]인가? (단, 3상 전류의 상순은 $a-b-c$이고, I_0는 영상분, I_1은 정상분, I_2는 역상분이다.)

① 12
② 19
③ 15
④ 9

해설

$$I_a = I_o + I_1 + I_2 = -2 + j4 + 6 - j5 + 8 + j10$$
$$= 12 + j9 = \sqrt{12^2 + 9^2} = 15$$

15 3상 불평형 전압에서 역상전압이 50[V]이고 정상전압이 200[V], 영상전압이 10[V]라고 할 때 전압의 불평형률은?

① 0.01
② 0.05
③ 0.25
④ 0.5

해설

$$불평형률 = \frac{역상분}{정상분} = \frac{50}{200} = 0.25$$

16 어떤 회로 소자에 $v(t) = 125\sin 377t[V]$를 가했을 때 전류 $i(t) = 25\sin 377t[A]$가 흘렀다면 이 소자는?

① 용량성 리액턴스
② 유도성 리액턴스
③ 순저항
④ 다이오드

해설

전압과 전류의 위상이 동위상이므로 순저항만의 회로이다.

17 Y결선 부하에 $V_a = 200[V]$인 대칭 3상 전원이 인가될 때 선전류 I_c의 크기는 몇 [A]인가? (단, $Z = 6 + j8[\Omega]$)

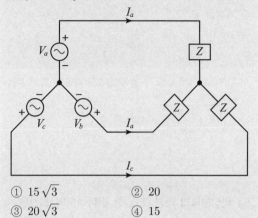

① $15\sqrt{3}$
② 20
③ $20\sqrt{3}$
④ 15

해설

V_a는 상전압이며 $Z = 6 + j8 = \sqrt{6^2 + 8^2} = 10[\Omega]$가 된다. Y결선에서 선전류와 상전류는 같으므로

$$I_l = I_p = \frac{V_p}{Z} = \frac{200}{10} = 20[A]$$

18 회로에서 스위치 S를 $t = 0[s]$에 닫았을 때 $v_L(t)\big|_{t=0} = 100[V]$이고, $\dfrac{di(t)}{dt}\bigg|_{t=0} = 400[A/s]$이었다. 이 회로에서 $L[H]$의 값은?

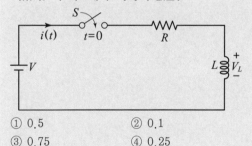

① 0.5
② 0.1
③ 0.75
④ 0.25

해설

$V_L = L\dfrac{di}{dt}$ 의 식에서

$v_L(t)\big|_{t=0} = 100[V]$, $\dfrac{di(t)}{dt}\bigg|_{t=0} = 400[A/s]$ 이므로

$100 = L \times 400$이 된다. 따라서 $L = \dfrac{100}{400} = 0.25$

19 $i(t)=50+30\sin\omega t$[A]의 실효값 [A]은?

① 62.4
② 50
③ 54.3
④ 58.6

해설

비정현파의 실효값은 각 파의 실효값 제곱의 합의 제곱근이므로

$$I=\sqrt{50^2+\left(\frac{30}{\sqrt{2}}\right)^2}=54.3$$

20 비정현파의 대칭 조건 중 반파대칭의 조건은?

① $f(t)=-f(T-\frac{T}{2})$
② $f(t)=f(t+\frac{T}{2})$
③ $f(t)=f(t-\frac{T}{2})$
④ $f(t)=-f(t+\frac{T}{2})$

해설

반파대칭 조건 : $f(t)=-f(t+\frac{T}{2})$
또는 $f(t)=-f(\pi+t)$

정 답 19 ③ 20 ④

CBT시험 복원문제

전기산업기사과년도

21

과년도기출문제(2021. 5. 15 시행)

※ 본 기출문제는 수험자의 기억을 바탕으로 하여 복원한 문제이므로 실제 문제와 다를 수 있음을 미리 알려드립니다.

01 회로에서 $e(t) = E_m \cos \omega t [\text{V}]$의 전압을 인가했을 때 인덕턴스 $L[\text{H}]$에 축적되는 에너지$[\text{J}]$는?

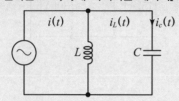

① $\dfrac{1}{2} \dfrac{E_m^2}{w^2 L^2} (1 - \cos 2\omega t)$

② $\dfrac{1}{2} \dfrac{E_m^2}{w^2 L^2} (1 + \cos \omega t)$

③ $\dfrac{1}{4} \dfrac{E_m^2}{w^2 L} (1 - \cos 2\omega t)$

④ $\dfrac{1}{4} \dfrac{E_m^2}{w^2 L} (1 + \cos \omega t)$

해설

$i_L(t) = \dfrac{1}{L} \int e(t) \, dt = \dfrac{1}{L} \int E_m \cos \omega t \, dt = \dfrac{E_m}{\omega L} \sin \omega t$

L에 축적되는 에너지

$W_L = \dfrac{1}{2} L i^2 = \dfrac{1}{2} L \left(\dfrac{E_m}{\omega L} \sin \omega t \right)^2 = \dfrac{E_m^2}{2 \omega^2 L} \sin^2 \omega t$

$= \dfrac{E_m^2}{2 \omega^2 L} \left(\dfrac{1 - \cos 2\omega t}{2} \right) = \dfrac{1}{4} \dfrac{E_m^2}{\omega^2 L} (1 - \cos 2\omega t)$

02 RL 직렬회로에서 시정수의 값이 작을수록 과도현상이 소멸되는 시간은?

① 일정하다.　　　　② 관계없다.

③ 짧아진다.　　　　④ 길어진다.

해설

과도현상은 시정수에 비례하므로 시정수가 작을수록 과도현상이 소멸되는 시간이 짧아진다.

03 대칭 3상교류에서 선간전압이 $100[\text{V}]$, 한 상의 임피던스가 $5 \angle 45°[\Omega]$인 부하를 △결선 하였을 때 선전류는 약 몇 $[\text{A}]$인가?

① 42.3

② 34.6

③ 28.2

④ 19.2

해설

3상 계산에서 임피던스를 이용하는 경우 상을 기준하여 계산한다.

따라서 상전류를 먼저 구하면

$I_p = \dfrac{V_p}{Z} = \dfrac{100}{5} = 20 [\text{A}]$

(△결선이므로 선간전압과 상전압은 같다.)

△결선에서 선전류 $I_l = \sqrt{3} \, I_p$ 이므로

$I_l = 20 \sqrt{3} = 34.6 [\text{A}]$

04 키르히호프의 전류법칙(KCL) 적용에 대한 설명 중 틀린 것은?

① 이 법칙은 집중정수회로에 적용된다.

② 이 법칙은 회로의 시변, 시불변에 관계받지 않고 적용된다.

③ 이 법칙은 회로의 선형, 비선형에 관계받지 않고 적용된다.

④ 이 법칙은 선형소자로만 이루어진 회로에 적용된다.

해설

키르히호프의 법칙은 시변, 시불변, 선형, 비선형에 구애를 받지않고 모든 회로에 적용된다.

정답　01 ③　02 ③　03 ②　04 ④

05 4단자 회로망에서 가역정리가 성립되는 조건이 아닌 것은? (단, Z_{12}, Z_{21}은 각각 입력과 출력 개방 전달 임피던스이고, Y_{12}, Y_{21}는 각각 입력과 출력 단락 전달 어드미턴스이고, h_{12}, h_{21}는 각각 입력 개방 전압 이득과 출력 단락 전류 이득이고, A, B, C, D는 각각 출력 개방 전압 이득, 출력 단락 전달 임피던스, 출력 개방 전달 어드미턴스, 출력 단락 전류 이득이다.)

① $Y_{12} = Y_{21}$　　　② $h_{12} = -h_{21}$
③ $AB - CD = 1$　　　④ $Z_{12} = Z_{21}$

06 대칭 6상 성형결선의 상전압이 $240[\text{V}]$일 때 선간전압의 크기는 몇 $[\text{V}]$인가?

① $240\sqrt{3}$　　　　② 240
③ $\dfrac{240}{\sqrt{3}}$　　　　④ 120

> **해설**
> 대칭 n상 성형결선에서
> $$V_l = 2\sin\frac{\pi}{n}\, V_p = 2\sin\frac{\pi}{6} \times 240 = 240\,[\text{V}]$$

07 $1[\Omega]$의 저항에 걸리는 전압 $V_R[\text{V}]$은?

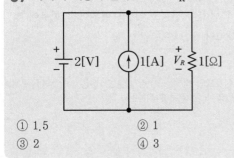

① 1.5　　　　② 1
③ 2　　　　④ 3

> **해설**
> 전압원과 전류원이 병렬이므로 전류원은 무시되어 $1[\Omega]$에 걸리는 전압 V_R은 그대로 전압원의 전압 $2[\text{V}]$가 된다.

08 회로에서 컨덕턴스 G_2에 흐르는 전류 $I[\text{A}]$의 크기는? (단, $G_1 = 30[\mho]$, $G_2 = 15[\mho]$)

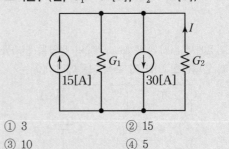

① 3　　　　② 15
③ 10　　　　④ 5

> **해설**
> 전류원이 병렬이며 방향이 반대이므로 합성하면 $I = 30 - 15 = 15\,[\text{A}]$가 된다. 이때 G_2에 흐르는 전류를 전류 분배의 법칙을 이용하여 계산하면
> $$I_2 = \frac{G_2}{G_1 + G_2}\, I = \frac{15}{30 + 15} \times 15 = 5\,[\text{A}]$$

09 비정현파 교류를 나타내는 식은?

① 기본파 + 고조파 + 직류분
② 기본파 + 직류분 – 고조파
③ 직류분 + 고조파 – 기본파
④ 교류분 + 기본파 + 고조파

> **해설**
> 비정현파 교류 = 직류분 + 기본파 + 고조파

10 전압이 $v(t) = V(\sin\omega t - \sin 3\omega t)[\text{V}]$이고, 전류가 $i(t) = I\sin\omega t[\text{A}]$인 단상 교류회로의 평균전력은 몇 $[\text{W}]$인가?

① VI　　　　② $\dfrac{2}{\sqrt{3}}VI$
③ $\dfrac{1}{2}VI\sin\omega t$　　　④ $\dfrac{1}{2}VI$

> **해설**
> 비정현파의 평균전력은 같은 성분끼리 계산하므로 전압과 전류의 기본파에 대해서만 전력이 발생한다.
> $$P = \frac{V}{\sqrt{2}} \times \frac{I}{\sqrt{2}} \times \cos 0 = \frac{1}{2}VI$$

정답　　05 ③　　06 ②　　07 ③　　08 ④　　09 ①　　10 ④

11 각 상의 전류가 $i_a = 30\sin\omega t[\text{A}]$, $i_b(t) = 30\sin(\omega t - 90°)[\text{A}]$, $i_b(t) = 30\sin(\omega t + 90°)$일 때 영상분 전류 [A]의 순시치는?

① $\dfrac{30}{\sqrt{3}}\sin(\omega t + 45°)$

② $10\sin\dfrac{\omega t}{3}$

③ $10\sin\omega t$

④ $30\sin\omega t$

해설

$$i_o = \frac{1}{3}(i_a + i_b + i_c)$$
$$= \frac{1}{3}[30\sin\omega t + 30\sin(\omega t - 90) + 30\sin(\omega t + 90)]$$
$$= \frac{1}{3}(30\sin\omega t) = 10\sin\omega t$$

12 극좌표형식으로 표현된 전류의 페이저가 $I_1 = 10\angle\tan^{-1}\dfrac{4}{3}[\text{A}]$, $I_2 = 10\angle\tan^{-1}\dfrac{3}{4}[\text{A}]$이고 $I = I_1 + I_2$일 때, I[A]는?

① $14 + j14$

② $14 + j4$

③ $-2 + j2$

④ $14 + j3$

해설

$$I = I_1 + I_2 = 10\angle\tan^{-1}\frac{4}{3} + 10\angle\tan^{-1}\frac{3}{4} = 14 + j14$$

13 대칭좌표법에 관한 설명으로 틀린 것은?

① 불평형 3상 Y결선의 비접지식 회로에서는 영상분이 존재한다.

② 불평형 3상 Y결선의 접지식 회로에서는 영상분이 존재한다.

③ 평형 3상 전압은 정상분만 존재한다.

④ 평형 3상 전압에서 영상분은 0이다.

해설
불평형 3상 비접지식 회로에서 영상분은 존재하지 않는다.

14 $f(t) = \sin t\cos t$를 라플라스 변환하면?

① $\dfrac{1}{(s+4)^2}$

② $\dfrac{1}{s^2+2}$

③ $\dfrac{1}{(s+2)^2}$

④ $\dfrac{1}{s^2+4}$

해설

삼각함수의 가법정리를 이용하면 $\sin t\cos t = \dfrac{1}{2}\sin 2t$ 가 된다.

$$\therefore \mathcal{L}[\sin t\cos t] = \mathcal{L}\left[\frac{1}{2}\sin 2t\right] = \frac{1}{2}\frac{2}{s^2+2^2} = \frac{1}{s^2+4}$$

15 회로에 흐르는 전류가 $i(t) = 7 + 14.1\sin\omega t[\text{A}]$인 경우 실효값은 약 몇 [A]인가?

① 12.2

② 13.2

③ 14.2

④ 11.2

해설
비정현파의 실효값은 각 파의 실효값 제곱의 합의 제곱근이므로

$$I = \sqrt{7^2 + \left(\frac{14.1}{\sqrt{2}}\right)^2} = 12.18$$

16 RLC 직렬회로에서 임계제동 조건이 되는 저항의 값은?

① $2\sqrt{\dfrac{L}{C}}$

② $2\sqrt{\dfrac{C}{L}}$

③ $\sqrt{\dfrac{L}{C}}$

④ $\sqrt{LC}$

해설

비진동 : $R > 2\sqrt{\dfrac{L}{C}}$

진동 : $R < 2\sqrt{\dfrac{L}{C}}$

임계제동 : $R = 2\sqrt{\dfrac{L}{C}}$

17 정현파 교류 전류의 실효치를 계산하는 식은?
(단, i는 순시치. I는 실효치, T는 주기이다.)

① $I = \dfrac{1}{T^2} \displaystyle\int_0^T i^2 dt$

② $I = \sqrt{\dfrac{2}{T} \displaystyle\int_0^T i^2 dt}$

③ $I^2 = \dfrac{1}{T} \displaystyle\int_0^T i^2 dt$

④ $I^2 = \dfrac{2}{T} \displaystyle\int_0^T i \, dt$

해설

실효치 구하는 식은 $I = \sqrt{\dfrac{1}{T} \displaystyle\int_0^T i^2 dt}$ 이므로

양변을 제곱하면 $I^2 = \dfrac{1}{T} \displaystyle\int_0^T i^2 dt$ 가 된다.

18 그림과 같은 회로의 영상 임피던스 Z_{01}, Z_{02}는 각각 몇 [Ω]인가?

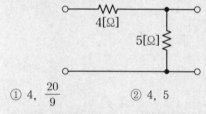

① 4, $\dfrac{20}{9}$

② 4, 5

③ 6, $\dfrac{10}{3}$

④ 9, 5

해설

먼저 4단자 정수를 구하면 다음과 같다.

$A = 1 + \dfrac{4}{5} = \dfrac{9}{5}$, $B = 4$, $C = \dfrac{1}{5}$, $D = 1$

$Z_{01} = \sqrt{\dfrac{AB}{CD}} = \sqrt{\dfrac{\dfrac{9}{5} \times 4}{\dfrac{1}{5} \times 1}} = 6$

$Z_{02} = \sqrt{\dfrac{BD}{AC}} = \sqrt{\dfrac{4 \times 1}{\dfrac{9}{5} \times \dfrac{1}{5}}} = \dfrac{10}{3}$

19 그림과 같은 회로의 전달함수 $T(s)$는?
(단, $T(s) = \dfrac{V_2(s)}{V_1(s)}$, $\tau = \dfrac{L}{R}$)

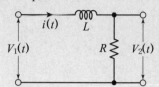

① $\tau s + 1$

② $\dfrac{1}{\tau s + 1}$

③ $\tau s^2 + 1$

④ $\dfrac{1}{\tau s^2 + 1}$

해설

$T(s) = \dfrac{V_2(s)}{V_1(s)} = \dfrac{R}{Ls + R} = \dfrac{1}{\dfrac{L}{R}s + 1} = \dfrac{1}{\tau + 1}$

20 평형 3상 Y결선의 부하에서 상전압과 선전류의 실효값이 각각 60[V], 10[A]이고, 부하의 역률이 0.8일 때 무효전력 [Var]은?

① 624
② 1440
③ 821
④ 1080

해설

Y결선에서 상전압이 60[V]이면 선간전압은 $60\sqrt{3}$ [V]가 되며

역률이 0.8이면 무효율 $\sin\theta = 0.6$ 이 된다.

∴ $P_r = \sqrt{3} \, VI\sin\theta = \sqrt{3} \times 60\sqrt{3} \times 10 \times 0.6$
$= 1080$ [Var]

21 과년도기출문제 (2021. 8. 14 시행)

※ 본 기출문제는 수험자의 기억을 바탕으로 하여 복원한 문제이므로 실제 문제와 다를 수 있음을 미리 알려드립니다.

01 대칭 다상 교류에 의한 회전자계 중 설명이 잘못된 것은?

① 대칭 3상 교류에 의한 회전자계는 원형 회전자계이다.

② 대칭 2상 교류에 의한 회전자계는 타원형 회전자계이다.

③ 3상 교류에서 어느 두 코일의 전류의 상순을 바꾸면 회전자계의 방향도 바꾸어진다.

④ 회전자계의 회전속도는 일정한 각속도이다.

해설

대칭 다상교류에 의한 회전자계는 원형 회전자계이며, 타원형 회전자계는 비대칭 다상교류에 의해 만들어진다.

02 $F(s) = \dfrac{2s+15}{s^3+s^2+3s}$ 일 때, $f(t)$의 최종값은?

① 8　　　　　　② 6

③ 5　　　　　　④ 4

해설

최종값 $f(\infty) = \lim_{t \to \infty} f(t) = \lim_{s \to 0} s\,F(s)$

$\therefore \left. \dfrac{2s+15}{s^3+s^2+3s} \times s \right|_{s=0} = \dfrac{15}{3} = 5$

03 주어진 회로에 $Z_1 = 3+j10[\Omega]$, $Z_2 = 3-j2$ $[\Omega]$이 직렬로 연결되어 있다. 회로 양단에 $V = 100\angle 0\,°$의 전압을 가할 때 Z_1과 Z_2에 인가되는 전압의 크기는?

① $Z_1 = 98+j36$, $Z_2 = 2+j36$

② $Z_1 = 98+j36$, $Z_2 = 2-j36$

③ $Z_1 = 98-j36$, $Z_2 = 2-j36$

④ $Z_1 = 98-j36$, $Z_2 = 2+j36$

해설

$I = \dfrac{V}{Z_1+Z_2} = \dfrac{100}{3+j10+3-j2} = 6-j8\,[\mathrm{A}]$

$V_1 = Z_1\,I = (3+j10)(6-j8) = 98+j36$

$V_2 = Z_2\,I = (3-j2)(6-j8) = 2-j36$

04 $f(t) = t^2 e^{at}$의 라플라스 변환은?

① $\dfrac{1}{(s-a)^2}$　　　② $\dfrac{2}{(s-a)^2}$

③ $\dfrac{1}{(s-a)^3}$　　　④ $\dfrac{2}{(s-a)^3}$

해설

복소추이 정리를 이용

$\mathcal{L}[t^2 e^{at}] = \left. \dfrac{2!}{s^{2+1}} \right|_{s=s-a} = \dfrac{2}{(s-a)^3}$

05 다음 회로에서 $10[\Omega]$저항에 흐르는 전류는 몇 $[\mathrm{A}]$인가?

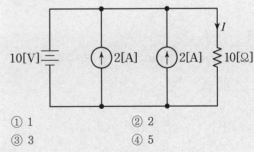

① 1　　　　　　② 2

③ 3　　　　　　④ 5

해설

중첩의 정리를 이용하여 계산할 때 전압원과 전류원이 병렬로 연결된 경우
전류원에 의한 전류는 무시한다.

따라서 $10[\Omega]$ 저항에 흐르는 전류는 $\dfrac{10}{10} = 1[\mathrm{A}]$이다.

정답　　01 ②　　02 ③　　03 ②　　04 ④　　05 ①

06 비정현파를 여러 개의 정현파의 합으로 표시하는 방법은?

① 키르히호프의 법칙
② 노튼의 정리
③ 푸리에 분석
④ 테일러의 분석

해설

비정현파는 여러개의 정현파로 구성된 직류분+기본파+고조파로 분해하여 해석하는 푸리에 분석을 이용한다.

07 불평형 3상 전류가 $I_a = 16+j2$, $I_b = -20+j9$, $I_c = -2+j10$일 때, 영상분 전류는?

① $-6+j3$
② $-9+j6$
③ $-18+j9$
④ $-2+j7$

해설

영상분 전류

$$I_0 = \frac{1}{3}(I_a + I_b + I_c) = \frac{1}{3}(16+j2-20+j9-2+j10)$$
$$= -2+j7$$

08 $v(t) = 20\sqrt{2}\sin\left(377t - \frac{\pi}{3}\right)$의 주파수는?

① 80
② 70
③ 60
④ 50

해설

$\omega = 377$ 이므로 $\omega = 2\pi f$ 식에서
$$f = \frac{\omega}{2\pi} = \frac{377}{2\pi} = 60\,[\text{Hz}]$$

09 각 상의 임피던스가 $Z = 6+j8\,[\Omega]$인 평형 Y 부하에 선간 전압 220[V]인 대칭 3상 전압이 가해졌을 때 선전류는 약 몇 [A]인가?

① 11.7
② 12.7
③ 13.7
④ 14.7

해설

먼저 상전류를 계산하면

$$I_p = \frac{V_p}{Z} = \frac{\frac{220}{\sqrt{3}}}{\sqrt{6^2+8^2}} = 12.7\,[\text{A}]$$

따라서 Y결선에서는 선전류와 상전류가 같으므로 선전류 $I_l = 12.7\,[\text{A}]$ 가 된다.

10 3상 회로에 있어서 대칭분 전압이 $V_0 = -8+j3$, $V_1 = 6-j8$, $V_2 = 8+j12$일 때, a상의 전압 [V]은?

① $5-j6$
② $-5+j6$
③ $6-j7$
④ $6+j7$

해설

$$V_a = V_0 + V_1 + V_2 = -8+j3+6-j8+8+j12 = 6+j7$$

11 그림에서 저항 20[Ω]에 흐르는 전류는 몇 [A]인가?

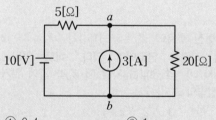

① 0.4
② 1
③ 3
④ 3.4

중첩의 정리를 이용하여

전류원 개방시 전압원에 의한 전류 $I_1 = \dfrac{10}{5+20} = \dfrac{10}{25}$

전압원 단락시 전류원에 의한 전류 $I_2 = \dfrac{5}{5+20} \times 3 = \dfrac{15}{25}$

∴ 20$[\Omega]$에 흐르는 전류 $I = I_1 + I_2 = \dfrac{10}{25} + \dfrac{15}{25} = 1\,[\text{A}]$

가 된다.

---

12 그림과 같은 T형 회로에서 Z파라미터 중 Z_{21} 의 값은?

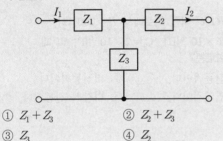

① $Z_1 + Z_3$ ② $Z_2 + Z_3$

③ Z_3 ④ Z_2

T형 회로의 Z파라미터

$$\begin{bmatrix} Z_{11} & Z_{12} \\ Z_{21} & Z_{22} \end{bmatrix} = \begin{bmatrix} Z_1 + Z_3 & Z_3 \\ Z_3 & Z_2 + Z_3 \end{bmatrix}$$

---

13 구형파의 파형률(㉠)과 파고율(㉡)은?

① ㉠ 1,   ㉡ 0

② ㉠ 1.11,   ㉡ 1.414

③ ㉠ 1,   ㉡ 1

④ ㉠ 1.57,   ㉡ 2

구형파는 최대값과 실효값, 평균값이 모두 같으므로 파고율 과 파형률 모두 1이다.

---

14 다음 그림에서 각 선로의 전류가 각각 $I_L = 3 + j6\,[\text{A}]$, $I_c = 5 - j2\,[\text{A}]$일 때, 전원에서의 역률은?

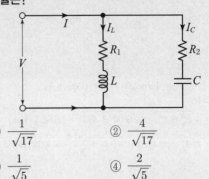

① $\dfrac{1}{\sqrt{17}}$ ② $\dfrac{4}{\sqrt{17}}$

③ $\dfrac{1}{\sqrt{5}}$ ④ $\dfrac{2}{\sqrt{5}}$

전체 전류 $I = I_L + I_C = 3 + j6 + 5 - j2 = 8 + j4\,[\text{A}]$ 이다.

역률 $\cos\theta = \dfrac{8}{\sqrt{8^2 + 4^2}} = \dfrac{2}{\sqrt{5}}$

---

15 그림과 같은 2단자망의 구동점 임피던스$[\Omega]$ 는?

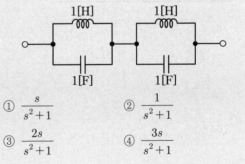

① $\dfrac{s}{s^2 + 1}$ ② $\dfrac{1}{s^2 + 1}$

③ $\dfrac{2s}{s^2 + 1}$ ④ $\dfrac{3s}{s^2 + 1}$

$$Z(s) = \dfrac{s \times \dfrac{1}{s}}{s + \dfrac{1}{s}} \times 2 = \dfrac{2s}{s^2 + 1}$$

16 전압 200[V], 전류 30[A]로서 4.3[kW]의 전력을 소비하는 회로의 리액턴스는 약 몇 [Ω]인가?

① 3.35   ② 4.65
③ 5.35   ④ 6.65

해설

피상전력 $P_a = VI = 200 \times 30 = 6000\,[VA]$
무효전력

$$P_r = \sqrt{P_a^2 - P^2} = \sqrt{6000^2 + 4300^2} = 4184.5\,[Var]$$

$P_r = I^2 X$ 식에서 $X = \dfrac{P_r}{I^2} = \dfrac{4184.5}{30^2} = 4.65\,[\Omega]$

17 그림과 같은 회로에서 $t=0$의 시각에 스위치 S를 닫을 때 전류 $I(s)$는? (단, $V_c(0) = 1[V]$이다.)

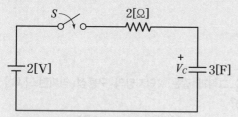

① $\dfrac{3s}{6s+1}$

② $\dfrac{3}{6s+1}$

③ $\dfrac{6}{6s+1}$

④ $\dfrac{-s}{6s+1}$

해설

$$i(t) = \frac{E - V_0}{R} e^{-\frac{1}{RC}t} = \frac{2-1}{2} e^{-\frac{1}{2\times3}t} = \frac{1}{2} e^{-\frac{1}{6}t}$$

$$I(s) = \frac{1}{2} \times \frac{1}{s + \frac{1}{6}} = \frac{1}{2} \times \frac{6}{6s+1} = \frac{3}{6s+1}$$

18 반파대칭 및 정현대칭의 왜형파의 푸리에 급수의 전개에서 옳게 표현한 것은?

(단, $f(t) = \displaystyle\sum_{n=1}^{\infty} a_n \cos n\omega t + \sum_{n=1}^{\infty} b_n \sin n\omega t$ 이다.)

① a_n의 우수항만 존재한다.
② b_n의 기수항만 존재한다.
③ a_n의 우수항만 존재한다.
④ b_n의 기수항만 존재한다.

해설

반파 및 정현대칭이므로 기수항의 $\sin$항 계수 b_n만 존재한다.

19 RLC 직렬 회로에서 $R=100[\Omega]$, $L=5\times10^{-3}[H]$, $C=2\times10^{-6}[F]$ 일 때 이 회로는?

① 진동적이다.   ② 비진동적이다.
③ 임계적이다.   ④ 비감쇠 진동이다.

해설

$$2\sqrt{\frac{L}{C}} = 2\sqrt{\frac{5\times10^{-3}}{2\times10^{-6}}} = 100$$

$R = 2\sqrt{\dfrac{L}{C}}$ 이므로 임계적이다.

20 2단자 회로망에 100[V]의 전압을 가하면 30[A]의 전류가 흐르고 1.8[kW]의 전력이 소비된다. 이 회로망과 병렬로 커패시터를 접속하여 합성 역률을 100[%]로 하기 위한 용량성 리액턴스는 약 몇 [Ω]인가?

① 2.1   ② 4.2
③ 6.3   ④ 8.4

해설

피상전력 $P_a = VI = 100 \times 30 = 3000\,[VA]$
무효전력

$$P_r = \sqrt{P_a^2 + P^2} = \sqrt{3000^2 + 1800^2} = 2400\,[Var]$$

합성역률을 100[%]로 하려면 무효전력이 없어져야 하므로 콘덴서에 의한 진상무효전력 Q_c 역시 2400[Var]이 되어야 한다.

$Q_c = \dfrac{V^2}{X_c}$ 식에서 $X_c = \dfrac{V^2}{Q_c} = \dfrac{100^2}{2400} ≒ 4.2\,[\Omega]$

정답   16 ②   17 ②   18 ②   19 ③   20 ②

※ 본 기출문제는 수험자의 기억을 바탕으로 하여 복원한 문제이므로 실제 문제와 다를 수 있음을 미리 알려드립니다.

01 $R-L$ 직렬 회로에 $i = I_m \cos(\omega t + \theta)$인 전류가 흐른다. 이 직렬 회로 양단의 순시 전압은 어떻게 표시되는가? (단, 여기서 ϕ는 전압과 전류의 위상차이다.)

① $\dfrac{I_m}{\sqrt{R^2 + \omega^2 L^2}} \cos(\omega t + \theta - \phi)$

② $\dfrac{I_m}{\sqrt{R^2 + \omega^2 L^2}} \cos(\omega t + \theta + \phi)$

③ $I_m \sqrt{R^2 + \omega^2 L^2} \cos(\omega t + \theta + \phi)$

④ $I_m \sqrt{R^2 + \omega^2 L^2} \cos(\omega t + \theta - \phi)$

해설
R−L직렬회로는 유도성이므로 전압이 전류보다 위상이 앞선다. 따라서 전압의 위상은 전류보다 ϕ만큼 +가 되며 전압의 최대값 $V_m = I_m Z = I_m \sqrt{R^2 + \omega^2 L^2}$ 가 된다.

02 임피던스 함수가 $Z_{(s)} = \dfrac{s+30}{s^2 + 2RLs + 1}[\Omega]$으로 주어지는 2단자 회로망에 직류전류 3[A]를 흘렸을 때, 이 회로망의 정상상태 단자전압[V]은?

① 90 ② 30
③ 900 ④ 300

해설
직류에 대해서는 $f = 0$이므로 $s = 0$이 된다.
따라서 $Z = 30[\Omega]$이 되어 $V = 3 \times 30 = 90[\text{V}]$

03 10[Ω]의 저항 3개를 Y로 결선한 것을 △결선으로 환산한 저항의 크기는?

① 20 ② 30
③ 40 ④ 60

해설
$R_\Delta = 3R_Y = 3 \times 10 = 30[\Omega]$

04 3상 4선식에서 중성선을 제거하여 3상 3선식으로 하려고 할 때 필요한 조건은? (단, I_a, I_b, I_c는 각 상의 전류이다.)

① $I_a + I_b + I_c = 0$
② $I_a + I_b + I_c = 1$
③ $I_a + I_b + I_c = \sqrt{3}$
④ $I_a + I_b + I_c = 3$

해설
대칭분의 전압, 전류
3상 3선식의 세 전류의 합은 $I_a + I_b + I_c = 0$

05 전류의 순시값
$i(t) = 30\sin\omega t + 50\sin(3\omega t + 60°)[\text{A}]$의 실효값은 약 몇[A]인가?

① 41.2 ② 58.3
③ 29.1 ④ 50.4

해설
$$I = \sqrt{I_1^2 + I_3^2} = \sqrt{\left(\frac{30}{\sqrt{2}}\right)^2 + \left(\frac{50}{\sqrt{2}}\right)^2} = 41.2[\text{A}]$$

06 $V_a = 3[\text{V}]$, $V_b = 2 - j3[\text{V}]$, $V_c = 4 + j3[\text{V}]$를 3상 불평형 전압이라고 할 때 영상전압[V]은?

① 3 ② 9
③ 27 ④ 0

해설
$$V_o = \frac{1}{3}(V_a + V_b + V_c)$$
$$= \frac{1}{3}(3 + 2 - j3 + 4 + j3) = 3[\text{V}]$$

정답 01 ③ 02 ① 03 ② 04 ① 05 ① 06 ①

07 다음 회로에서 입력 임피던스 Z의 실수부가 $\dfrac{R}{2}$이 되려면 $\dfrac{1}{\omega C}$은? (단, 각 주파수는 $\omega[\text{rad/s}]$이다.)

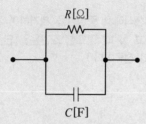

$R[\Omega]$

$C[\text{F}]$

① R

② $\dfrac{1}{R}$

③ $R\omega$

④ $\dfrac{\omega}{R}$

해설

R-C 병렬회로이므로 어드미턴스를 먼저 구하면

$Y = \dfrac{1}{R} + j\omega C$ 이므로 임피던스를 구하면

$Z = \dfrac{1}{Y} = \dfrac{1}{\dfrac{1}{R} + j\omega C} = \dfrac{R}{1 + j\omega CR}$ 가 된다.

이 값을 다시 정리하면

$Z = \dfrac{R(1 - j\omega CR)}{(1 + j\omega CR)(1 - j\omega CR)} = \dfrac{R - j\omega CR^2}{1 + \omega^2 C^2 R^2}$

$= \dfrac{R}{1 + \omega^2 C^2 R^2} - j\dfrac{\omega CR^2}{1 + \omega^2 C^2 R^2}$

여기서 실수부가 $\dfrac{R}{2}$이 되려면 $\dfrac{R}{1 + \omega^2 C^2 R^2} = \dfrac{R}{2}$이 되어

$\omega^2 C^2 R^2 = 1$ 이 됨을 알 수 있다.

$\therefore \dfrac{1}{\omega C} = R$ 이 된다.

08 회로의 전압비 전달함수 $G_{(s)} = \dfrac{V_2(s)}{V_1(s)}$는?

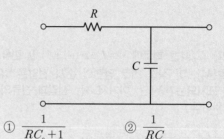

R

C

① $\dfrac{1}{RC_s + 1}$

② $\dfrac{1}{RC}$

③ $RC_s + 1$

④ RC

해설

$G(s) = \dfrac{V_2(s)}{V_1(s)} = \dfrac{\text{출력 임피던스}}{\text{입력 임피던스}}$

$= \dfrac{\dfrac{1}{Cs}}{R + \dfrac{1}{Cs}} = \dfrac{1}{RCs + 1}$

09 $f(t) = \sin t \cos t$를 라플라스 변환하면?

① $\dfrac{1}{s^2 + 4}$

② $\dfrac{1}{s^2 + 2}$

③ $\dfrac{1}{(s+2)^2}$

④ $\dfrac{1}{(s+4)^2}$

해설

삼각 함수의 곱의 공식에 의해서

$\sin t \cos t = \dfrac{1}{2}[\sin(t+t) + \sin(t-t)]$

$= \dfrac{1}{2}[\sin 2t + \sin 0°] = \dfrac{1}{2}\sin 2t$

$F(s) = \mathcal{L}[\sin t \cos t] = \mathcal{L}\left[\dfrac{1}{2}\sin 2t\right]$

$= \dfrac{1}{2} \cdot \dfrac{2}{s^2 + 2^2} = \dfrac{1}{s^2 + 4}$

정답   07 ①   08 ①   09 ①

10 파고율 값이 $\sqrt{2}$ 인 파형은?

① 톱니파 ② 구형파
③ 정현파 ④ 반파정류파

해설

정현파

$$파고율 = \frac{최대값}{실효값} = \frac{V_m}{\dfrac{V_m}{\sqrt{2}}} = \sqrt{2}$$

11 $R-L-C$ 직렬 회로에서 회로 저항값이 다음의 어느 값이어야 이 회로가 임계적으로 제동되는가?

① $\sqrt{\dfrac{L}{C}}$ ② $2\sqrt{\dfrac{L}{C}}$

③ $\dfrac{1}{\sqrt{CL}}$ ④ $2\sqrt{\dfrac{C}{L}}$

해설

$R-L-C$ 직렬회로의 진동조건

1) 비진동 조건 : $R > 2\sqrt{\dfrac{L}{C}}$

2) 진동 조건 : $R < 2\sqrt{\dfrac{L}{C}}$

3) 임계 제동 조건 : $R = 2\sqrt{\dfrac{L}{C}}$

12 대칭 좌표법에 관한 설명으로 틀린 것은?

① 불평형 3상 Y결선의 비접지식 회로에서는 영상분이 존재한다.
② 불평형 3상 Y결선의 접지식 회로에서는 영상분이 존재한다.
③ 평형 3상 전압에서 영상분은 0이다.
④ 평형 3상 전압은 정상분만 존재한다.

해설

비접지식 회로에서는 영상분이 존재하지 않는다.

13 그림과 같은 회로에서 $i_1 = I_m \sin\omega t$일 때 개방된 2차 단자에 나타나는 유기기전력 e_2는 몇 [V]인가?

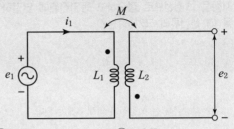

① $\omega M I_m \sin\omega t$ ② $\omega M I_m \cos\omega t$
③ $\omega M I_m \sin(\omega t - 90°)$ ④ $\omega M I_m \sin(\omega t + 90°)$

해설

그림은 차동결합이므로

$$e_2 = -M\frac{di_1}{dt} = -\omega M I_m \cos\omega t$$
$$= \omega M I_m \sin(\omega t - 90°)\,[V]$$

[참고] $\dfrac{d}{dt}\sin\omega t = \cos\omega t \times w$

14 그림과 같은 교류 회로에서 저항 R을 변환시킬 때 저항에서 소비되는 최대전력[W]은?

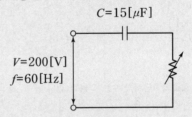

① 96 ② 113
③ 134 ④ 154

해설

$R-C$ 직렬회로에서의 소비전력은

$$P = I^2 R = \left(\frac{V}{\sqrt{R^2 + X_C^2}}\right)^2 R = \frac{V^2}{R^2 + X_C^2} \cdot R \text{ 이므로}$$

이때 최대 전력 조건은 $R = X_C$ 이므로

$$P_{max} = \frac{V^2}{2X_C} = \frac{1}{2}\omega C V^2 [W] \text{ 가 된다. 주어진 수치를}$$

대입하면

$$P_{max} = \frac{1}{2}\omega C V^2 = \frac{1}{2} \times 2\pi \times 60 \times 15 \times 10^{-6} \times 200^2$$
$$= 113[W]$$

정답   10 ③   11 ②   12 ①   13 ③   14 ②

15 저항 3개를 Y결선으로 접속하고 이것을 선간 전압이 300[V]인 평형 3상 교류 전원에 연결하였을 때 선전류의 크기가 30[A]이었다. 이 3개의 저항을 △결선으로 접속하고 동일전원에 연결하였을 때 선전류의 크기[A]는?

① 30
② 52
③ 90
④ 10

해설
△결선시 선전류는 Y결선에 비해 3배가 된다.

16 그림과 같은 π형 회로에서 Z_3를 4단자 정수로 표시한 것은?

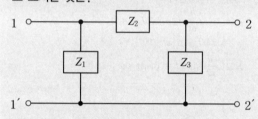

① $\dfrac{B}{1-A}$
② $\dfrac{A}{1-B}$
③ $\dfrac{A}{B-1}$
④ $\dfrac{B}{A-1}$

해설
π형 회로의 4단자 정수는 다음과 같다.

$$\begin{bmatrix} A & B \\ C & D \end{bmatrix} = \begin{bmatrix} 1+\dfrac{Z_2}{Z_3} & Z_2 \\ \dfrac{Z_1+Z_2+Z_3}{Z_1 Z_3} & 1+\dfrac{Z_2}{Z_1} \end{bmatrix}$$

$A = 1+\dfrac{Z_2}{Z_3}$ 에서 $Z_3 = \dfrac{Z_2}{A-1}$ 이 되며 $B = Z_2$ 이므로

$Z_3 = \dfrac{B}{A-1}$ 이 된다.

17 그림과 같은 회로에서 Z_1의 단자전압 $V_1 = \sqrt{3}+jy$, Z_2의 단자 전압 $V_2|V|\angle 30°$일 때, y 및 $|V|$의 값은?

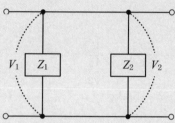

① $y=1$, $|V|=2$
② $y=\sqrt{3}$, $|V|=2$
③ $y=2\sqrt{3}$, $|V|=1$
④ $y=1$, $|V|=\sqrt{3}$

해설
Z_1과 Z_2가 병렬연결이므로 단자전압 $V_1 = V_2$ 이므로
$$\sqrt{3}+jy = |V|\angle 30°$$
$$= |V|(\cos 30° + j\sin 30°) = \dfrac{|V|\sqrt{3}}{2} + j\dfrac{|V|}{2}$$
$$\therefore \sqrt{3} = \dfrac{|V|\sqrt{3}}{2}, \ y = \dfrac{|V|}{2} \ \Rightarrow |V|=2, \ y=1$$

18 그림과 같은 회로에서 I는 몇 [A]인가? (단, 저항의 단위는 [Ω]이다.)

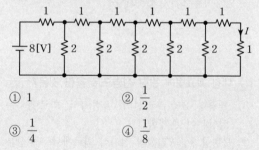

① 1
② $\dfrac{1}{2}$
③ $\dfrac{1}{4}$
④ $\dfrac{1}{8}$

해설
전원 반대편에서부터 저항을 합성해오면
합성저항은 $R = 2\,[\Omega]$

전체전류 $I' = \dfrac{V}{R} = \dfrac{8}{2} = 4\,[A]$

$\therefore$ 맨 끝 저항에 흐르는 전류는 $I = \dfrac{1}{8}\,[A]$

19 그림과 같은 회로에서 스위치 S를 닫았을 때 시정수의 값[s]은? (단, $L = 10[\text{mH}]$, $R = 10[\Omega]$ 이다.)

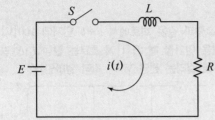

① $10^3[\text{s}]$ ② $10^{-3}[\text{s}]$

③ $10^2[\text{s}]$ ④ $10^{-2}[\text{s}]$

해설

$R-L$ 직렬 회로의 시정수는

$$\tau = \frac{L}{R} = \frac{10 \times 10^{-3}}{10} = 10^{-3}[\text{s}]$$

20 푸리에 급수에서 직류항은?

① (우함수×기함수)이다.
② (우함수+기함수)이다
③ 기함수이다.
④ 우함수이다.

해설

푸리에 급수
푸리에 급수에서 여현대칭인 우함수파에서 직류분이 존재하므로 직류항은 우함수이다.

정답   19 ②   20 ④

CBT시험 복원문제

전기산업기사과년도

22

과년도기출문제(2022. 4. 17 시행)

※ 본 기출문제는 수험자의 기억을 바탕으로 하여 복원한 문제이므로 실제 문제와 다를 수 있음을 미리 알려드립니다.

01 정상상태에서 $t=0$초인 순간에 스위치를 S를 열면 흐르는 전류$i(t)$는?

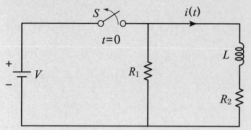

① $\dfrac{V}{R_1}e^{-\frac{R_1+R_2}{L}t}$ ② $\dfrac{V}{R_1}e^{-\frac{L}{R_1+R_2}t}$

③ $\dfrac{V}{R_2}e^{-\frac{R_1+R_2}{L}t}$ ④ $\dfrac{V}{R_2}e^{-\frac{L}{R_1+R_2}t}$

해설

스위치 S를 열 때 전압방정식

$L\dfrac{di(t)}{dt}+R_2 i(t)+R_1 i(t)=0$

$\therefore\ i(t)=A e^{-\frac{R_1+R_2}{L}t}$

$t=0$ 에서 스위치를 열때의 정상전류

$\dfrac{V}{R_2}$ $\therefore\ i(t)=\dfrac{V}{R_2}e^{-\frac{R_1+R_2}{L}t}$

02 평형 3상 Y결선 회로의 선간전압 V_l, 상전압 V_p, 선전류 I_l, 상전류가 I_p일 때 다음의 관련식 중 틀린 것은? (단, P는 3상 부하전력을 의미한다.)

① $V_l=\sqrt{3}\,V_p$

② $I_l=I_p$

③ $P=\sqrt{3}\,V_l I_l\cos\theta$

④ $P=\sqrt{3}\,V_p I_p\cos\theta$

해설

$P=3\,V_p I_p\cos\theta$

03 그림과 같은 회로에서 $a-b$ 단자에 $100[\mathrm{V}]$의 전압을 인가할 때 $2[\Omega]$에 흐르는 전류 $I_1[\mathrm{A}]$과 $3[\Omega]$에 걸리는 전압 $V[\mathrm{V}]$ 각각 얼마인가?

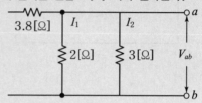

① $I_1=6[\mathrm{A}]$, $V=3[\mathrm{V}]$

② $I_1=8[\mathrm{A}]$, $V=6[\mathrm{V}]$

③ $I_1=10[\mathrm{A}]$, $V=12[\mathrm{V}]$

④ $I_1=12[\mathrm{A}]$, $V=24[\mathrm{V}]$

해설

합성저항 $R_0=3.8+\dfrac{2\times3}{2+3}=5\,[\Omega]$

전체전류 $I=\dfrac{100}{5}=20[\mathrm{A}]$

$I_1=\dfrac{3}{2+3}\times20=12[\mathrm{A}]$, $I_2=20-12=8[\mathrm{A}]$

$V=8\times3=24[\mathrm{V}]$

04 RLC직렬회로가 기본파에서 $R=10[\Omega]$, $\omega L=5[\Omega]$, $\dfrac{1}{\omega C}=30[\Omega]$일 때, 기본파에 대한 합성임피던스 Z_1의 크기와 제 3고조파에 대한 합성 임피던스 Z_3의 크기는 각각 몇 $[\Omega]$인가?

① $Z_1=\sqrt{461}$, $Z_3=\sqrt{125}$

② $Z_1=\sqrt{725}$, $Z_3=\sqrt{461}$

③ $Z_1=\sqrt{725}$, $Z_3=\sqrt{125}$

④ $Z_1=\sqrt{461}$, $Z_3=\sqrt{461}$

해설

기본파에 대한 합성 임피던스

$$Z_1 = R + j(\omega L - \frac{1}{\omega C}) = 10 + j(5 - 30)$$
$$= 10 - j25 = \sqrt{10^2 + 25^2} = \sqrt{725}$$

제 3고조파에 대한 합성 임피던스

$$Z_3 = R + j(3\omega L - \frac{1}{3\omega C}) = 10 + j(3 \times 5 - \frac{1}{3} \times 30)$$
$$= 10 - j5 = \sqrt{10^2 + 5^2} = \sqrt{125}$$

---

05 전류의 대칭분이 $I_0 = -2 + j4$ [A], $I_1 = 6 - j5$ [A], $I_2 = 8 + j10$ [A]일 때 3상 전류 중 a상 전류 I_a의 크기는 몇 [A]인가? (단, 3상 전류의 상순은 a−b−c이고, I_0는 영상분, I_1은 정상분, I_2는 역상분이다.)

① 9
② 15
③ 19
④ 12

해설

$$I_a = I_0 + I_1 + I_2 = -2 + j4 + 6 - j5 + 8 + j10$$
$$= 12 + j9 = \sqrt{12^2 + 9^2} = 15$$

---

06 $F(s) = \dfrac{1}{s+3}$ 은 라플라스 역변환은?

① $e^{-\frac{t}{3}}$
② $3e^{-\frac{t}{3}}$
③ e^{-3t}
④ $\dfrac{1}{3}e^{-3t}$

해설

$$f(t) = e^{-at} \ \leftrightarrow \ F(s) = \frac{1}{s+a} \ \text{이므로}$$

$a = 3$ 이므로 $f(t) = e^{-3t}$

---

07 대칭 좌표법에 관한 설명으로 틀린 것은?

① 불평형 3상 Y결선의 비접지식 회로에서는 영상분이 존재한다.
② 불평형 3상 Y결선의 접지식 회로에서는 영상분이 존재한다.
③ 평형 3상 전압에서 영상분은 0이다.
④ 평형 3상 전압은 정상분만 존재한다.

해설

불평형 3상 비접지식 회로에는 영상분이 존재하지 않는다.

---

08 회로에서 a, b 단자 사이의 전압 V_{ab}[V]은?

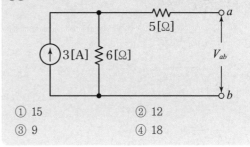

① 15
② 12
③ 9
④ 18

해설

V_{ab}는 6[Ω]에 걸리는 전압이므로 $3 \times 6 = 18$ [V]

---

09 다음과 같은 2단자 회로망의 구동점 임피던스는?

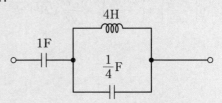

① $\dfrac{5s+1}{5s^2+1}$
② $\dfrac{5s^2+1}{(s+1)(s+2)}$
③ $\dfrac{5s^2+1}{s(s^2+1)}$
④ $\dfrac{s+2}{6s(s+1)}$

정답   05 ②   06 ③   07 ①   08 ④   09 ③

해설

$$Z(s) = \frac{1}{s} + \frac{4s \times \frac{4}{s}}{4s + \frac{4}{s}} = \frac{1}{s} + \frac{4s}{s^2 + 1}$$

$$= \frac{s^2 + 1 + 4s^2}{s(s^2 + 1)} = \frac{5s^2 + 1}{s(s^2 + 1)}$$

10 정전용량이 $C[\mathrm{F}]$인 커패시터에 $E(t) = E_1 \sin(\omega t + \theta_1) + E_2 \sin(3\omega t + \theta_2)$의 전압을 인가했을 때 흐르는 전류의 실효값[A]은?

① $\dfrac{\omega C}{\sqrt{2}} \sqrt{E_1^2 + 3E_2^2}$

② $\dfrac{\omega C}{\sqrt{2}} \sqrt{E_1^2 + E_2^2}$

③ $\dfrac{\omega C}{\sqrt{2}} \sqrt{E_1^2 + 3E_2^2}$

④ $\dfrac{\omega C}{\sqrt{2}} \sqrt{E_1^2 + 9E_2^2}$

해설

$$I = \sqrt{I_1^2 + I_3^2}$$

기본파전류 $I_1 = \dfrac{\frac{E_1}{\sqrt{2}}}{\frac{1}{\omega C}} = \dfrac{\omega C E_1}{\sqrt{2}}$

3고조파전류 $I_3 = \dfrac{\frac{E_3}{\sqrt{2}}}{\frac{1}{3\omega C}} = \dfrac{3\omega C E_3}{\sqrt{2}}$

$$I = \sqrt{\left(\frac{\omega C E_1}{\sqrt{2}}\right)^2 + \left(\frac{3\omega C E_3}{\sqrt{2}}\right)^2} = \frac{\omega C}{\sqrt{2}} \sqrt{E_1^2 + 9E_3^2}$$

11 회로에서 $t = 0$에 스위치 S를 닫았을 때, 이 회로의 시정수는 몇 초[s]인가?
(단, $L = 10\,[\mathrm{mH}]$, $R = 20\,[\Omega]$ 이다)

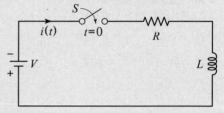

① 2000

② 5×10^{-4}

③ 200

④ 5×10^{-3}

해설

시정수 $\tau = \dfrac{L}{R} = \dfrac{10 \times 10^{-3}}{20} = 5 \times 10^{-4}$

12 역률 0.6인 부하의 유효전력이 120[kW]일 때 무효전력[kvar]은?

① 50

② 160

③ 120

④ 80

해설

$\cos\theta = 0.6$ 이면 $\sin\theta = 0.8$

무효전력 $P_r = P\tan\theta = 120 \times \dfrac{0.8}{0.6} = 160\,[\mathrm{kVar}]$

13 전달함수에 대한 설명으로 틀린 것은

① 어떤 계의 전달함수는 그 계에 대한 임펄스 응답의 라플라스 변환과 같다.

② 전달함수는 $\dfrac{\text{입력 라플라스변환}}{\text{출력 라플라스변환}}$으로 정의된다.

③ 전달함수가 s가 될 때 적분요소라 한다.

④ 어떤 계의 전달함수의 분모를 0으로 놓으면 이것이 곧 특성방정식이 된다.

해설

전달함수 $= \dfrac{\text{출력 라플라스변환}}{\text{입력 라플라스변환}}$

14 그림에서 4단자 회로 정수 A, B, C, D 중 출력 단자 3, 4가 개방되었을 때의 $\dfrac{V_1}{V_2}$인 A의 값은?

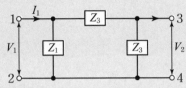

① $1+\dfrac{Z_2}{Z_1}$ ② $1+\dfrac{Z_3}{Z_2}$

③ $1+\dfrac{Z_2}{Z_3}$ ④ $\dfrac{Z_1+Z_2+Z_3}{Z_1 Z_3}$

해설

$$\begin{bmatrix} A & B \\ C & D \end{bmatrix} = \begin{bmatrix} 1+\dfrac{Z_3}{Z_2} & Z_3 \\ \dfrac{Z_1+Z_2+Z_3}{Z_1 Z_2} & 1+\dfrac{Z_3}{Z_1} \end{bmatrix}$$

15 그림과 같은 평형 3상 Y결선에서 각 상이 8[Ω]의 저항과 6[Ω]의 리액턴스가 직렬로 연결된 부하에 선간전압 $100\sqrt{3}$[V]가 공급되었다. 이때 선전류는 몇 [A]인가?

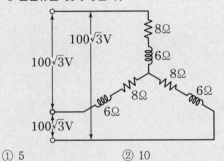

① 5   ② 10
③ 15   ④ 20

해설

Y결선에서

$$I_l = I_p = \dfrac{V_p}{Z} = \dfrac{\dfrac{100\sqrt{3}}{\sqrt{3}}}{\sqrt{8^2+6^2}} = 10[A]$$

16 $i=10\sin\left(\omega t-\dfrac{\pi}{3}\right)$[A]로 표시되는 전류파형보다 위상이 30° 앞서고, 최대치가 100[V]인 전압파형을 식으로 나타내면?

① $100\sin\left(\omega t-\dfrac{\pi}{2}\right)$ ② $100\sqrt{2}\sin\left(\omega t-\dfrac{\pi}{6}\right)$

③ $100\sin\left(\omega t-\dfrac{\pi}{6}\right)$ ④ $100\sqrt{2}\sin\left(\omega t-\dfrac{\pi}{6}\right)$

해설

전류보다 위상이 30°, 즉 $\dfrac{\pi}{6}$ 앞서므로

전압의 위상은 $-\dfrac{\pi}{3}+\dfrac{\pi}{6}=-\dfrac{\pi}{6}$가 된다.

17 회로에서 전류 I는 약 몇 [A]인가?

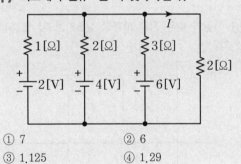

① 7   ② 6
③ 1.125   ④ 1.29

해설

밀만의 정리를 이용하여 공통전위를 구하면

$$V_{ab} = \dfrac{\dfrac{2}{1}+\dfrac{4}{2}+\dfrac{6}{3}}{\dfrac{1}{1}+\dfrac{1}{2}+\dfrac{1}{3}+\dfrac{1}{2}} = \dfrac{18}{7}[V]$$

전류 $I=\dfrac{\dfrac{18}{7}}{2}=\dfrac{9}{7}=1.29$

18 단상 전력계 2개로 평형 3상 부하의 전력을 측정하였더니 각각 200[W]와 400[W]를 나타내었다면 이때 부하역률은 약 얼마인가?

① 1   ② 0.866
③ 0.707   ④ 0.5

정답   14 ②   15 ②   16 ③   17 ④   18 ②

해설

전력계의 지시값이 다른 전력계의 2배이므로
역률은 0.866이 된다.

19 $i(t) = 42.4\sin\omega t + 14.1\sin3\omega t + 7.1\sin5\omega t$

$+30°$와 같이 표현되는 전류의 왜형률은 약 얼마
인가?

① 0.37　　　　② 0.42

③ 0.12　　　　④ 0.23

해설

$$왜형률 = \frac{\sqrt{I_3^2 + I_5^2}}{I_1} = \frac{\sqrt{14.1^2 + 7.1^2}}{42.4} = 0.37$$

20 그림과 같은 전류 파형의 실효값을 약 몇 [A]
인가?

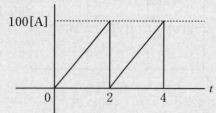

① 77.5　　　　② 67.7

③ 47.7　　　　④ 57.7

해설

$$톱니파의 실효값 \ I = \frac{I_m}{\sqrt{3}} = \frac{100}{\sqrt{3}} = 57.7$$

22

CBT시험 복원문제

전기산업기사과년도

과년도기출문제(2022. 7. 2 시행)

※ 본 기출문제는 수험자의 기억을 바탕으로 하여 복원한 문제이므로 실제 문제와 다를 수 있음을 미리 알려드립니다.

01 그림과 같은 브리지 회로가 평형되기 위한 $\dot{Z}_4$의 값은?

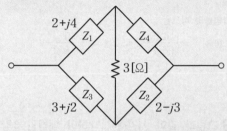

① $2 + j4$
② $-2 + j4$
③ $4 + j2$
④ $4 - j2$

해설

브리지 평형조건 $Z_1 Z_2 = Z_3 Z_4$ 에서

$$Z_4 = \frac{Z_1 Z_2}{Z_3} = \frac{(2+j4)(2-j3)}{3+j2} = 4 - j2$$

02 함수 $f_{(t)} = A \cdot e^{-\frac{1}{\tau}t}$ 에서 시정수는 A 의 몇[%]가 되기까지의 시간인가?

① 37
② 63
③ 85
④ 92

해설

시정수는 정상값의 $36.8[\%]$ 까지 도달하는 시간

03 다음 두 회로의 4단자 정수가 동일할 조건은?

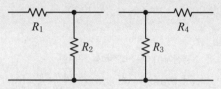

① $R_1 = R_2$, $R_3 = R_4$
② $R_1 = R_3$, $R_2 = R_4$
③ $R_1 = R_4$, $R_2 = R_3 = 0$
④ $R_2 = R_3$, $R_1 = R_4 = 0$

해설

두 회로의 4단자 정수를 구하면

왼쪽회로는 $\begin{bmatrix} 1 + \dfrac{R_1}{R_2} & R_1 \\ \dfrac{1}{R_2} & 1 \end{bmatrix}$, 오른쪽 회로는

$\begin{bmatrix} 1 & R_4 \\ \dfrac{1}{R_3} & 1 + \dfrac{R_4}{R_3} \end{bmatrix}$ 에서 동일한 값이 나오기 위해서는

$R_2 = R_3$, $R_1 = R_4 = 0$가 된다.

04 저항 3[Ω], 유도 리액턴스 4[Ω]인 직렬회로에 $e = 141.4\sin\omega t + 42.4\sin3\omega t$[V]전압 인가 시 전류의 실효값은 몇 [A]인가?

① 20.15
② 18.25
③ 16.15
④ 14.25

해설

기본파 임피던스
$Z_1 = R + j\omega L = 3 + j4 = 5[\Omega]$
3고조파 임피던스
$Z_3 = R + j3\omega L = 3 + j3\times4$
$\qquad = 3 + j12 = \sqrt{3^2 + 12^2} = 12.37[\Omega]$

기본파 전류 $I_1 = \dfrac{V_1}{Z_1} = \dfrac{100}{4} = 20\,[\text{A}]$

3고조파 전류 $I_3 = \dfrac{V_3}{Z_3} = \dfrac{30}{12.37} = 2.43[\text{A}]$

전류의 실효값
$I = \sqrt{I_1^2 + I_3^2} = \sqrt{20^2 + 2.43^2} = 20.15\,[\text{A}]$

05 역률이 60[%]이고, 1상의 임피던스가 60[Ω]인 유도부하를 △로 결선하고 여기에 병렬로 저항 20[Ω]을 Y결선으로 하여 3상 선간전압 200[V]를 가할 때의 소비전력[W]은?

① 3200

② 3000

③ 2000

④ 1000

해설

먼저 △결선에 대한 소비전력을 구하면

$$P_\triangle = \sqrt{3}\, VI\cos\theta = \sqrt{3}\times 200\times \frac{\sqrt{3}\times 200}{60}\times 0.6$$

$$= 1200[W]$$

Y결선에 대한 소비전력을 구하면

$$P_Y = 3\frac{V_p^2}{R} = 3\times \frac{\left(\dfrac{200}{\sqrt{3}}\right)^2}{20} = 2000[W]$$

따라서 전체 소비전력은

$$P_\triangle + P_Y = 1200 + 2000 = 3200[W] \ \text{가 된다.}$$

06 각 상의 전류가 $i_a = 60\sin\omega t[A]$, $i_b = 60\sin(\omega t - 90°)[A]$, $i_c = 60\sin(\omega t + 90°)[A]$ 일 때, 영상 대칭분의 전류[A]는?

① $20\sin\omega t[A]$

② $\dfrac{20}{3}\sin\dfrac{\omega t}{3}[A]$

③ $60\sin\omega t[A]$

④ $\dfrac{20}{\sqrt{3}}\sin(\omega t + 45°)[A]$

해설

영상분 전류

$$i_0 = \frac{1}{3}(i_a + i_b + i_c)$$

$$= \frac{1}{3}\{60\sin\omega t + 60\sin(\omega t - 90°) + 60\sin(\omega t + 90°)\}$$

$$= \frac{60}{3}\{\sin\omega t + \sin\omega t\cos(-90°) + \cos\omega t\sin(-90°)$$

$$+ \sin\omega t\cos 90° + \cos\omega t\sin 90°\} = 20\sin\omega t$$

07 정현파의 파형률은?

① $\dfrac{실효값}{최대값}$

② $\dfrac{평균값}{실효값}$

③ $\dfrac{실효값}{평균값}$

④ $\dfrac{최대값}{실효값}$

해설

파형률과 파고율

$$파형률 = \frac{실효값}{평균값}, \quad 파고율 = \frac{최대값}{실효값}$$

08 그림과 같이 시간축에 대하여 대칭인 3각파 교류전압의 평균값은[V]은?

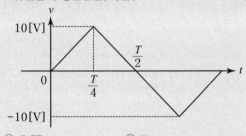

① 5.77

② 5

③ 10

④ 6

해설

삼각파의 평균값 $V_a = \dfrac{V_m}{2} = \dfrac{10}{2} = 5[V]$

09 $R = 6[Ω]$, $X_L = 8[Ω]$, 직렬인 임피던스 3개로 △결선한 대칭 부하회로에 선간전압 100[V]인 대칭 3상 전압을 가하면 선전류는 몇 [A]인가?

① 3

② $3\sqrt{3}$

③ 10

④ $10\sqrt{3}$

해설

먼저 상전류를 계산하면 $I_p = \dfrac{V_p}{Z} = \dfrac{100}{\sqrt{6^2 + 8^2}} = 10[A]$

따라서 선전류 $I_l = \sqrt{3}\, I_p = 10\sqrt{3}\,[A]$

정답 05 ① 06 ① 07 ③ 08 ② 09 ④

10 어떤 제어계의 출력이 $C(s) = \dfrac{5}{s(s^2+s+2)}$ 로 주어질 때 출력의 시간 함수 $c(t)$의 정상값은?

① 5   ② 2

③ $\dfrac{2}{5}$ ④ $\dfrac{5}{2}$

해설

최종값 정리 $\displaystyle\lim_{t \to \infty} i(t) = \lim_{s \to 0} sI(s)$ 에 의해서

$\displaystyle\lim_{t\to\infty} c(t) = \lim_{s\to0} s\, C(s) = \lim_{s\to o} \frac{5}{s^2+s+2} = \frac{5}{2}$

11 10[kVA]의 변압기 2대로 공급할 수 있는 최대 3상 전력[kVA]은 얼마인가? (단, 결선은 V 결선시 이다.)

① 20   ② 17.3

③ 14.1   ④ 10

해설

V결선 출력 $P_V = \sqrt{3}\, P_1 = \sqrt{3} \times 10 = 17.3\,[\text{KVA}]$

12 그림에서 i_5 전류의 크기[A]는?

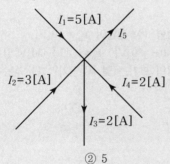

$I_1 = 5[\text{A}]$
I_5
$I_2 = 3[\text{A}]$
$I_4 = 2[\text{A}]$
$I_3 = 2[\text{A}]$

① 3   ② 5

③ 8   ④ 12

해설

키르히 호프의 전류 법칙에 따라 $\sum$ 유입전류 $= \sum$ 유출전류이므로

$i_1 + i_2 + i_4 = i_3 + i_5 \Rightarrow 5 + 3 + 2 = 2 + i_5$
$\Rightarrow i_5 = 8\,[\text{A}]$

13 푸리에 급수에서 직류항은?

① 우함수이다.
② 기함수이다.
③ 우함수+기함수이다
④ 우함수×기함수이다.

해설

푸리에 급수
푸리에 급수에서 여현대칭인 우함수파에서 직류분이 존재하므로 직류항은 우함수이다.

14 2전력계법에서 지시 $P_1 = 100\,[\text{W}]$, $P_2 = 200$ [W]일 때 역률[%]은?

① 50.2   ② 70.7

③ 86.6   ④ 90.4

해설

2전력계법에서

$$\cos\theta = \frac{P}{P_a} = \frac{P_1 + P_2}{2\sqrt{P_1^2 + P_2^2 - P_1 P_2}}$$
$$= \frac{100 + 200}{2\sqrt{100^2 + 200^2 - 100 \times 200}} \times 100 = 86.6\,[\%]$$

15 $f(t) = e^{-2t}\sin 4t$를 라플라스 변환하면?

① $\dfrac{1}{s+2}$ ② $\dfrac{2}{(s+4)^2+4}$

③ $\dfrac{4}{(s+2)^2+16}$ ④ $\dfrac{2}{(s+2)^2+4}$

해설

복소추이 정리 $\mathcal{L}\,[f(t)e^{\mp at}] = F(s)|_{s=s\pm a}$대입 이므로

$\mathcal{L}\,[e^{-2t}\sin 4t] = \left.\dfrac{4}{s^2+4^2}\right|_{s=s+2대입} = \dfrac{4}{(s+2)^2+16}$

16 저항 4[Ω], 주파수 50[Hz]에 대하여 4[Ω]의 유도리액턴스와 1[Ω]의 용량리액턴스가 직렬연결된 회로에 100[V]의 교류전압이 인가될 때 무효전력[Var]은?

① 1000   ② 1200
③ 1400   ④ 1600

해설

리액턴스 $X = X_L - X_C = 4 - 1 = 3\,[\Omega]$

무효전력 $P_r = \dfrac{V^2 X}{R^2 + X^2} = \dfrac{100^2 \times 3}{4^2 + 3^2} = 1200\,[\text{Var}]$

17 회로의 4단자 정수로 틀린 것은?

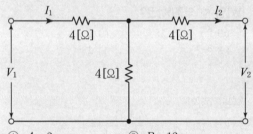

① $A = 2$ ② $B = 12$
③ $C = \dfrac{1}{4}$ ④ $D = 6$

해설

$A = 1 + \dfrac{4}{4} = 2$, $B = 4 + 4 + \dfrac{4 \times 4}{4} = 12$

$C = \dfrac{1}{4}$, $D = 1 + \dfrac{4}{4} = 2$

18 커패시터 C를 100[V]로 충전하고 10[Ω]의 저항으로 1초 동안 방전하였더니 C의 단자전압이 90[V]로 감소하였다. 이때 C는 약 몇 [F]인가?

① 1.05   ② 0.95
③ 0.75   ④ 0.55

해설

방전시 C의 단자전압 $V_C = E e^{-\frac{1}{RC}t}$ 의 식에서

$100 e^{-\frac{1}{10C}} = 90$의 식이 성립되야 하므로 $C = 0.95$가 된다.

19 그림 (a)와 같은 회로를 그림 (b)와 같이 간단한 회로로 등가변환하고자 한다. V[V]와 R[Ω]은 각각 얼마인가?

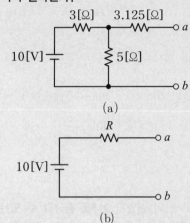

(a)

(b)

① $V = 6.25[\text{V}]$, $R = 5[\Omega]$
② $V = 5.25[\text{V}]$, $R = 3[\Omega]$
③ $V = 7.25[\text{V}]$, $R = 7[\Omega]$
④ $V = 4.25[\text{V}]$, $R = 1[\Omega]$

해설

테브난의 정리를 이용하여

테브난의 등가전압 $V = \dfrac{5}{3+5} \times 10 = 6.25\,[\text{V}]$

테브난의 등가저항 $R = 3.125 + \dfrac{3 \times 5}{3+5} = 5\,[\Omega]$

20 불평형 3상 전압이 $V_a = 80[\text{V}]$, $V_b = -40 - j30[\text{V}]$, $V_c = -40 + j30[\text{V}]$일 때 역상분 전압의 크기는 몇 [V]인가? (단, 상순은 $a-b-c$ 순이다.)

① 14.1   ② 68.1
③ 22.7   ④ 57.3

해설

역상분 전압

$$V_2 = \frac{1}{3}(V_a + a^2 V_b + a V_c)$$
$$= \frac{1}{3}\left\{ 80 + \left(-\frac{1}{2} - j\frac{\sqrt{3}}{2}\right)(-40 - j30) \right.$$
$$\left. + \left(-\frac{1}{2} + j\frac{\sqrt{3}}{2}\right)(-40 + j30) \right\}$$
$$= 22.7\,[\text{V}]$$

과년도기출문제(2023. 3. 1 시행)

※ 본 기출문제는 수험자의 기억을 바탕으로 하여 복원한 문제이므로 실제 문제와 다를 수 있음을 미리 알려드립니다.

01 선간 전압이 200[V]인 10[kW]인 3상 대칭부하에 3상 전력을 공급하는 선로임피던스가 $4+j3$ [Ω]일 때 부하가 뒤진 역률 80[%]이면 선전류 [A]는?

① $18.8+j21.6$ ② $28.8-j21.6$

③ $35.7+j4.3$ ④ $14.1-j33.1$

해설

3상 교류전력

3상 소비전력은 $P=\sqrt{3}\ V_l I_l \cos\theta\,[\mathrm{W}]$의 식에서

$$I_l=\frac{P}{\sqrt{3}\ V_l \cos\theta}=\frac{10\times10^3}{\sqrt{3}\times200\times0.8}=36.08[\mathrm{A}]$$

$I=I(\cos\theta\pm j\sin\theta)$에서 부하가 뒤진 역률(유도성)을 가지므로

$I=36.08(0.8-j0.6)=28.8-j21.6$

02 대칭 좌표법에서 불평형율을 나타내는 것은?

① $\dfrac{영상분}{정상분}\times100$ ② $\dfrac{정상분}{역상분}\times100$

③ $\dfrac{정상분}{영상분}\times100$ ④ $\dfrac{역상분}{정상분}\times100$

해설

$$불평형율=\frac{역상분}{정상분}\times100[\%]$$

03 평형 3상 회로에서 그림과 같이 변류기를 접속하고 전류계를 연결하였을 때, A2에 흐르는 전류는 약 몇 [A]인가?

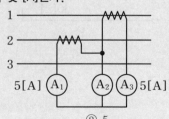

① 0   ② 5

③ 8.66   ④ 10

해설

A_2에 흐르는 전류는 I_1과 I_2전류의 차가 된다.

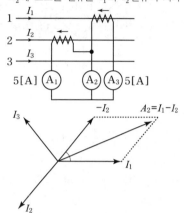

$A_2=I_1-I_2=I_1+(-I_2)$이므로

벡터도에서 I_1, $-I_2$ 전류의 위상차가 60°이고 A_2의 크기는 평행사변형의 대각선의 길이를 구하면

$$A_2=\sqrt{5^2+5^2+2\times5\times5\times\cos60^o}=5\sqrt{3}$$

04 어떤 회로에 $E=100+j50$[V]인 전압을 가했더니 $I=3+j4$[A]인 전류가 흘렀다면 이 회로의 소비전력은?

① 300[W]   ② 500[W]

③ 700[W]   ④ 900[W]

해설

복소전력 공식에서 $P_a=\overline{E}\,I=P\pm jP_r\,[\mathrm{VA}]$이므로

$P_a=(100-j50)(3+j4)=500+j250[\mathrm{VA}]$

따라서 소비전력은 실수부인 $500[\mathrm{W}]$가 된다.

정답   01 ②   02 ④   03 ③   04 ②

05 그림과 같은 회로에서 저항 0.2[Ω]에 흐르는 전류는 몇 [A]인가?

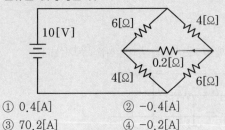

① 0.4[A]
② −0.4[A]
③ 70.2[A]
④ −0.2[A]

해설
테브난의 정리에 의해서 테브난의
등가저항은 $R_T = \dfrac{4 \times 6}{4 + 6} + \dfrac{6 \times 4}{6 + 4} = 4.8\,[\Omega]$이고
테브난의 등가전압은
$V_T = V_b - V_a = \dfrac{6}{4+6} \times 10 - \dfrac{4}{6+4} \times 10 = 2\,[V]$가 되어
0.2[Ω]에 흐르는 전류는
$I = \dfrac{V_T}{R_{ab} + R_T} = \dfrac{2}{0.2 + 4.8} = 0.4\,[A]$

06 2개의 전력계를 사용하여 3상 평형부하의 역률을 측정하고자 한다. 전력계의 지시값이 각각 P_1, P_2일 때 이 회로의 역률은?

① $P_1 + P_2$
② $\sqrt{3}\,(P_1 - P_2)$
③ $\dfrac{2\sqrt{P_1^2 + P_2^2 - P_1 P_2}}{P_1 + P_2}$
④ $\dfrac{P_1 + P_2}{2\sqrt{P_1^2 + P_2^2 - P_1 P_2}}$

해설
2전력계법
유효전력 $P = P_1 + P_2\,[W]$
무효전력 $P_r = \sqrt{3}\,(P_1 - P_2)\,[\mathrm{Var}]$
피상전력 $P_a = \sqrt{P^2 + P_r^2} = 2\sqrt{P_1^2 + P_2^2 - P_1 P_2}\,[VA]$
이므로
역률 $\cos\theta = \dfrac{P}{P_a} = \dfrac{P}{\sqrt{P^2 + P_r^2}} = \dfrac{P_1 + P_2}{2\sqrt{P_1^2 + P_2^2 - P_1 P_2}}$

07 회로에서 20[Ω]의 저항이 소비하는 전력은 몇 [W]인가?

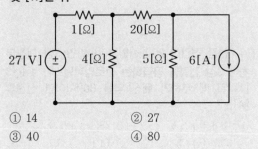

① 14
② 27
③ 40
④ 80

해설
등가회로를 그리면

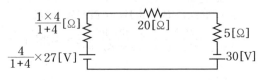

$I = \dfrac{0.8 \times 27 + 30}{0.8 + 20 + 5} = 2\,[A]$
$\therefore P = I^2 R = 2^2 \times 20 = 80\,[W]$

08 그림과 같은 순저항 회로에서 대칭 3상 전압을 가할 때 각 선에 흐르는 전류가 같으려면 R의 값은 몇 [Ω]인가?

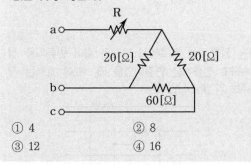

① 4
② 8
③ 12
④ 16

해설

△결선을 Y결선으로 등가변환하면

$$R_a = \frac{20 \times 20}{20 + 20 + 60} = 4[\Omega]$$

$$R_b = \frac{20 \times 60}{20 + 20 + 60} = 12[\Omega]$$

$$R_c = \frac{20 \times 60}{20 + 20 + 60} = 12[\Omega]$$

대칭 3상 회로의 각 선에 흐르는 전류가 같아지려면 각 상의 저항이 모두 같아야 하므로 a상에도 12[Ω]이 되어야 한다.

$$\therefore \quad R = 8[\Omega]$$

09 불평형 3상 전류가 $I_a = 15 + j2[A]$, $I_b = -20 - j14[A]$, $I_c = -3 + j10[A]$일 때, 역상분 전류 $I_2[A]$는?

① $1.91 + j6.24$ ② $15.74 - j3.57$

③ $-2.67 - j0.67$ ④ $-8 - j2$

해설

역상분 전류 $I_2 = \frac{1}{3}(I_a + a^2 I_b + a I_c)$

$$= \frac{1}{3}\left\{15 + j2 + \left(-\frac{1}{2} - j\frac{\sqrt{3}}{2}\right)(-20 - j14)\right.$$
$$\left. + \left(-\frac{1}{2} + j\frac{\sqrt{3}}{2}\right)(-3 + j10)\right\}$$
$$= 1.91 + j6.24 \,[A]$$

10 $t = 0$에서 스위치(S)를 닫았을 때 $t = 0+$에서의 $i(t)$는 몇 [A]인가? (단, 커패시터에 초기 전하는 없다.)

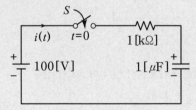

① 0.1   ② 0.2

③ 0.4   ④ 1.0

해설

R–C직렬회로에서 스위치 on 시 전류 $i(t) = \frac{E}{R} e^{-\frac{1}{RC}t}$

에서 $t = 0$ 이므로

$$i(0) = \frac{E}{R} = \frac{100}{1 \times 10^3} = 0.1[A]$$

11 그림과 같은 π형 4단자 회로의 어드미턴스 파라미터 중 Y_{11}은?

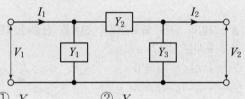

① Y_1 ② Y_2

③ $Y_1 + Y_2$ ④ $Y_2 + Y_3$

해설

π형 회로 어드미턴스 파라미터

$$Y_{11} = Y_1 + Y_2$$
$$Y_{22} = Y_3 + Y_2$$
$$Y_{12} = Y_{21} = Y_2$$

12 다음 파형의 라플라스 변환은?

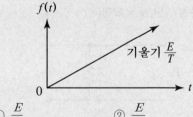

① $\frac{E}{s}$ ② $\frac{E}{s^2}$

③ $\frac{E}{Ts}$ ④ $\frac{E}{Ts^2}$

해설

$f(t) = \frac{E}{T} t$ 이므로 $F(s) = \frac{E}{T} \cdot \frac{1}{s^2} = \frac{E}{Ts^2}$

정답   09 ①   10 ①   11 ③   12 ④

13 분포 정수회로에서 직렬 임피던스 $Z[\Omega]$, 병렬 어드미턴스 $Y[\mho]$일 때 선로의 전파정수 γ는?

① $\sqrt{\dfrac{Z}{Y}}$ ② $\sqrt{\dfrac{Y}{Z}}$

③ $\sqrt{ZY}$ ④ ZY

해설
전파정수
$$\gamma = \sqrt{ZY} = \sqrt{(R+j\omega L) \cdot (G+j\omega C)}$$

14 그림과 같은 회로망에서 전류를 산출하는데 옳게 표시한 식은?

① $I_1 + I_2 - I_4 - I_3 = 0$
② $I_1 + I_4 - I_2 - I_3 = 0$
③ $I_1 + I_2 + I_3 + I_4 = 0$
④ $I_1 + I_2 - I_3 + I_4 = 0$

해설
키르히호프의 전류법칙 : Σ유입전류 = Σ유출전류이므로
$I_1 + I_2 + I_4 = I_3$
$\therefore\ I_1 + I_2 - I_3 + I_4 = 0$이 된다.

15 전기회로의 입력을 V_1, 출력을 V_2라고 할 때 전달함수는? (단, $s = j\omega$이다.)

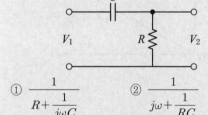

① $\dfrac{1}{R+\dfrac{1}{j\omega C}}$ ② $\dfrac{1}{j\omega + \dfrac{1}{RC}}$

③ $\dfrac{j\omega}{j\omega + \dfrac{1}{RC}}$ ④ $\dfrac{j\omega}{R + \dfrac{1}{j\omega C}}$

해설
전압비 전달함수
$$G(s) = \frac{V_o(s)}{V_i(s)} = \frac{\text{출력임피던스}}{\text{입력임피던스}}$$
$$= \frac{R}{\dfrac{1}{Cs} + R} = \frac{1}{1 + \dfrac{1}{RCs}} = \frac{s}{s + \dfrac{1}{RC}} = \frac{j\omega}{j\omega + \dfrac{1}{RC}}$$

16 기본파의 60[%]인 제3고조파와 80[%]인 제5고조파를 포함하는 전압의 왜형률은?

① 0.3   ② 1
③ 5   ④ 10

해설
$V_3 = 0.6\,V_1$, $V_5 = 0.8\,V_1$일 때
$$\text{왜형률} = \frac{\sqrt{V_3^2 + V_5^2}}{V_1} = \frac{\sqrt{(0.6\,V_1)^2 + (0.8\,V_1)^2}}{V_1} = 1$$

17 그림과 같은 회로에서 5[Ω]에 흐르는 전류 I는 몇 [A]인가?

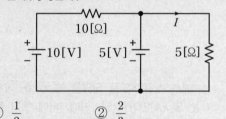

① $\dfrac{1}{2}$ ② $\dfrac{2}{3}$

③ 1 ④ $\dfrac{5}{3}$

해설
전압원 10[V] 단락시 5[Ω]에 흐르는 전류
$$I_1 = \frac{5}{5} = 1\,[\text{A}]$$
전압원 5[V] 단락시 5[Ω]에 흐르는 전류 $I_2 = 0\,[\text{A}]$이므로
5[Ω]에 흐르는 전체 전류 $I = I_1 + I_2 = 1 + 0 = 1\,[\text{A}]$

18 10[Ω]의 저항 5개를 접속하여 얻을 수 있는 합성저항 중 가장 적은 값은 몇 [Ω]인가?

① 10
② 5
③ 2
④ 0.5

해설

합성저항이 작아지려면 병렬 연결해야 하므로

$$R_0 = \frac{R}{n} = \frac{10}{5} = 2[\Omega]$$

19 단위 길이당 인덕턴스 및 커패시턴스가 각각 L 및 C일 때 전송선로의 특성 임피던스는? (단, 전송선로는 무손실 선로이다.)

① $\sqrt{\dfrac{L}{C}}$
② $\sqrt{\dfrac{C}{L}}$
③ $\dfrac{L}{C}$
④ $\dfrac{C}{L}$

해설

특성 임피던스 $Z_o = \sqrt{\dfrac{Z}{Y}} = \sqrt{\dfrac{R + j\omega L}{G + j\omega C}}$

무손실 선로이므로 $R = G = 0$

$$\therefore Z_o = \sqrt{\frac{L}{C}}\,[\Omega]$$

20 비정현파를 여러개의 정현파의 합으로 표시하는 방법은?

① 키르히호프의 법칙
② 노오튼의 정리
③ 푸리에 분석
④ 테일러의 공식

해설

비정현파를 여러 개의 정현파의 합으로 표시하는 방법을 푸리에 분석이라 한다.

23 과년도기출문제(2023. 5. 13 시행)

01 회로의 전압 전달함수 $G(s) = \dfrac{V_2(s)}{V_1(s)}$ 는?

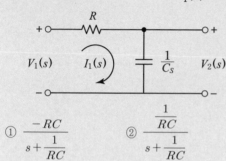

① $\dfrac{-RC}{s + \dfrac{1}{RC}}$

② $\dfrac{\dfrac{1}{RC}}{s + \dfrac{1}{RC}}$

③ $\dfrac{1}{RC}$

④ $\dfrac{1}{s + RC}$

해설

$$G(s) = \frac{V_2(s)}{V_1(s)} = \frac{\text{출력 임피던스}}{\text{입력 임피던스}}$$

$$= \frac{\dfrac{1}{Cs}}{R + \dfrac{1}{Cs}} = \frac{1}{RCs + 1} = \frac{\dfrac{1}{RC}}{s + \dfrac{1}{RC}}$$

02 대칭 6상 성형결선의 전원이 있다 이 전원의 선간전압과 상전압의 위상차는?

① 90도
② 30도
③ 120도
④ 60도

해설

$$\theta = \frac{\pi}{2}\left(1 - \frac{2}{n}\right) = \frac{\pi}{2}\left(1 - \frac{2}{6}\right) = 60°$$

03 다음과 같은 회로에서 스위치 K가 닫힌 상태에서 회로에 정상전류가 흐르고 있다. $t = 0$에서 스위치 K를 열 때 회로에 흐르는 전류[A]는?

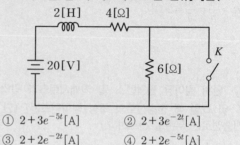

① $2 + 3e^{-5t}$ [A]
② $2 + 3e^{-2t}$ [A]
③ $2 + 2e^{-2t}$ [A]
④ $2 + 2e^{-5t}$ [A]

해설

스위치 off시 전압방정식

$2\dfrac{di}{dt} + (4 + 6)i = 20$ 에서

1) 정상전류 $i_s = \dfrac{E}{R} = \dfrac{20}{4 + 6} = 2$ [A]

2) 과도전류 $i_t = Ae^{-\frac{R}{L}t} = Ae^{-\frac{4+6}{2}t} = Ae^{-5t}$ [A]

∴ $i(t) = i_s + i_t = 2 + Ae^{-5t}$ [A]가 된다.

3) $t = 0$에서 $i(0) = 2 + A = \dfrac{20}{4}$이므로

$A = 5 - 2 = 3$가 된다.

∴ $i(t) = 2 + 3e^{-5t}$ [A]

04 1000[Hz]인 정현파 교류에서 5[mH]인 유도리액턴스와 같은 용량리액턴스를 갖는 C[μF]의 값은?

① 4.07
② 5.07
③ 6.07
④ 7.07

해설

공진조건 식

$X_L = X_c$, $\omega L = \dfrac{1}{\omega C}$ 에서

$C = \dfrac{1}{\omega^2 L} = \dfrac{1}{(2\pi f)^2 L} = \dfrac{1}{(2\pi \times 1000)^2 \times 5 \times 10^{-3}} \times 10^6$

$= 5.07[\mu F]$가 된다.

정답   01 ②   02 ④   03 ①   04 ②

05 그림과 같은 회로에서 L_2에 흐르는 전류 I_2 [A]가 단자 전압 V[V]보다 위상이 $90°$ 뒤지기 위한 조건은? (단, ω는 회로의 각주파수(rad/s)이다.)

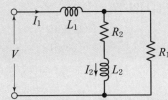

① $\dfrac{R_2}{R_1} = \dfrac{L_2}{L_1}$ ② $R_1 R_2 = L_1 L_2$

③ $R_1 R_2 = \omega L_1 L_2$ ④ $R_1 R_2 = \omega^2 L_1 L_2$

해설

$$Z = j\omega L_1 + \frac{R_1(R_2 + j\omega L_2)}{R_1 + R_2 + j\omega L_2}$$

$$= \frac{(-\omega^2 L_1 L_2 + R_1 R_2) + j\{\omega L_1(R_1 + R_2) + \omega L_2 R_1\}}{R_1 + R_2 + j\omega L_2}[\Omega]$$

$$I = I_1 = \frac{V}{Z}$$

$$= \frac{(R_1 + R_2 + j\omega L_2)E}{(-\omega^2 L_1 L_2 + R_1 R_2) + j\{\omega L_1(R_1 + R_2) + \omega L_2 R_1\}}[A]$$

따라서 $I_2 = \dfrac{R_1}{R_1 + R_2 + j\omega L_2} \times I$

$$= \frac{R_1 V}{(-\omega^2 L_1 L_2 + R_1 R_2) + j\{\omega L_1(R_1 + R_2) + \omega L_2 R_1\}}[A]$$

I_2가 V보다 $90°$ 뒤지기 위해서는 분모의 실수부가 0이 되어야 한다.
즉, $-\omega^2 L_1 L_2 + R_1 R_2 = 0$
$\therefore R_1 R_2 = \omega^2 L_1 L_2$

06 전압 $v(t) = 14.1\sin\omega t + 7.1\sin\left(3\omega t - \dfrac{\pi}{4}\right)(V)$ 의 실효값은 약 몇 [V]인가?

① 5.6   ② 11.2
③ 20.22   ④ 14.46

해설

비정현파 교류의 실효값은 각 파의 실효값 제곱의 제곱근으로 구한다.

$$\therefore V = \sqrt{V_1^2 + V_3^2} = \sqrt{\left(\frac{14.1}{\sqrt{2}}\right)^2 + \left(\frac{7.1}{\sqrt{2}}\right)^2} = 11.2\,[V]$$

07 3상 회로의 대칭분 전압이 $V_0 = -8 + j3$[V], $V_1 = 6 - j8$[V], $V_2 = 8 + j12$[V]일 때 a상의 전압(V)은? (단, V_0는 영상분, V_1은 정상분, V_2는 역상분 전압이다.)

① $5 - j6$ ② $5 + j6$
③ $6 - j7$ ④ $6 + j7$

해설

a상의 전압 $V_a = V_o + V_1 + V_2$
b상의 전압 $V_b = V_o + a^2 V_1 + a V_2$
c상의 전압 $V_c = V_o + a V_1 + a^2 V_2$ 이므로
$\therefore V_a = V_o + V_1 + V_2$
$= -8 + j3 + 6 - j8 + 8 + j12 = 6 + j7$

08 그림과 같은 회로에서 임피던스 파라미터 Z_{11} 은?

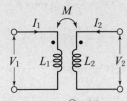

① sL_1 ② sM
③ $sL_1 L_2$ ④ sL_2

해설

T형 등가회로로 변형하면 다음과 같다.

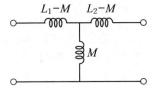

$Z_{11} = j\omega(L_1 - M + M) = j\omega L_1 = sL_1$
$Z_{22} = j\omega(L_2 - M + M) = j\omega L_2 = sL_2$
$Z_{12} = Z_{21} = j\omega M$

09 그림에서 $e(t) = E_m \cos \omega t$의 전원 전압을 인가했을 때 인덕턴스 L에 축적되는 에너지[J]는?

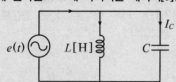

① $\dfrac{1}{2} \dfrac{E_m{}^2}{\omega^2 L^2}(1 + \cos \omega t)$

② $\dfrac{1}{4} \dfrac{E_m{}^2}{\omega^2 L}(1 - \cos \omega t)$

③ $\dfrac{1}{2} \dfrac{E_m{}^2}{\omega^2 L^2}(1 + \cos 2\omega t)$

④ $\dfrac{1}{4} \dfrac{E_m{}^2}{\omega^2 L}(1 - \cos 2\omega t)$

해설

$$i_L(t) = \frac{1}{L} \int e(t) dt = \frac{1}{L} \int E_m \cos \omega t \, dt = \frac{E_m}{\omega L} \sin \omega t$$

$$W = \frac{1}{2} L i_L{}^2(t) = \frac{1}{2} L \left(\frac{E_m}{\omega L} \right)^2 \times \sin^2 \omega t$$

$$= \frac{E_m{}^2}{2\omega^2 L} \times \frac{1}{2}(1 - \cos 2\omega t) = \frac{1}{4} \frac{E_m{}^2}{\omega^2 L}(1 - \cos 2\omega t) [\text{J}]$$

[참고] $\sin^2 \omega t = 1 - \cos^2 \omega t = \dfrac{1}{2}(1 - \cos 2\omega t)$

10 $V_a = 3[\text{V}]$, $V_b = 2 - j3[\text{V}]$, $V_c = 4 + j3[\text{V}]$를 3상 불평형 전압이라고 할 때, 영상전압[V]은?

① 0 ② 3

③ 9 ④ 27

해설

영상분 전압

$$V_o = \frac{1}{3}(V_a + V_b + V_c)$$

$$= \frac{1}{3}(3 + 2 - j3 + 4 + j3) = 3 [\text{V}]$$

11 자동차 축전지의 무부하 전압을 측정하니 13.5[V]를 지시하였다. 이때 정격이 12[V], 55[W]인 자동차 전구를 연결하여 축전지의 단자전압을 측정하니 12[V]를 지시하였다. 축전지의 내부저항은 약 몇 [Ω]인가?

① 0.33 ② 0.45

③ 2.62 ④ 3.31

해설

자동차 전구의 저항은 $P = \dfrac{V^2}{R}[\text{W}]$ 식에서

$$R = \frac{V^2}{P} = \frac{12^2}{55} = 2.62[\Omega]$$

전류 $I = \dfrac{V}{R} = \dfrac{12}{2.62} = 4.58[\text{A}]$ 이므로

전지의 내부저항 $r = \dfrac{E - V}{I} = \dfrac{13.5 - 12}{4.58} = 0.33[\Omega]$

12 RL 직렬회로에 $V(t)$ 전압을 인가하였을때 제3고조파 성분의 실효치 전류는 약 몇 [A]은?
(단, $R = 5\Omega$, $\omega L = 4\Omega$) $v(t) = 150\sqrt{2}\cos \omega t + 100\sqrt{2}\sin 3\omega t + 25\sqrt{2}\sin 5\omega t [\text{V}]$

① 15.62 ② 22.08

③ 10.88 ④ 7.69

해설

$R - L$직렬회로에서 $R = 5[\Omega]$, $wL = 4[\Omega]$일 때

3고조파 임피던스 $Z_3 = R + j3wL = 5 + j3 \times 4 = 5 + j12$

$= \sqrt{5^2 + 12^2} = 13[\Omega]$

3고조파 전류 $I_3 = \dfrac{V_3}{Z_3} = \dfrac{100}{13} = 7.69[\text{A}]$

13 대칭 3상 Y결선에서 선간전압이 $200\sqrt{3}$ 이고 각 상의 임피던스 $Z = 30 + j40[\Omega]$의 평형 부하일 때 선전류는 몇 [A]인가?

① 2 ② $2\sqrt{3}$

③ 4 ④ $4\sqrt{3}$

먼저 상전류를 구하면

$$I_p = \frac{V_P}{Z} = \frac{\dfrac{V_l}{\sqrt{3}}}{Z} = \frac{\dfrac{200\sqrt{3}}{\sqrt{3}}}{\sqrt{30^2+40^2}} = 4[\text{A}]\text{가 된다.}$$

Y결선에서 선전류와 상전류는 같으므로 $I_l = I_p = 4[\text{A}]$

14 서로 결합된 2개의 코일을 직렬로 연결하면 합성 자기 인덕턴스가 20[mH]이고, 한쪽 코일의 연결을 반대로 하면 8[mH]가 되었다. 두 코일의 상호 인덕턴스는?

① 3[mH]   ② 6[mH]

③ 14[mH]   ④ 28[mH]

코일 직렬 연결시 큰 값이 가동, 작은 값이 차동 결합이므로

가동결합 $L_{가} = L_1 + L_2 + 2M = 20[\text{mH}]$

차동결합 $L_{차} = L_1 + L_2 - 2M = 8[\text{mH}]$

∴ 상호인덕턴스는 $M = \dfrac{L_{가} - L_{차}}{4} = \dfrac{20-8}{4} = 3[\text{mH}]$

15 평형 3상 3선식 회로가 있다. 부하는 Y결선이고 $V_{AB} = 100\sqrt{3} \angle 0° [\text{V}]$일 때, $I_A = 20 \angle -120°$ [A]이었다. Y결선된 부하 한상의 임피던스는 몇 [Ω]인가?

① $5 \angle 60°$ ② $5\sqrt{3} \angle 60°$

③ $5 \angle 90°$ ④ $5\sqrt{3} \angle 90°$

한 상의 임피던스

$$Z = \frac{V_P}{I_P} = \frac{\dfrac{V_l}{\sqrt{3}} \angle -30°}{I_l} = \frac{\dfrac{100\sqrt{3} \angle 0°}{\sqrt{3}} \angle -30°}{20 \angle -120°}$$

$$= 5 \angle 90°[\Omega]$$

16 RC 직렬회로의 과도현상에 대한 설명이다. 옳게 설명한 것은?

① RC 값이 클수록 과도 전류값은 빨리 사라진다.

② RC 값이 클수록 과도 전류값은 천천히 사라진다.

③ RC 값에 관계없다.

④ $\dfrac{1}{RC}$ 값이 클수록 과도 전류값은 천천히 사라진다.

과도현상에서

$R-C$ 직렬시 시정수는 $\tau = RC[\text{sec}]$이므로 RC 가 클수록 시정수가 커지므로 과도현상이 길어지고 과도 전류값은 천천히 사라진다.

17 4단자 정수를 구하는 식으로 틀린 것은?

① $A = \left(\dfrac{V_1}{V_2}\right)_{I_2=0}$ ② $B = \left(\dfrac{V_2}{I_2}\right)_{V_2=0}$

③ $C = \left(\dfrac{I_1}{V_2}\right)_{I_2=0}$ ④ $D = \left(\dfrac{I_1}{I_2}\right)_{V_2=0}$

$\begin{pmatrix} V_1 = AV_2 + BI_2 \\ I_1 = CV_2 + DI_2 \end{pmatrix}$ 에서 4단자 정수를 구하면

$A = \dfrac{V_1}{V_2}\bigg|_{I_2=0}$: 전압비

$C = \dfrac{I_1}{V_2}\bigg|_{I_2=0}$: 어드미턴스

$B = \dfrac{V_1}{I_2}\bigg|_{V_2=0}$: 임피이던스

$D = \dfrac{I_1}{I_2}\bigg|_{V_2=0}$: 전류비

정답   14 ①   15 ③   16 ②   17 ②

18

$f(t) = \delta(t) - ae^{-at}$의 라플라스 변환은? (단, $\delta(t)$는 임펄스 함수이다)

① $\dfrac{1}{s+a}$ ② $\dfrac{6-a}{s+a}$

③ $\dfrac{a}{s+a}$ ④ $\dfrac{s}{s+a}$

해설

선형의 정리 $\mathcal{L}[af_1(t) \pm bf_2(t)] = aF_1(s) \pm bF_2(s)$를 이용하여 풀면
$$F(s) = \mathcal{L}[\delta(t) - ae^{-at}]$$
$$= 1 - \frac{a}{s+a} = \frac{s+a-a}{s+a} = \frac{s}{s+a}$$

19

전압 $v = 20\sin20t + 30\sin30t[\text{V}]$이고, 전류가 $i = 30\sin20t + 20\sin30t[\text{A}]$이면 소비전력[W]은?

① 1200 ② 600

③ 400 ④ 300

해설

비정현파 교류에 대한 소비전력은 같은 성분끼리 구한다.
$$\therefore P = V_2 I_2 \cos\theta_2 + V_3 I_3 \cos\theta_3$$
$$= \frac{1}{2}(20 \times 30\cos0° + 30 \times 20\cos0°) = 600\,[\text{W}]$$

20

회로에서 단자 a–b에 나타나는 전압 V_{ab}는 약 몇 [V]인가?

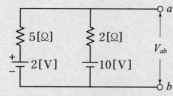

① 6.8 ② 7.7

③ 4.3 ④ 5.2

해설

밀만의 정리에 의해
$$V_{ab} = \frac{\dfrac{E_1}{Z_1} + \dfrac{E_2}{Z_2}}{\dfrac{1}{Z_1} + \dfrac{1}{Z_2}} = \frac{\dfrac{2}{5} + \dfrac{10}{2}}{\dfrac{1}{5} + \dfrac{1}{2}} = 7.7\,[\text{V}]$$

※ 본 기출문제는 수험자의 기억을 바탕으로 하여 복원한 문제이므로 실제 문제와 다를 수 있음을 미리 알려드립니다.

01 한 상의 임피던스가 $\dot{Z} = 20 + j10[\Omega]$인 Y 결선 부하에 대칭 3상 선간전압 200[V]를 가할 때 유효 전력은?

① 1600[W] ② 1700[W]
③ 1800[W] ④ 1900[W]

해설

먼저 상전류를 구하면

$$I_P = \frac{V_P}{Z} = \frac{\frac{V_l}{\sqrt{3}}}{Z} = \frac{\frac{200}{\sqrt{3}}}{\sqrt{20^2 + 10^2}} = 5.164 \, [\text{A}]$$

유효전력 $P = 3I_P^2 R = 3 \times 5.164^2 \times 20 = 1600[\text{W}]$

02 그림과 같이 저항 R_1, R_2 및 인덕턴스 L의 직렬회로가 있다. 이 회로에 대한 서술에서 올바른 것은?

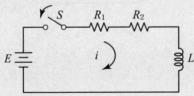

① 이 회로의 시정수는 $\dfrac{L}{R_1 + R_2}[S]$ 이다.

② 이 회로의 특성근은 $\dfrac{R_1 + R_2}{L}$ 이다.

③ 정상전류값은 $\dfrac{L}{R_2}$ 이다.

④ 이 회로의 전류값은

$i(t) = \dfrac{1}{R_1 + R_2}\left(1 - e^{\frac{1}{R_1 + R_2}}\right)$ 이다.

해설

① 시정수 $\tau = \dfrac{L}{R_1 + R_2}[\text{s}]$

② 특성근 $p = -\dfrac{1}{\tau} = -\dfrac{R_1 + R_2}{L}$

③ 정상전류 $i_s = \dfrac{E}{R_1 + R_2}[\text{A}]$

④ 전류 $i(t) = \dfrac{E}{R_1 + R_2}\left(1 - e^{-\frac{R_1 + R_2}{L}t}\right)[\text{A}]$ 이다.

03 왜형파 전압 $e = 100\sqrt{2}\,\text{Sin}\,\omega t + 75\sqrt{2}\,\text{Sin}\,3\omega t + 20\sqrt{2}\,\text{Sin}\,5\omega t[\text{V}]$를 $R-L$ 직렬 회로에 인가할 때에 제 3고조파 전류의 실효치는 얼마인가? (단, $R = 4[\Omega]$, $\omega L = 1[\Omega]$이다.)

① 75[A] ② 20[A]
③ 4[A] ④ 15[A]

해설

$R - L$직렬회로에서, $R = 4[\Omega]$, $\omega L = 1[\Omega]$일 때
3고조파 임피던스는
$Z_3 = R + j3\omega L = 4 + j1 \times 3 = 4 + j3 = 5[\Omega]$

3고조파 전류는 $I_3 = \dfrac{V_3}{Z_3} = \dfrac{75}{5} = 15[\text{A}]$

04 저항과 리액턴스의 직렬회로에 $E = 14 + j38[\text{V}]$인 교류 전압을 가하니 $I = 6 + j2[\text{A}]$의 전류가 흐른다. 이 회로의 저항과 리액턴스는 얼마인가?

① $R = 4[\Omega]$, $X_L = 5[\Omega]$
② $R = 5[\Omega]$, $X_L = 4[\Omega]$
③ $R = 6[\Omega]$, $X_L = 3[\Omega]$
④ $R = 7[\Omega]$, $X_L = 2[\Omega]$

정답 01 ① 02 ① 03 ④ 04 ①

해설

임피던스 $Z = \dfrac{E}{I} = \dfrac{14 + j38}{6 + j2} = 4 + j5\,[\Omega]$ 에서

$\therefore\ R = 4\,[\Omega],\ X_L = 5\,[\Omega]$

05 전원과 부하가 다같이 Δ결선된 3상 평형회로가 있다. 전원전압이 200[V], 부하 한상의 임피던스가 $6 + j8\,[\Omega]$인 경우 선전류[A]는?

① 20

② $\dfrac{20}{\sqrt{3}}$

③ $20\sqrt{3}$

④ $10\sqrt{3}$

해설

먼저 상전류를 계산하면

$I_P = \dfrac{V_P}{Z} = \dfrac{V_l}{Z} = \dfrac{200}{\sqrt{6^2 + 8^2}} = 20\,[\mathrm{A}]$ 이므로

선전류 $I_l = \sqrt{3}\,I_P = 20\sqrt{3}\,[\mathrm{A}]$

06 같은 저항 $r\,[\Omega]$ 6개를 사용하여 그림과 같이 결선하고 대칭 3상 전압 V[V]를 가하였을 때 흐르는 전류 I는 몇 [A]인가?

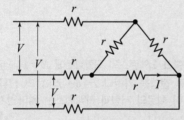

① $\dfrac{V}{2r}$

② $\dfrac{V}{3r}$

③ $\dfrac{V}{4r}$

④ $\dfrac{V}{5r}$

해설

Δ결선 저항을 Y결선으로 등가변환하면 다음과 같다.

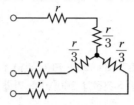

이때 한 상의 합성저항은

$R_0 = r + \dfrac{r}{3} = \dfrac{4r}{3}\,[\Omega]$이므로

Y 결선시 선전류

$I_l = I_P = \dfrac{V_p}{R_p} = \dfrac{\dfrac{V}{\sqrt{3}}}{\dfrac{4r}{3}} = \dfrac{\sqrt{3}\,V}{4r}\,[\mathrm{A}]$ 이므로

Δ결선에 흐르는 상전류 $I_P = \dfrac{I_l}{\sqrt{3}} = \dfrac{V}{4r}\,[\mathrm{A}]$

07 그림과 같은 회로의 영상 임피던스 Z_{01}, $Z_{02}\,[\Omega]$는 각각 얼마인가?

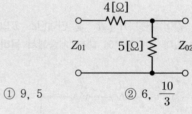

① 9, 5

② 6, $\dfrac{10}{3}$

③ 4, 5

④ 4, $\dfrac{20}{9}$

해설

먼저 4단자 정수를 구하면

$A = 1 + \dfrac{4}{5} = \dfrac{9}{5}$, $B = 4$, $C = \dfrac{1}{5}$, $D = 1$가 된다.

1차 영상 임피이던스

$Z_{01} = \sqrt{\dfrac{A\,B}{C\,D}} = \sqrt{\dfrac{\dfrac{9}{5} \times 4}{\dfrac{1}{5} \times 1}} = 6\,[\Omega]$

2차 영상 임피이던스

$Z_{02} = \sqrt{\dfrac{B\,D}{A\,C}} = \sqrt{\dfrac{4 \times 1}{\dfrac{9}{5} \times \dfrac{1}{5}}} = \dfrac{10}{3}\,[\Omega]$

정답   05 ③   06 ③   07 ②

08 600[kVA], 역률 0.6(지상)의 부하 A와 800[kVA], 역률 0.8(진상)의 부하 B가 함께 접속되어 있을 때 전체 피상전력[kVA]은?

① 0 ② 960

③ 1000 ④ 1400

• 부하 A의 유효전력과 무효전력(지상)

$P_1 = P_{a1}\cos\theta_1 = 600 \times 0.6 = 360\,[\text{kW}]$

$P_{r1} = P_{a1}\sin\theta_1 = 600 \times 0.8 = -j480\,[\text{kvar}]$

• 부하 B의 유효전력과 무효전력(진상)

$P_2 = P_{a2}\cos\theta_2 = 800 \times 0.8 = 640\,[\text{kW}]$

$P_{r2} = P_{a2}\sin\theta_2 = 800 \times 0.6 = j480\,[\text{kvar}]$

• 전체피상전력

$P_a = 360 - j480 + 640 + j480 = 1000\,[\text{kVA}]$

09 그림의 T형 회로에 대한 4단가 정수 A, B, C, D 로 틀린 것은?

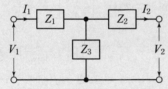

① $A = 1 + \dfrac{Z_1}{Z_3}$ ② $B = \dfrac{Z_1 Z_2}{Z_3} + Z_1 + Z_2$

③ $C = 1 + \dfrac{Z_3}{Z_2}$ ④ $D = 1 + \dfrac{Z_2}{Z_3}$

$C = \dfrac{1}{Z_3}$

10 내부 임피던스가 순저항 6[Ω]인 전원과 120 [Ω]의 순저항 부하 사이에 임피던스 정합을 위한 이상변압기의 권선비는?

① $\dfrac{1}{\sqrt{20}}$ ② $\dfrac{1}{2}$

③ $\dfrac{1}{20}$ ④ $\dfrac{1}{2}$

이상변압기의 권선비

$n = \dfrac{n_1}{n_2} = \dfrac{V_1}{V_2} = \dfrac{I_2}{I_1} = \sqrt{\dfrac{R_1}{R_2}} = \sqrt{\dfrac{6}{120}} = \sqrt{\dfrac{1}{20}}$

11 저항 40[Ω], 임피던스 50[Ω]의 직렬 유도 부하에서 100[V]가 인가될 때, 소비되는 무효전력 은?

① 120[Var] ② 160[Var]

③ 200[Var] ④ 250[Var]

직렬회로의 임피던스 $Z = \sqrt{R^2 + X_L^2}$ 식에서

유도리액턴스 $X_L = \sqrt{Z^2 - R^2} = \sqrt{50^2 - 40^2} = 30\,[\Omega]$

전류 $I = \dfrac{V}{Z} = \dfrac{100}{50} = 2[\text{A}]$

무효전력 $P_r = I^2 X_L = 2^2 \times 30 = 120\,[\text{var}]$

12 그림과 같은 회로에서 입력을 $V_1(s)$, 출력을 $V_2(s)$라 할 때, 전압비 전달함수는?

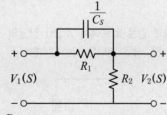

① $\dfrac{R_1}{R_1 Cs + 1}$

② $\dfrac{R_2 + R_1 R_2 Cs}{R_1 + R_2 + R_1 R_2 Cs}$

③ $\dfrac{R_1 R_2 S + RCs}{R_1 Cs + R_1 R_2 S^2 + C}$

④ $\dfrac{S+1}{S + (R_1 + R_2) + R_1 R_2 C}$

해설

$$G(s) = \frac{V_2(s)}{V_1(s)} = \frac{출력\ 임피던스}{입력\ 임피던스}$$

$$= \frac{R_2}{\dfrac{1}{\dfrac{1}{R_1} + Cs} + R_2} = \frac{R_2}{\dfrac{R_1}{1 + CsR_1} + R_2}$$

$$= \frac{R_2 + R_1 R_2 Cs}{R_1 + R_2 + R_1 R_2 Cs}$$

해설

전압분배법칙을 이용하여

$$V_1 = \frac{Z_1}{Z_1 + Z_2} V = \frac{L_1}{L_1 + L_2} V[\text{V}]$$

---

13 그림에서 10[Ω]의 저항에 흐르는 전류는 몇 [A]인가?

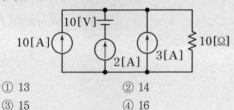

① 13
② 14
③ 15
④ 16

해설

$I = 10 + 2 + 3 = 15[\text{A}]$

---

15 $F(s) = \dfrac{s+1}{s^2 + 2s}$ 의 역라플라스 변환은?

① $\dfrac{1}{2}(1 - e^{-t})$
② $\dfrac{1}{2}(1 - e^{-2t})$

③ $\dfrac{1}{2}(1 + e^{-t})$
④ $\dfrac{1}{2}(1 + e^{-2t})$

해설

부분분수 전개식을 이용하여

$$F(s) = \frac{s+1}{s^2 + 2s} = \frac{s+1}{s(s+2)} = \frac{A}{s} + \frac{B}{s+2}$$

$$A = \lim_{s \to 0} s F(s) = \left[\frac{s+1}{s+2}\right]_{s=0} = \frac{1}{2}$$

$$B = \lim_{s \to 0}(s+2) F(s) = \left[\frac{s+1}{s}\right]_{s=-2} = \frac{1}{2}$$

$$F(s) = \frac{\dfrac{1}{2}}{s} + \frac{\dfrac{1}{2}}{s+2} = \frac{1}{2}\left(\frac{1}{s} + \frac{1}{s+2}\right) 가\ 된다.$$

따라서 역 라플라스 변환하면 $f(t) = \dfrac{1}{2}(1 + e^{-2t})$

---

14 그림과 같은 회로에서 L_1[H] 양단의 전압 V_1 [V]은? (단, 상호 인덕턴스는 무시한다.)

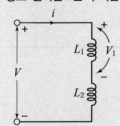

① $\dfrac{L_1}{L_1 + L_2} V$
② $\dfrac{L_1 + L_2}{L_1} V$

③ $\dfrac{L_2}{L_1 + L_2} V$
④ $\dfrac{L_1 + L_2}{L_2} V$

---

16 그림과 같은 $e = E_m \sin\omega t$ 인 정현파 교류의 반파정현파형의 실효값은?

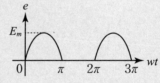

① E_m
② $\dfrac{E_m}{\sqrt{2}}$

③ $\dfrac{E_m}{2}$
④ $\dfrac{E_m}{\sqrt{3}}$

해설

반파(정류)정현파형의 실효값 $V = \dfrac{E_m}{2}[\text{V}]$

---

17 그림에서 a, b 단자의 전압이 100[V], a, b에서 본 능동회로망 N의 임피던스가 15[Ω]일 때, a, b 단자에 10[Ω]의 저항을 접속하면 a, b 사이에 흐르는 전류는 몇 [A]인가?

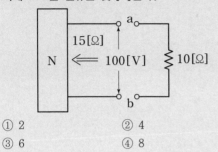

① 2
② 4
③ 6
④ 8

해설

등가임피던스 $Z_T = 15[\Omega]$ 이고 등가전압 $V_T = 100[V]$ 이므로 테브난의 등가회로로 변환하면 다음과 같다.

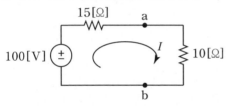

따라서 전류 $I = \dfrac{V_T}{Z_T + Z_L} = \dfrac{100}{15 + 10} = 4[A]$

18 $F(s) = \dfrac{3s + 10}{s^3 + 2s^2 + 5s}$ 일 때 $f(t)$의 최종값은?

① 0
② 1
③ 2
④ 3

해설

최종값 정리를 이용하면
$$\lim_{t \to \infty} f(t) = \lim_{s \to 0} s F(s)$$
$$= \lim_{s \to 0} s \cdot \frac{3s + 10}{s^3 + 2s^2 + 5s} = \frac{10}{5} = 2$$

19 대칭 좌표법에 관한 설명 중 잘못된 것은?

① 대칭좌표법은 일반적인 비대칭 n상 교류회로의 계산에도 이용된다.
② 대칭 3상 전압의 영상분과 역상분은 0이고, 정상분만 남는다.
③ 비대칭 n상 교류회로는 영상분, 역상분 및 정상분의 3성분으로 해석한다.
④ 비대칭 3상회로의 접지식 회로에는 영상분이 존재하지 않는다.

해설

비대칭 3상회로의 접지식 회로에는 영상분이 존재한다.

20 저항 1[Ω]과 인덕턴스 1[H]를 직렬로 연결한 후 60[Hz], 100[V]의 전압을 인가할 때 흐르는 전류의 위상은 전압의 위상보다 어떻게 되는가?

① 뒤지지만 90° 이하이다.
② 90° 늦다.
③ 앞서지만 90° 이하이다.
④ 90° 빠르다.

해설

인덕턴스가 있는 유도성이므로 전류는 전압보다 위상이 뒤진다.
이 때 위상
$$\theta = \tan^{-1} \frac{X_L}{R} = \tan^{-1} \frac{\omega L}{R} = \tan^{-1} \frac{377}{1} = 89.85°$$ 이므로 90° 이하가 된다.

memo

전기(산업)기사 · 전기공사(산업)기사

회로이론 ❹

定價 19,000원

저　자　대산전기기술학원
발행인　이　종　권

2016年　1月　28日　초 판 발 행
2017年　1月　21日　2차개정발행
2018年　1月　29日　3차개정발행
2018年　11月　15日　4차개정발행
2019年　12月　23日　5차개정발행
2020年　12月　21日　6차개정발행
2021年　1月　12日　7차개정발행
2022年　1月　10日　8차개정발행
2023年　1月　12日　9차개정발행
2024年　1月　30日　10차개정발행

發行處　(주) 한솔아카데미

(우)06775 서울시 서초구 마방로10길 25 트윈타워 A동 2002호
TEL : (02)575-6144/5　FAX : (02)529-1130
〈1998. 2. 19 登錄 第16-1608號〉

ISBN 979-11-6654-469-9 13560